#수학첫단계
#리더공부비법
#개념과연산을한번에
#학원에서검증된문제집

수학리더
개념

Chunjae
Makes
Chunjae

기획총괄 박금옥
편집개발 윤경옥, 박초아, 조은영, 김연정, 김수정,
임희정, 이혜지, 최민주, 한인숙
디자인총괄 김희정
표지디자인 윤순미, 박민정
내지디자인 박희춘, 조유정
제작 황성진, 조규영

발행일 2023년 4월 1일 3판 2024년 4월 1일 2쇄
발행인 (주)천재교육
주소 서울시 금천구 가산로9길 54
신고번호 제2001-000018호
고객센터 1577-0902
교재 구입 문의 1522-5566

※ 정답 분실 시에는 천재교육 홈페이지에서 내려받으세요.
※ KC 마크는 이 제품이 공통안전기준에 적합하였음을 의미합니다.
※ 주의
책 모서리에 다칠 수 있으니 주의하시기 바랍니다.
부주의로 인한 사고의 경우 책임지지 않습니다.
8세 미만의 어린이는 부모님의 관리가 필요합니다.

수학 리더 개념 5-2

BOOK 1

개념 기본서 차례

이 책의 구성과 특징

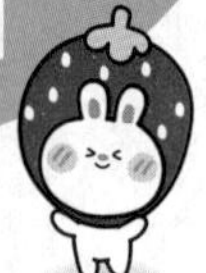

Book 1 개념 기본서

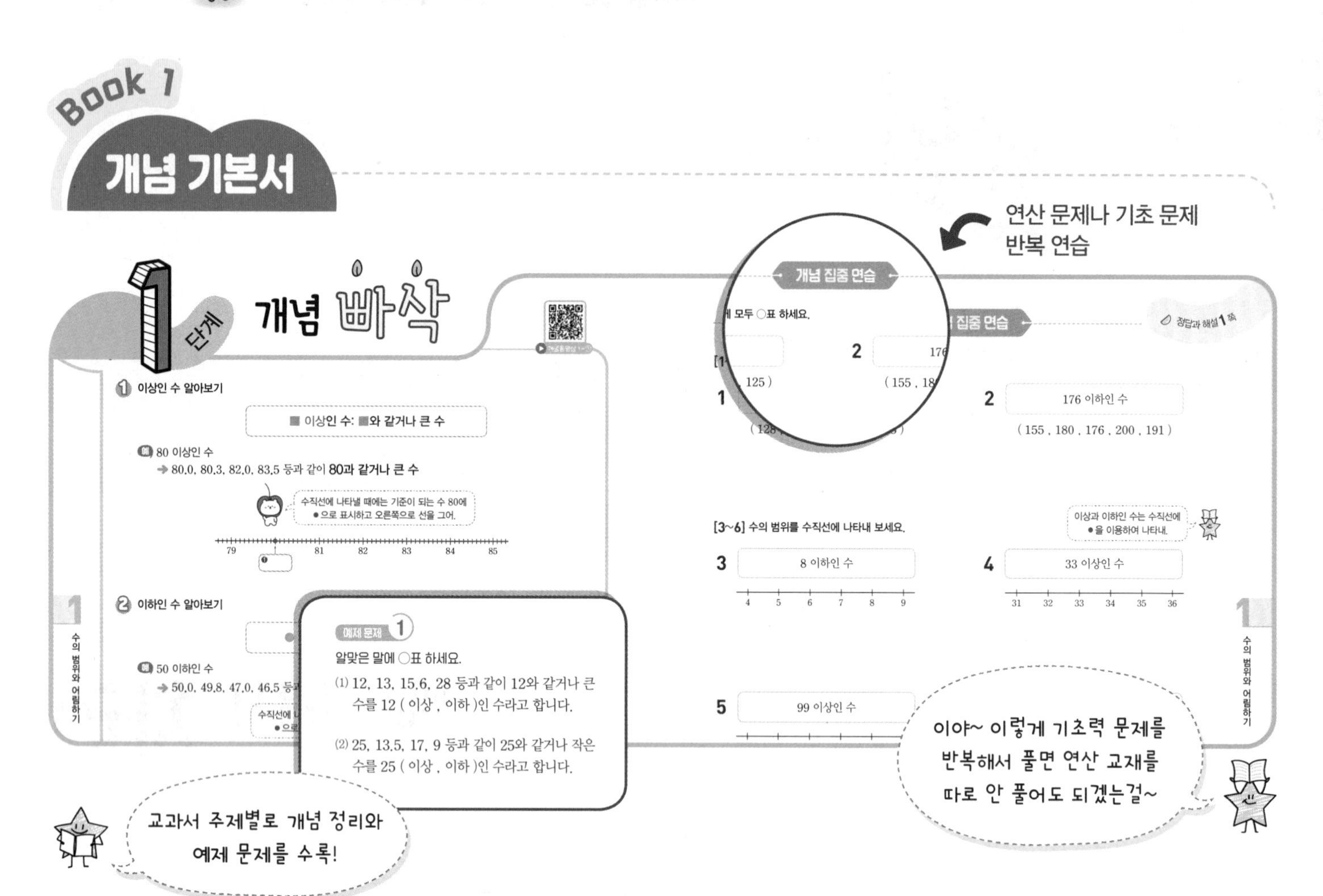

연산 문제나 기초 문제 반복 연습
1단계 개념 빠삭
① 이상인 수 알아보기
■ 이상인 수: ■와 같거나 큰 수
예 80 이상인 수
→ 80.0, 80.3, 82.0, 83.5 등과 같이 80과 같거나 큰 수
수직선에 나타낼 때에는 기준이 되는 수 80에 ●으로 표시하고 오른쪽으로 선을 그어.
② 이하인 수 알아보기
예 50 이하인 수
예제 문제 1
알맞은 말에 ○표 하세요.
(1) 12, 13, 15.6, 28 등과 같이 12와 같거나 큰 수를 12 (이상 , 이하)인 수라고 합니다.
(2) 25, 13.5, 17, 9 등과 같이 25와 같거나 작은 수를 25 (이상 , 이하)인 수라고 합니다.
개념 집중 연습
2 176 이하인 수
(155 , 180 , 176 , 200 , 191)
[3~6] 수의 범위를 수직선에 나타내 보세요.
3 8 이하인 수
4 33 이상인 수
5 99 이상인 수
이상과 이하인 수는 수직선에 ●을 이용하여 나타내.
수의 범위와 어림하기
교과서 주제별로 개념 정리와 예제 문제를 수록!
이야~ 이렇게 기초력 문제를 반복해서 풀면 연산 교재를 따로 안 풀어도 되겠는걸~

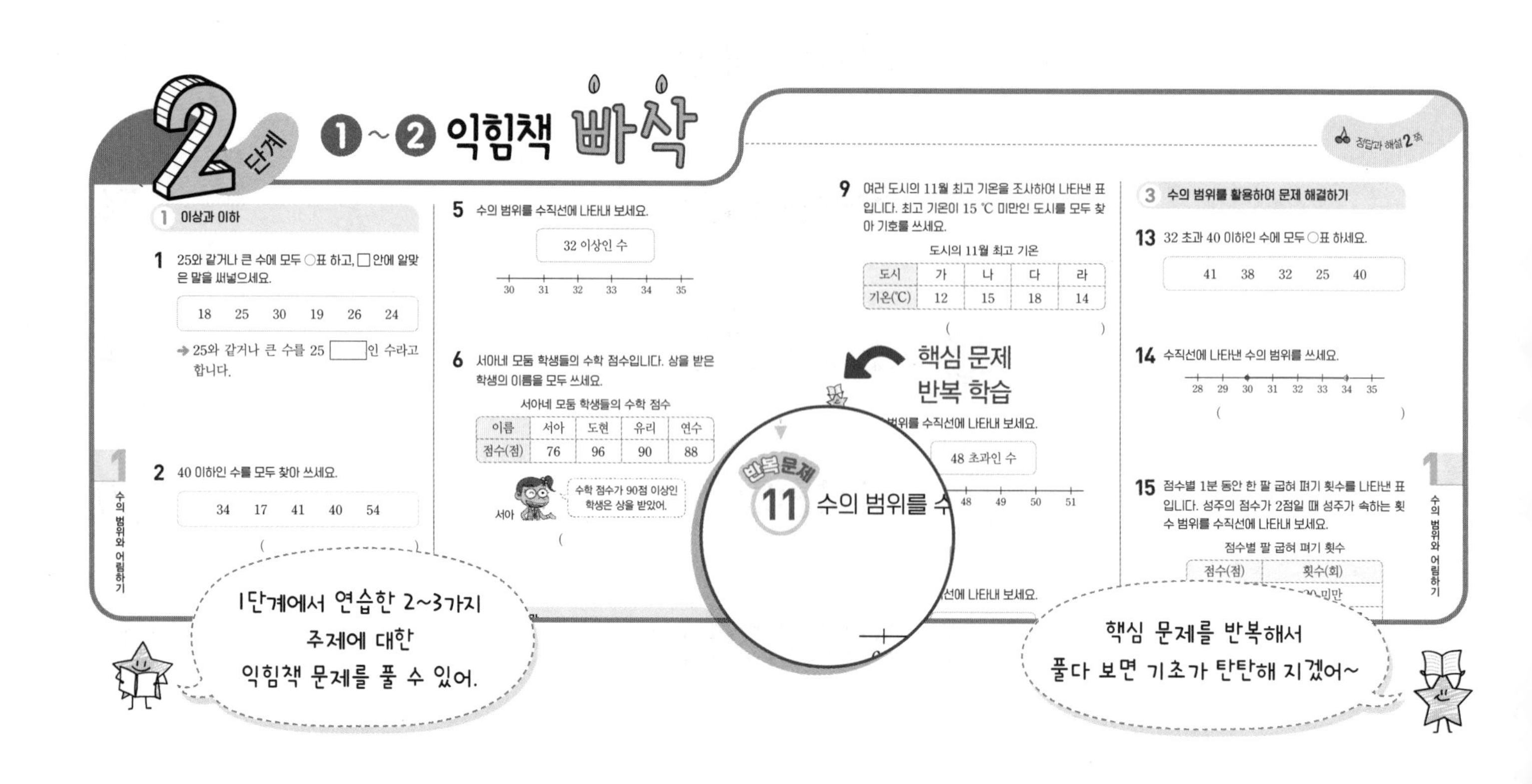

2단계 ①~② 익힘책 빠삭
1 이상과 이하
1 25와 같거나 큰 수에 모두 ○표 하고, □ 안에 알맞은 말을 써넣으세요.
18 25 30 19 26 24
→ 25와 같거나 큰 수를 25 □인 수라고 합니다.
2 40 이하인 수를 모두 찾아 쓰세요.
34 17 41 40 54
5 수의 범위를 수직선에 나타내 보세요.
32 이상인 수
6 서아네 모둠 학생들의 수학 점수입니다. 상을 받은 학생의 이름을 모두 쓰세요.
서아네 모둠 학생들의 수학 점수
이름 서아 도현 유리 연수
점수(점) 76 96 90 88
수학 점수가 90점 이상인 학생은 상을 받았어.
9 여러 도시의 11월 최고 기온을 조사하여 나타낸 표입니다. 최고 기온이 15 ℃ 미만인 도시를 모두 찾아 기호를 쓰세요.
도시의 11월 최고 기온
도시 가 나 다 라
기온(℃) 12 15 18 14
핵심 문제 반복 학습
반복문제 11 수의 범위를 수
48 초과인 수
3 수의 범위를 활용하여 문제 해결하기
13 32 초과 40 이하인 수에 모두 ○표 하세요.
41 38 32 25 40
14 수직선에 나타낸 수의 범위를 쓰세요.
15 점수별 1분 동안 한 팔 굽혀 펴기 횟수를 나타낸 표입니다. 성주의 점수가 2점일 때 성주가 속하는 횟수 범위를 수직선에 나타내 보세요.
점수별 팔 굽혀 펴기 횟수
점수(점) 횟수(회)
1단계에서 연습한 2~3가지 주제에 대한 익힘책 문제를 풀 수 있어.
핵심 문제를 반복해서 풀다 보면 기초가 탄탄해 지겠어~

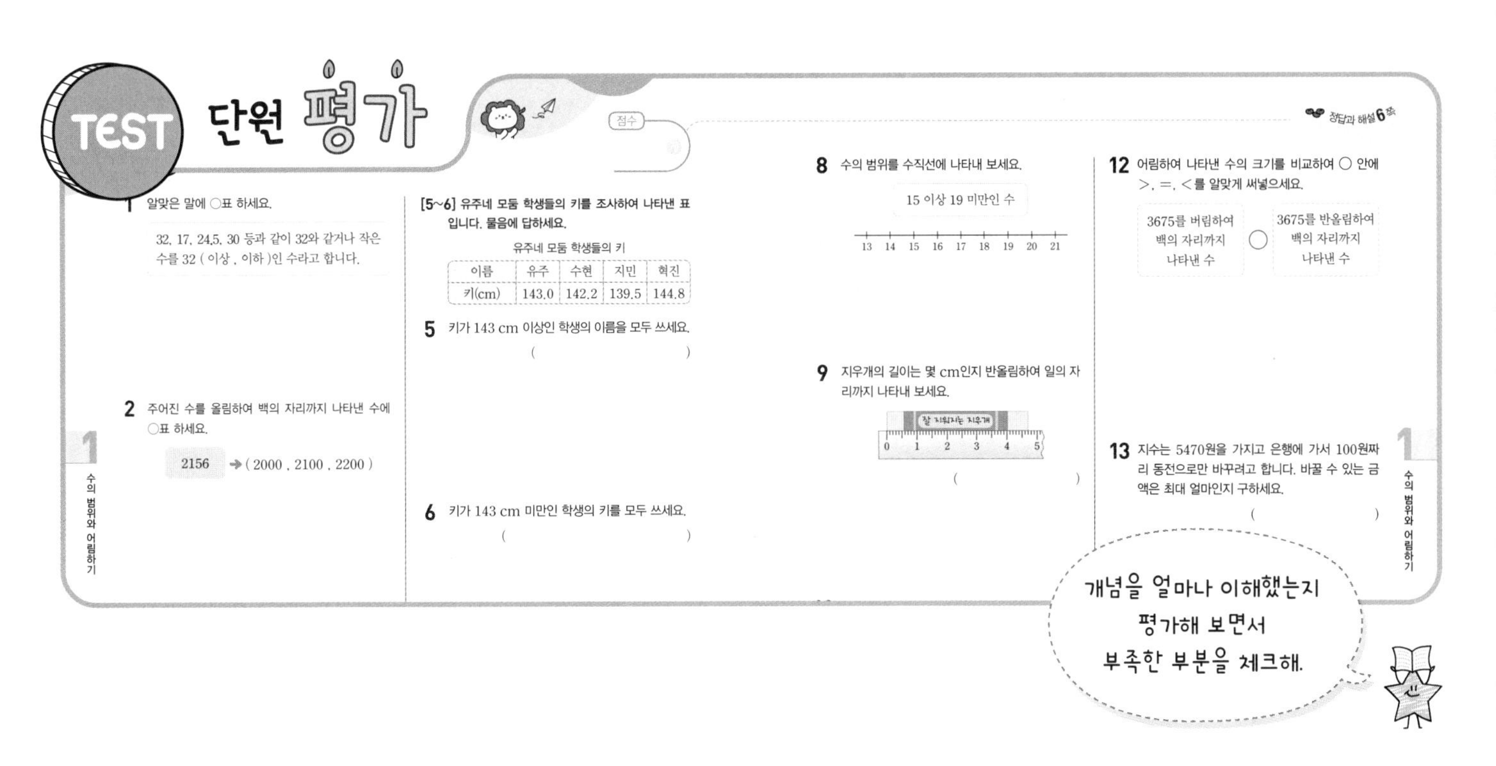
TEST 단원 평가

점수

정답과 해설 6쪽

1 알맞은 말에 ○표 하세요.

32, 17, 24.5, 30 등과 같이 32와 같거나 작은 수를 32 (이상 , 이하)인 수라고 합니다.

2 주어진 수를 올림하여 백의 자리까지 나타낸 수에 ○표 하세요.

2156 → (2000 , 2100 , 2200)

[5~6] 유주네 모둠 학생들의 키를 조사하여 나타낸 표입니다. 물음에 답하세요.

유주네 모둠 학생들의 키

이름	유주	수현	지민	혜진
키(cm)	143.0	142.2	139.5	144.8

5 키가 143 cm 이상인 학생의 이름을 모두 쓰세요.

( )

6 키가 143 cm 미만인 학생의 키를 모두 쓰세요.

( )

8 수의 범위를 수직선에 나타내 보세요.

15 이상 19 미만인 수

13 14 15 16 17 18 19 20 21

9 지우개의 길이는 몇 cm인지 반올림하여 일의 자리까지 나타내 보세요.

0 1 2 3 4 5

( )

12 어림하여 나타낸 수의 크기를 비교하여 ○ 안에 >, =, <를 알맞게 써넣으세요.

3675를 버림하여 백의 자리까지 나타낸 수 ○ 3675를 반올림하여 백의 자리까지 나타낸 수

13 지수는 5470원을 가지고 은행에 가서 100원짜리 동전으로만 바꾸려고 합니다. 바꿀 수 있는 금액은 최대 얼마인지 구하세요.

( )

1 수의 범위와 어림하기

개념을 얼마나 이해했는지
평가해 보면서
부족한 부분을 체크해.

Book 2

보충 문제집

기초력 집중 연습

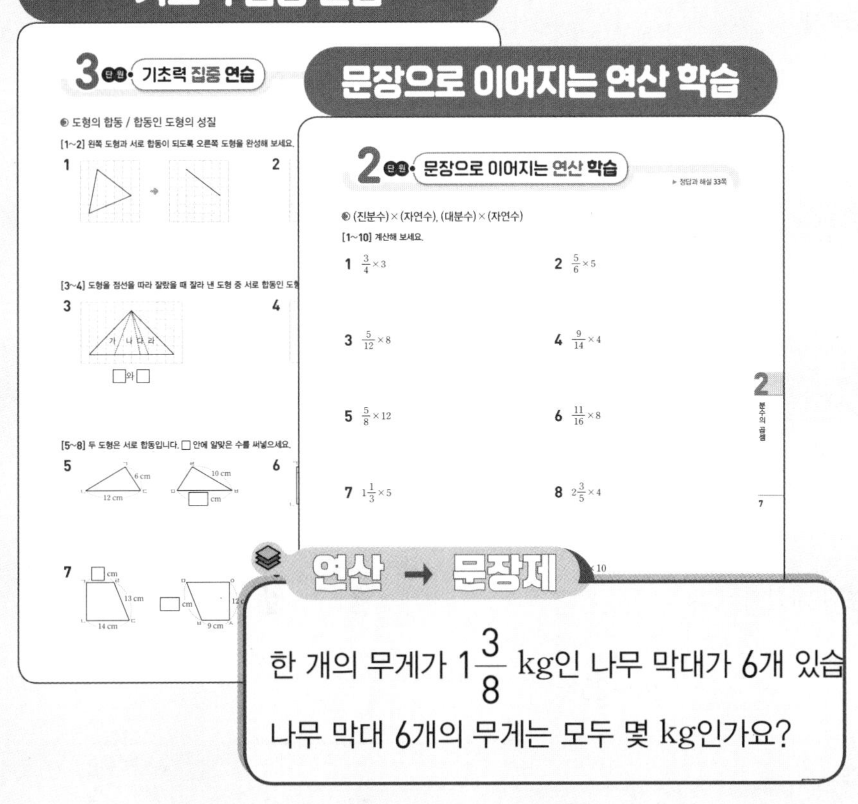
3 단원 기초력 집중 연습

◉ 도형의 합동 / 합동인 도형의 성질

문장으로 이어지는 연산 학습

2 단원 문장으로 이어지는 연산 학습

◉ (진분수)×(자연수), (대분수)×(자연수)

[1~10] 계산해 보세요.

1 $\frac{3}{4}\times3$　2 $\frac{5}{6}\times5$

3 $\frac{5}{12}\times8$　4 $\frac{9}{14}\times4$

5 $\frac{5}{8}\times12$　6 $\frac{11}{16}\times8$

7 $1\frac{1}{3}\times5$　8 $2\frac{3}{5}\times4$

연산 → 문장제

한 개의 무게가 $1\frac{3}{8}$ kg인 나무 막대가 6개 있습

나무 막대 6개의 무게는 모두 몇 kg인가요?

성취도 평가

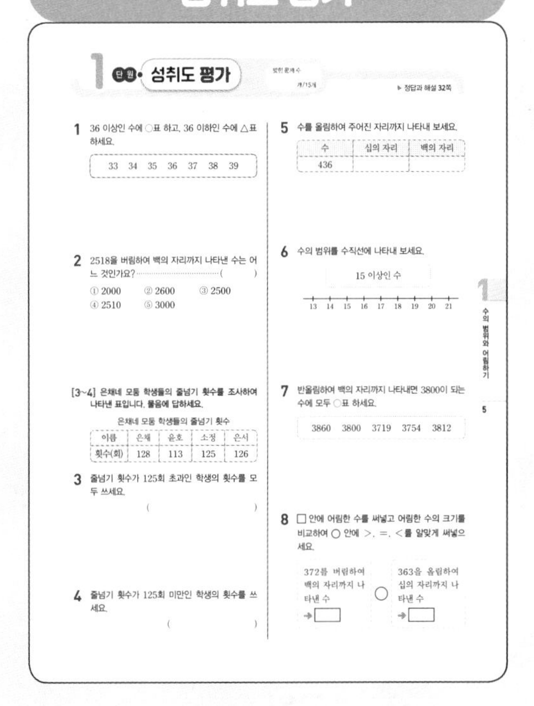
1 단원 성취도 평가

1 36 이상인 수에 ○표 하고, 36 이하인 수에 △표 하세요.

33 34 35 36 37 38 39

2 2518을 버림하여 백의 자리까지 나타낸 수는 어느 것인가요? ( )

① 2000 ② 2600 ③ 2500 ④ 2510 ⑤ 3000

5 수를 올림하여 주어진 자리까지 나타내 보세요.

6 수의 범위를 수직선에 나타내 보세요.

15 이상인 수

7 반올림하여 백의 자리까지 나타내면 3800이 되는 수에 모두 ○표 하세요.

3860 3800 3719 3754 3812

기초력 문제를 반복 수록하여 기초를 튼튼하게!
연산 문제와 함께 문장제 문제까지 연습!

성취도 평가 문제를 풀어 보면서
내 실력을 확인해 볼 수 있어!

1 수의 범위와 어림하기

1단원 학습 계획표

✓ 이 단원의 표준 학습 일수는 5일입니다. 계획대로 공부한 후 확인란에 사인을 받으세요.

이 단원에서 배울 내용	쪽수	계획한 날	확인
1단계 **개념 빠삭** ❶ 이상과 이하 ❷ 초과와 미만 ❸ 수의 범위를 활용하여 문제 해결하기	6～11쪽	월 일	확인했어요!
2단계 **익힘책 빠삭**	12～13쪽	월 일	확인했어요!
1단계 **개념 빠삭** ❹ 올림 ❺ 버림	14～17쪽	월 일	확인했어요!
2단계 **익힘책 빠삭**	18～19쪽		
1단계 **개념 빠삭** ❻ 반올림 ❼ 올림, 버림, 반올림을 활용하여 문제 해결하기	20～23쪽	월 일	확인했어요!
2단계 **익힘책 빠삭**	24～25쪽		
TEST **1단원 평가**	26～28쪽	월 일	확인했어요!

스마트폰을 이용하여 QR 코드를 찍으면
개념 학습 영상을 볼 수 있어요.

좋은 일에는 흔히 방해되는 일이 많음을 뜻하는 고사성어는?

똑똑‥

누구세요?
저는 부와 재물을 가져다주고 오래 살도록 도와주는 착한 신입니다.

어서 오세요.
활짝

부와 재물이라고? 심지어 나의 이상형이야.

엇, 또 누구지?
똑똑‥

누구세요?
저는 부와 재물을 빼앗고 오래 사는 것을 방해하는 나쁜 신이지요.

나쁜 신은 절대 들어오게 할 수 없어.
철컥

문을 꼭꼭 걸어 잠가야지. 하마터면 큰일 날 뻔 했네.

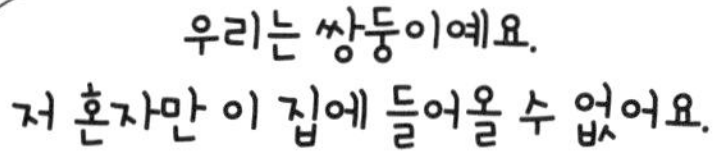

우리는 쌍둥이예요.
저 혼자만 이 집에 들어올 수 없어요.

저를 원하신다면 나쁜 신도 반드시 함께 있어야 한답니다.

좋은 일에는 나쁜 일이 생길 수 있으니 항상 조심해야겠구나.
이럴 때 쓰는 고사성어가 무엇일까?

정답 | 호사다마

개념 빠삭

❶ 이상과 이하

1 이상인 수 알아보기

■ 이상인 수: ■와 같거나 큰 수

예 80 이상인 수

→ 80.0, 80.3, 82.0, 83.5 등과 같이 **80과 같거나 큰 수**

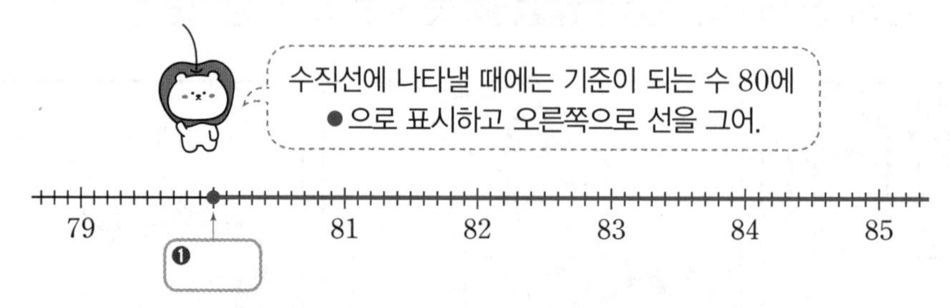

수직선에 나타낼 때에는 기준이 되는 수 80에
●으로 표시하고 오른쪽으로 선을 그어.
79
81
82
83
84
85
❶

2 이하인 수 알아보기

● 이하인 수: ●와 같거나 작은 수

예 50 이하인 수

→ 50.0, 49.8, 47.0, 46.5 등과 같이 ❷ [   ]**과 같거나 작은 수**

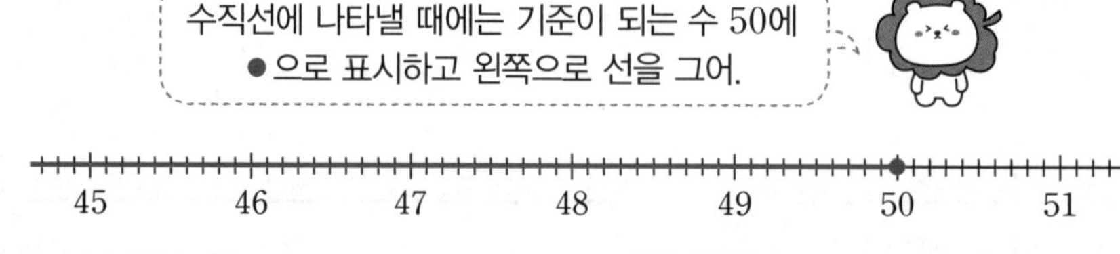

수직선에 나타낼 때에는 기준이 되는 수 50에
●으로 표시하고 왼쪽으로 선을 그어.
45
46
47
48
49
50
51

참고 이상과 이하는 기준이 되는 수가 포함되므로 수직선에 ●으로 표시하여 나타냅니다.

정답 확인 | ❶ 80 ❷ 50

예제 문제 1

알맞은 말에 ○표 하세요.

(1) 12, 13, 15.6, 28 등과 같이 12와 같거나 큰 수를 12 (이상 , 이하)인 수라고 합니다.

(2) 25, 13.5, 17, 9 등과 같이 25와 같거나 작은 수를 25 (이상 , 이하)인 수라고 합니다.

예제 문제 2

주어진 범위에 속하는 수에 ○표 하세요.

(1) 26 이상인 수 → (20 , 24 , 26)

(2) 42 이하인 수 → (40 , 43 , 48)

정답과 해설 1쪽

[1~2] 주어진 범위에 속하는 수에 모두 ○표 하세요.

1 135 이상인 수

(128 , 135 , 134 , 140 , 125)

2 176 이하인 수

(155 , 180 , 176 , 200 , 191)

[3~6] 수의 범위를 수직선에 나타내 보세요.

이상과 이하인 수는 수직선에 ●을 이용하여 나타내.

3 8 이하인 수

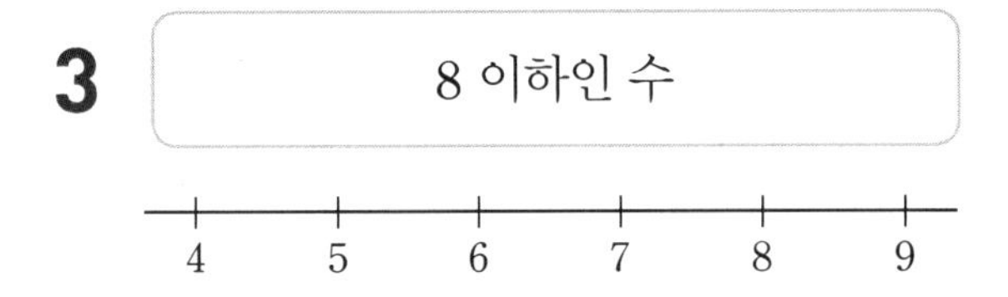

4 33 이상인 수

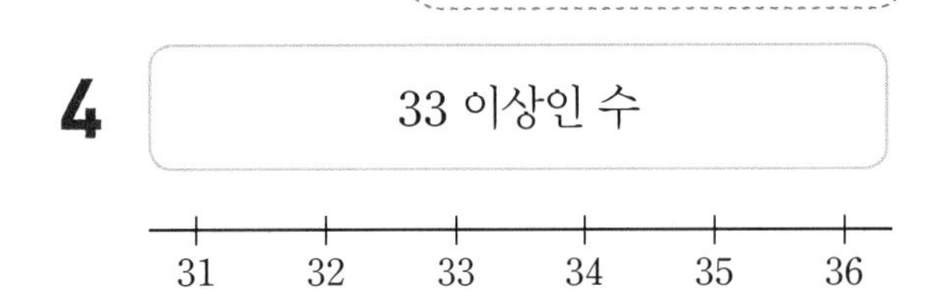

5 99 이상인 수

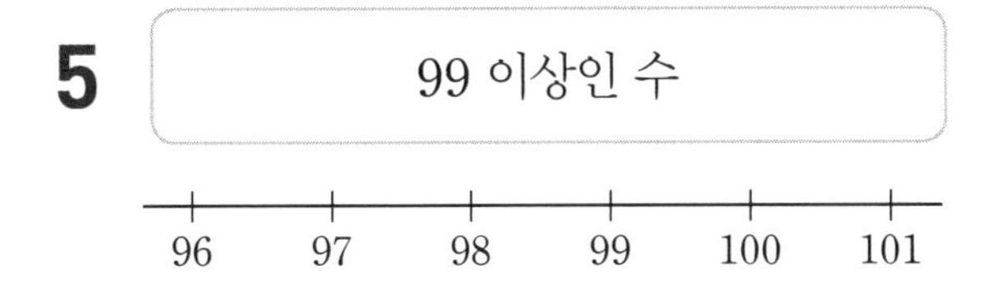

6 154 이하인 수

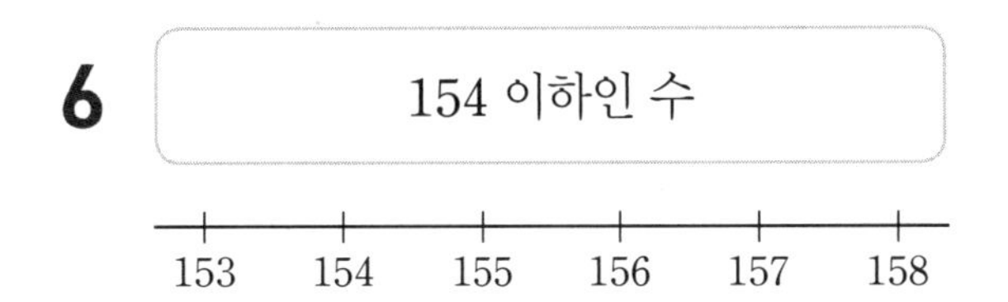

[7~10] 수직선에 나타낸 수의 범위를 쓰려고 합니다. □ 안에 알맞은 수나 말을 써넣으세요.

7

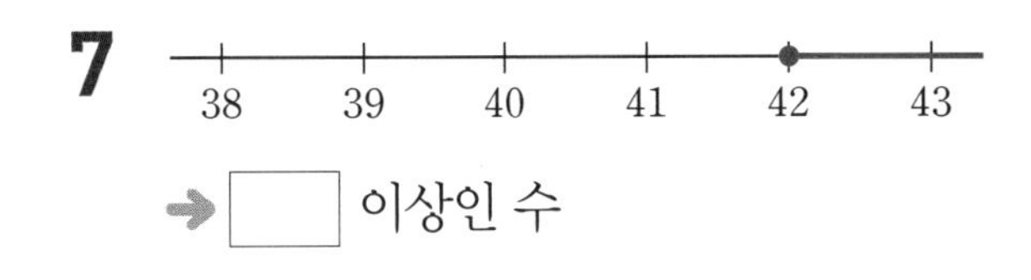

→ □ 이상인 수

8

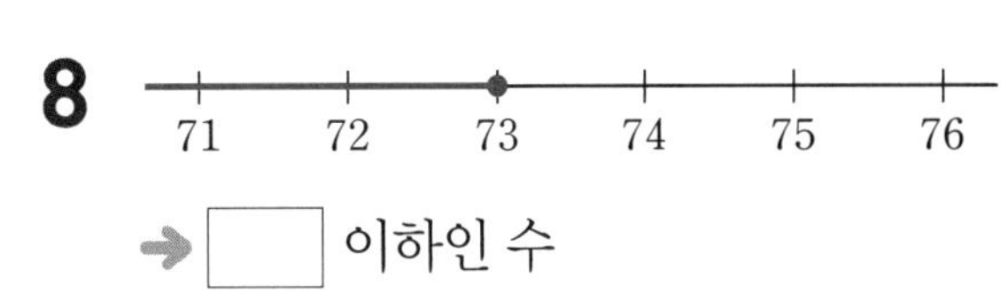

→ □ 이하인 수

9

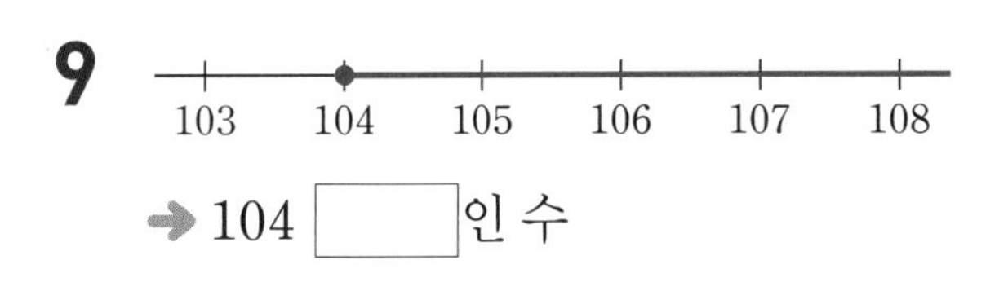

→ 104 □인 수

10

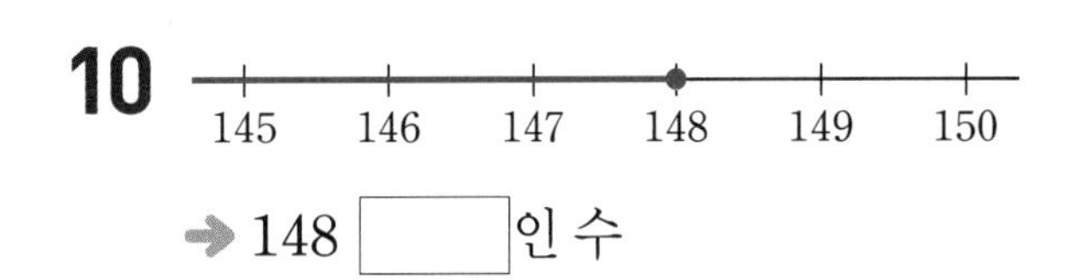

→ 148 □인 수

개념 빠삭

❷ 초과와 미만

▶ 개념동영상 1-②

① 초과인 수 알아보기

■ 초과인 수: ■보다 큰 수

예 60 초과인 수

➔ 60.1, 61.0, 62.6, 63.5 등과 같이 **60보다 큰 수**

└ 60은 포함되지 않습니다.

수직선에 나타낼 때에는 기준이 되는 수 60에 ○으로 표시하고 오른쪽으로 선을 그어.

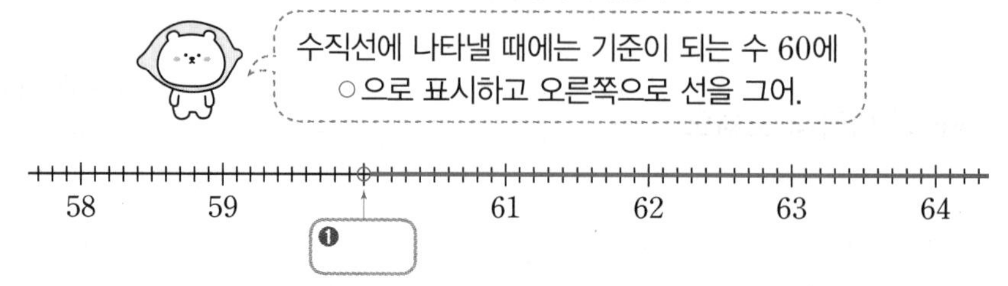

② 미만인 수 알아보기

● 미만인 수: ●보다 작은 수

예 37 미만인 수

➔ 36.9, 36.0, 34.3, 33.0 등과 같이 ❷ [   ]**보다 작은 수**

└ 37은 포함되지 않습니다.

수직선에 나타낼 때에는 기준이 되는 수 37에 ○으로 표시하고 왼쪽으로 선을 그어.

33 34 35 36 37 38 39

참고 초과와 미만은 기준이 되는 수가 포함되지 않으므로 수직선에 ○으로 표시하여 나타냅니다.

초과 ○————	미만 ————○

정답 확인 | ❶ 60 ❷ 37

예제 문제 1

알맞은 말에 ○표 하세요.

(1) 16, 19.5, 20, 35 등과 같이 15보다 큰 수를 15 (초과 , 미만)인 수라고 합니다.

(2) 31, 25, 20.6, 30 등과 같이 32보다 작은 수를 32 (초과 , 미만)인 수라고 합니다.

예제 문제 2

주어진 범위에 속하는 수에 ○표 하세요.

(1) 41 초과인 수 ➔ (40 , 41 , 42)

(2) 56 미만인 수 ➔ (55 , 56 , 57)

[1~2] 주어진 범위에 속하는 수에 모두 ○표 하세요.

1 84 초과인 수

(84 , 82 , 79 , 90 , 95)

2 169 미만인 수

(160 , 170 , 169 , 186 , 166)

[3~6] 수의 범위를 수직선에 나타내 보세요.

초과와 미만인 수는 수직선에 ○을 이용하여 나타내.

3 11 초과인 수

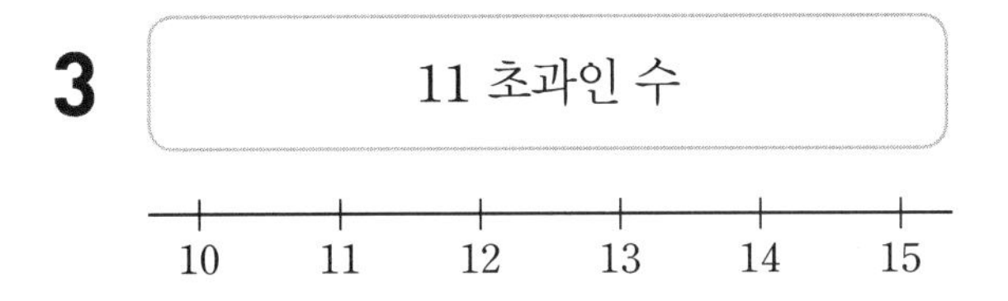

4 47 미만인 수

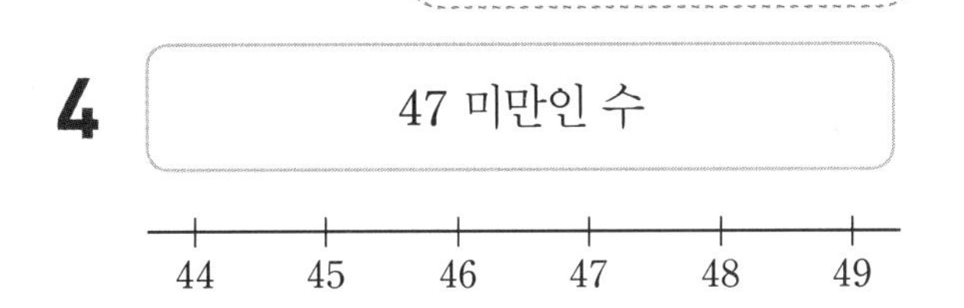

5 83 미만인 수

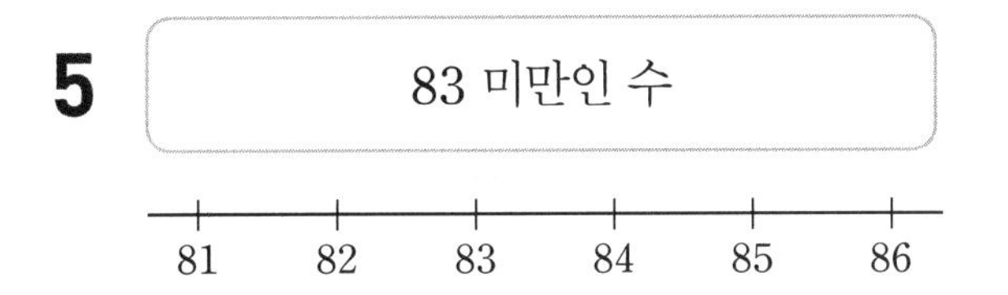

6 100 초과인 수

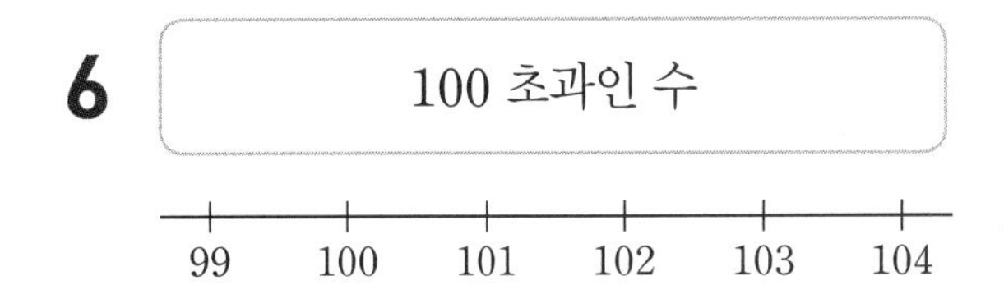

[7~10] 수직선에 나타낸 수의 범위를 쓰려고 합니다. □ 안에 알맞은 수나 말을 써넣으세요.

7

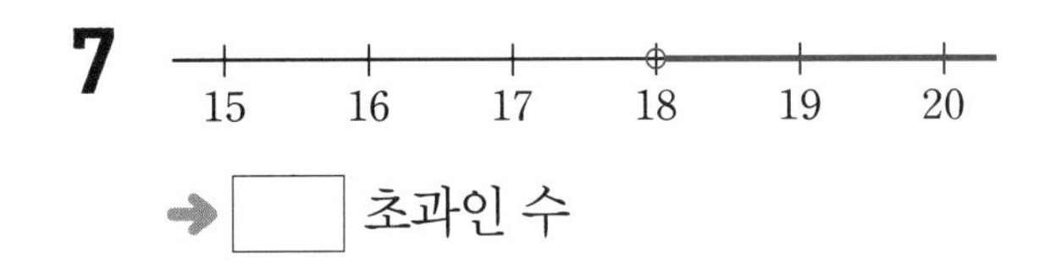

➜ □ 초과인 수

8

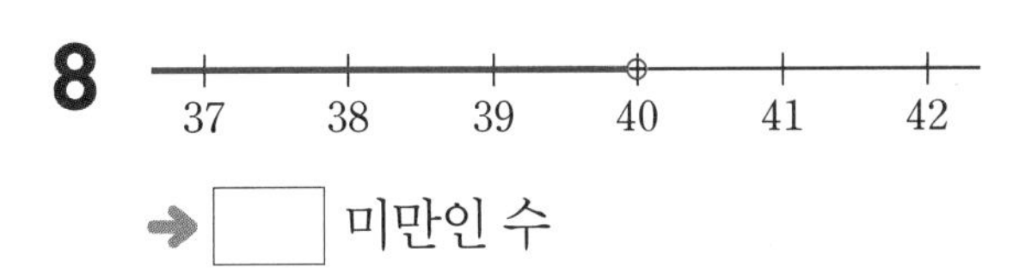

➜ □ 미만인 수

9

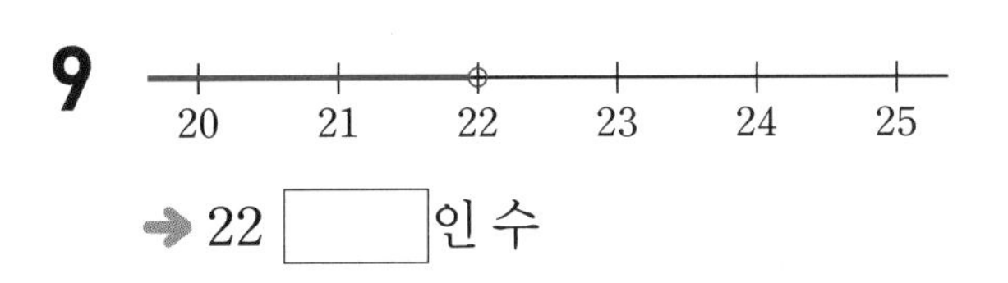

➜ 22 □인 수

10

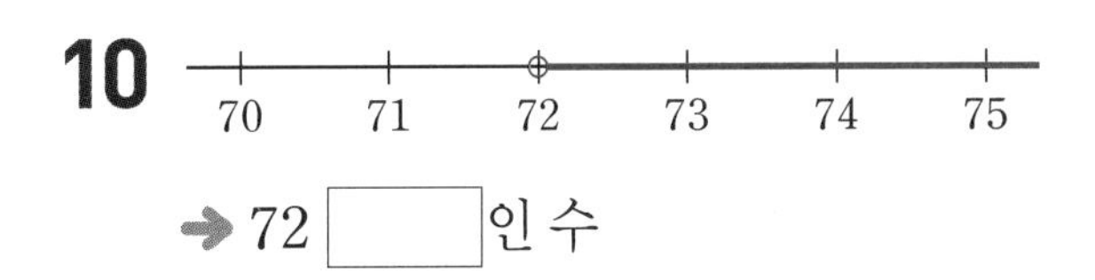

➜ 72 □인 수

개념 빠삭

❸ 수의 범위를 활용하여 문제 해결하기

① 수의 범위를 수직선에 나타내기

6 이상 9 이하인 수 ➔

└ 6과 같거나 크고 9와 같거나 작은 수

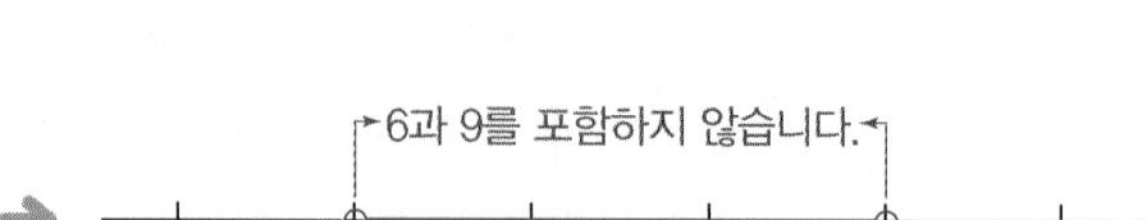

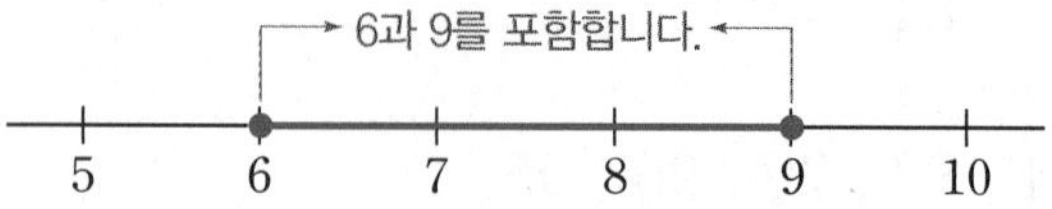

6 초과 9 미만인 수 ➔

└ 6보다 크고 9보다 작은 수

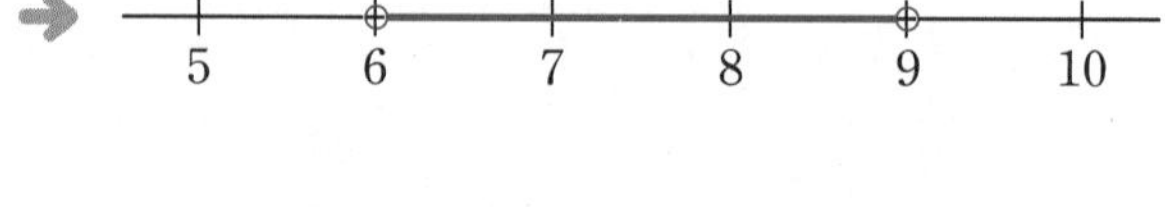

6 이상 9 미만인 수 ➔

└ 6과 같거나 크고 9보다 작은 수

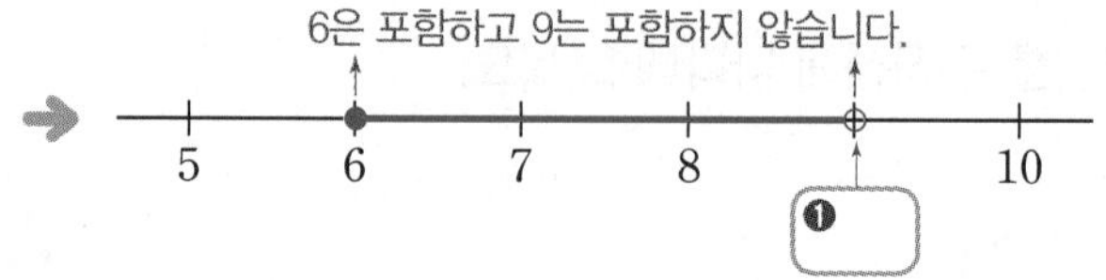

6 초과 9 이하인 수 ➔

└ 6보다 크고 9와 같거나 작은 수

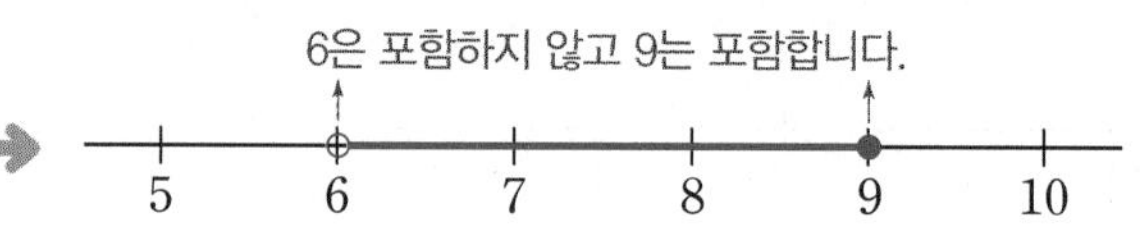

② 수의 범위를 활용하여 문제 해결하기

미술관의 입장료

나이(세)	입장료(원)
7 이상 13 미만	1000
13 이상 19 미만	2000
19 이상	3000

(1) 소연이의 나이가 15살일 때 소연이가 속한 나이의 범위는 ❷ □세 이상 19세 미만이므로 소연이의 입장료는 2000원입니다.

(2) 소연이가 속한 나이의 범위를 수직선에 나타내기

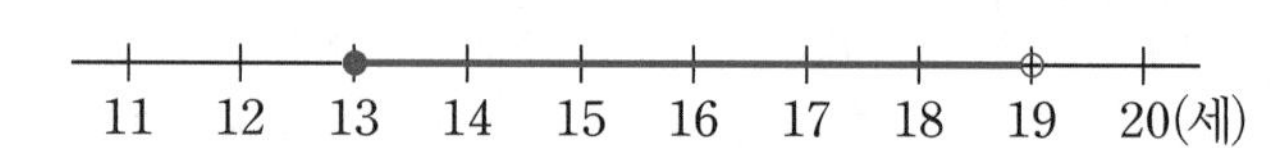

정답 확인 | ❶ 9 ❷ 13

[1~3] 지아는 무게가 8 kg인 택배를 보내려고 합니다. 물음에 답하세요.

무게별 택배 요금

무게(kg)	요금(원)
5 이하	3000
5 초과 10 이하	5000
10 초과 20 이하	8000

예제 문제 1

8 kg이 속하는 무게 범위를 쓰세요.

□ kg 초과 □ kg 이하

예제 문제 2

8 kg이 속하는 무게 범위를 수직선에 바르게 나타낸 것에 ○표 하세요.

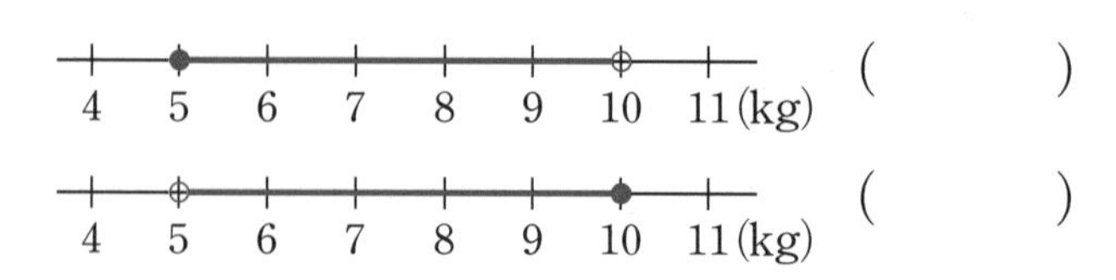

예제 문제 3

지아가 내야 할 요금에 ○표 하세요.

(3000원 , 5000원 , 8000원)

정답과 해설 1쪽

[1~3] 남자 태권도 선수들의 체급별 몸무게를 나타낸 표입니다. 물음에 답하세요.

체급별 몸무게(초등학교 남학생용)

체급	몸무게(kg)
핀급	32 이하
플라이급	32 초과 34 이하
밴텀급	34 초과 36 이하
페더급	36 초과 39 이하

건우 35 kg　민재 38 kg　서준 36 kg

1 건우가 속한 체급을 쓰세요.

( )

2 □ 안에 알맞은 말을 써넣으세요.

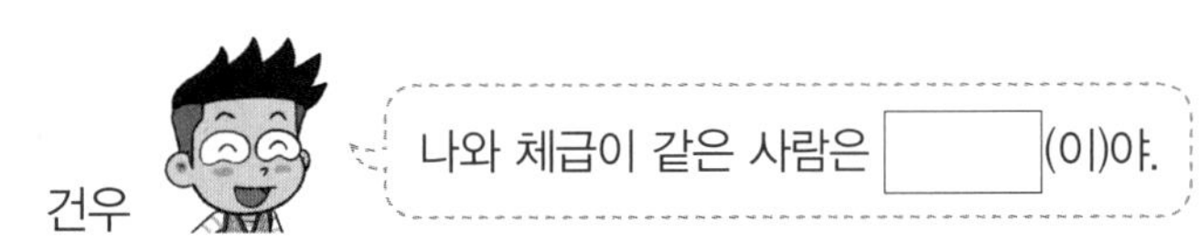

3 건우가 속한 몸무게 범위를 수직선에 바르게 나타낸 것에 ○표 하세요.

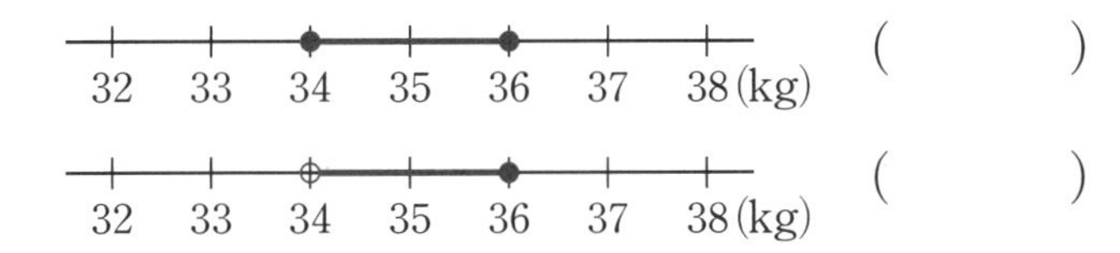

( )

( )

[4~5] 주어진 범위에 속하는 수에 모두 ○표 하세요.

4 25 이상 27 이하인 수

(24 , 25 , 26 , 27 , 28)

5 40 초과 43 미만인 수

(40 , 41 , 42 , 43 , 44)

[6~7] 수직선에 나타낸 수의 범위를 쓰려고 합니다. □ 안에 알맞은 말을 써넣으세요.

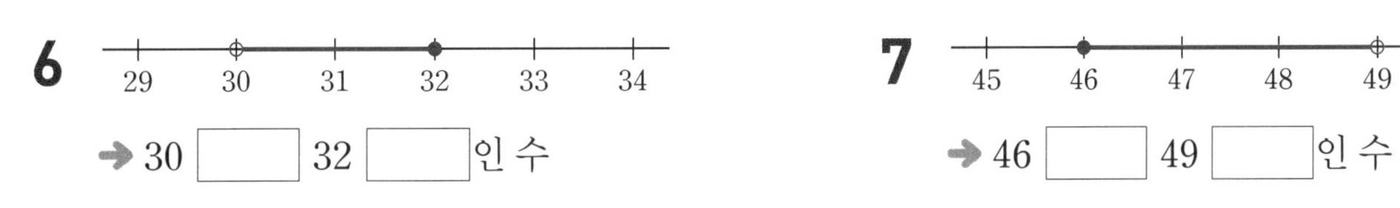

6 ➔ 30 □ 32 □인 수

7 ➔ 46 □ 49 □인 수

2단계 ❶~❸ 익힘책 빠삭

1 이상과 이하

1 25와 같거나 큰 수에 모두 ○표 하고, □ 안에 알맞은 말을 써넣으세요.

18 25 30 19 26 24

➔ 25와 같거나 큰 수를 25 □인 수라고 합니다.

2 40 이하인 수를 모두 찾아 쓰세요.

34 17 41 40 54

( )

[3~4] 현서네 모둠 학생들이 한 학기 동안 읽은 책 수를 조사하여 나타낸 표입니다. 물음에 답하세요.

현서네 모둠 학생들이 한 학기 동안 읽은 책 수

이름	현서	주아	정우	경석
책 수(권)	23	12	30	17

3 읽은 책 수가 23권과 같거나 적은 학생의 이름을 모두 쓰세요.

( )

4 읽은 책 수가 23권 이하인 책 수를 모두 쓰세요.

□권, □권, □권

5 수의 범위를 수직선에 나타내 보세요.

32 이상인 수

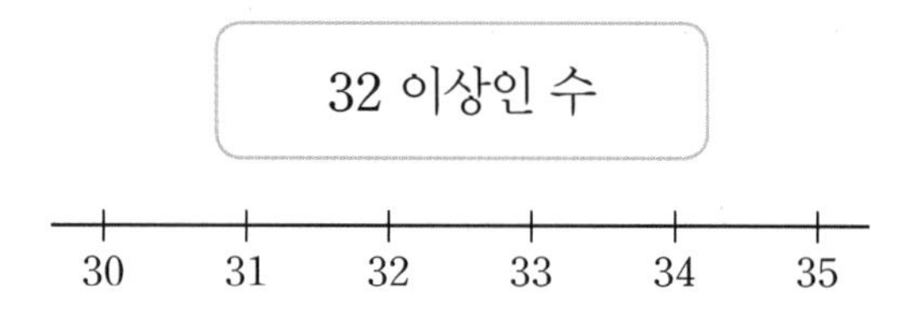

6 서아네 모둠 학생들의 수학 점수입니다. 상을 받은 학생의 이름을 모두 쓰세요.

서아네 모둠 학생들의 수학 점수

이름	서아	도현	유리	연수
점수(점)	76	96	90	88

서아
수학 점수가 90점 이상인 학생은 상을 받았어.

( )

2 초과와 미만

7 19보다 큰 수에 모두 ○표 하고, □ 안에 알맞은 말을 써넣으세요.

19 34 20 74 15

➔ 19보다 큰 수를 19 □인 수라고 합니다.

8 수를 보고 □ 안에 알맞은 수를 써넣으세요.

47 40 42 39 52

(1) 42 초과인 수는 □, □입니다.

(2) 42 미만인 수는 □, □입니다.

9 여러 도시의 11월 최고 기온을 조사하여 나타낸 표입니다. 최고 기온이 15 ℃ 미만인 도시를 모두 찾아 기호를 쓰세요.

도시의 11월 최고 기온

도시	가	나	다	라
기온(℃)	12	15	18	14

( )

10 수의 범위를 수직선에 나타내 보세요.

48 초과인 수

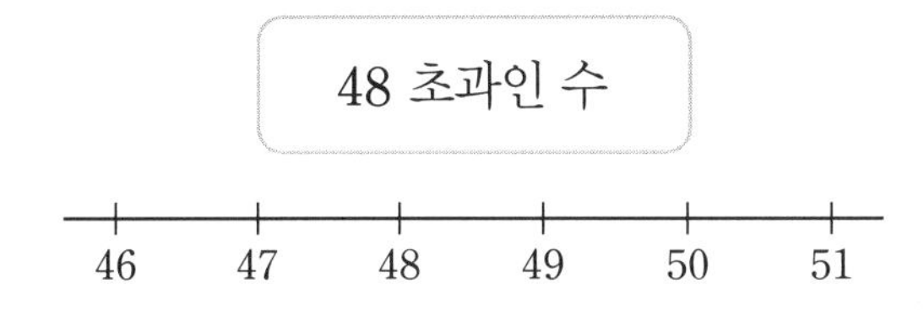

반복문제

11 수의 범위를 수직선에 나타내 보세요.

6.5 미만인 수

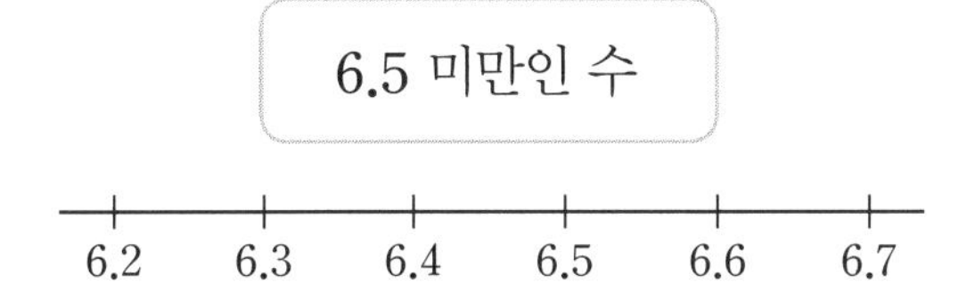

12 무게가 20.5 g 초과인 쿠키만 오른쪽 봉지에 담으려고 합니다. 봉지에 담을 수 있는 쿠키는 모두 **몇 개**인가요?

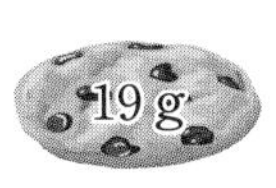

꼭 단위까지 따라 쓰세요.

(개)

3 수의 범위를 활용하여 문제 해결하기

13 32 초과 40 이하인 수에 모두 ○표 하세요.

41　38　32　25　40

14 수직선에 나타낸 수의 범위를 쓰세요.

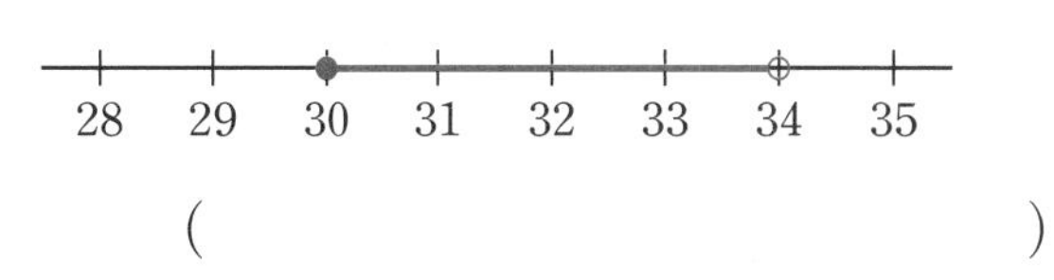

( )

15 점수별 1분 동안 한 팔 굽혀 펴기 횟수를 나타낸 표입니다. 성주의 점수가 2점일 때 성주가 속하는 횟수 범위를 수직선에 나타내 보세요.

점수별 팔 굽혀 펴기 횟수

점수(점)	횟수(회)
1	20 미만
2	20 이상 25 미만
3	25 이상 30 미만
4	30 이상

10　20　30　(회)

16 69를 포함하는 수의 범위를 말한 사람의 이름을 모두 쓰세요.

( )

개념 빠삭

❹ 올림

① 올림 알아보기

올림: 구하려는 자리의 아래 수를 올려서 나타내는 방법

예 125를 올림하여 **십의 자리**까지 나타내기

125 → 130

십의 자리 아래 수인 5를 10으로 봅니다.

예 125를 올림하여 **백의 자리**까지 나타내기

125 → 200

백의 자리 아래 수인 25를 100으로 봅니다.

올림을 할 때 구하려는 자리의 아래 수가 0이 아니면 구하려는 자리로 올려서 나타내~

그리고 구하려는 자리의 아래 수는 모두 0으로 나타내면 돼.

└ 구하려는 자리의 아래 수가 모두 0이면 원래 수를 그대로 씁니다.

② 올림의 활용

예 5학년 학생 217명에게 지우개를 1개씩 나누어 줄 때 사야 할 지우개의 최소 개수 구하기

(1) 10개씩 묶음으로 살 때

217을 올림하여 십의 자리까지 나타내면 **217 → 220**이므로 최소 220개를 사야 합니다.

(2) 100개씩 묶음으로 살 때

217을 올림하여 백의 자리까지 나타내면 **217 → 300**이므로 최소 ❶ [   ]개를 사야 합니다.

③ 소수를 올림하여 나타내기

예 1.635를 올림하여 나타내기

- 소수 첫째 자리까지 나타내기: 1.635 → 1.7
  └ 소수 첫째 자리 아래 수를 0.1로 봅니다.
- 소수 둘째 자리까지 나타내기: 1.635 → 1.6❷ [   ]
  └ 소수 둘째 자리 아래 수를 0.01로 봅니다.

정답 확인 | ❶ 300 ❷ 4

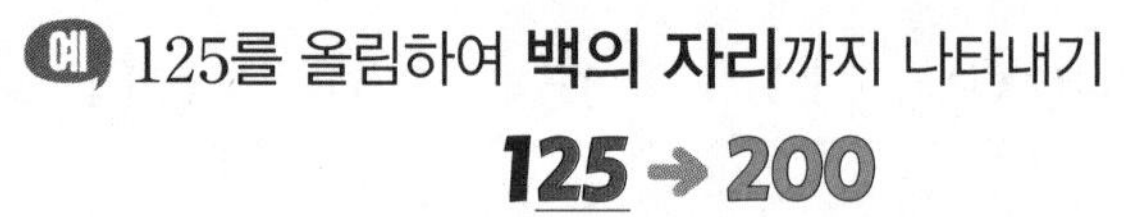

예제 문제 1

주어진 수를 올림하여 십의 자리까지 나타내려고 합니다. □ 안에 알맞은 수를 써넣으세요.

(1) 72 → □0

(2) 255 → 2□0

(3) 446 → 4□□

예제 문제 2

학생 148명에게 칫솔을 1개씩 나누어 주려고 합니다. 물음에 답하세요.

(1) 칫솔을 10개씩 묶음으로 산다면 최소 몇 개를 사야 하는지 ○표 하세요.

(140개 , 150개)

(2) 148을 올림하여 십의 자리까지 나타내면 얼마인가요?

(   )

[1~2] 32800원짜리 모자를 지폐로 사려고 합니다. 최소 얼마가 필요한지 알아보세요.

1 32800원짜리 모자를 1000원짜리 지폐로 사려면 최소 ☐원이 필요합니다.

➔ 32800을 올림하여 천의 자리까지 나타내면 ☐입니다.

2 32800원짜리 모자를 10000원짜리 지폐로 사려면 최소 ☐원이 필요합니다.

➔ 32800을 올림하여 만의 자리까지 나타내면 ☐입니다.

[3~6] 주어진 수를 올림하여 십의 자리까지 나타낸 수에 ○표 하세요.

3 168 ➔ (150 , 160 , 170)

4 234 ➔ (230 , 240 , 250)

5 2817 ➔ (2810 , 2820 , 2830)

6 3426 ➔ (3410 , 3420 , 3430)

[7~8] 주어진 수를 올림하여 백의 자리까지 나타내 보세요.

7 255 ➔ (　　　　)

8 4672 ➔ (　　　　)

[9~10]  와 같이 소수를 올림해 보세요.

보기

2.248을 올림하여 소수 첫째 자리까지 나타내면 2.3입니다.
2.248을 올림하여 소수 둘째 자리까지 나타내면 2.25입니다.

9 3.715를 올림하여 소수 첫째 자리까지 나타내면 ☐입니다.

10 3.715를 올림하여 소수 둘째 자리까지 나타내면 ☐입니다.

1단계 개념 빠삭 ⑤ 버림

1 버림 알아보기

버림: 구하려는 자리의 아래 수를 버려서 나타내는 방법

예 125를 버림하여 **십의 자리**까지 나타내기

125 → 120

십의 자리 아래 수인 5를 0으로 봅니다.

예 125를 버림하여 **백의 자리**까지 나타내기

125 → 100

백의 자리 아래 수인 25를 0으로 봅니다.

버림을 할 때 구하려는 자리의 아래 수를 모두 0으로 바꾸면 돼.

맞아, 구하려는 자리의 수는 그대로야.

└ 구하려는 자리의 아래 수가 모두 0이면 원래 수를 그대로 씁니다.

2 버림의 활용

예 사탕 253개를 상자에 담아 팔 때 팔 수 있는 사탕의 최대 개수 구하기

(1) 한 상자에 10개씩 담아 팔 때

253을 버림하여 십의 자리까지 나타내면

253 → 250이므로 최대 ❶ ☐개까지 팔 수 있습니다.

(2) 한 상자에 100개씩 담아 팔 때

253을 버림하여 백의 자리까지 나타내면

253 → 200이므로 최대 200개까지 팔 수 있습니다.

3 소수를 버림하여 나타내기

예 1.635를 버림하여 나타내기

- 소수 첫째 자리까지 나타내기: 1.635 → 1.❷☐
  └ 소수 첫째 자리 아래 수를 0으로 봅니다.
- 소수 둘째 자리까지 나타내기: 1.635 → 1.63
  └ 소수 둘째 자리 아래 수를 0으로 봅니다.

정답 확인 | ❶ 250 ❷ 6

예제 문제 1

주어진 수를 버림하여 십의 자리까지 나타내려고 합니다. ☐ 안에 알맞은 수를 써넣으세요.

(1) 57 → 5☐

(2) 143 → 1☐0

(3) 328 → 3☐☐

예제 문제 2

과자 315개를 상자에 담아 팔려고 합니다. 물음에 답하세요.

(1) 한 상자에 10개씩 담아 판다면 과자를 최대 몇 개까지 팔 수 있나요?

☐개

(2) 315를 버림하여 십의 자리까지 나타내면 얼마인가요?

(　　　　　)

개념 집중 연습

정답과 해설 3쪽

[1~2] 수정이가 저금통에 동전을 저금했습니다. 저금한 돈이 43250원일 때 지폐로 최대 얼마까지 바꿀 수 있는지 알아보세요.

1

저금한 돈을 1000원짜리 지폐로 바꾼다면 최대 ☐원까지 바꿀 수 있습니다.

→ 43250을 버림하여 천의 자리까지 나타내면 ☐입니다.

2

저금한 돈을 10000원짜리 지폐로 바꾼다면 최대 ☐원까지 바꿀 수 있습니다.

→ 43250을 버림하여 만의 자리까지 나타내면 ☐입니다.

[3~4] 주어진 수를 버림하여 십의 자리까지 나타낸 수에 ○표 하세요.

3 863 → (850 , 860 , 870)

4 1742 → (1700 , 1720 , 1740)

[5~8] 주어진 수를 버림하여 백의 자리까지 나타내 보세요.

5 297 → ( )

6 462 → ( )

7 3255 → ( )

8 6153 → ( )

[9~10] 소수를 버림하여 주어진 자리까지 나타내 보세요.

9 8.26을 버림하여 소수 첫째 자리까지

→ ( )

10 5.351을 버림하여 소수 둘째 자리까지

→ ( )

4~5 익힘책 빠삭

4 올림

1 올림하여 나타낸 수에 ○표 하세요.

(1) 326을 올림하여 십의 자리까지 나타낸 수

(300 , 320 , 330)

(2) 1420을 올림하여 천의 자리까지 나타낸 수

(1000 , 2000 , 3000)

2 수를 올림하여 주어진 자리까지 나타내 보세요.

수	십의 자리까지	백의 자리까지
763		

3 주어진 소수를 올림하여 소수 둘째 자리까지 나타내 보세요.

5.663

(　　　　　　　)

4 올림하여 십의 자리까지 나타낸 수가 다른 하나에 ○표 하세요.

420　　419　　401

5 올림하여 백의 자리까지 나타내면 7600이 되는 수를 찾아 기호를 쓰세요.

㉠ 7602　　㉡ 7599　　㉢ 7480

(　　　　　　　)

6 어느 미술관의 9월 입장객 수가 8526명이라고 합니다. 9월 입장객 수를 올림하여 천의 자리까지 나타내면 **몇 명**인지 쓰세요.

꼭 단위까지 따라 쓰세요.

(　　　　　명)

[7~8] 학생 174명에게 공책을 1권씩 나누어 주려고 합니다. 물음에 답하세요.

1묶음에 10권

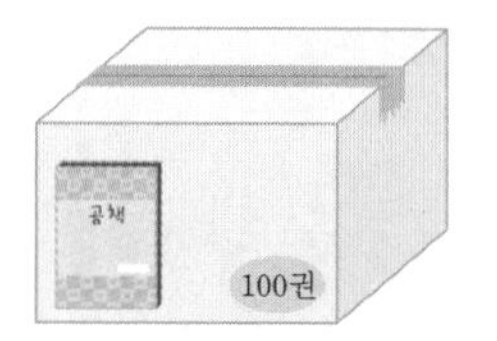

1상자에 100권

7 10권씩 묶여 있는 묶음으로 산다면 공책은 최소 **몇 묶음** 사야 하나요?

(　　　　　묶음)

8 100권씩 들어 있는 상자로 산다면 공책은 최소 **몇 상자** 사야 하나요?

(　　　　　상자)

5 버림

9 주어진 수를 버림하여 천의 자리까지 나타내 보세요.

1370

(　　　　　　　　)

10 수를 버림하여 주어진 자리까지 나타내 보세요.

수	십의 자리까지	백의 자리까지
852		

11 7.724를 버림하여 소수 첫째 자리까지 나타낸 수에 색칠해 보세요.

7.6	7.7	7.8

12 수를 버림하여 백의 자리까지 바르게 나타낸 것을 찾아 기호를 쓰세요.

㉠ 620 ➔ 700
㉡ 4830 ➔ 4900
㉢ 9650 ➔ 9600

(　　　　　　　　)

13 동전 8450원을 1000원짜리 지폐로 바꾼다면 최대 얼마까지 바꿀 수 있는지 구하세요. 꼭 단위까지 따라 쓰세요.

(　　　　　　원　)

14 버림한 수의 크기를 비교하여 더 큰 수에 ○표 하세요.

1509를 버림하여 십의 자리까지 나타낸 수	1496을 버림하여 백의 자리까지 나타낸 수
(　　　)	(　　　)

반복문제

15 버림한 수의 크기를 비교하여 ○ 안에 $>$, $=$, $<$를 알맞게 써넣으세요.

3.432를 버림하여 소수 첫째 자리까지 나타낸 수 ○ 3.442를 버림하여 소수 둘째 자리까지 나타낸 수

16 건우의 여행 가방 비밀번호를 버림하여 백의 자리까지 나타내면 2300입니다. □ 안에 알맞은 수를 써넣으세요.

내 여행 가방의 비밀번호는 2□490야.

1단계 개념 빠삭

⑥ 반올림

▶ 개념동영상 1-⑥

1 수직선을 이용하여 어림하기

예 꽃 축제에 참여한 입장객 수가 3283명일 때 입장객 수를 어림하여 나타내기

(1) 3283을 몇십으로 어림하기

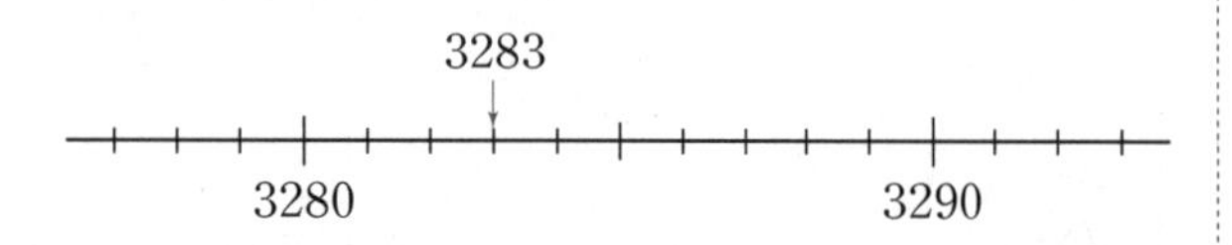

➔ 3283은 3280과 3290 중에서 3280에 더 가까우므로 입장객 수는 약 3280명이라고 할 수 있습니다.

(2) 3283을 몇백으로 어림하기

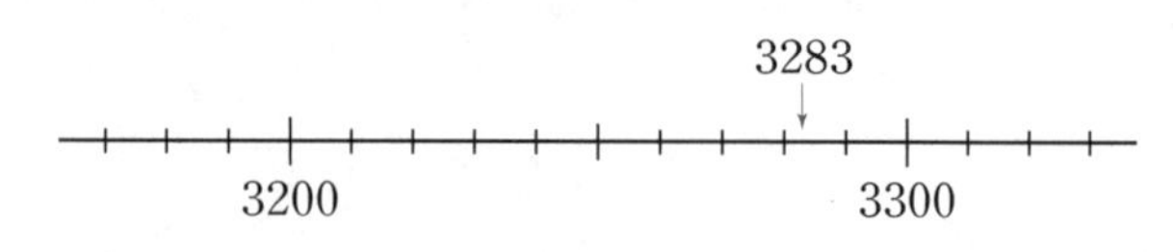

➔ 3283은 3200과 3300 중에서 3300에 더 가까우므로 입장객 수는 약 ❶ ☐명이라고 할 수 있습니다.

2 반올림 알아보기

반올림: **구하려는 자리 바로 아래 자리의 숫자가 0, 1, 2, 3, 4이면 버리고, 5, 6, 7, 8, 9이면 올려서 나타내는 방법**

예 125를 반올림하여 **십의 자리**까지 나타내기

125 ➔ 130

일의 자리 숫자가 5이므로 올립니다.

예 125를 반올림하여 **백의 자리**까지 나타내기

125 ➔ 100

십의 자리 숫자가 2이므로 버립니다.

3 소수를 반올림하여 나타내기

예 1.635를 반올림하여 나타내기

- 소수 첫째 자리까지 나타내기: 1.635 ➔ 1.6
  - 소수 둘째 자리 숫자가 3이므로 버립니다.
- 소수 둘째 자리까지 나타내기: 1.635 ➔ 1.6❷ ☐
  - 소수 셋째 자리 숫자가 5이므로 올립니다.

정답 확인 | ❶ 3300 ❷ 4

예제 문제 1

수직선을 보고 알맞은 수에 ○표 하세요.

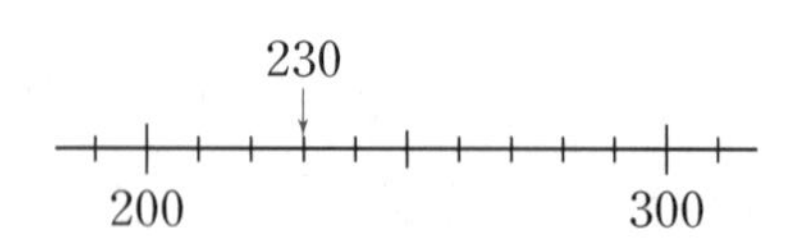

(1) 230은 200과 300 중에서 (200 , 300)에 더 가깝습니다.

(2) 230을 약 몇백으로 나타내면 (200 , 300)입니다.

예제 문제 2

주어진 수를 반올림하여 십의 자리까지 나타내려고 합니다. ☐ 안에 알맞은 수를 써넣으세요.

(1) 65 ➔ ☐0

(2) 837 ➔ 8☐☐

(3) 1562 ➔ 15☐☐

정답과 해설 4쪽

[1~2] 무게가 268 g인 당근이 있습니다. 이 당근의 무게는 약 몇십 g이라고 할 수 있는지 알아보세요.

1 당근의 무게를 수직선에 ↓로 나타내 보세요.

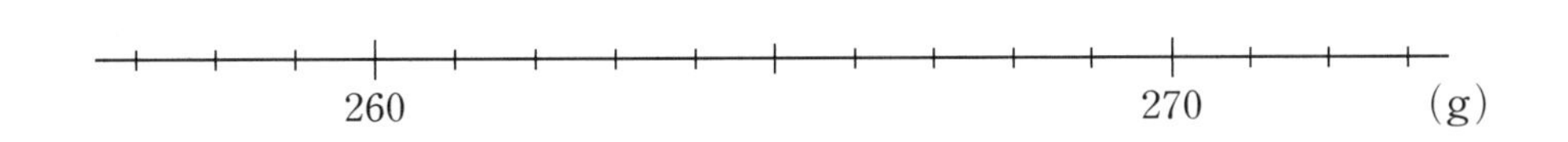

260
270
(g)

2 당근의 무게는 약 몇십 g이라고 할 수 있나요?

268은 260과 270 중에서 ☐에 더 가까우므로 약 ☐ g이라고 할 수 있습니다.

[3~4] 주어진 수를 반올림하여 백의 자리까지 나타낸 수에 ○표 하세요.

3 653 → (500 , 600 , 700)

4 1544 → (1000 , 1500 , 1600)

[5~8] 수를 반올림하여 주어진 자리까지 나타내 보세요.

5 십의 자리까지

5552 → ☐

6 백의 자리까지

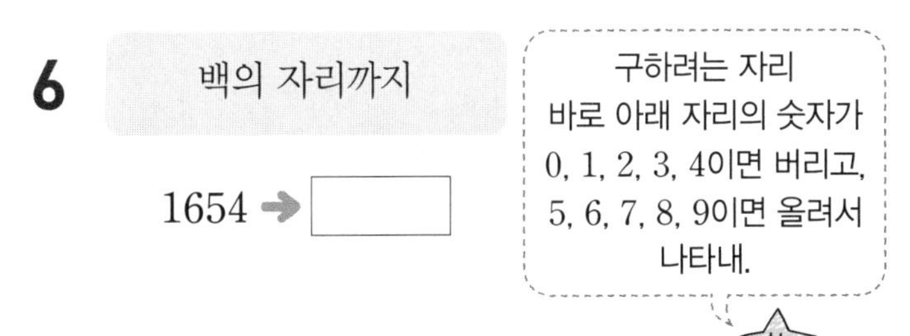

구하려는 자리
바로 아래 자리의 숫자가
0, 1, 2, 3, 4이면 버리고,
5, 6, 7, 8, 9이면 올려서
나타내.

1654 → ☐

7 백의 자리까지

6308 → ☐

8 천의 자리까지

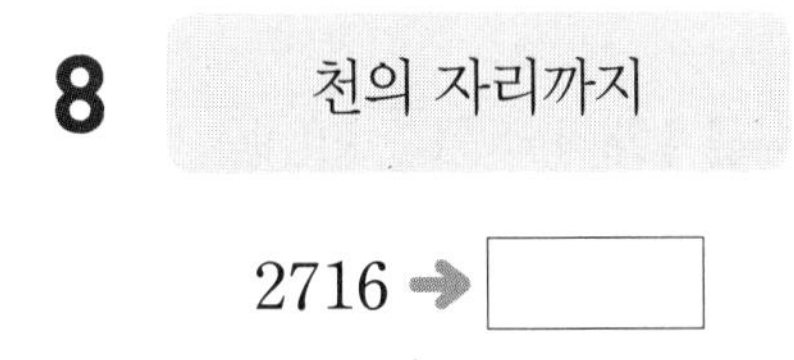

2716 → ☐

[9~10] 소수를 반올림하여 주어진 자리까지 나타내 보세요.

9 6.514를 반올림하여 소수 첫째 자리까지

→ (   )

10 3.169를 반올림하여 소수 둘째 자리까지

→ (   )

개념 빠삭

⑦ 올림, 버림, 반올림을 활용하여 문제 해결하기

1 올림을 활용하는 경우

예 8400원인 장갑을 사고 1000원짜리 지폐로만 낼 때 최소 얼마를 내야 하는지 알아보기

(1) 올림, 버림, 반올림 중에서 알맞은 어림 방법 찾기
모자라지 않게 내야 하므로 **올림**을 이용합니다.

(2) 8400을 **올림하여 천의 자리까지 나타내면** 9000이므로 최소 9000원을 내야 합니다.

2 버림을 활용하는 경우

예 사과 165개를 한 상자에 10개씩 담아 포장할 때 상자에 담아 포장할 수 있는 사과는 최대 몇 개인지 알아보기

(1) 올림, 버림, 반올림 중에서 알맞은 어림 방법 찾기
10개가 되지 않으면 상자에 담아 포장할 수 없으므로 **버림**을 이용합니다.

(2) 165를 **버림하여 십의 자리까지 나타내면** ❶ ☐ 이므로 상자에 담아 포장할 수 있는 사과는 최대 160개입니다.

3 반올림을 활용하는 경우

예 지윤이네 모둠 친구들의 100 m 달리기 기록을 반올림하여 일의 자리까지 나타내기

지윤이네 모둠 친구들의 100 m 달리기 기록

이름	지윤	수진	재호	은채
기록(초)	17.6	19.2	17.8	20.1
반올림한 기록(초)	18	19	❷	20

소수 첫째 자리 숫자를 보고 반올림하여 기록을 자연수로 나타내.

정답 확인 | ❶ 160 ❷ 18

예제 문제 1

학생 63명에게 초콜릿을 1개씩 주려고 합니다. 초콜릿이 10개씩 포장되어 있다면 초콜릿을 최소 몇 개 사야 하는지 알아보세요.

(1) 어림 방법 중에서 알맞은 것에 ○표 하세요.
(올림 , 버림)

(2) 초콜릿을 최소 몇 개 사야 하나요?

☐개

예제 문제 2

종이 인형을 한 개 만드는 데 색종이가 10장 필요합니다. 색종이 108장으로 종이 인형을 최대 몇 개까지 만들 수 있는지 알아보세요.

(1) 어림 방법 중에서 알맞은 것에 ○표 하세요.
(올림 , 버림)

(2) 색종이 108장으로 종이 인형을 최대 몇 개까지 만들 수 있나요?

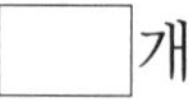개

[1~2] 재민이는 문구점에서 7300원짜리 물감을 샀습니다. 1000원짜리 지폐로만 물감값을 내려면 최소 얼마를 내야 하는지 알아보세요.

1 알맞은 말이나 수에 ○표 하세요.

7300원을 (올림 , 버림 , 반올림)하여 (7000 , 7400 , 8000)원으로 생각합니다.

2 1000원짜리 지폐로만 물감값을 내려면 최소 얼마를 내야 하나요?

(   )원

[3~4] 토마토 318개를 상자에 담아 판매하려고 합니다. 한 상자에 토마토를 10개씩 담아서 판매한다면 최대 몇 상자까지 판매할 수 있는지 알아보세요.

3 알맞은 말이나 수에 ○표 하세요.

토마토 318개를 (올림 , 버림 , 반올림)하여 (300 , 310 , 320)개로 생각합니다.

4 토마토를 최대 몇 상자까지 판매할 수 있나요?

(   )상자

5 3일 동안의 미술관 입장객 수입니다. 입장객 수를 반올림하여 십의 자리까지 나타내 보세요.

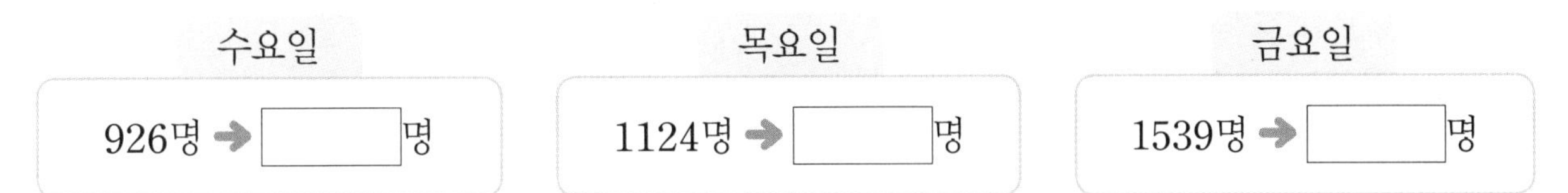

6 유리네 모둠 친구들의 키를 나타낸 표입니다. 키를 반올림하여 일의 자리까지 나타내 표를 완성해 보세요.

유리네 모둠 친구들의 키

이름	유리	건아	소희	은채
키(cm)	156.8	146.4	162.5	150.3
반올림한 키(cm)		146	163	

2단계 6~7 익힘책 빠삭

6 반올림

1 주어진 수를 반올림하여 십의 자리까지 나타내 보세요.

425 ➔ (　　　　　　)

2 8267을 반올림하여 주어진 자리까지 나타내 보세요.

십의 자리까지	백의 자리까지	천의 자리까지
8270		

3 1.735를 반올림하여 소수 둘째 자리까지 나타낸 것에 ○표 하세요.

1.73	1.74
(　　)	(　　)

4 반올림하여 천의 자리까지 나타내면 3000이 되는 수가 아닌 것을 모두 고르세요. ······· (　　　　)

① 2546　② 3218　③ 3679
④ 2497　⑤ 3361

5 설악산의 높이는 1708 m입니다. 설악산의 높이를 반올림하여 십의 자리까지 나타내 보세요. 꼭 단위까지 따라 쓰세요.

(　　　　m　)

반복문제

6 경주 불국사에 있는 다보탑의 높이는 10.29 m입니다. 다보탑의 높이를 반올림하여 소수 첫째 자리까지 나타내 보세요.

(　　　　m　)

7 □ 안에 반올림하여 나타낸 수를 써넣고 크기를 비교하여 ○ 안에 >, =, <를 알맞게 써넣으세요.

4786을 반올림하여 백의 자리까지 나타낸 수
➔ 

○ 4800

8 □ 안에 들어갈 수 있는 일의 자리 숫자를 모두 구하세요.

814□

이 수를 반올림하여 십의 자리까지 나타내면 8150이야.

(　　　　　　)

7 올림, 버림, 반올림을 활용하여 문제 해결하기

9 호박의 무게 3.8 kg을 1 kg 단위로 가까운 쪽의 눈금을 읽으면 **몇 kg**인지 구하세요.

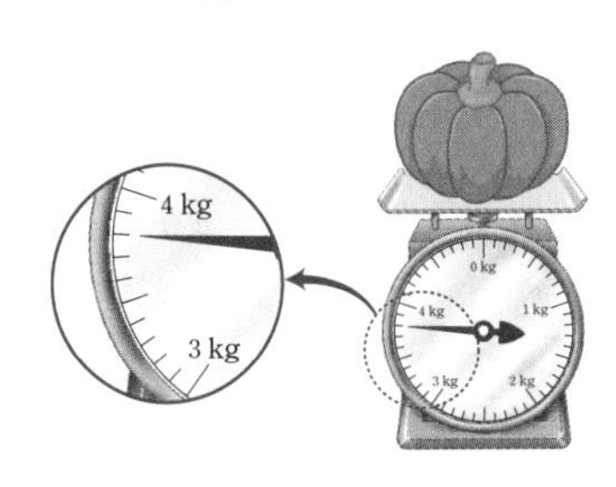

꼭 단위까지 따라 쓰세요.

(kg)

10 학생 213명이 모두 케이블카를 타려고 기다리고 있습니다. 케이블카가 한 번 운행할 때 10명씩 탈 수 있을 때 케이블카는 최소 몇 번 운행해야 하는지 알아보세요.

(1) 올림, 버림, 반올림 중에서 어떤 방법으로 어림해야 하나요?

( )

(2) 케이블카는 최소 **몇 번** 운행해야 하나요?

(번)

11 오징어 2449마리를 100마리씩 묶어서 팔려고 합니다. 오징어를 최대 몇 마리까지 팔 수 있는지 알아보세요.

(1) 올림, 버림, 반올림 중에서 어떤 방법으로 어림해야 하나요?

( )

(2) 오징어를 최대 **몇 마리**까지 팔 수 있나요?

(마리)

12 준호네 집에서 각 장소까지의 거리를 나타낸 표입니다. 집에서 각 장소까지의 거리를 반올림하여 십의 자리까지 나타내 보세요.

준호네 집에서 각 장소까지의 거리

장소	공원	병원	학교
거리(m)	1863	657	732
반올림한 거리(m)			

13 오른쪽 과자를 사는 데 필요한 돈을 알맞게 어림한 사람은 누구인가요?

1000원짜리 지폐로만 내려면 2000원을 내야 해.

100원짜리 동전으로만 내려면 1700원을 내야 해.

( )

14 빵을 만들기 위해 밀가루 2680 g이 필요합니다. 가게에서 밀가루를 100 g 단위로만 판다면 밀가루를 최소 **몇 g** 사야 하나요?

(g)

15 운동회 때 나누어 줄 상품을 한 개 포장하는 데 끈이 1 m 필요합니다. 끈 758 cm로 상품을 최대 **몇 개**까지 포장할 수 있나요?

(개)

점수 점

1 알맞은 말에 ○표 하세요.

32, 17, 24.5, 30 등과 같이 32와 같거나 작은 수를 32 (이상 , 이하)인 수라고 합니다.

2 주어진 수를 올림하여 백의 자리까지 나타낸 수에 ○표 하세요.

2156 ➔ (2000 , 2100 , 2200)

3 24 초과인 수가 아닌 것에 △표 하세요.

26 37 40 24 29

4 15820을 반올림하여 주어진 자리까지 나타내 보세요.

백의 자리까지	천의 자리까지

[5~6] 유주네 모둠 학생들의 키를 조사하여 나타낸 표입니다. 물음에 답하세요.

유주네 모둠 학생들의 키

이름	유주	수현	지민	혁진
키(cm)	143.0	142.2	139.5	144.8

5 키가 143 cm 이상인 학생의 이름을 모두 쓰세요.

( )

6 키가 143 cm 미만인 학생의 키를 모두 쓰세요.

( )

7 버림하여 백의 자리까지 나타낸 수가 3700이 아닌 수를 말한 사람의 이름을 쓰세요.

( )

1 수의 범위와 어림하기

8 수의 범위를 수직선에 나타내 보세요.

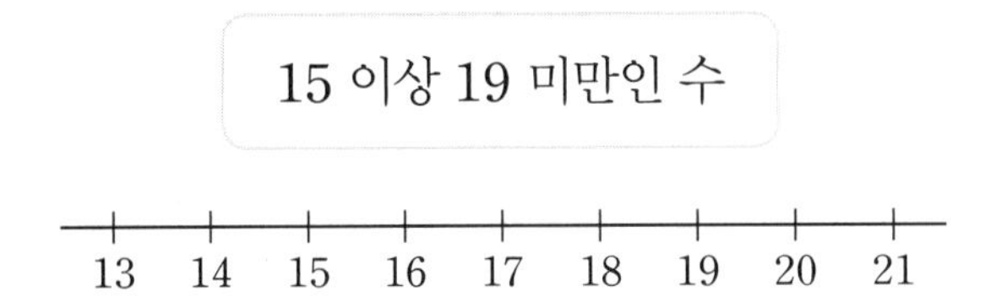

9 지우개의 길이는 몇 cm인지 반올림하여 일의 자리까지 나타내 보세요.

( )

10 어느 동영상 조회 수가 50320회입니다. 조회 수를 올림, 버림, 반올림하여 천의 자리까지 나타내 보세요.

올림	버림	반올림
회	회	회

11 수직선에 나타낸 수의 범위를 쓰세요.

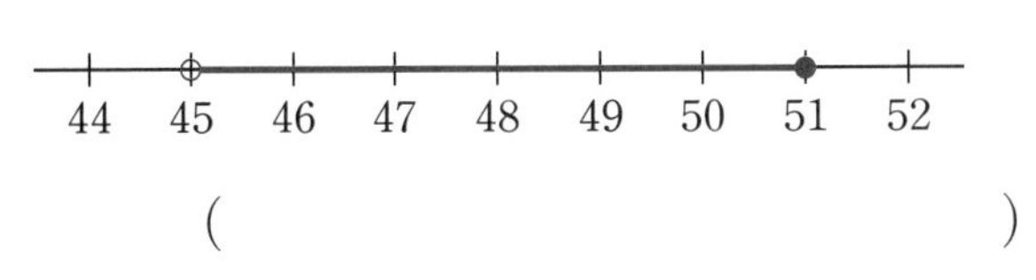

( )

12 어림하여 나타낸 수의 크기를 비교하여 ○ 안에 >, =, <를 알맞게 써넣으세요.

3675를 버림하여 백의 자리까지 나타낸 수	○	3675를 반올림하여 백의 자리까지 나타낸 수

13 지수는 5470원을 가지고 은행에 가서 100원짜리 동전으로만 바꾸려고 합니다. 바꿀 수 있는 금액은 최대 얼마인지 구하세요.

( )

14 윤기와 친구들이 놀이 공원에 갔습니다. 바이킹은 키가 140 cm 이상인 사람만 탈 수 있습니다. 바이킹을 탈 수 있는 사람의 이름을 모두 쓰세요.

윤기와 친구들의 키

이름	윤기	서현	진아	보현	민주
키(cm)	138.8	140.0	150.2	125.9	139.5

( )

15 지우개 549개를 상자에 모두 담으려고 합니다. 한 상자에 100개씩 담을 수 있을 때 상자는 최소 몇 개가 필요한지 구하세요.

( )

16 하루 동안 우리나라 여러 도시의 강수량을 조사하여 나타낸 표입니다. 강수량 범위에 속하는 도시 이름을 찾아 표를 완성해 보세요.

도시별 강수량

도시	서울	인천	부산	대구	제주
강수량(mm)	16.0	25.2	28.4	23.0	15.5

도시별 강수량

강수량(mm)	도시
20 이하	서울, 제주
20 초과 23 이하	
23 초과 26 이하	
26 초과	

17 130을 포함하는 수의 범위를 모두 찾아 기호를 쓰세요.

㉠ 130 이상 135 미만인 수
㉡ 130 초과 133 이하인 수
㉢ 129 초과 134 미만인 수
㉣ 125 이상 130 미만인 수

( )

18 □ 안에 들어갈 수 있는 일의 자리 숫자를 모두 구하세요.

53□를 반올림하여 십의 자리까지 나타내면 530이야.

( )

19 버림하여 백의 자리까지 나타내면 9600이 되는 자연수 중에서 가장 큰 수는 얼마인가요?

( )

20 수 카드 4장을 한 번씩만 사용하여 만들 수 있는 가장 큰 네 자리 수를 올림하여 백의 자리까지 나타내 보세요.

7 9 3 6

( )

해결 팁!

20. 가장 큰 수를 만들려면 높은 자리부터 큰 수를 차례로 놓습니다.
예 수 카드 5, 1, 2, 7 을 한 번씩만 사용하여 만들 수 있는 가장 큰 네 자리 수
➔ 7521

틀린 그림을 찾아라!

스마트폰으로 QR코드를 찍으면 정답이 보여요.

 신체검사를 하는 날 학생들이 키와 몸무게를 재고 있습니다. 두 그림에서 서로 다른 3곳을 찾아 ○표 하세요.

키 158 cm를 반올림하여 십의 자리까지 나타내면 몇 cm야?

일의 자리 숫자가 8이므로 올림하여 ☐ cm야.

몸무게 44.3 kg을 반올림하여 일의 자리까지 나타내면 몇 kg이야?

소수 첫째 자리 숫자가 3이므로 버림하여 ☐ kg이지.

2 분수의 곱셈

2단원 학습 계획표

✔ 이 단원의 표준 학습 일수는 5일입니다. 계획대로 공부한 후 확인란에 사인을 받으세요.

이 단원에서 배울 내용	쪽수	계획한 날	확인
1단계 **개념 빠삭** ❶ (진분수)×(자연수) ❷ (대분수)×(자연수)	32~35쪽	월 일	확인했어요!
2단계 **익힘책 빠삭**	36~37쪽		
1단계 **개념 빠삭** ❸ (자연수)×(진분수) ❹ (자연수)×(대분수)	38~41쪽	월 일	확인했어요!
2단계 **익힘책 빠삭**	42~43쪽		
1단계 **개념 빠삭** ❺ 진분수의 곱셈 (1) ❻ 진분수의 곱셈 (2) ❼ 대분수가 있는 곱셈	44~49쪽	월 일	확인했어요!
2단계 **익힘책 빠삭**	50~51쪽	월 일	확인했어요!
TEST **2단원 평가**	52~54쪽	월 일	확인했어요!

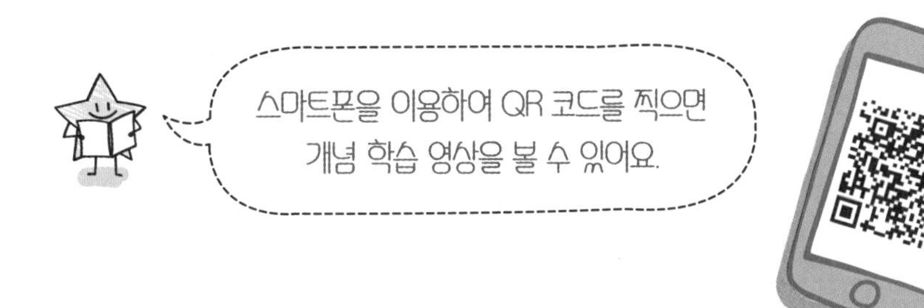

스마트폰을 이용하여 QR 코드를 찍으면
개념 학습 영상을 볼 수 있어요.

씨앗도 안 뿌렸는데 자라는 것은?

난센스 수수께끼

한 가지씩 채소를 키워 보세요.
채소 알아보기

방울토마토를 키워 봐야 겠어.

음, 휴대폰으로 검색해야지~

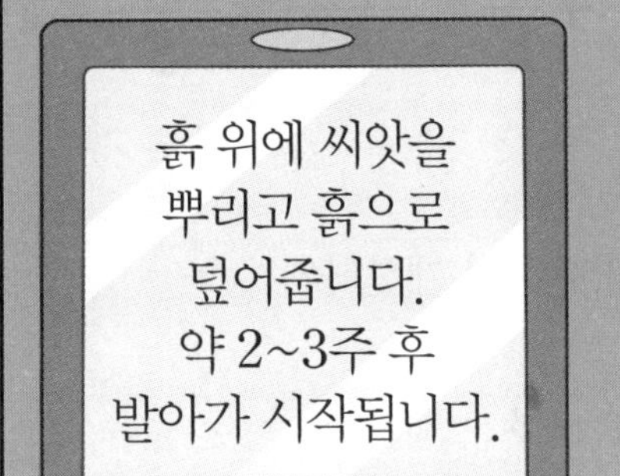

흙 위에 씨앗을 뿌리고 흙으로 덮어줍니다. 약 2~3주 후 발아가 시작됩니다.

방울토마토 따면 여자 친구 줘야지 ♥♥

다음 날~
2주 후~~
화분 1개에는 싹이 안 났어. ㅜㅜ
씨앗도 안 뿌렸는데 자라는 것도 있단다.
그게 뭔데요?

|정답| 수염

❶ (진분수)×(자연수)

① (단위분수)×(자연수)

└ 분자가 1인 분수

예 $\frac{1}{4}\times3$의 계산

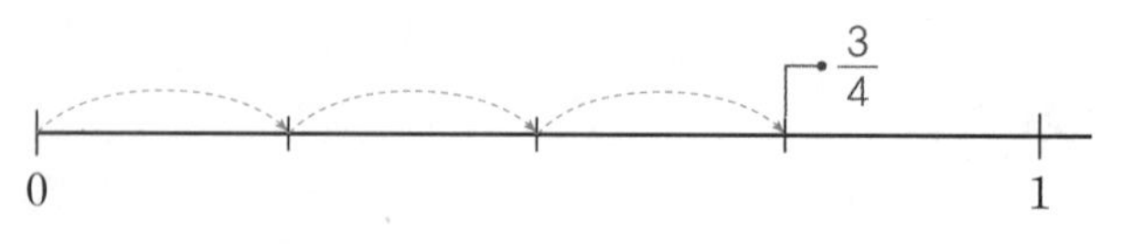

$$\frac{1}{4}\times3=\frac{1}{4}+\frac{1}{4}+\frac{1}{4}=\frac{1\times3}{4}=\frac{❶}{4}$$

단위분수의 분자인 1과 자연수를 곱하여 계산해.

② (진분수)×(자연수)

└ 분자가 분모보다 작은 분수

예 $\frac{2}{5}\times4$의 계산

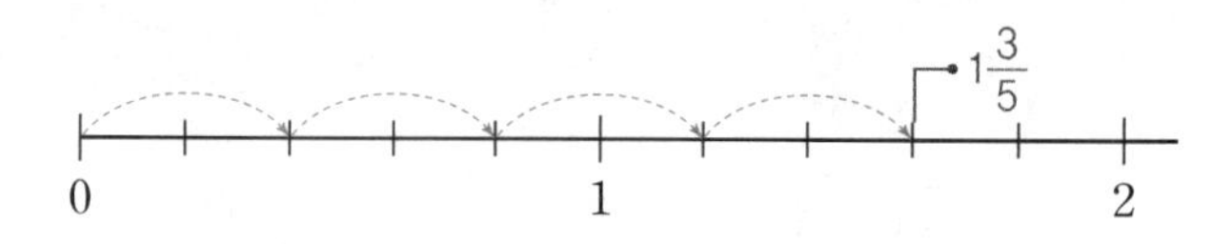

$$\frac{2}{5}\times4=\frac{2}{5}+\frac{2}{5}+\frac{2}{5}+\frac{2}{5}=\frac{2\times4}{5}=\frac{❷}{5}=1\frac{3}{5}$$

진분수의 분모는 그대로 두고 진분수의 분자와 자연수를 곱하여 계산해.

예 $\frac{5}{9}\times6$의 계산

방법 1 분수의 곱셈을 다 한 이후에 약분하여 계산하기

$$\frac{5}{9}\times6=\frac{5\times6}{9}=\frac{\overset{10}{\cancel{30}}}{\underset{3}{\cancel{9}}}=\frac{10}{3}=3\frac{1}{3}$$

방법 2 분수의 곱셈을 하는 과정에서 분모와 자연수를 약분하여 계산하기

$$\frac{5}{\underset{3}{\cancel{9}}}\times\overset{2}{\cancel{6}}=\frac{5\times2}{3}=\frac{10}{3}=3\frac{❸}{3}$$

정답 확인 | ❶ 3 ❷ 8 ❸ 1

예제 문제 1

수직선을 보고 □ 안에 알맞은 수를 써넣으세요.

0 ———— 1

$$\frac{1}{6}\times5=\frac{1}{6}+\frac{1}{6}+\frac{1}{6}+\frac{1}{6}+\frac{1}{6}$$

$$=\frac{1\times\square}{6}=\frac{\square}{6}$$

예제 문제 2

그림을 보고 □ 안에 알맞은 수를 써넣으세요.

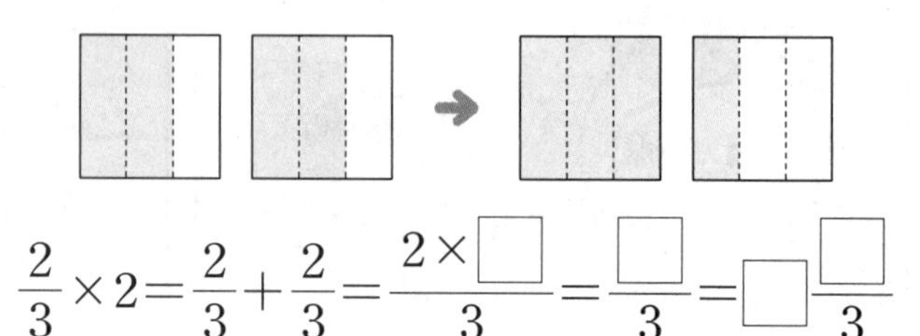

$$\frac{2}{3}\times2=\frac{2}{3}+\frac{2}{3}=\frac{2\times\square}{3}=\frac{\square}{3}=\square\frac{\square}{3}$$

정답과 해설 7쪽

[1~2] $\frac{7}{9}\times 6$을 두 가지 방법으로 계산하려고 합니다. □ 안에 알맞은 수를 써넣으세요.

1 $\frac{7}{9}\times 6=\frac{7\times 6}{9}=\frac{\cancel{42}^{\square}}{\cancel{9}_{3}}=\frac{\square}{3}=\square\frac{\square}{3}$

2 $\frac{7}{\cancel{9}_{3}}\times \cancel{6}^{\square}=\frac{7\times\square}{3}=\frac{\square}{3}=\square\frac{\square}{3}$

[3~4] 보기 와 같은 방법으로 계산해 보세요.

보기

$\frac{7}{10}\times 4=\frac{7\times 4}{10}=\frac{\cancel{28}^{14}}{\cancel{10}_{5}}=\frac{14}{5}=2\frac{4}{5}$

보기 는 분수의 곱셈을 다 한 이후에 약분하여 계산했어.

3 $\frac{5}{6}\times 3$

4 $\frac{7}{12}\times 9$

[5~10] 계산해 보세요.

5 $\frac{1}{7}\times 8$

6 $\frac{1}{6}\times 21$

7 $\frac{3}{8}\times 3$

8 $\frac{2}{9}\times 7$

9 $\frac{3}{14}\times 21$

10 $\frac{3}{20}\times 5$

개념 빠삭 ❷ (대분수)×(자연수)

예 $1\frac{1}{5}\times 3$의 계산

방법 1 대분수를 가분수로 나타내 계산하기

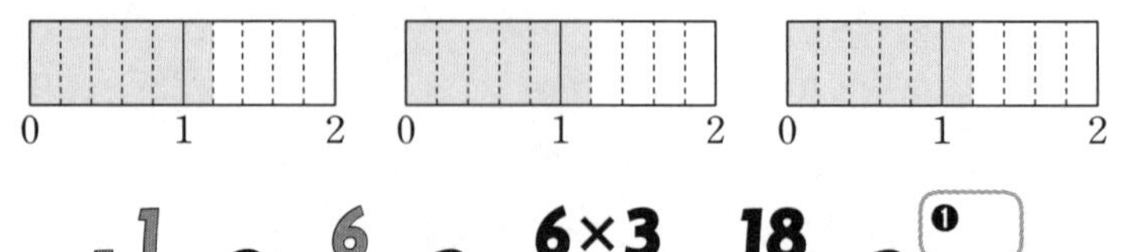

$$1\frac{1}{5}\times 3=\frac{6}{5}\times 3=\frac{6\times 3}{5}=\frac{18}{5}=3\frac{❶}{5}$$

대분수를 가분수로 나타내기

> 대분수를 가분수로 나타낸 후 분수의 분모는 그대로 두고 분수의 분자와 자연수를 곱하여 계산합니다.

방법 2 대분수를 자연수와 진분수의 합으로 바꾸어 계산하기

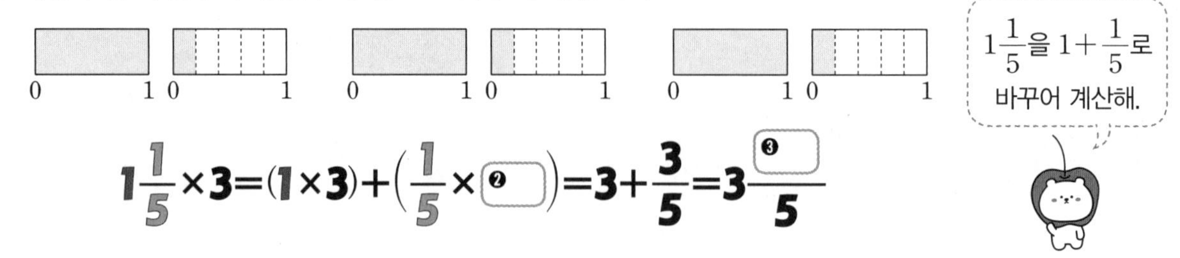

$$1\frac{1}{5}\times 3=(1\times 3)+\left(\frac{1}{5}\times ❷\right)=3+\frac{3}{5}=3\frac{❸}{5}$$

> 대분수를 자연수와 진분수의 합으로 바꾼 후 자연수 부분과 진분수 부분에 각각 자연수를 곱하여 더합니다.

정답 확인 | ❶ 3 ❷ 3 ❸ 3

[1~2] 그림을 보고 $1\frac{1}{3}\times 2$를 두 가지 방법으로 계산하려고 합니다. 물음에 답하세요.

예제 문제 1

대분수를 가분수로 나타내 계산해 보세요.

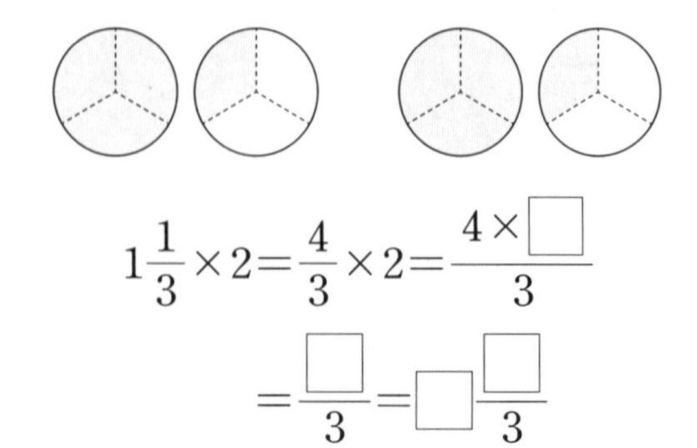

$$1\frac{1}{3}\times 2=\frac{4}{3}\times 2=\frac{4\times\square}{3}$$
$$=\frac{\square}{3}=\square\frac{\square}{3}$$

예제 문제 2

대분수를 자연수와 진분수의 합으로 바꾸어 계산해 보세요.

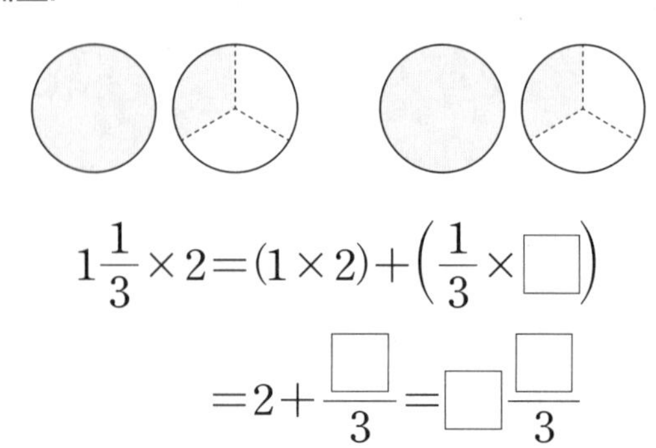

$$1\frac{1}{3}\times 2=(1\times 2)+\left(\frac{1}{3}\times\square\right)$$
$$=2+\frac{\square}{3}=\square\frac{\square}{3}$$

개념 집중 연습

정답과 해설 7쪽

[1~2] $2\frac{2}{7}\times3$을 두 가지 방법으로 계산하려고 합니다. □ 안에 알맞은 수를 써넣으세요.

1 $2\frac{2}{7}\times3=\frac{\square}{7}\times3=\frac{\square\times3}{7}$

$=\frac{\square}{7}=\square\frac{\square}{7}$

2 $2\frac{2}{7}\times3=(2\times3)+\left(\frac{2}{7}\times\square\right)$

$=\square+\frac{\square}{7}=\square\frac{\square}{7}$

3 보기 와 같이 대분수를 가분수로 나타내 계산해 보세요.

> 보기
>
> $1\frac{1}{8}\times6=\frac{9}{\cancel{8}_{4}}\times\cancel{6}^{3}=\frac{27}{4}=6\frac{3}{4}$

$1\frac{2}{9}\times3$

4 보기 와 같이 대분수를 자연수와 진분수의 합으로 바꾸어 계산해 보세요.

> 보기
>
> $1\frac{1}{4}\times3=(1\times3)+\left(\frac{1}{4}\times3\right)=3+\frac{3}{4}=3\frac{3}{4}$

$1\frac{2}{9}\times2$

[5~8] 계산해 보세요.

대분수를 가분수로 나타내거나 자연수와 진분수의 합으로 바꾸어 계산해.

5 $1\frac{7}{8}\times5$

6 $1\frac{1}{2}\times7$

7 $2\frac{3}{10}\times4$

8 $1\frac{5}{6}\times8$

❶~❷ 익힘책 빠삭

1 (진분수)×(자연수)

1 그림을 보고 □ 안에 알맞은 수를 써넣으세요.

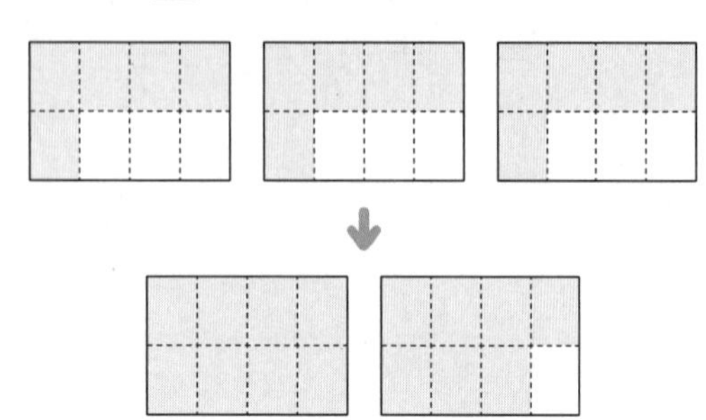

$$\frac{5}{8}\times 3=\frac{\square}{8}+\frac{\square}{8}+\frac{\square}{8}=\frac{5\times\square}{8}$$
$$=\frac{\square}{8}=\square\frac{\square}{8}$$

2 계산해 보세요.

(1) $\frac{1}{12}\times 4$

(2) $\frac{4}{15}\times 3$

3 계산 결과가 $\frac{1}{5}\times 4$와 같은 것을 찾아 ○표 하세요.

$\frac{1}{5}+\frac{1}{5}+\frac{1}{5}$	$\frac{1\times 4}{5}$	$\frac{1}{5\times 4}$
(　　)	(　　)	(　　)

4 두 수의 곱을 구하세요.

$\frac{3}{10}$　　5

(　　　　　　)

반복문제

5 ㉠×㉡의 값을 구하세요.

㉠ $\frac{9}{16}$　　㉡ 24

(　　　　　　)

6 바르게 계산한 사람을 찾아 이름을 쓰세요.

$\frac{1}{4}\times 8=\frac{1}{2}$

$\frac{2}{5}\times 10=4$

서준　　은우

(　　　　　　)

서술형 첫 단계

7 컵 한 개에 주스가 $\frac{2}{9}$ L씩 들어 있습니다. 컵 6개에 들어 있는 주스는 모두 **몇 L**인가요?

식 ____________________

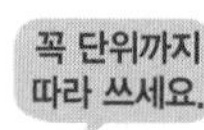

답 ____________ L

2 (대분수)×(자연수)

8 계산해 보세요.

(1) $1\frac{1}{6}\times3$

(2) $1\frac{3}{8}\times2$

9 ㉠, ㉡, ㉢에 알맞은 수를 각각 구하세요.

$$2\frac{2}{5}\times2=(2\times2)+\left(\frac{2}{5}\times㉠\right)$$
$$=4+\frac{㉡}{5}=㉢$$

㉠ (　　　　　)
㉡ (　　　　　)
㉢ (　　　　　)

10 빈 곳에 알맞은 수를 써넣으세요.

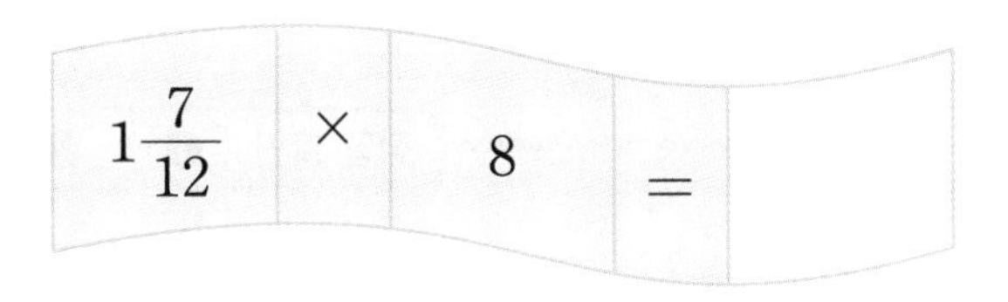

11 크기를 비교하여 더 큰 것에 ○표 하세요.

$1\frac{5}{6}\times4$	5
(　　)	(　　)

12 계산 결과를 찾아 이어 보세요.

$2\frac{1}{4}\times3$ •　　　• $6\frac{1}{4}$

$3\frac{5}{8}\times2$ •　　　• $6\frac{3}{4}$

　　　　　　　　• $7\frac{1}{4}$

13 계산에서 잘못된 부분을 찾아 바르게 고쳐 보세요.

$$3\frac{1}{3}\times5=\frac{10}{3}\times5=\frac{10\times5}{3\times5}$$
$$=\frac{\overset{10}{\cancel{50}}}{\underset{3}{\cancel{15}}}=\frac{10}{3}=3\frac{1}{3}$$

$3\frac{1}{3}\times5$ ______________________

14 한 변의 길이가 $4\frac{5}{12}$ cm인 정삼각형입니다. 이 정삼각형의 둘레는 **몇 cm**인가요?

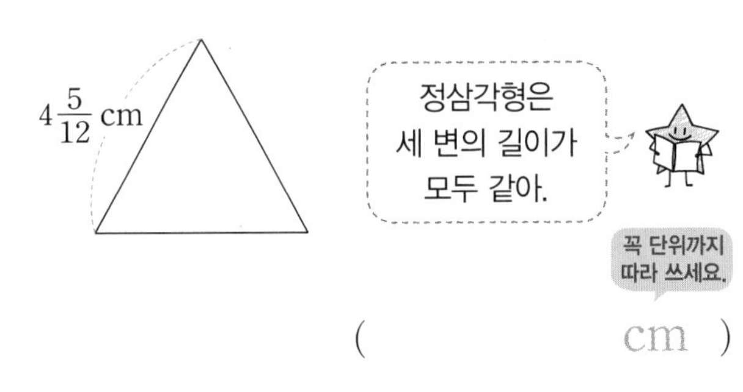

$4\frac{5}{12}$ cm
정삼각형은
세 변의 길이가
모두 같아.

꼭 단위까지 따라 쓰세요.

(　　　　　cm)

❸ (자연수)×(진분수)

예 $9\times\frac{2}{3}$의 계산 → 자연수가 분모의 배수인 경우

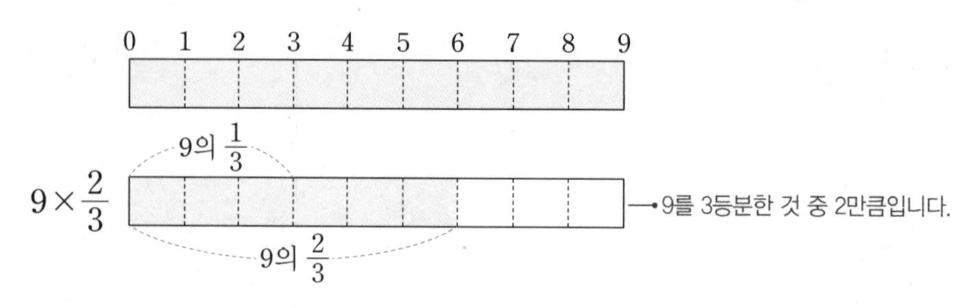

방법 1 분수의 곱셈을 다 한 이후에 약분하여 계산하기

$$9\times\frac{2}{3}=\frac{9\times2}{3}=\frac{\overset{6}{\cancel{18}}}{\underset{1}{\cancel{3}}}=6$$

방법 2 분수의 곱셈을 하는 과정에서 자연수와 분모를 약분하여 계산하기

$$\overset{3}{\cancel{9}}\times\frac{2}{\underset{1}{\cancel{3}}}=\boxed{❶}$$

예 $2\times\frac{2}{3}$의 계산 → 자연수가 분모의 배수가 아닌 경우

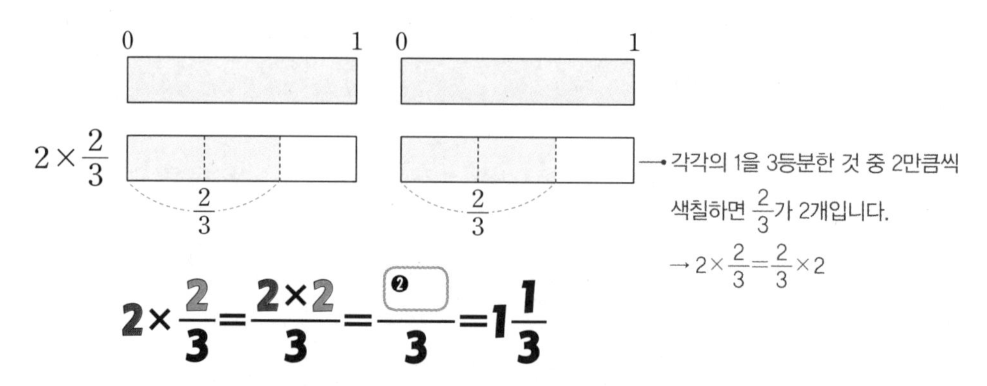

$$2\times\frac{2}{3}=\frac{2\times2}{3}=\frac{\boxed{❷}}{3}=1\frac{1}{3}$$

분모는 그대로 두고 자연수와 진분수의 분자를 곱하여 계산합니다.

정답 확인 | ❶ 6 ❷ 4

예제 문제 1

$6\times\frac{2}{3}$에 알맞게 색칠하고 □ 안에 알맞은 수를 써넣으세요.

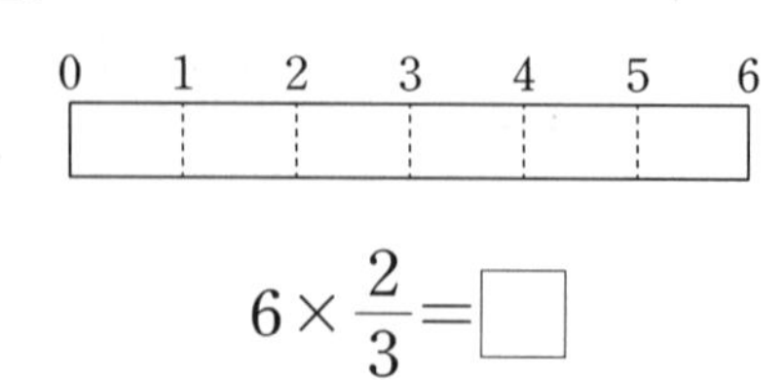

$$6\times\frac{2}{3}=\square$$

예제 문제 2

□ 안에 알맞은 수를 써넣으세요.

(1) $5\times\frac{2}{7}=\frac{5\times\square}{7}=\frac{\square}{7}=\square\frac{\square}{7}$

(2) $7\times\frac{1}{4}=\frac{7\times\square}{4}=\frac{\square}{4}=\square\frac{\square}{4}$

정답과 해설 8쪽

[1~2] $6\times\frac{7}{8}$을 두 가지 방법으로 계산하려고 합니다. □ 안에 알맞은 수를 써넣으세요.

1 $6\times\frac{7}{8}=\frac{6\times7}{8}=\frac{\overset{\square}{\cancel{42}}}{\underset{4}{\cancel{8}}}=\frac{\square}{4}=\square\frac{\square}{4}$

2 $\overset{3}{\cancel{6}}\times\frac{7}{\underset{4}{\cancel{8}}}=\frac{3\times\square}{4}=\frac{\square}{4}=\square\frac{\square}{4}$

[3~4] 지안이와 같은 방법으로 계산해 보세요.

$\overset{6}{\cancel{12}}\times\frac{3}{\underset{5}{\cancel{10}}}=\frac{6\times3}{5}=\frac{18}{5}=3\frac{3}{5}$

3 $9\times\frac{4}{15}$

4 $10\times\frac{5}{6}$

[5~10] 계산해 보세요.

여러 가지 방법 중 편리한 방법으로 계산해.

5 $35\times\frac{1}{7}$

6 $30\times\frac{7}{18}$

7 $56\times\frac{5}{21}$

8 $7\times\frac{9}{10}$

9 $42\times\frac{4}{7}$

10 $20\times\frac{5}{16}$

1단계 개념 빠삭

④ (자연수)×(대분수)

예 $2\times1\frac{1}{3}$의 계산

방법 1 대분수를 가분수로 나타내 계산하기

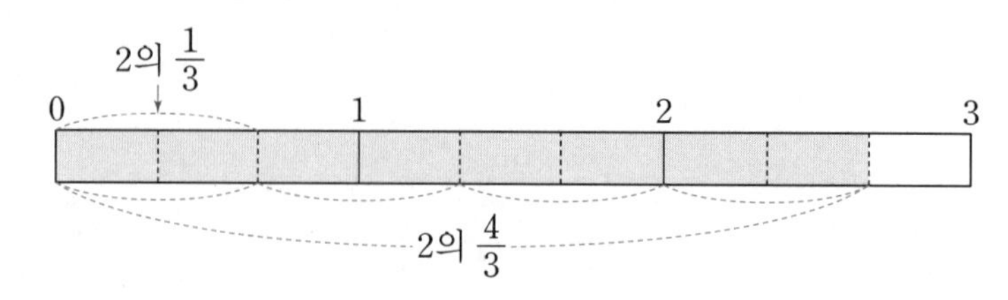

$$2\times1\frac{1}{3}=2\times\frac{4}{3}=\frac{8}{3}=❶\square\frac{2}{3}$$

방법 2 대분수를 자연수와 진분수의 합으로 바꾸어 계산하기

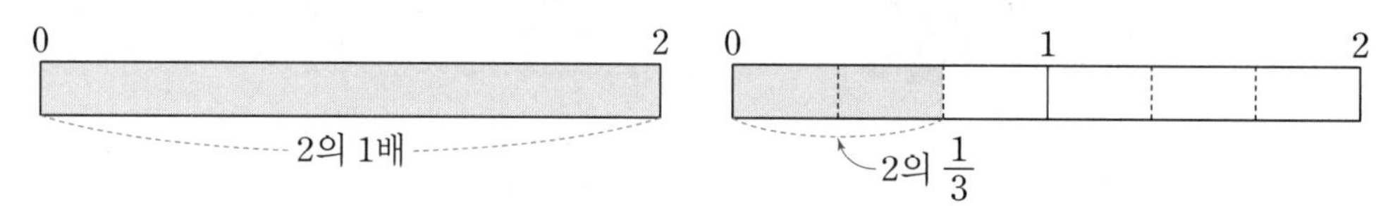

$$2\times1\frac{1}{3}=(2\times1)+\left(2\times\frac{1}{3}\right)=2+\frac{2}{3}=2\frac{❷\square}{3}$$

참고 (자연수)×(분수)의 계산 결과 비교하기

곱하는 수가 1보다 크면 계산 결과는 곱해지는 수보다 크고,
곱하는 수가 1보다 작으면 계산 결과는 곱해지는 수보다 작습니다.

예 2에 $1\frac{1}{5}$을 곱하면 계산 결과는 2보다 큽니다. ➔ $2 < 2\times1\frac{1}{5}$ ← 곱하는 수가 1보다 큽니다.

정답 확인 | ❶ 2 ❷ 2

[1~2] 그림을 보고 $3\times1\frac{1}{4}$을 두 가지 방법으로 계산하려고 합니다. 물음에 답하세요.

예제 문제 1

대분수를 가분수로 나타내 계산해 보세요.

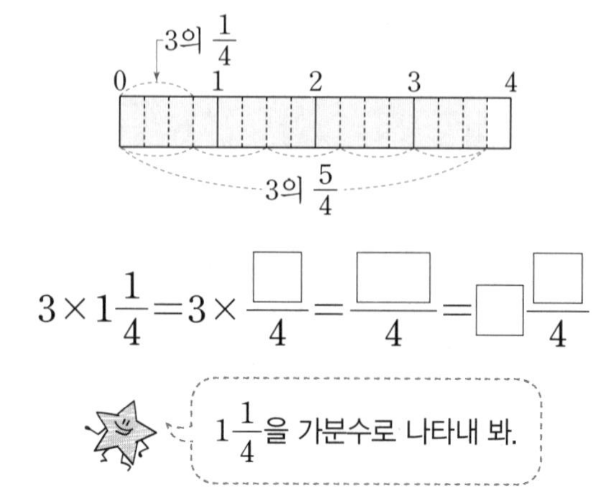

$$3\times1\frac{1}{4}=3\times\frac{\square}{4}=\frac{\square}{4}=\square\frac{\square}{4}$$

예제 문제 2

대분수를 자연수와 진분수의 합으로 바꾸어 계산해 보세요.

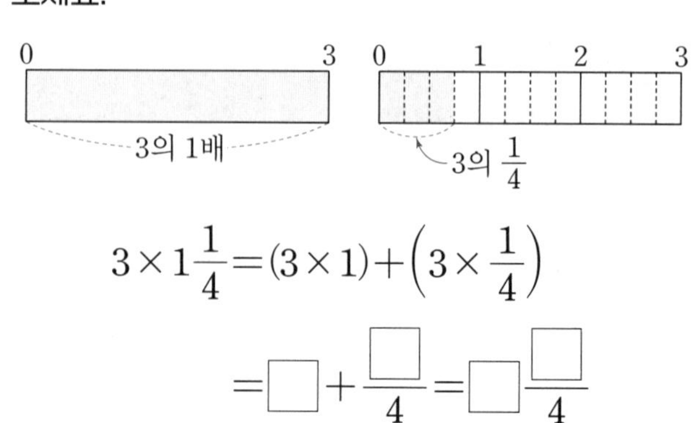

$$3\times1\frac{1}{4}=(3\times1)+\left(3\times\frac{1}{4}\right)$$
$$=\square+\frac{\square}{4}=\square\frac{\square}{4}$$

정답과 해설 8쪽

[1~2] $3\times2\frac{1}{2}$을 두 가지 방법으로 계산하려고 합니다. □ 안에 알맞은 수를 써넣으세요.

1 $3\times2\frac{1}{2}=3\times\frac{\square}{2}=\frac{3\times\square}{2}$

$=\frac{\square}{2}=\square\frac{\square}{2}$

2 $3\times2\frac{1}{2}=(3\times2)+\left(3\times\frac{\square}{2}\right)$

$=6+\frac{\square}{2}=6+\square\frac{\square}{2}=\square\frac{\square}{2}$

3 보기 와 같이 대분수를 가분수로 나타내 계산해 보세요.

보기

$6\times1\frac{2}{9}=\overset{2}{\cancel{6}}\times\frac{11}{\underset{3}{\cancel{9}}}=\frac{22}{3}=7\frac{1}{3}$

$2\times1\frac{3}{8}$

4 보기 와 같이 대분수를 자연수와 진분수의 합으로 바꾸어 계산해 보세요.

보기

$8\times1\frac{5}{12}=(8\times1)+\left(\overset{2}{\cancel{8}}\times\frac{5}{\underset{3}{\cancel{12}}}\right)$

$=8+\frac{10}{3}=8+3\frac{1}{3}=11\frac{1}{3}$

$10\times2\frac{4}{15}$

[5~8] 계산해 보세요.

5 $6\times3\frac{3}{4}$

6 $10\times1\frac{5}{8}$

7 $2\times4\frac{5}{6}$

8 $4\times3\frac{1}{8}$

3 (자연수)×(진분수)

1 그림을 보고 □ 안에 알맞은 수를 써넣으세요.

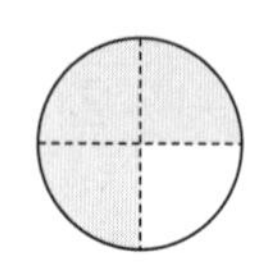 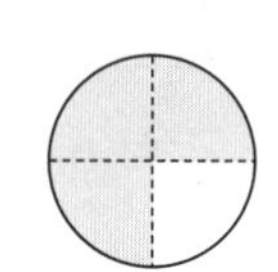 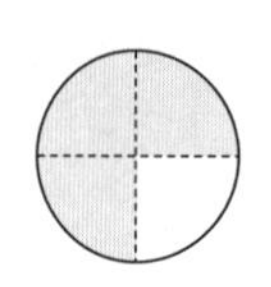

$$3\times\frac{3}{4}=\frac{3\times\square}{4}=\frac{\square}{4}=\square\frac{\square}{4}$$

2 계산해 보세요.

(1) $14\times\frac{2}{7}$

(2) $5\times\frac{3}{8}$

3 빈 곳에 알맞은 수를 써넣으세요.

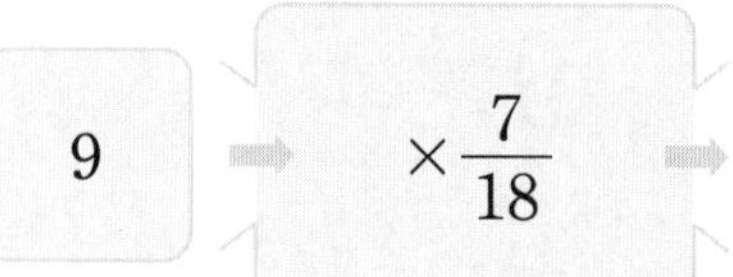

9 → $\times\frac{7}{18}$ → □

4 보기 와 같은 방법으로 계산해 보세요.

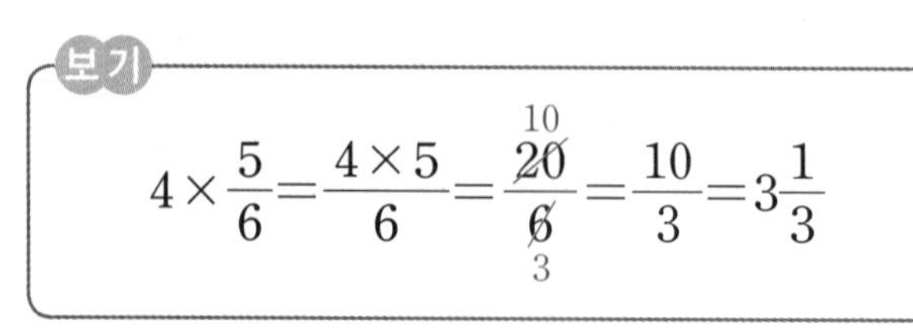

보기

$$4\times\frac{5}{6}=\frac{4\times5}{6}=\frac{\overset{10}{\cancel{20}}}{\underset{3}{\cancel{6}}}=\frac{10}{3}=3\frac{1}{3}$$

$6\times\frac{3}{10}$ ________________

5 더 큰 것의 기호를 쓰세요.

㉠ 10　　㉡ $12\times\frac{4}{9}$

(　　　　　　)

반복문제

6 크기를 비교하여 ○ 안에 >, =, <를 알맞게 써넣으세요.

$$16\times\frac{7}{12}\ \bigcirc\ 12$$

7 건우의 물음에 대한 답을 구하세요.

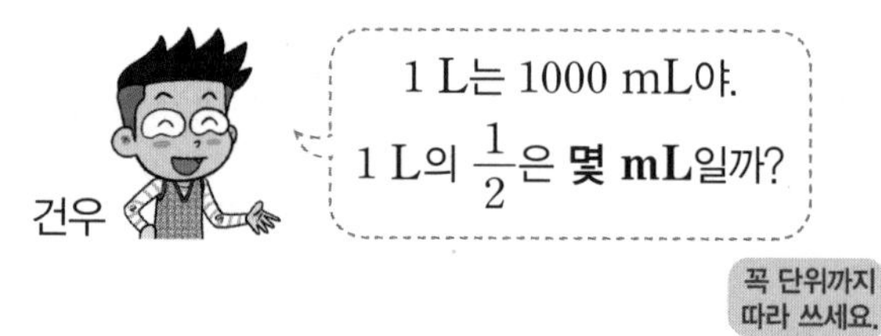

건우
1 L는 1000 mL야.
1 L의 $\frac{1}{2}$은 **몇 mL**일까?
꼭 단위까지 따라 쓰세요.

(　　　　　　mL)

8 은빈이네 가족은 빵 30개 중 $\frac{2}{5}$를 먹었습니다. 은빈이네 가족이 먹은 빵은 모두 **몇 개**인가요?

(　　　　　　개)

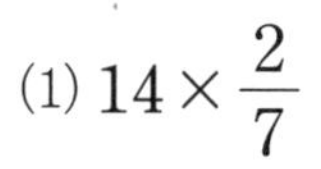

4 (자연수)×(대분수)

9 계산해 보세요.

(1) $6\times1\frac{2}{5}$

(2) $12\times1\frac{1}{6}$

10 두 수의 곱을 구하세요.

9	$2\frac{5}{12}$

(　　　　　　　)

11 계산 결과를 찾아 이어 보세요.

$5\times1\frac{3}{10}$ •　　　　• $6\frac{1}{2}$

$4\times1\frac{7}{8}$ •　　　　• $6\frac{3}{4}$

　　　　　　　　　　• $7\frac{1}{2}$

12 ■에 알맞은 수를 구하세요.

$$5\times1\frac{2}{9}=6\frac{■}{9}$$

(　　　　　　　)

13 계산에서 잘못된 부분을 찾아 바르게 고쳐 보세요.

$$\overset{2}{\cancel{4}}\times1\frac{5}{\underset{3}{\cancel{6}}}=2\times1\frac{5}{3}=2\times\frac{8}{3}=\frac{16}{3}=5\frac{1}{3}$$

$4\times1\frac{5}{6}$ ________________

14 계산 결과가 10보다 큰 식을 찾아 기호를 쓰세요.

㉠ $10\times1\frac{1}{13}$　㉡ $10\times\frac{6}{7}$　㉢ 10×1

(　　　　　　　)

서술형 첫 단계

15 가로가 9 m, 세로가 $2\frac{4}{15}$ m인 직사각형 모양의 꽃밭이 있습니다. 이 꽃밭의 넓이는 **몇 m^2**인가요?

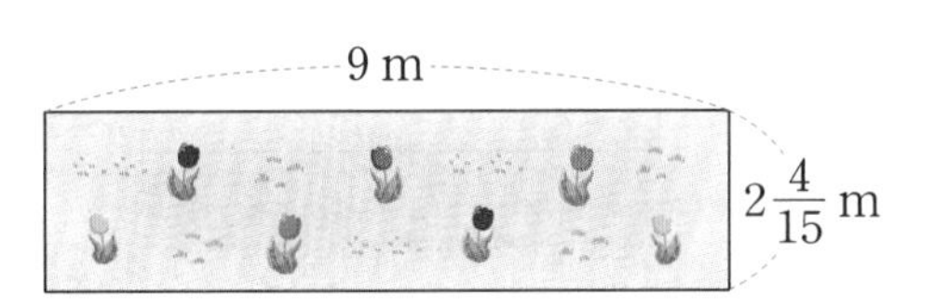

식 ________________

꼭 단위까지 따라 쓰세요.

답 ________________ m^2

1단계 개념 빠삭

❺ 진분수의 곱셈 (1)

❶ (단위분수)×(단위분수)

예 $\frac{1}{2}\times\frac{1}{3}$의 계산

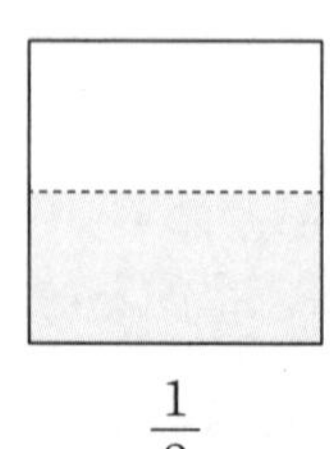

➜

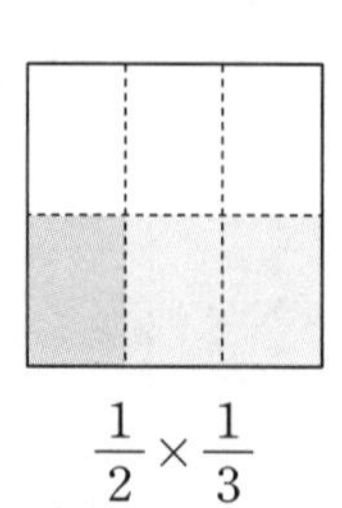

$$\frac{1}{2}\times\frac{1}{3}=\frac{1\times1}{2\times3}=\frac{❶}{6}$$

참고

• $\frac{1}{2}\times\frac{1}{3}$

➜ 전체의 $\frac{1}{2}$을 3등분한 것 중의 1만큼입니다.

➜ 전체를 6등분한 것 중의 1만큼입니다.

❷ (진분수)×(단위분수)

예 $\frac{2}{3}\times\frac{1}{5}$의 계산

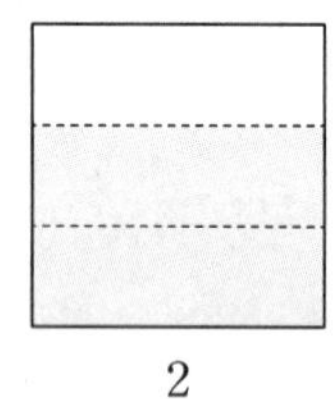

➜

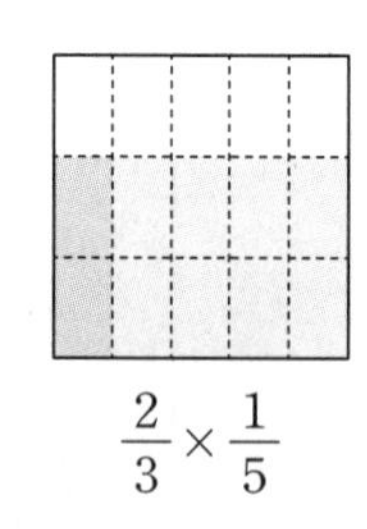

$$\frac{2}{3}\times\frac{1}{5}=\frac{2\times1}{3\times5}=\frac{❷}{15}$$

분자는 분자끼리, 분모는 분모끼리 곱하여 계산합니다.

참고

$\frac{2}{3}$에 1보다 작은 수인 $\frac{1}{5}$을 곱하면 계산 결과는 $\frac{2}{3}$보다 작습니다.

➜ $\frac{2}{3}\times\frac{1}{5} < \frac{2}{3}$

정답 확인 | ❶ 1 ❷ 2

예제 문제 1

그림을 보고 □ 안에 알맞은 수를 써넣으세요.

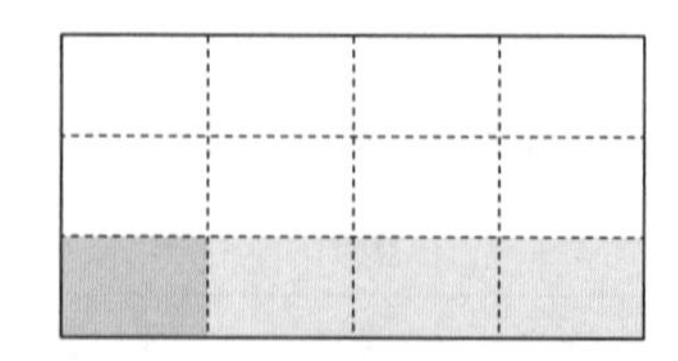

$\frac{1}{3}\times\frac{1}{4}$은 전체를 □등분한 것 중의 1만큼입니다.

➜ $\frac{1}{3}\times\frac{1}{4}=\frac{1}{\square}$

예제 문제 2

그림을 보고 □ 안에 알맞은 수를 써넣으세요.

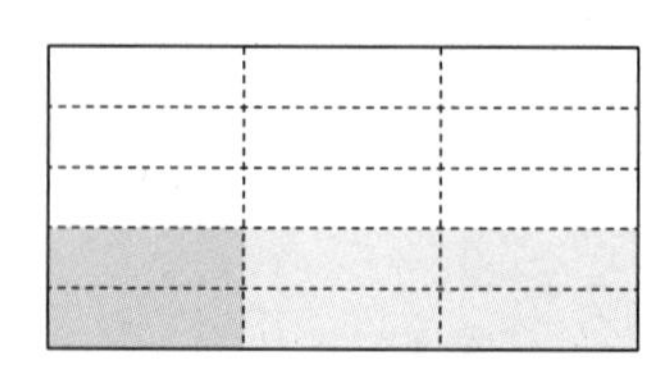

$\frac{2}{5}\times\frac{1}{3}$은 전체를 □등분한 것 중의 □만큼입니다.

➜ $\frac{2}{5}\times\frac{1}{3}=\frac{2}{\square}$

2 분수의 곱셈

개념 집중 연습

정답과 해설 10쪽

[1~2] 그림을 보고 □ 안에 알맞은 수를 써넣으세요.

1

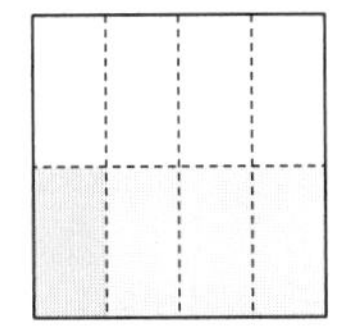

➜ $\frac{1}{2}\times\frac{1}{4}=\frac{1\times1}{2\times\square}=\frac{1}{\square}$

2

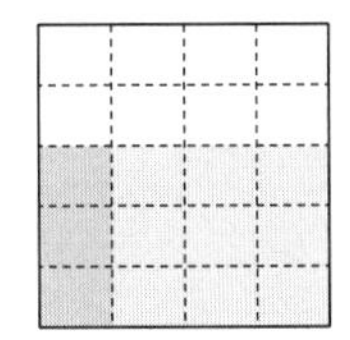

➜ $\frac{3}{5}\times\frac{1}{4}=\frac{\square\times1}{5\times\square}=\frac{\square}{\square}$

[3~6] □ 안에 알맞은 수를 써넣으세요.

3 $\frac{1}{9}\times\frac{1}{2}=\frac{1\times1}{9\times\square}=\frac{1}{\square}$

4 $\frac{1}{4}\times\frac{1}{6}=\frac{1\times1}{\square\times\square}=\frac{1}{\square}$

5 $\frac{3}{7}\times\frac{1}{5}=\frac{3\times\square}{7\times\square}=\frac{\square}{\square}$

6 $\frac{5}{8}\times\frac{1}{3}=\frac{\square\times1}{\square\times\square}=\frac{\square}{\square}$

[7~12] 계산해 보세요.

7 $\frac{1}{4}\times\frac{1}{4}$

8 $\frac{1}{6}\times\frac{1}{7}$

분자는 분자끼리, 분모는 분모끼리 곱해.

9 $\frac{1}{6}\times\frac{1}{2}$

10 $\frac{7}{9}\times\frac{1}{3}$

11 $\frac{3}{4}\times\frac{1}{8}$

12 $\frac{4}{5}\times\frac{1}{9}$

개념 빠삭

❻ 진분수의 곱셈 (2)

① (진분수)×(진분수)

예 $\frac{2}{3}\times\frac{4}{5}$의 계산

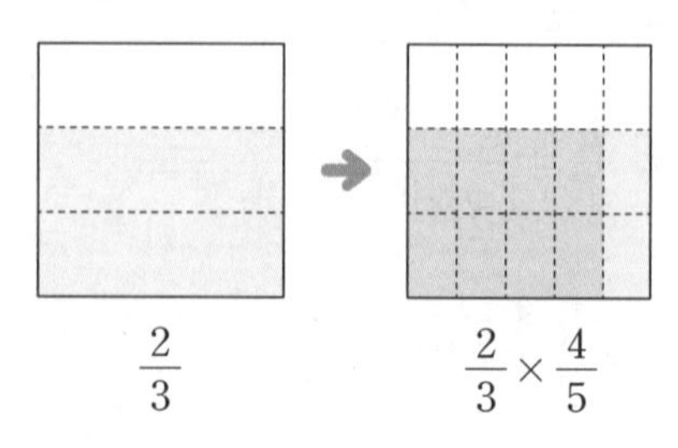

$$\frac{2}{3}\times\frac{4}{5}=\frac{2\times4}{3\times5}=\frac{❶}{15}$$

분자는 분자끼리,
분모는 분모끼리
곱해.

예 $\frac{3}{8}\times\frac{5}{6}$의 계산

방법 1 분수의 곱셈을 다 한 이후에 약분하여 계산하기

$$\frac{3}{8}\times\frac{5}{6}=\frac{3\times5}{8\times6}=\frac{\overset{5}{\cancel{15}}}{\underset{16}{\cancel{48}}}=\frac{5}{16}$$

방법 2 분수의 곱셈을 하는 과정에서 분자와 분모를 약분하여 계산하기

$$\frac{\overset{1}{\cancel{3}}}{8}\times\frac{5}{\underset{2}{\cancel{6}}}=\frac{1\times5}{8\times2}=\frac{❷}{16}$$

② 세 진분수의 곱셈

예 $\frac{1}{2}\times\frac{1}{3}\times\frac{3}{4}$의 계산

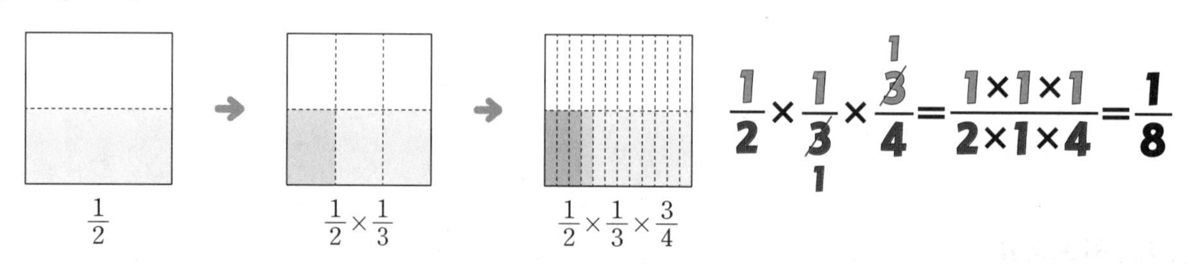

$$\frac{1}{2}\times\frac{1}{\underset{1}{\cancel{3}}}\times\frac{\overset{1}{\cancel{3}}}{4}=\frac{1\times1\times1}{2\times1\times4}=\frac{1}{8}$$

세 진분수의 곱셈도 분자는 분자끼리, 분모는 분모끼리 곱하여 계산합니다.

정답 확인 | ❶ 8 ❷ 5

예제 문제 1

그림을 보고 □ 안에 알맞은 수를 써넣으세요.

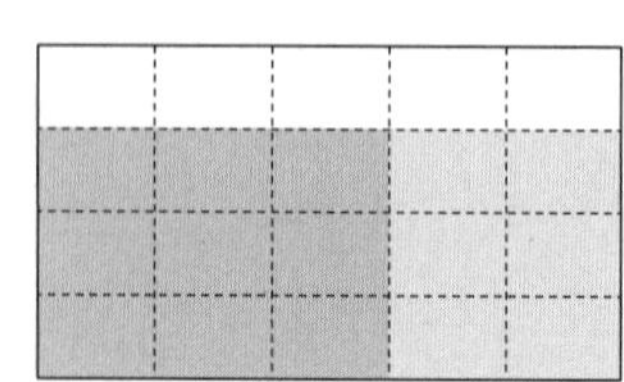

$$\frac{3}{4}\times\frac{3}{5}=\frac{\square}{20}$$

예제 문제 2

그림을 보고 □ 안에 알맞은 수를 써넣으세요.

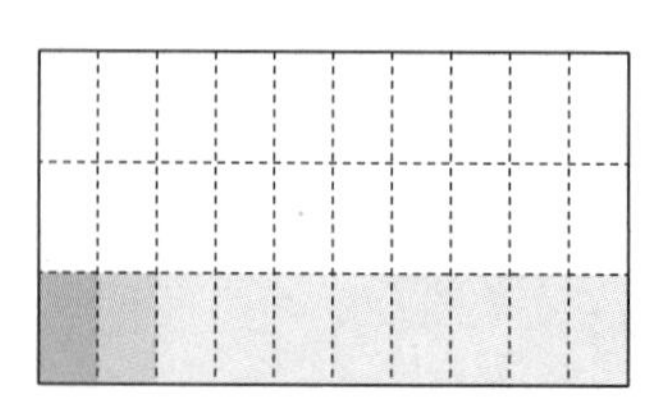

$$\frac{1}{3}\times\frac{1}{5}\times\frac{1}{2}=\frac{1}{\square}$$

개념 집중 연습

정답과 해설 10쪽

[1~4] □ 안에 알맞은 수를 써넣으세요.

1 $\frac{4}{7}\times\frac{2}{9}=\frac{4\times2}{\square\times\square}=\frac{8}{\square}$

2 $\frac{5}{9}\times\frac{7}{8}=\frac{5\times\square}{9\times\square}=\frac{\square}{\square}$

3 $\frac{1}{3}\times\frac{2}{3}\times\frac{7}{9}=\frac{1\times\square\times\square}{3\times3\times9}=\frac{\square}{\square}$

4 $\frac{3}{7}\times\frac{1}{5}\times\frac{3}{4}=\frac{3\times\square\times\square}{7\times5\times\square}=\frac{\square}{\square}$

[5~6] $\frac{5}{6}\times\frac{2}{7}$를 두 가지 방법으로 계산하려고 합니다. □ 안에 알맞은 수를 써넣으세요.

5 $\frac{5}{6}\times\frac{2}{7}=\frac{5\times2}{6\times7}=\frac{\overset{\square}{\cancel{10}}}{\underset{21}{\cancel{42}}}=\frac{\square}{\square}$

6 $\frac{5}{\underset{\square}{\cancel{6}}}\times\frac{\overset{1}{\cancel{2}}}{7}=\frac{\square}{\square}$

[7~12] 계산해 보세요.

약분할 때
분자끼리 약분하거나
분모끼리 약분하면 안 돼!

7 $\frac{5}{7}\times\frac{3}{4}$

8 $\frac{5}{27}\times\frac{9}{10}$

9 $\frac{2}{9}\times\frac{3}{8}$

10 $\frac{10}{11}\times\frac{5}{6}$

11 $\frac{1}{2}\times\frac{2}{3}\times\frac{1}{4}$

12 $\frac{2}{9}\times\frac{5}{7}\times\frac{3}{8}$

개념 빠삭

❼ 대분수가 있는 곱셈

개념동영상 2-⑦

예 $1\frac{2}{5}\times1\frac{1}{7}$의 계산

방법 1 대분수를 가분수로 나타내 계산하기

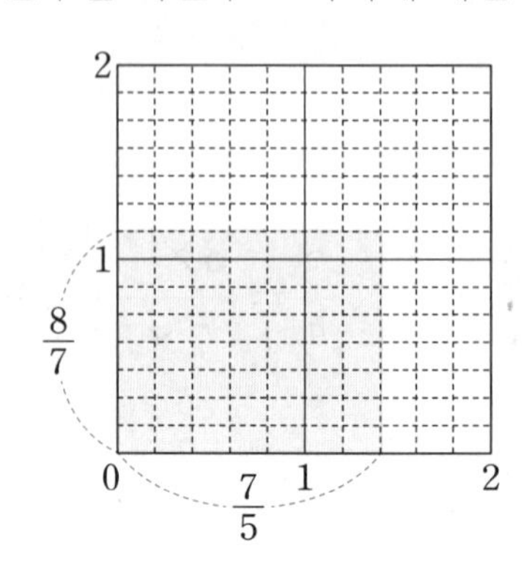

$$1\frac{2}{5}\times1\frac{1}{7}=\frac{\overset{1}{\cancel{7}}}{5}\times\frac{8}{\underset{1}{\cancel{7}}}=\frac{❶}{5}=1\frac{3}{5}$$

대분수를 가분수로 나타내고 약분한 후 분자는 분자끼리, 분모는 분모끼리 곱해.

방법 2 대분수를 자연수와 진분수의 합으로 바꾸어 계산하기

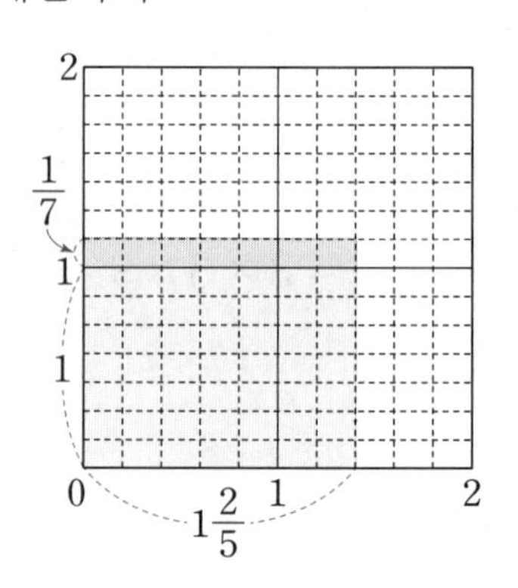

$$1\frac{2}{5}\times1\frac{1}{7}=\left(1\frac{2}{5}\times1\right)+\left(1\frac{2}{5}\times\frac{1}{7}\right)$$

$$=1\frac{2}{5}+\left(\frac{\overset{1}{\cancel{7}}}{5}\times\frac{1}{\underset{1}{\cancel{7}}}\right)=1\frac{2}{5}+\frac{❷}{5}=1\frac{3}{5}$$

정답 확인 | ❶ 8 ❷ 1

[1~2] 그림을 보고 $2\frac{1}{4}\times1\frac{1}{3}$을 두 가지 방법으로 계산하려고 합니다. 물음에 답하세요.

예제 문제 1

대분수를 가분수로 나타내 계산해 보세요.

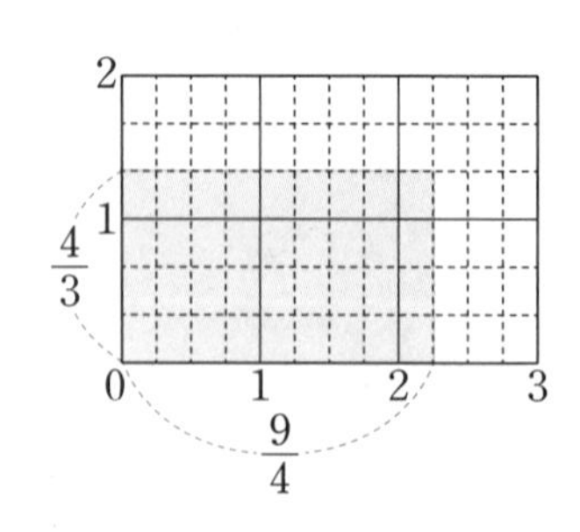

$$2\frac{1}{4}\times1\frac{1}{3}=\frac{\square}{4}\times\frac{\square}{3}=\frac{\square}{12}=\square$$

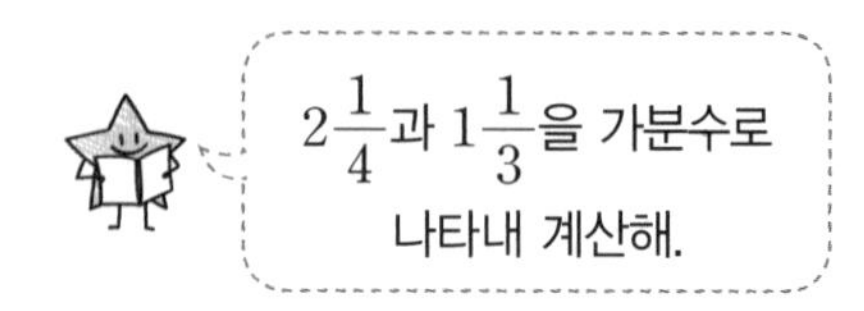

$2\frac{1}{4}$과 $1\frac{1}{3}$을 가분수로 나타내 계산해.

예제 문제 2

대분수를 자연수와 진분수의 합으로 바꾸어 계산해 보세요.

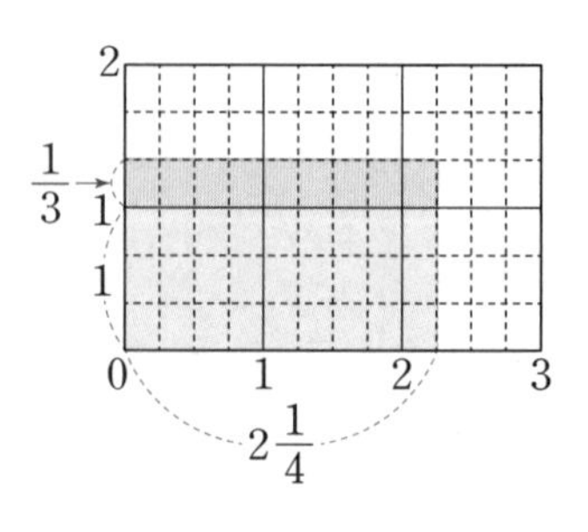

$$2\frac{1}{4}\times1\frac{1}{3}=\left(2\frac{1}{4}\times\square\right)+\left(2\frac{1}{4}\times\frac{1}{3}\right)$$

$$=2\frac{1}{4}+\left(\frac{\overset{3}{\cancel{9}}}{4}\times\frac{1}{\underset{1}{\cancel{3}}}\right)=2\frac{1}{4}+\frac{\square}{4}=\square$$

[1~2] 대분수를 가분수로 나타내 계산하려고 합니다. □ 안에 알맞은 수를 써넣으세요.

1 $2\frac{1}{5}\times1\frac{1}{4}=\frac{\square}{\overset{}{\cancel{5}}_{1}}\times\frac{\overset{\square}{\cancel{5}}}{4}=\frac{\square}{\square}=\square\frac{\square}{\square}$

2 $2\frac{2}{3}\times1\frac{1}{3}=\frac{8}{3}\times\frac{\square}{3}=\frac{\square}{\square}=\square\frac{\square}{\square}$

[3~4] 대분수를 자연수와 진분수의 합으로 바꾸어 계산하려고 합니다. □ 안에 알맞은 수를 써넣으세요.

3 $2\frac{2}{3}\times1\frac{3}{4}=\left(2\frac{2}{3}\times\square\right)+\left(2\frac{2}{3}\times\frac{3}{4}\right)$

$=2\frac{2}{3}+\left(\frac{\overset{\square}{\cancel{8}}}{\underset{1}{\cancel{3}}}\times\frac{\overset{1}{\cancel{3}}}{\underset{1}{\cancel{4}}}\right)$

$=2\frac{2}{3}+\square$

$=\square\frac{2}{3}$

4 $1\frac{4}{5}\times1\frac{1}{3}=\left(1\frac{4}{5}\times\square\right)+\left(1\frac{4}{5}\times\frac{1}{\square}\right)$

$=1\frac{4}{5}+\left(\frac{\overset{\square}{\cancel{9}}}{5}\times\frac{1}{\underset{1}{\cancel{3}}}\right)$

$=1\frac{4}{5}+\frac{\square}{5}$

$=1\frac{\square}{5}=2\frac{\square}{5}$

[5~10] 계산해 보세요.

5 $2\frac{4}{5}\times2\frac{4}{7}$

6 $1\frac{1}{6}\times1\frac{1}{7}$

7 $1\frac{1}{4}\times2\frac{2}{9}$

8 $2\frac{7}{10}\times3\frac{1}{3}$

9 $1\frac{3}{5}\times\frac{5}{7}$

10 $2\frac{4}{9}\times\frac{3}{4}$

5 진분수의 곱셈 (1)

1 그림을 보고 □ 안에 알맞은 수를 써넣으세요.

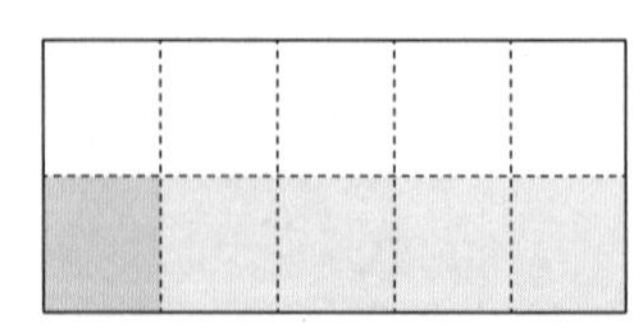

$\frac{1}{2}\times\frac{1}{5}=\frac{1\times1}{2\times\square}=\frac{1}{\square}$

2 계산해 보세요.

(1) $\frac{1}{8}\times\frac{1}{4}$

(2) $\frac{2}{9}\times\frac{1}{6}$

3 빈 곳에 알맞은 수를 써넣으세요.

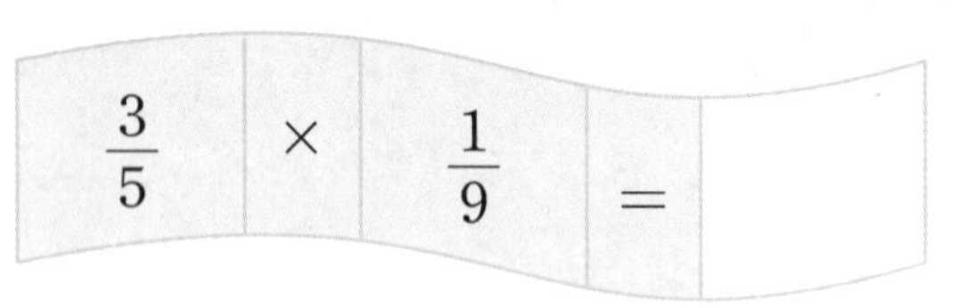

$\frac{3}{5}$	$\times$	$\frac{1}{9}$	$=$	

4 크기를 비교하여 ○ 안에 >, =, <를 알맞게 써넣으세요.

$\frac{1}{7}\times\frac{1}{3}$ ○ $\frac{1}{7}$

6 진분수의 곱셈 (2)

5 계산해 보세요.

(1) $\frac{5}{8}\times\frac{3}{10}$

(2) $\frac{2}{5}\times\frac{7}{8}$

6 설명하는 수를 구하세요.

$\frac{9}{14}$와 $\frac{7}{10}$의 곱

(　　　　　)

반복문제

7 지안이가 설명하는 수를 구하세요.

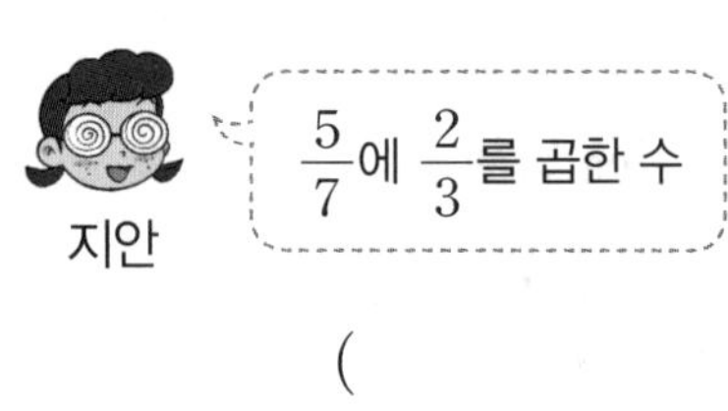

(　　　　　)

8 보기 와 같은 방법으로 계산해 보세요.

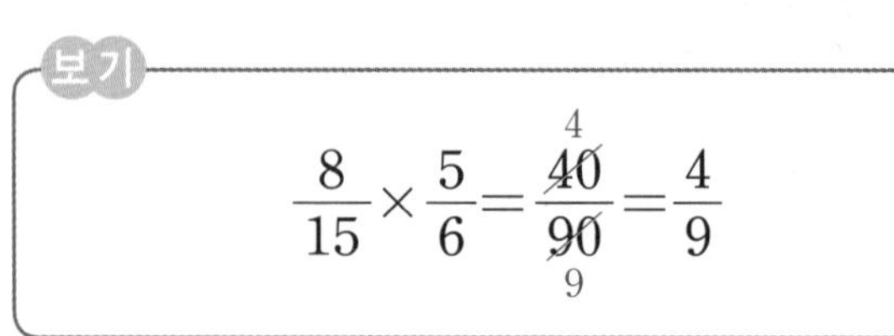

보기

$\frac{8}{15}\times\frac{5}{6}=\frac{\cancel{40}^{4}}{\cancel{90}_{9}}=\frac{4}{9}$

$\frac{4}{9}\times\frac{3}{10}$ ____________

9 세 분수의 곱을 구하세요.

$\frac{3}{4}$ $\frac{1}{2}$ $\frac{6}{11}$

( )

10 잘못 계산한 것을 찾아 기호를 쓰세요.

㉠ $\frac{4}{5}\times\frac{5}{6}=\frac{2}{3}$ ㉡ $\frac{2}{9}\times\frac{2}{3}=\frac{1}{3}$

( )

11 계산 결과가 더 큰 것을 찾아 기호를 쓰세요.

㉠ $\frac{5}{8}\times\frac{4}{5}$ ㉡ $\frac{2}{5}\times\frac{5}{7}\times\frac{1}{4}$

( )

12 유찬이가 선물을 포장하는 데 사용한 리본의 길이는 **몇 m**인가요?

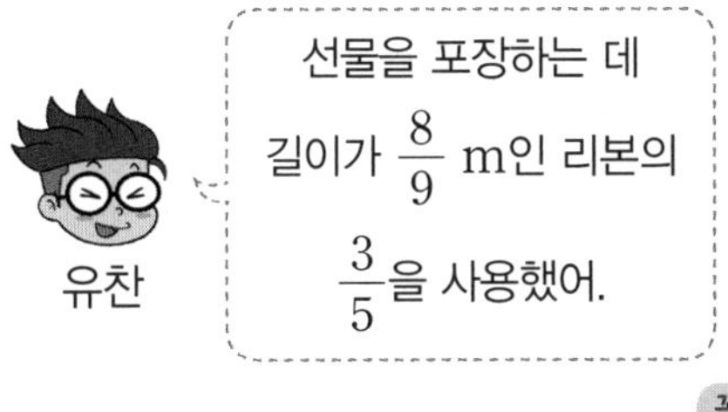

선물을 포장하는 데
길이가 $\frac{8}{9}$ m인 리본의
$\frac{3}{5}$을 사용했어.
유찬

꼭 단위까지 따라 쓰세요.

(m)

7 대분수가 있는 곱셈

13 ㉠, ㉡에 알맞은 수를 각각 구하세요.

$1\frac{2}{5}\times1\frac{5}{6}=\frac{7}{5}\times\frac{㉠}{6}=\frac{77}{30}=㉡\frac{17}{30}$

㉠ ( )
㉡ ( )

14 계산해 보세요.

$1\frac{5}{8}\times1\frac{1}{5}$

( )

15 계산 결과가 자연수인 것을 찾아 기호를 쓰세요.

㉠ $1\frac{1}{2}\times1\frac{7}{9}$ ㉡ $1\frac{3}{4}\times1\frac{5}{7}$

( )

16 지율이는 찰흙을 $2\frac{4}{5}$ kg 사용했고 현서는 지율이가 사용한 찰흙의 $1\frac{3}{8}$만큼 사용했습니다. 현서가 사용한 찰흙은 **몇 kg**인가요?

(kg)

TEST 2단원 평가

점수 점

1 그림을 보고 □ 안에 알맞은 수를 써넣으세요.

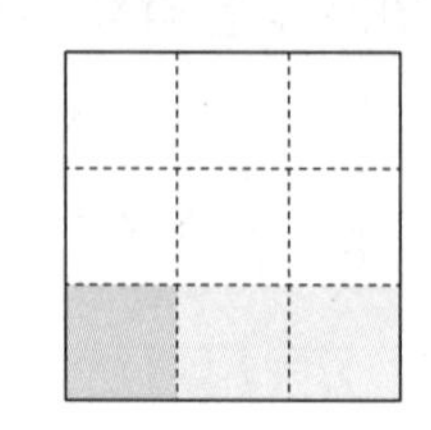

$\frac{1}{3}\times\frac{1}{3}=\frac{1\times1}{\square\times\square}=\frac{1}{\square}$

2 대분수를 가분수로 나타내 계산해 보세요.

$1\frac{3}{7}\times2\frac{2}{3}=\frac{\square}{7}\times\frac{\square}{3}$

$=\frac{\square}{21}=\square\frac{\square}{21}$

3 계산해 보세요.

$\frac{2}{3}\times\frac{6}{11}$

4 빈칸에 알맞은 수를 써넣으세요.

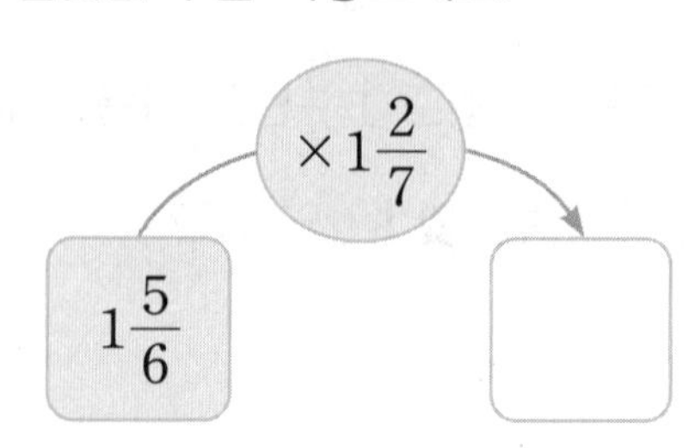

5 두 수의 곱을 구하세요.

$1\frac{7}{10}$ 　 8

(　　　　　　　　)

6 보기 와 같은 방법으로 계산해 보세요.

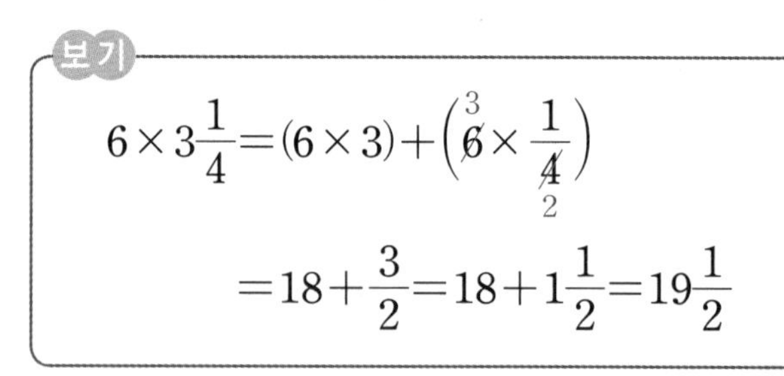
보기
$6\times3\frac{1}{4}=(6\times3)+\left(\overset{3}{\cancel{6}}\times\frac{1}{\underset{2}{\cancel{4}}}\right)$

$=18+\frac{3}{2}=18+1\frac{1}{2}=19\frac{1}{2}$

$7\times2\frac{5}{21}$ ______________________

____

7 계산 결과가 다른 하나는 어느 것인가요? (　　　)

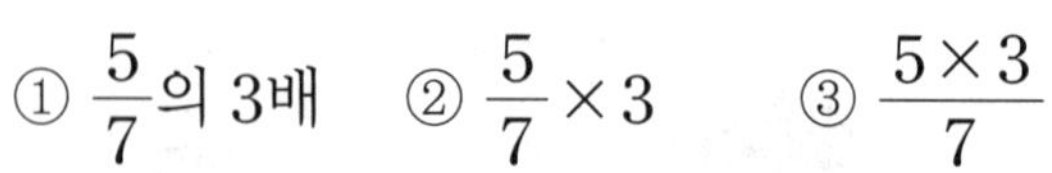

① $\frac{5}{7}$의 3배 　 ② $\frac{5}{7}\times3$ 　 ③ $\frac{5\times3}{7}$

④ $\frac{5}{7\times3}$ 　 ⑤ $\frac{5}{7}+\frac{5}{7}+\frac{5}{7}$

2 분수의 곱셈

8 크기를 비교하여 ○ 안에 >, =, <를 알맞게 써넣으세요.

$$18 \times \frac{2}{3} \bigcirc 15$$

9 빈칸에 알맞은 수를 써넣으세요.

$\times\frac{1}{7}$

$\frac{1}{8}$	$\frac{5}{9}$

10 계산 결과가 같은 것끼리 이어 보세요.

$\frac{1}{7}\times\frac{5}{8}$ •	• $\frac{5}{8}\times\frac{1}{7}$
$\frac{5}{8}\times 7$ •	• $\frac{8\times 5}{7}$
$8\times\frac{5}{7}$ •	• $\frac{5\times 7}{8}$

11 빈 곳에 알맞은 수를 써넣으세요.

$\frac{2}{3}$	$\times\frac{7}{9}$	$\times\frac{1}{4}$	

12 서준이와 지안이가 분수의 곱셈을 한 것입니다. 바르게 계산한 사람은 누구인가요?

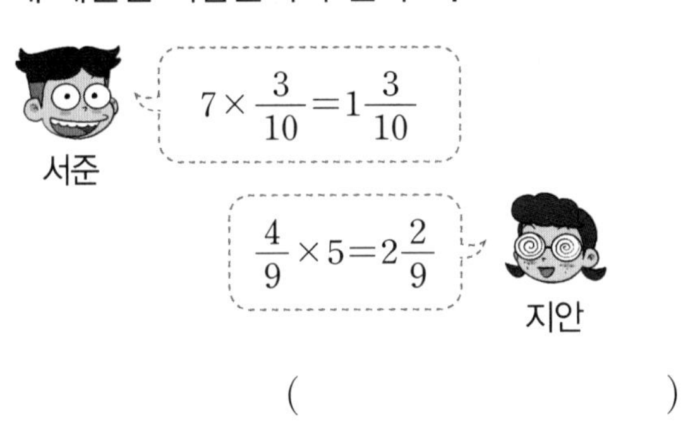

(　　　　　　　　)

13 계산 결과가 6보다 큰 식에 ○표, 6보다 작은 식에 △표 하세요.

$6\times 1\frac{1}{2}$	$6\times\frac{5}{9}$	$6\times\frac{3}{4}$
(　　)	(　　)	(　　)

14 잘못 계산된 식을 찾아 기호를 쓰세요.

㉠ $\frac{4}{5}\times 3=\frac{4\times 3}{5\times 3}=\frac{\cancel{12}^{4}}{\cancel{15}_{5}}=\frac{4}{5}$

㉡ $\frac{4}{5}\times 3=\frac{4\times 3}{5}=\frac{12}{5}=2\frac{2}{5}$

(　　　　　　　　)

15 가장 큰 수와 가장 작은 수의 곱을 구하세요.

$2\frac{5}{12}$　$1\frac{7}{8}$　$\frac{4}{7}$

(　　　　　　　)

16 평행사변형의 넓이는 몇 cm^2인가요?

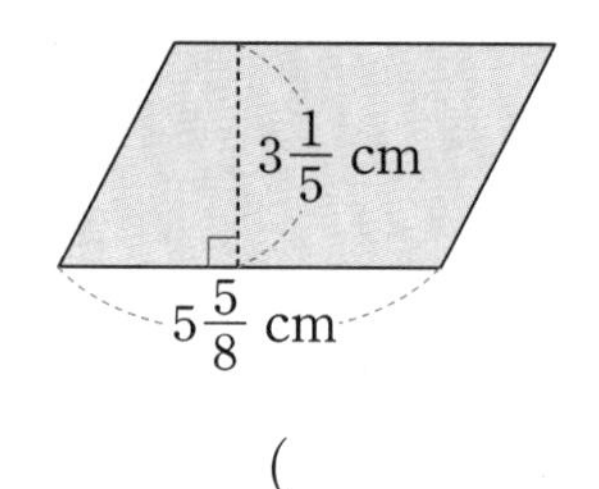
$3\frac{1}{5}$ cm
$5\frac{5}{8}$ cm

(　　　　　　　)

1 서술형 첫 단계

17 구슬이 80개 있습니다. 빨간색 구슬은 전체의 $\frac{2}{5}$입니다. 빨간색 구슬은 몇 개인가요?

식 ____________________

답 ____________________

18 ㉠과 ㉡의 계산 결과의 합을 구하세요.

㉠ $2\frac{2}{3}\times 12$　㉡ $10\times 1\frac{1}{8}$

(　　　　　　　)

추론력

19 바르게 말한 사람을 찾아 쓰세요.

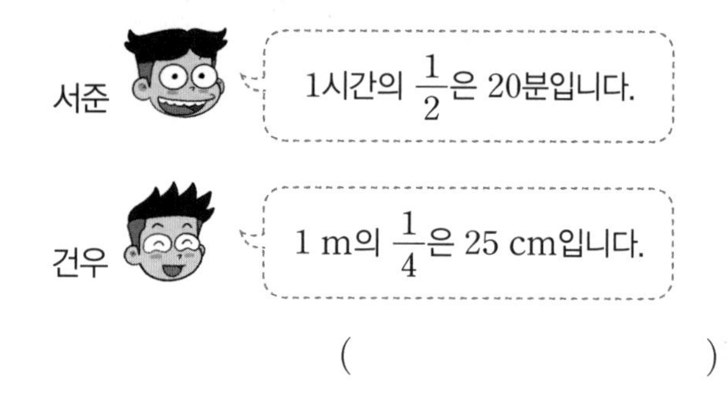
서준
1시간의 $\frac{1}{2}$은 20분입니다.
건우
1 m의 $\frac{1}{4}$은 25 cm입니다.

(　　　　　　　)

20 3장의 수 카드를 한 번씩 사용하여 만들 수 있는 가장 큰 대분수와 민재가 말하는 수의 곱을 구하세요.

4　5　3　　$1\frac{1}{3}$　민재

(　　　　　　　)

해결 팁!

20. 가장 큰 대분수를 만들려면 자연수 부분에 가장 큰 수를 놓고, 나머지 2장으로 진분수를 만듭니다.

예 1　2　3 으로 가장 큰 대분수 만들기: $3\frac{1}{2}$

틀린 그림을 찾아라!

스마트폰으로 QR코드를 찍으면 정답이 보여요.

 하린이는 주말 농장에서 방울토마토와 상추를 키웁니다. 두 그림에서 서로 다른 3곳을 찾아 ○표 하고 물음에 답하세요.

전체 밭 45 m^2의 $\frac{3}{5}$만큼에 방울토마토를 심었어.
방울토마토를 심은 밭의 넓이는 몇 m^2일까?

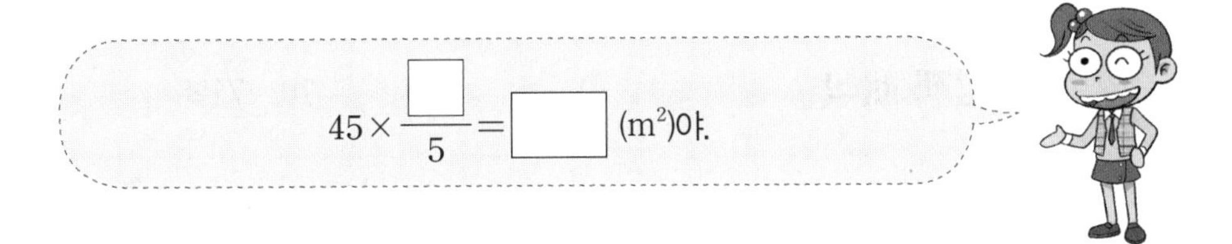

$45 \times \frac{\square}{5} = \square$ (m^2)야.

방울토마토를 심은 밭의 $\frac{1}{3}$만큼에서 방울토마토를 땄다면
방울토마토를 딴 밭의 넓이는 몇 m^2일까?

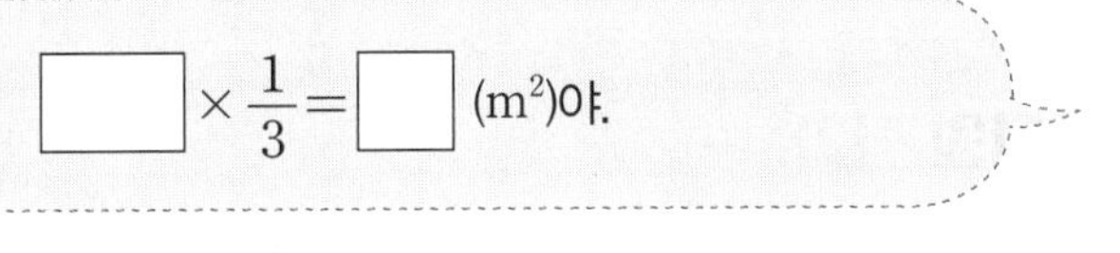

$\square \times \frac{1}{3} = \square$ (m^2)야.

3 합동과 대칭

3단원 학습 계획표

✔ 이 단원의 표준 학습 일수는 6일입니다. 계획대로 공부한 후 확인란에 사인을 받으세요.

이 단원에서 배울 내용	쪽수	계획한 날	확인
1단계 **개념 빠삭** ❶ 도형의 합동 ❷ 합동인 도형의 성질	58~61쪽	월 일	확인했어요!
2단계 **익힘책 빠삭**	62~63쪽		
1단계 **개념 빠삭** ❸ 선대칭도형 ❹ 선대칭도형의 성질 ❺ 선대칭도형 그리기	64~69쪽	월 일	확인했어요!
2단계 **익힘책 빠삭**	70~71쪽	월 일	
1단계 **개념 빠삭** ❻ 점대칭도형 ❼ 점대칭도형의 성질 ❽ 점대칭도형 그리기	72~77쪽	월 일	확인했어요!
2단계 **익힘책 빠삭**	78~79쪽	월 일	확인했어요!
TEST **3단원 평가**	80~82쪽	월 일	확인했어요!

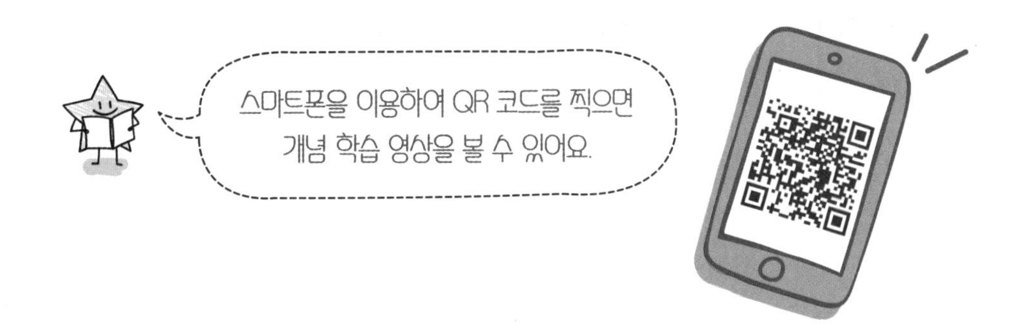

남이 그 자리에 없다고 함부로 이야기해서는 안 된다는 뜻을 지닌 속담은?

|정답| 호랑이도 제 말 하면 온다.

1단계 개념 빠삭

❶ 도형의 합동

① 합동 알아보기

1. 도형 가와 완전히 겹치는 도형 찾아보기

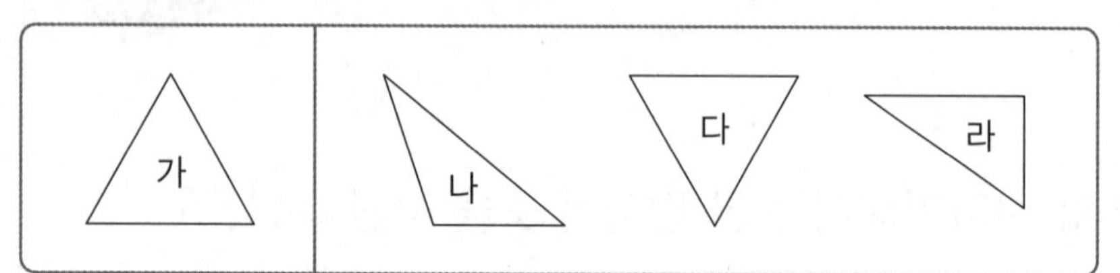

도형 가와 다를 포개었을 때 서로 남거나 모자라는 부분이 없어.

➔ 도형 가와 포개었을 때 완전히 겹치는 도형: ❶

2. 합동 알아보기

모양과 크기가 같아서 포개었을 때 완전히 겹치는 두 도형을 서로 합동이라고 합니다.

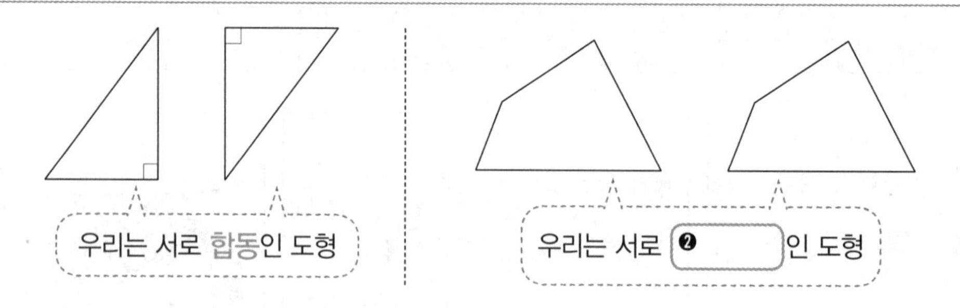

우리는 서로 합동인 도형

우리는 서로 ❷ 인 도형

② 직사각형 모양의 종이를 잘라서 서로 합동인 도형 만들기

1. 서로 합동인 도형 2개 만들기

예

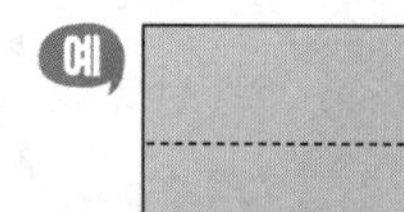
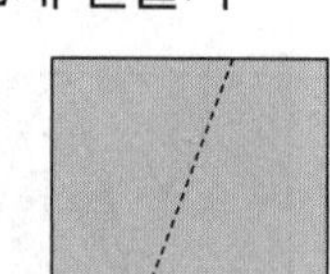

2. 서로 합동인 도형 4개 만들기

예

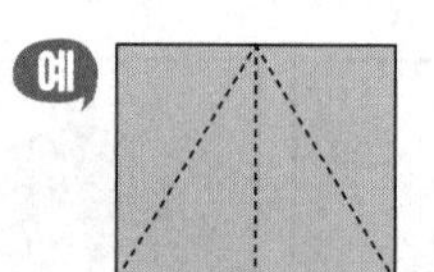
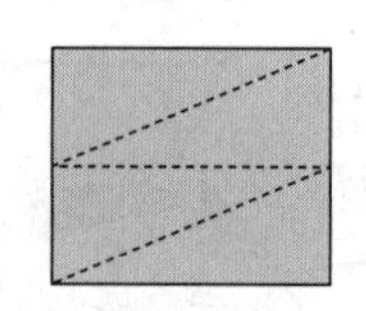

정답 확인 | ❶ 다 ❷ 합동

예제 문제 1

□ 안에 알맞은 말을 써넣으세요.

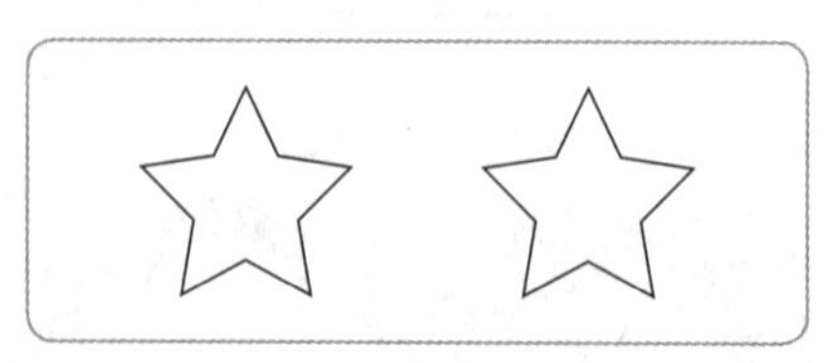

그림과 같이 모양과 크기가 같아서 포개었을 때 완전히 겹치는 두 도형을 서로 □(이)라고 합니다.

예제 문제 2

서로 합동인 두 도형을 찾아 기호를 쓰세요.

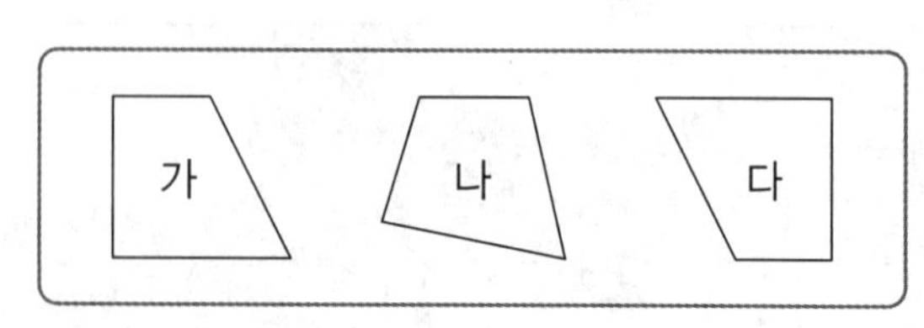

가와 □

[1~4] 왼쪽 도형과 서로 합동인 도형을 찾아 ○표 하세요.

1

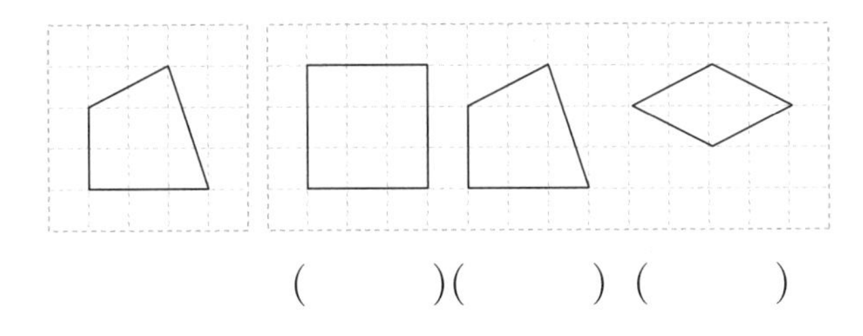

(　　)(　　)(　　)

2

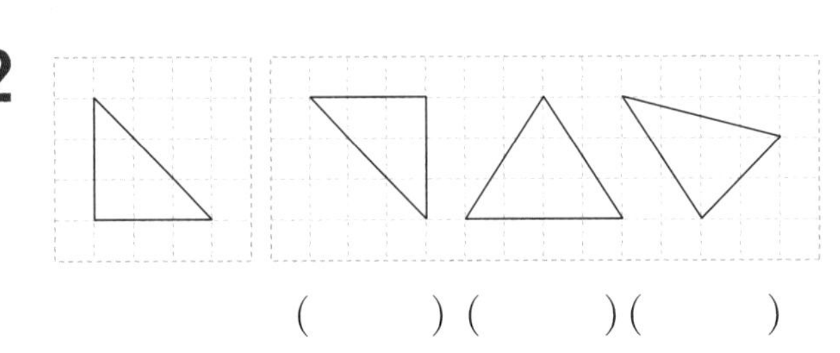

(　　)(　　)(　　)

3

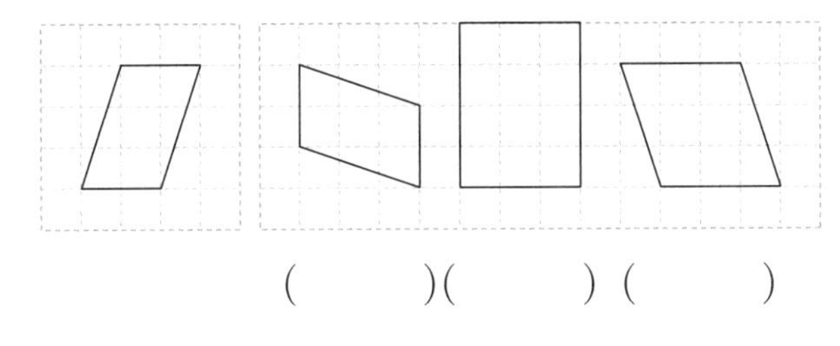

(　　)(　　)(　　)

4

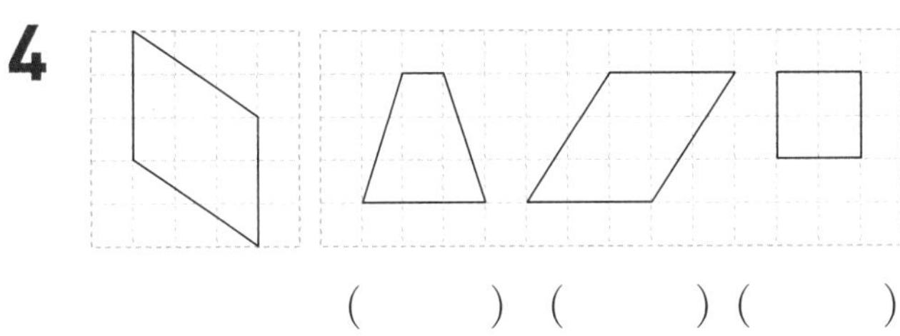

(　　)(　　)(　　)

[5~6] 직사각형 모양의 종이를 점선을 따라 잘랐을 때 서로 합동인 도형을 주어진 수만큼 만들 수 있는 것에 ○표 하세요.

5 서로 합동인 도형 2개

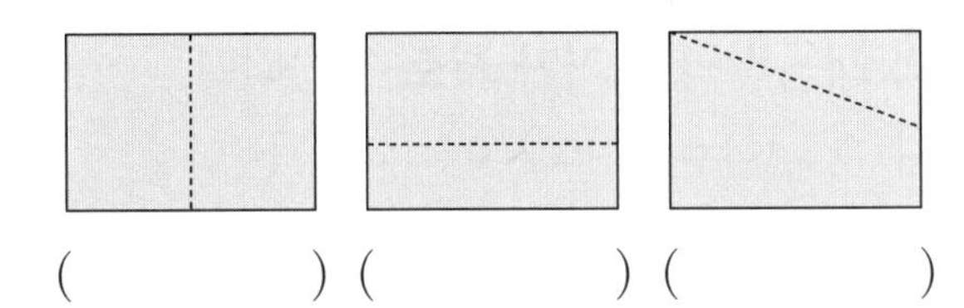

(　　)(　　)(　　)

6 서로 합동인 도형 4개

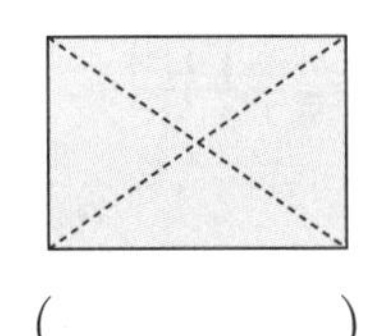
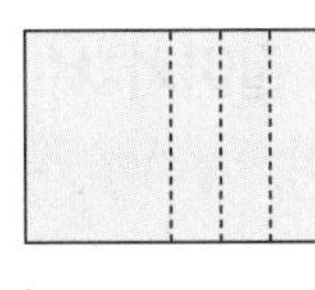
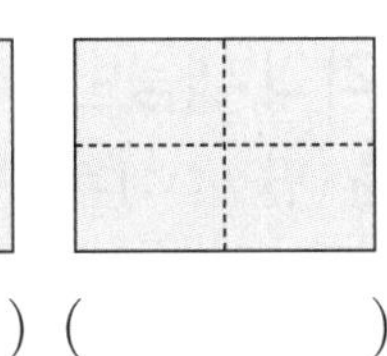

(　　)(　　)(　　)

[7~8] 정사각형 모양의 종이를 잘라서 서로 합동인 도형이 주어진 수만큼 되도록 자르는 선을 그어 보세요.

7 서로 합동인 도형 2개

잘라서 만들어지는 도형의 모양과 크기가 모두 같아야 해!

8 서로 합동인 도형 4개

개념 빠삭

❷ 합동인 도형의 성질

1 서로 합동인 두 도형에서 겹치는 부분 찾아보기

두 삼각형은 모양과 크기가 같으니까 서로 합동이야.

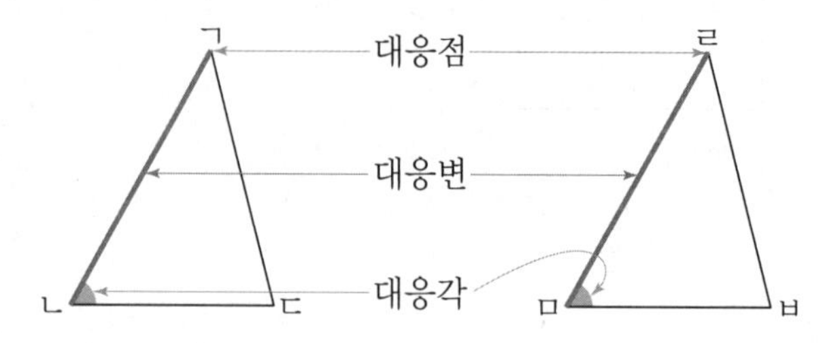

서로 합동인 두 도형을 포개었을 때

대응점: 완전히 겹치는 점
- 점 ㄱ과 점 ㄹ
- 점 ㄴ과 점 ❶
- 점 ㄷ과 점 ㅂ

대응변: 완전히 겹치는 변
- 변 ㄱㄴ과 변 ㄹㅁ
- 변 ㄴㄷ과 변 ❷
- 변 ㄱㄷ과 변 ㄹㅂ

대응각: 완전히 겹치는 각
- 각 ㄱㄴㄷ과 각 ㄹㅁㅂ
- 각 ㄱㄷㄴ과 각 ㄹㅂㅁ
- 각 ㄴㄱㄷ과 각 ❸

2 합동인 두 도형의 성질 알아보기

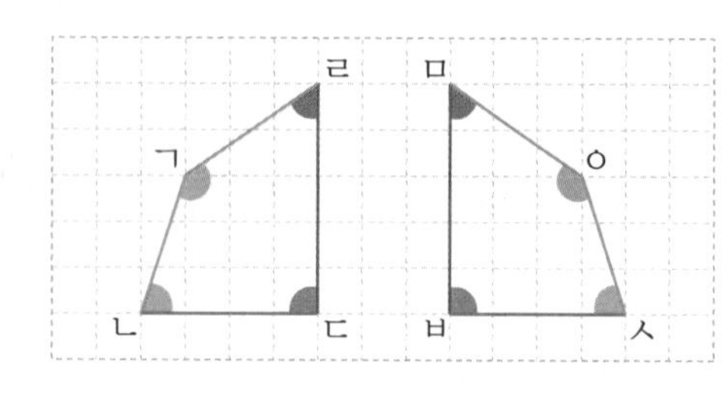

서로 합동인 두 사각형에서 대응변의 길이와 대응각의 크기를 비교해 봐.

서로 합동인 두 도형은

각각의 대응변의 길이가 서로 같습니다.

예 (변 ㄱㄴ)=(변 ㅇㅅ)
(변 ㄴㄷ)=(변 ㅅㅂ)

각각의 대응각의 크기가 서로 같습니다.

예 (각 ㄱㄴㄷ)=(각 ㅇㅅㅂ)
(각 ㄱㄹㄷ)=(각 ㅇㅁㅂ)

정답 확인 | ❶ ㅁ ❷ ㅁㅂ ❸ ㅁㄹㅂ

예제 문제 1

두 삼각형은 서로 합동입니다. □ 안에 알맞은 말을 써넣으세요.

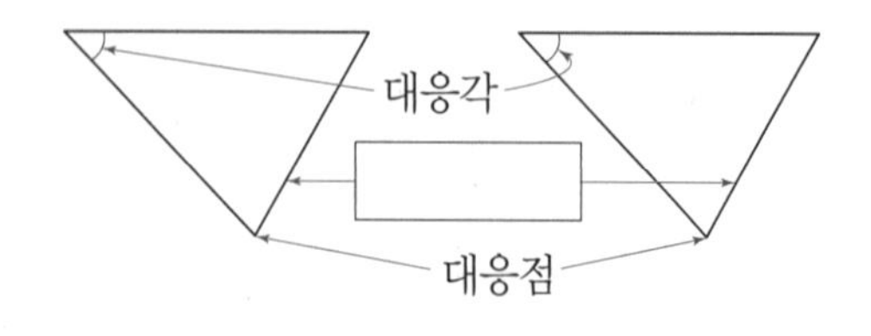

예제 문제 2

두 삼각형은 서로 합동입니다. □ 안에 알맞은 말을 써넣으세요.

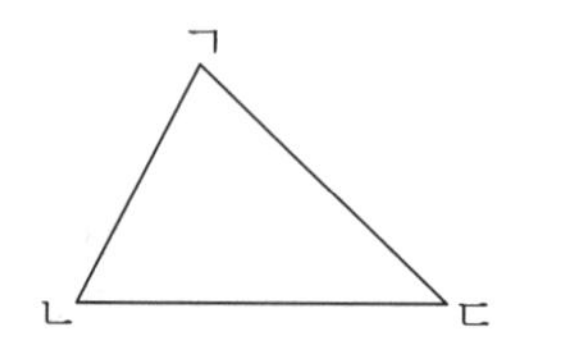

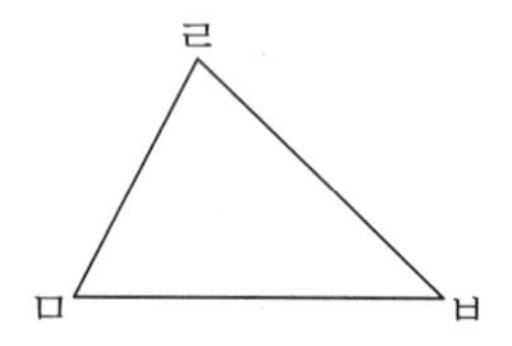

서로 합동인 두 도형은 대응□의 길이와 대응□의 크기가 각각 같습니다.

[1~2] 두 도형은 서로 합동입니다. □ 안에 알맞게 써넣으세요.

1

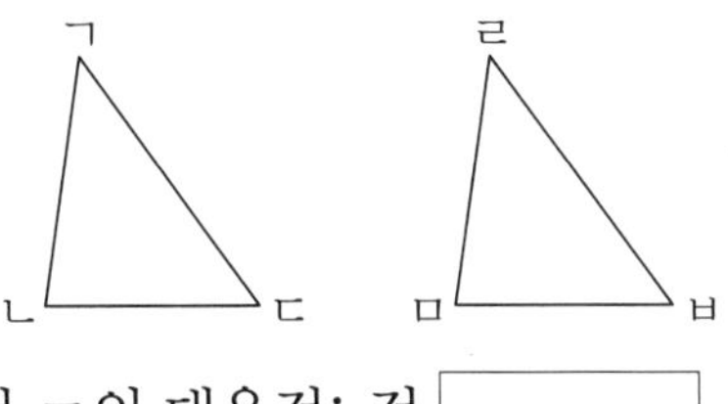

점 ㄱ의 대응점: 점 □

변 ㄴㄷ의 대응변: 변 □

각 ㄱㄷㄴ의 대응각: 각 □

서로 합동인 두 도형을 포개었을 때 완전히 겹치는 점, 변, 각을 찾아봐!

2

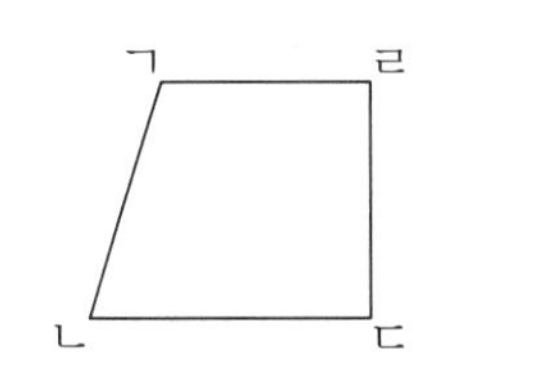

점 ㄴ의 대응점: 점 □

변 ㄹㄷ의 대응변: 변 □

각 ㅁㅇㅅ의 대응각: 각 □

[3~4] 두 도형은 서로 합동입니다. 대응점, 대응변, 대응각이 각각 몇 쌍 있는지 쓰세요.

3

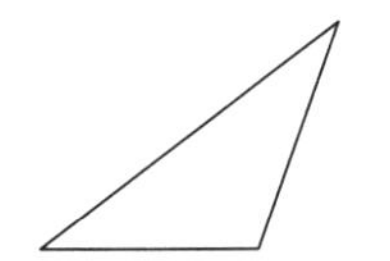

대응점	대응변	대응각
□쌍	□쌍	3쌍

4

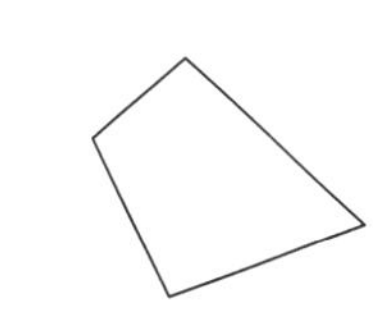

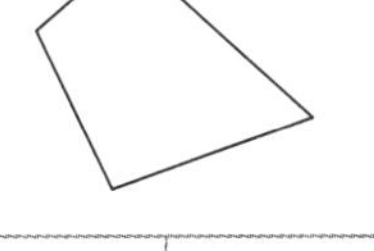

대응점	대응변	대응각
4쌍	□쌍	□쌍

[5~8] 두 도형은 서로 합동입니다. □ 안에 알맞은 수를 써넣으세요.

5

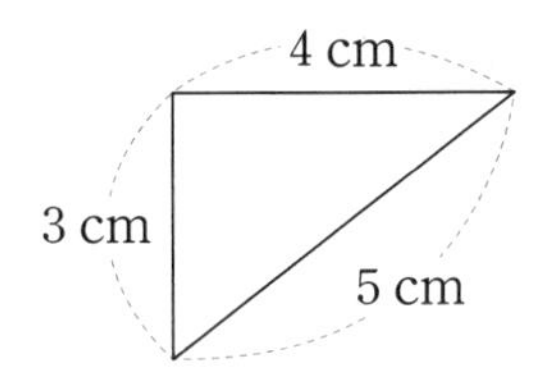

4 cm, □ cm, □ cm

6

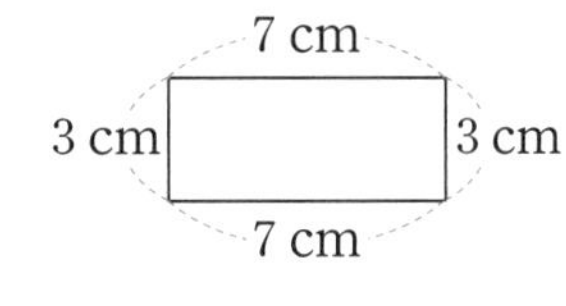

7 cm, □ cm, □ cm

7

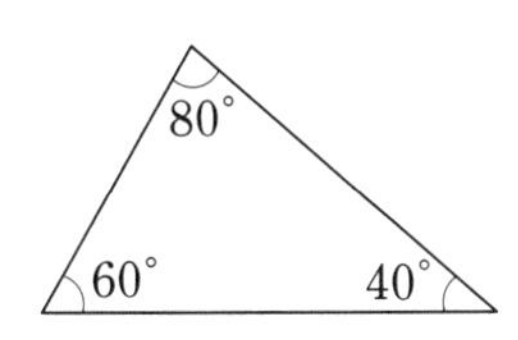

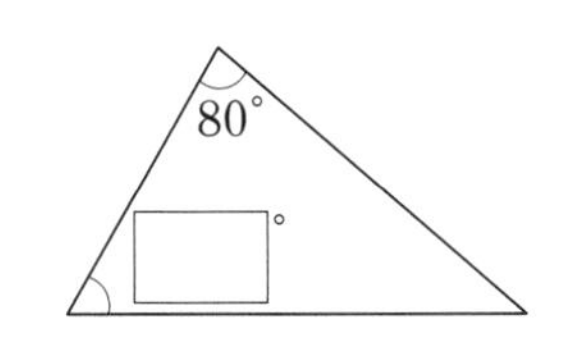

8

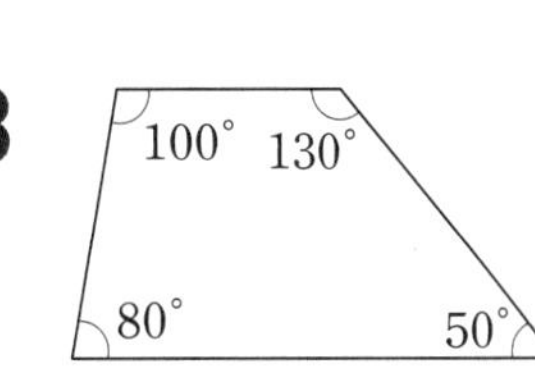

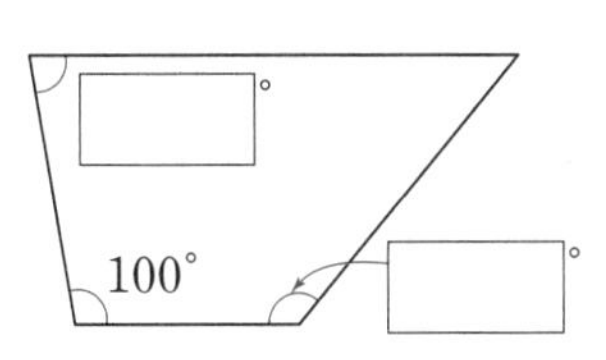

1 도형의 합동

1 은우가 종이 두 장을 포개어 놓고 도형을 오렸더니 두 도형의 모양과 크기가 똑같았습니다. 이러한 두 도형의 관계를 무엇이라고 하나요?

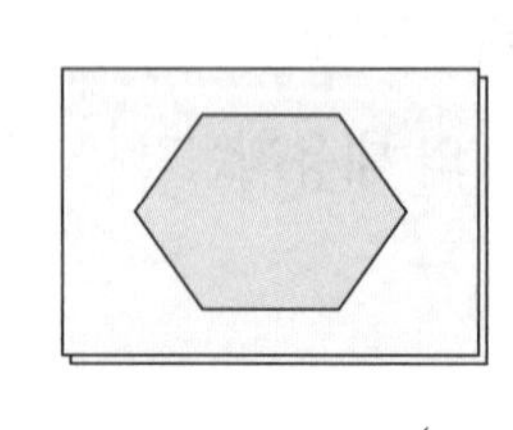

( )

[2~3] 도형을 보고 물음에 답하세요.

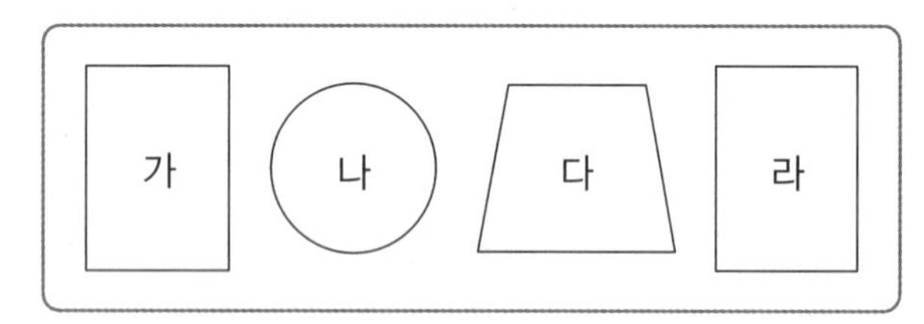

2 서로 합동인 두 도형을 찾아 기호를 쓰세요.

□와 □

3 도형 다와 서로 합동인 도형을 찾아 ○표 하세요.

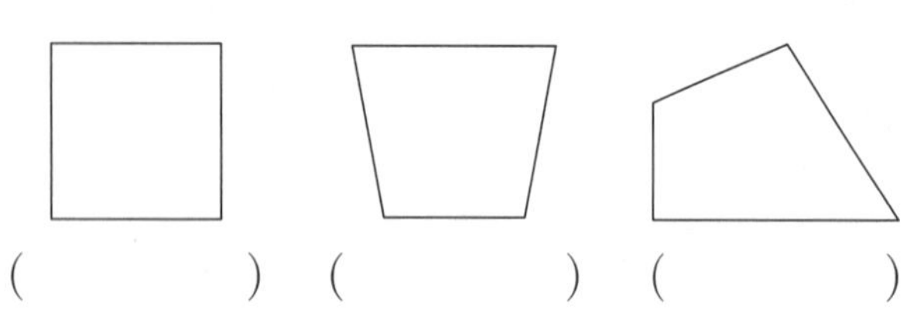

( ) ( ) ( )

4 주어진 도형과 서로 합동인 도형을 그려 보세요.

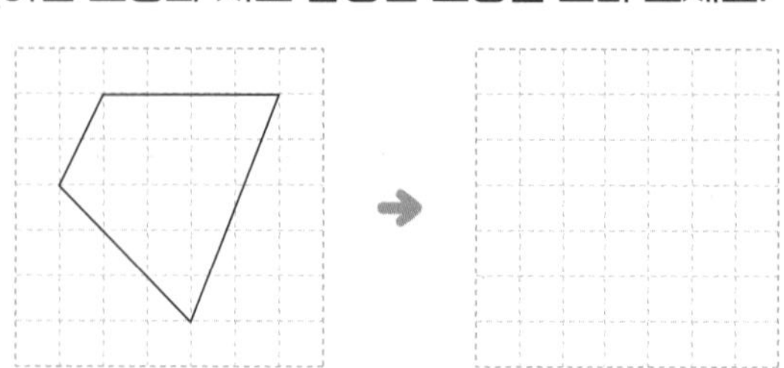

5 나머지 셋과 서로 합동이 아닌 도형을 찾아 기호를 쓰세요.

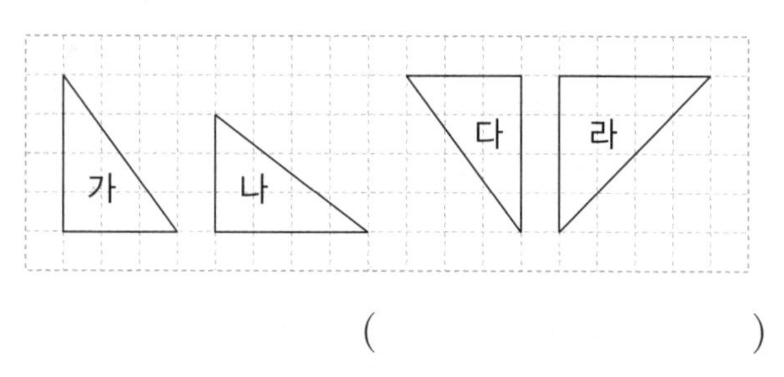

( )

반복문제

6 나머지 셋과 서로 합동이 아닌 도형을 찾아 기호를 쓰세요.

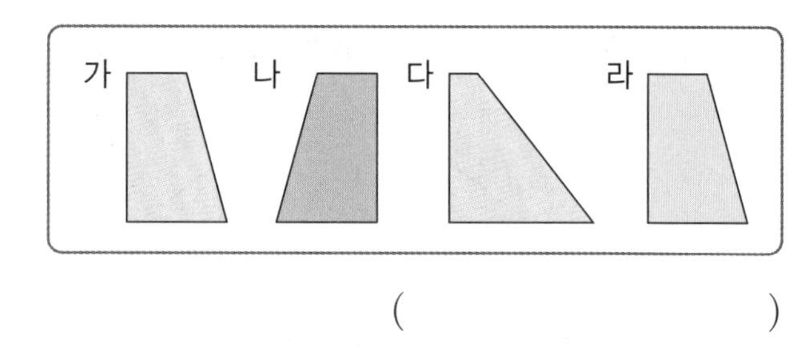

( )

7 삼각형을 점선을 따라 잘랐을 때 잘라 낸 도형 중 서로 합동인 도형을 찾아 기호를 쓰세요.

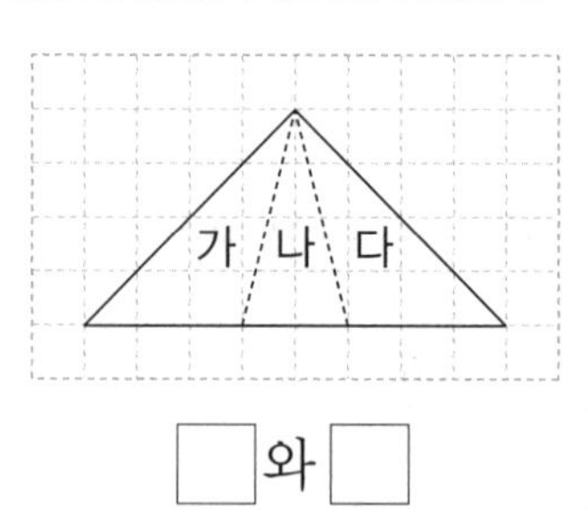

□와 □

8 정사각형 모양의 색종이를 잘라서 서로 합동인 도형 2개가 되도록 두 가지 방법으로 자르는 선을 그어 보세요.

2 합동인 도형의 성질

9 두 삼각형은 서로 합동입니다. 대응점, 대응변, 대응각을 각각 찾아 쓰세요.

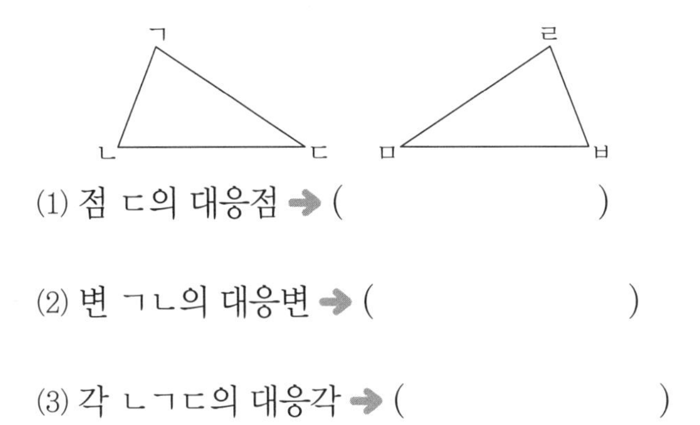

(1) 점 ㄷ의 대응점 ➔ (   )

(2) 변 ㄱㄴ의 대응변 ➔ (   )

(3) 각 ㄴㄱㄷ의 대응각 ➔ (   )

10 두 도형은 서로 합동입니다. 대응점, 대응변, 대응각이 각각 **몇 쌍** 있는지 쓰세요.

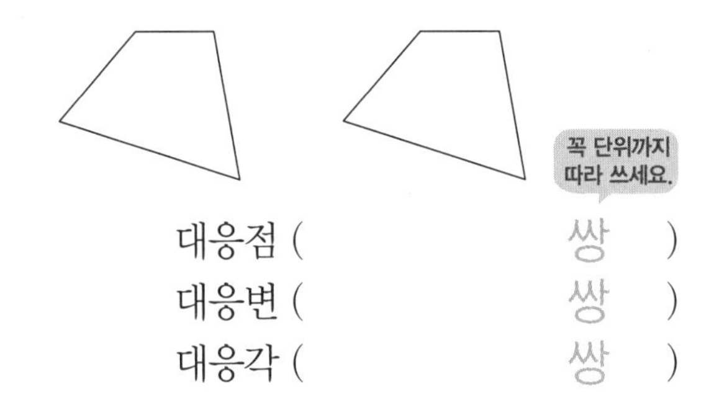

꼭 단위까지 따라 쓰세요.

대응점 (쌍)
대응변 (쌍)
대응각 (쌍)

11 두 사각형은 서로 합동입니다. □ 안에 알맞은 기호나 수를 써넣으세요.

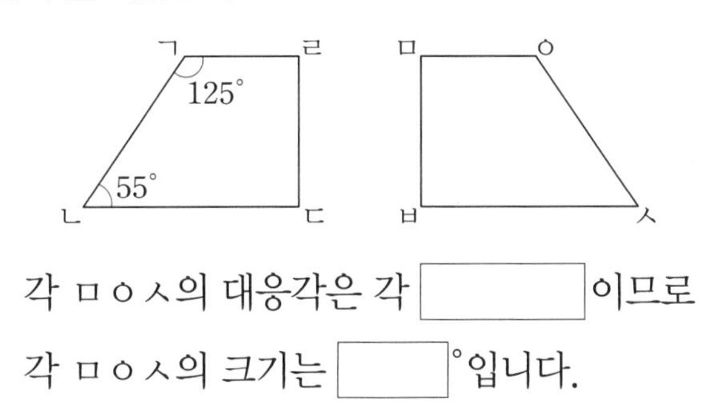

각 ㅁㅇㅅ의 대응각은 각 □ 이므로

각 ㅁㅇㅅ의 크기는 □°입니다.

12 두 삼각형은 서로 합동입니다. □ 안에 알맞은 수를 써넣으세요.

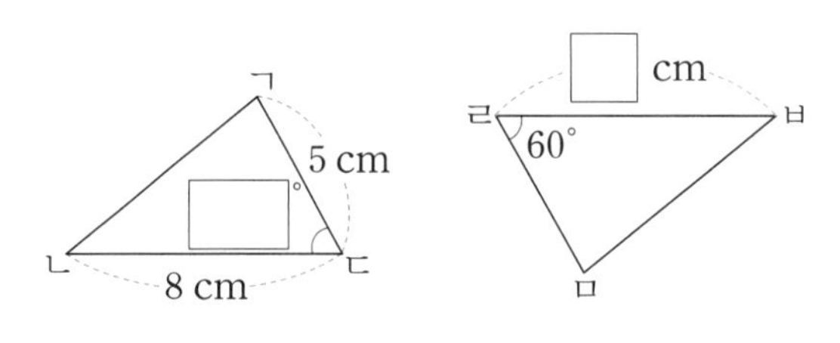

13 두 사각형은 서로 합동입니다. 잘못 말한 사람의 이름을 쓰세요.

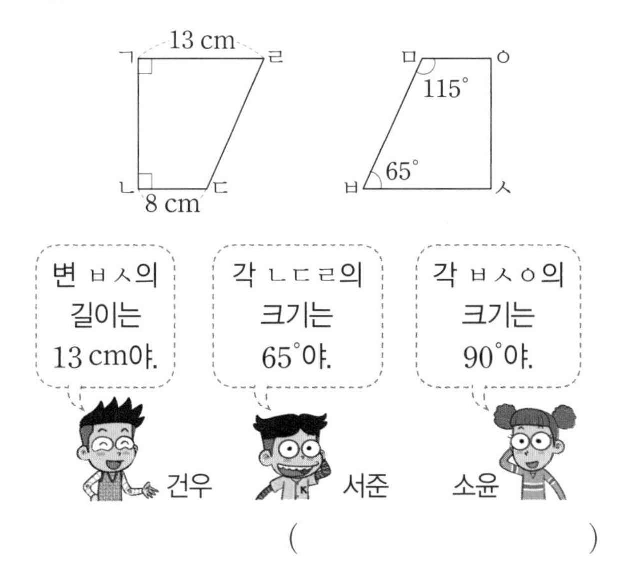

(   )

14 두 사각형은 서로 합동입니다. 물음에 답하세요.

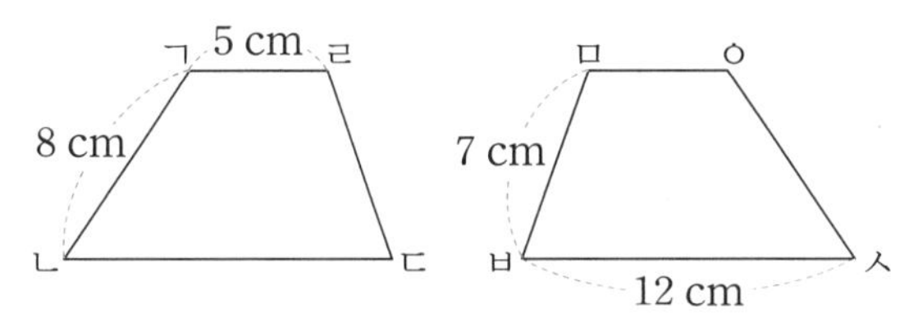

(1) 변 ㄴㄷ과 변 ㄹㄷ의 길이는 각각 **몇 cm**인가요?

변 ㄴㄷ의 길이 (cm)
변 ㄹㄷ의 길이 (cm)

(2) 사각형 ㄱㄴㄷㄹ의 둘레는 **몇 cm**인가요?

(cm)

❸ 선대칭도형

❶ 선대칭도형 알아보기

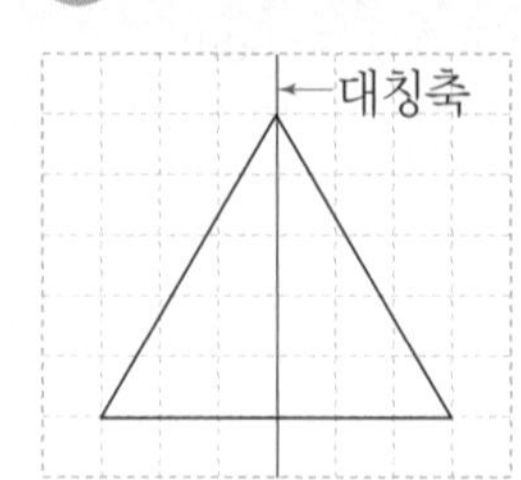

한 직선을 따라 접었을 때 완전히 겹치는 도형을 선대칭도형이라고 합니다. 이때 그 직선을 대칭축이라고 합니다.

선대칭도형을 대칭축을 따라 반으로 접으면 완전히 겹쳐.

참고 선대칭도형의 모양에 따라 대칭축의 개수는 다를 수 있습니다.
대칭축이 여러 개일 때 대칭축은 모두 한 점에서 만납니다.

예

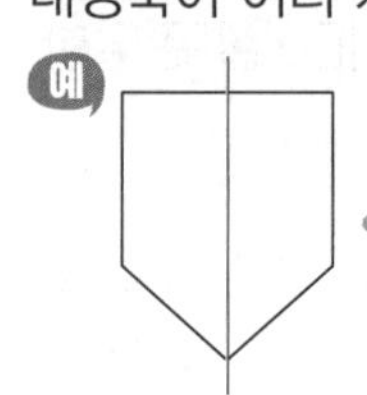
→ 대칭축 1개

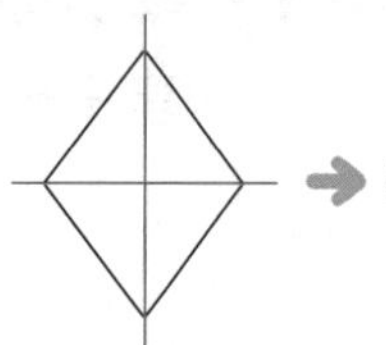
→ 대칭축 2개

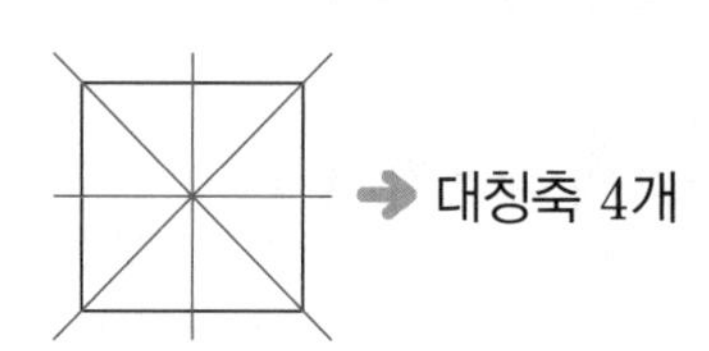
→ 대칭축 4개

❷ 대응점, 대응변, 대응각 알아보기

대응점: 대칭축을 따라 접었을 때 겹치는 점

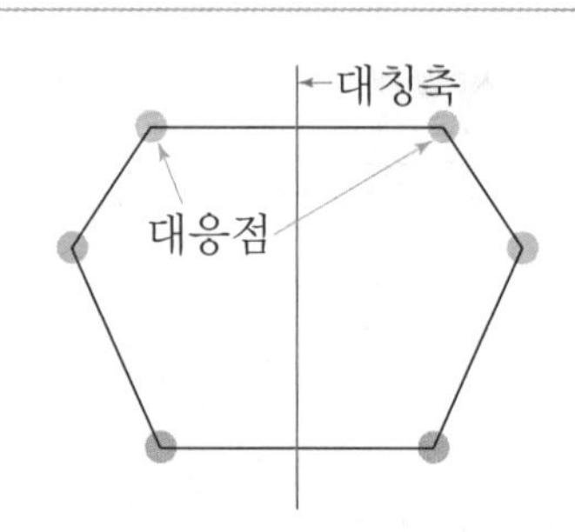

대응변: 대칭축을 따라 접었을 때 겹치는 ❶

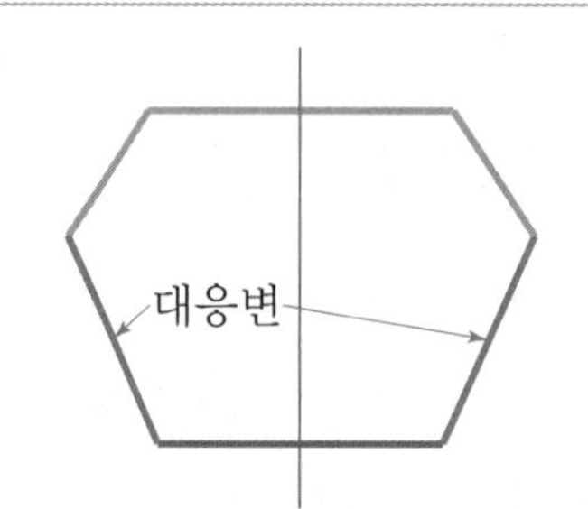

대응각: 대칭축을 따라 접었을 때 겹치는 ❷

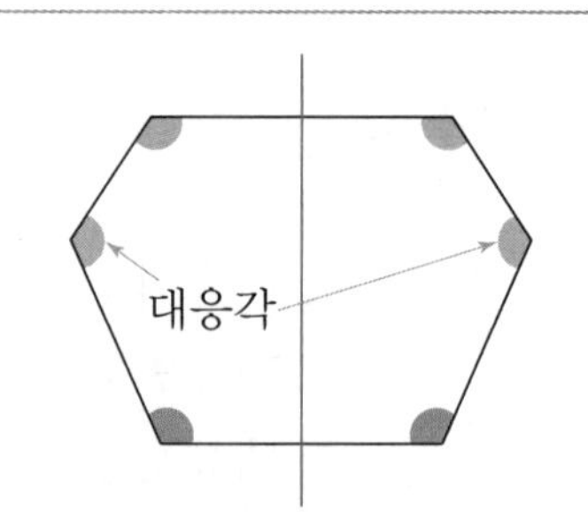

정답 확인 | ❶ 변 ❷ 각

예제 문제 1

그림과 같이 한 직선을 따라 접었을 때 완전히 겹치는 도형을 무엇이라고 하나요?

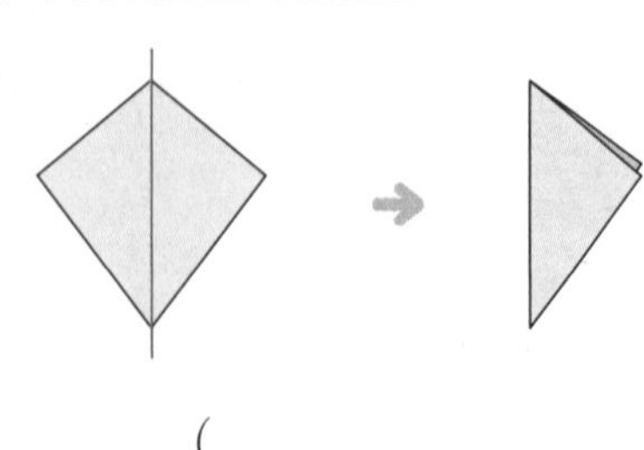

(   )

예제 문제 2

선대칭도형에 대칭축을 바르게 그린 것을 찾아 번호를 쓰세요.

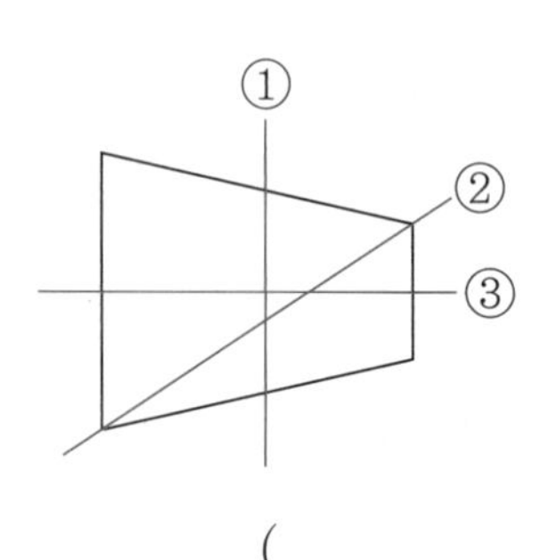

(   )

정답과 해설 14쪽

[1~2] 선대칭도형을 찾아 ○표 하세요.

1

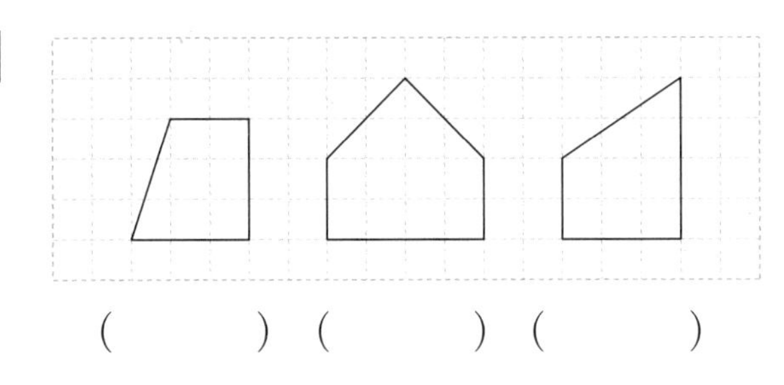

( ) ( ) ( )

2

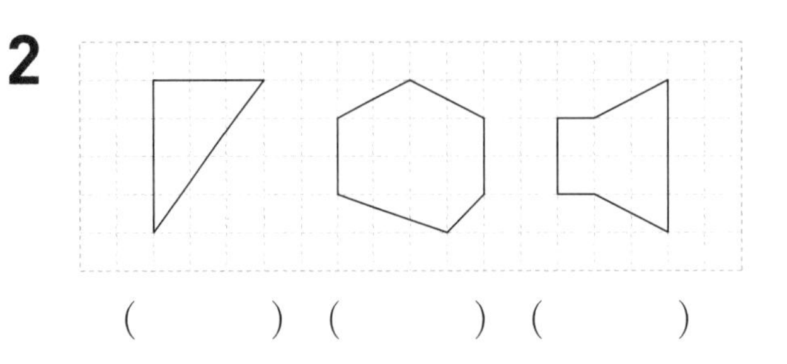

( ) ( ) ( )

[3~7] 선대칭도형입니다. 대칭축을 모두 그려 보세요.

3

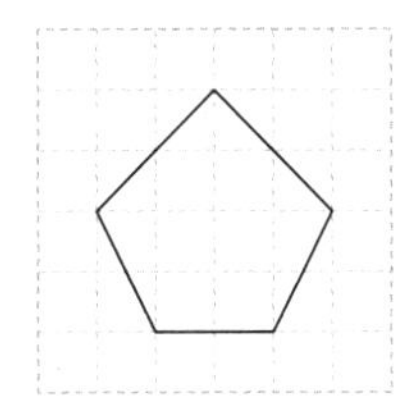

4

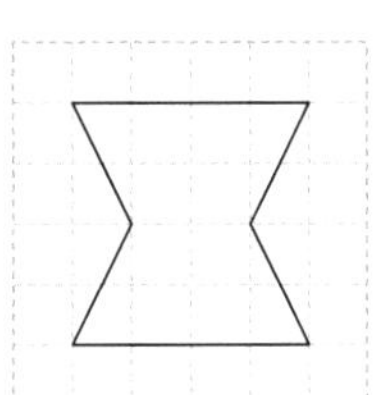

5

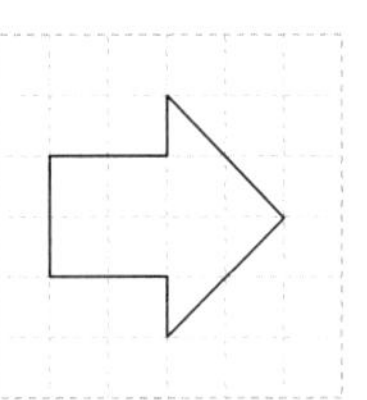

6

7

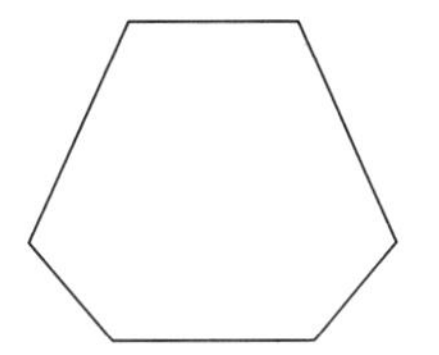

[8~9] 선대칭도형입니다. 대응점, 대응변, 대응각을 각각 찾아 쓰세요.

8

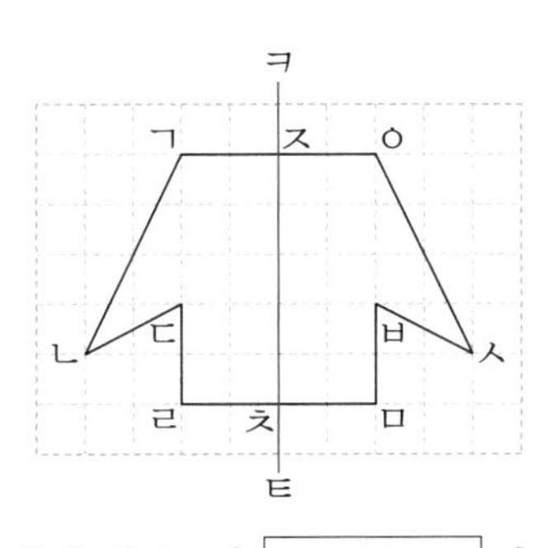

점 ㄷ의 대응점은 점 [ ]입니다.

변 ㄱㄴ의 대응변은 변 [ ]입니다.

각 ㄷㄹㅊ의 대응각은 각 [ ]입니다.

9

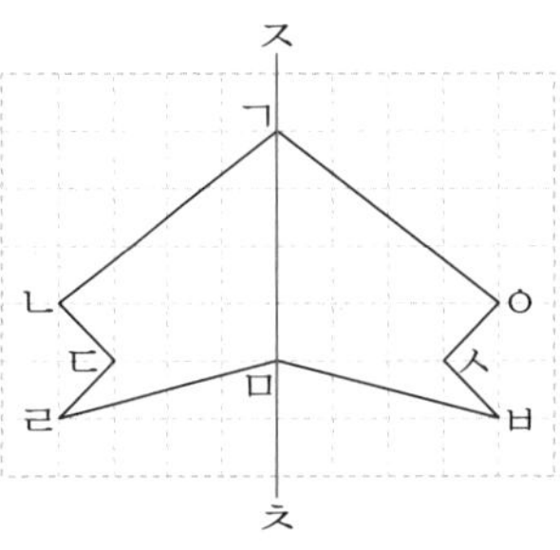

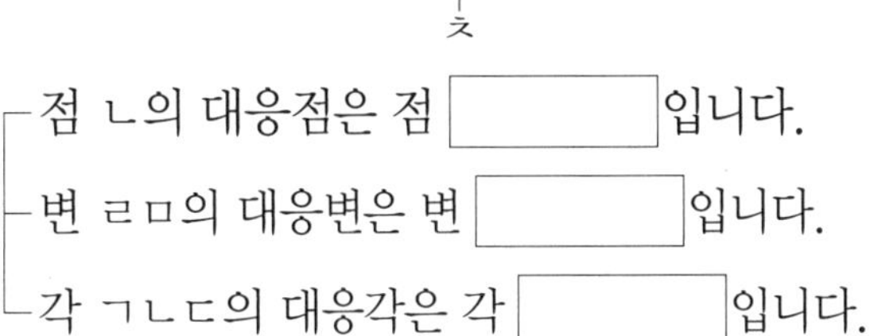

점 ㄴ의 대응점은 점 [ ]입니다.

변 ㄹㅁ의 대응변은 변 [ ]입니다.

각 ㄱㄴㄷ의 대응각은 각 [ ]입니다.

❹ 선대칭도형의 성질

선대칭도형의 성질 알아보기

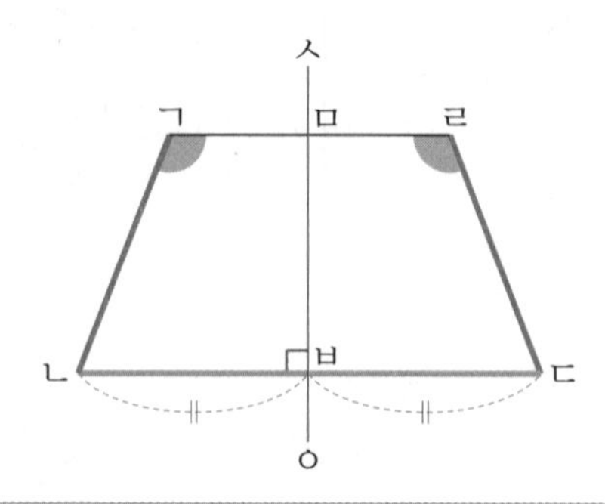

대칭축을 기준으로 왼쪽과 오른쪽 도형은 서로 합동이야!

① **각각의 대응변의 길이가 서로 같습니다.**

예 (변 ㄱㄴ)=(변 ㄹㄷ)

② **각각의 대응각의 크기가 서로 같습니다.**

예 (각 ㅁㄱㄴ)=(각 ❶ ☐)

③ **대응점끼리 이은 선분은 대칭축과 수직으로 만납니다.**

예 선분 ㄴㄷ이 대칭축과 만나서 이루는 각의 크기는 ❷ ☐°입니다.

④ **대칭축은 대응점끼리 이은 선분을 둘로 똑같이 나눕니다.**

각각의 대응점에서 대칭축까지의 거리가 서로 같아.

예 (선분 ㄴㅂ)=(선분 ㄷㅂ)

정답 확인 | ❶ ㅁㄹㄷ ❷ 90

예제 문제 1

직선 ㅁㅂ을 대칭축으로 하는 선대칭도형입니다. ☐ 안에 알맞은 기호나 수를 써넣으세요.

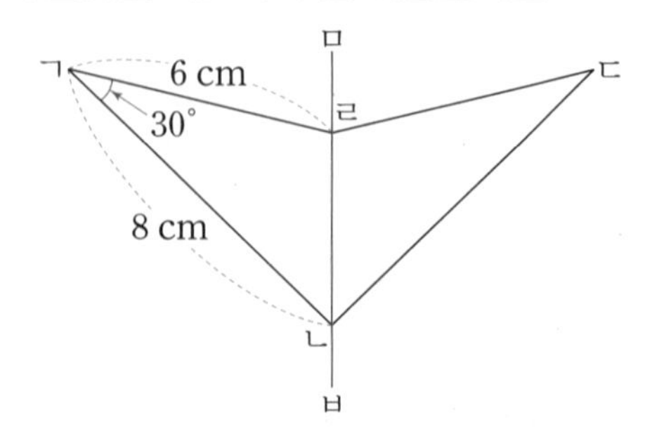

변 ㄷㄴ의 대응변은 변 ☐이므로
변 ㄷㄴ의 길이는 ☐ cm입니다.

예제 문제 2

직선 ㅅㅇ을 대칭축으로 하는 선대칭도형입니다. ☐ 안에 알맞은 기호나 수를 써넣으세요.

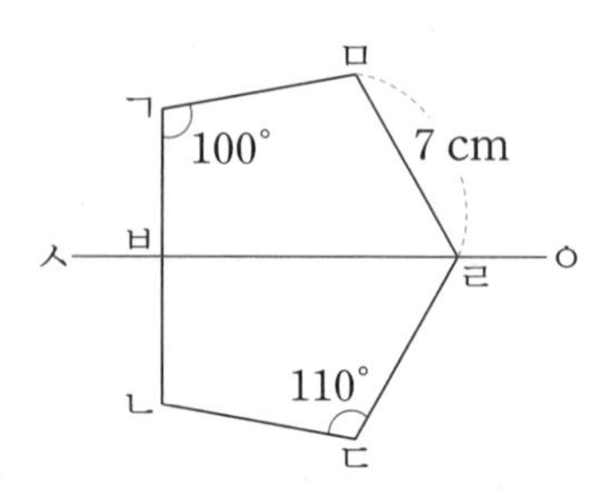

각 ㄱㅁㄹ의 대응각은 각 ☐이므로
각 ㄱㅁㄹ의 크기는 ☐°입니다.

[1~3] 선대칭도형에 대해 바르게 설명했으면 ○표, 잘못 설명했으면 ×표 하세요.

1 각각의 대응각의 크기가 서로 같습니다. (　　　)

2 대응점끼리 이은 선분이 대칭축과 만나서 이루는 각의 크기는 180°입니다. (　　　)

3 대칭축은 대응점끼리 이은 선분을 둘로 똑같이 나눕니다. (　　　)

[4~9] 직선 ㄱㄴ을 대칭축으로 하는 선대칭도형입니다. □ 안에 알맞은 수를 써넣으세요.

4

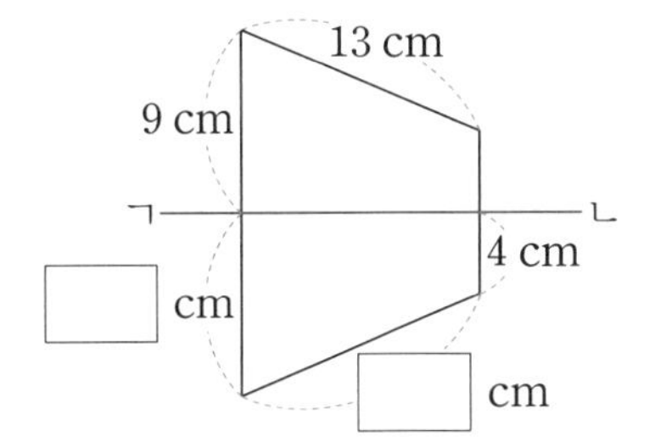

5

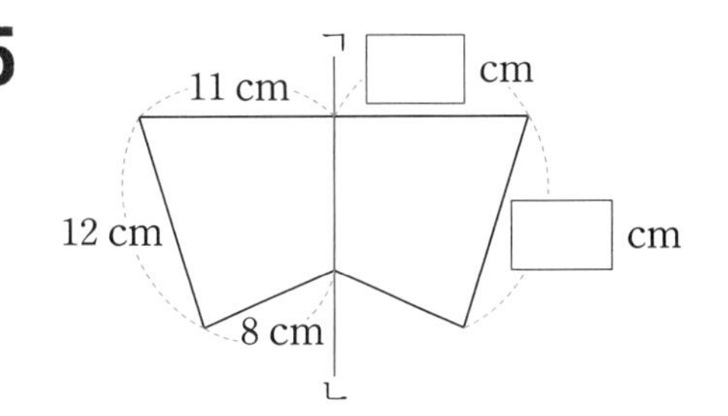

6

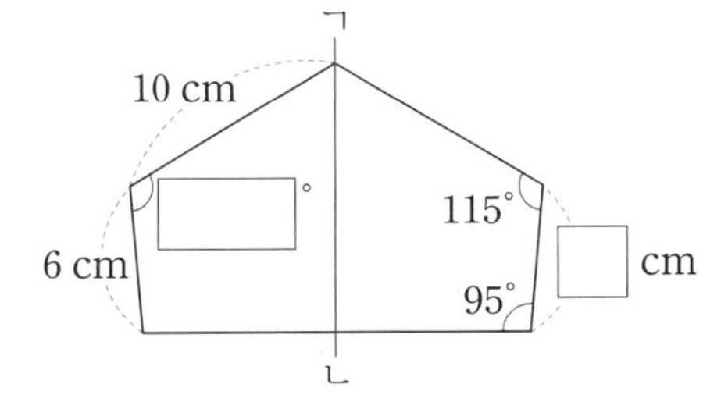

7

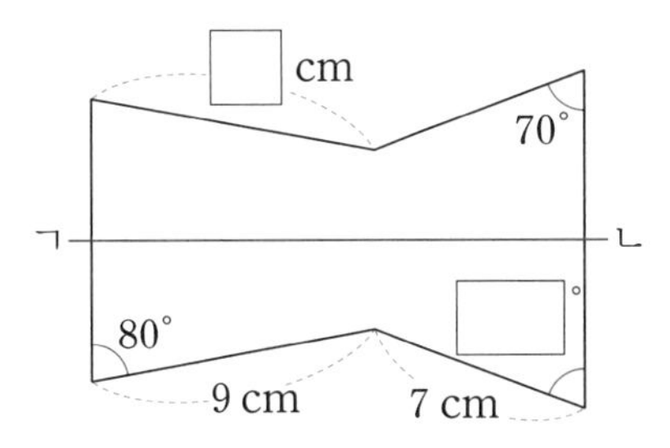

8

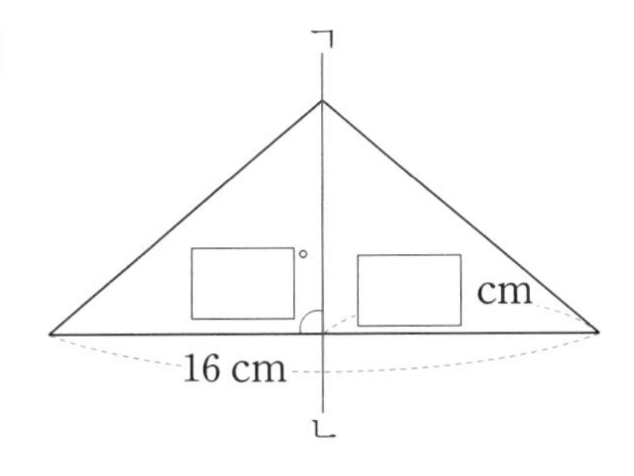

9

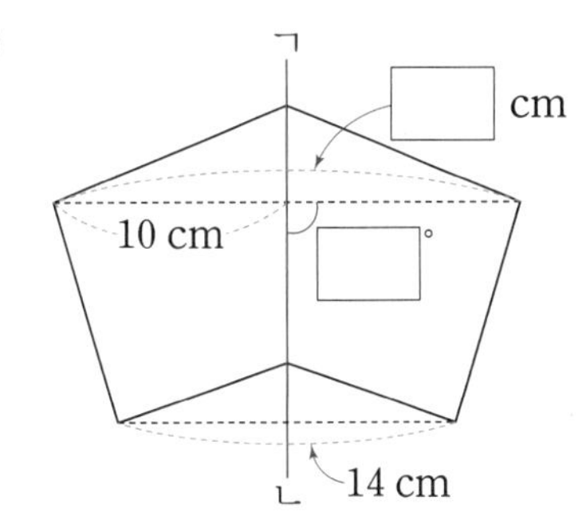

1단계 개념 빠삭

❺ 선대칭도형 그리기

선대칭도형을 그리는 방법 알아보기

선대칭도형을 그릴 때에는 **대응점끼리 이은 선분이 대칭축과** ❶ (　　　) **으로 만난다**는 성질을 이용해.

또 각각의 **대응점에서 대칭축까지의 거리가 서로 같다**는 성질도 이용해.

①	②
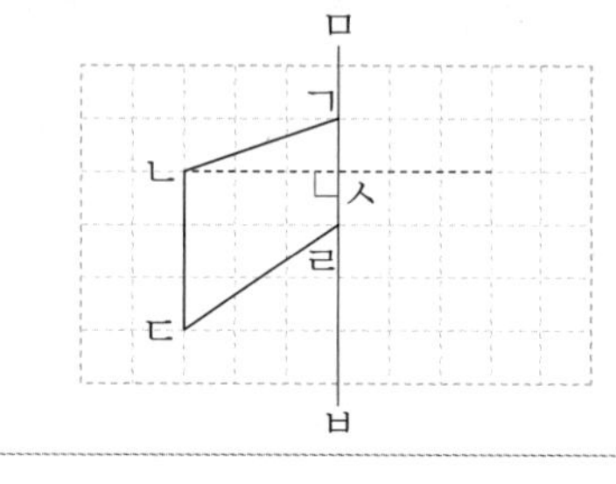	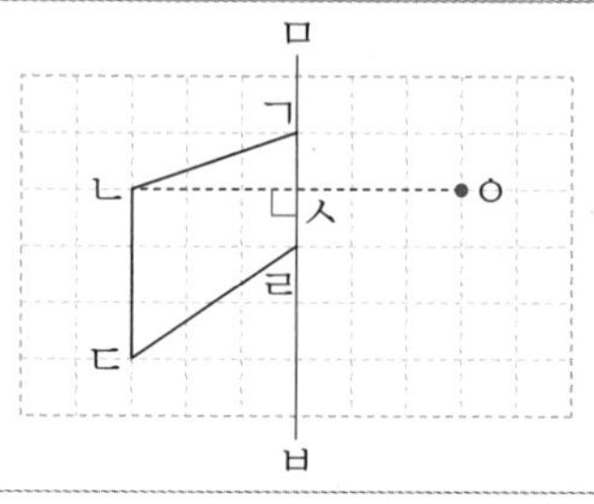
점 ㄴ에서 대칭축 ㅁㅂ에 수선을 긋고, 대칭축과 만나는 점을 찾아 점 ㅅ으로 표시합니다.	이 수선에 선분 ㄴㅅ과 길이가 같은 선분 ㅇㅅ이 되도록 점 ㄴ의 대응점을 찾아 점 ㅇ으로 표시합니다.
③	④
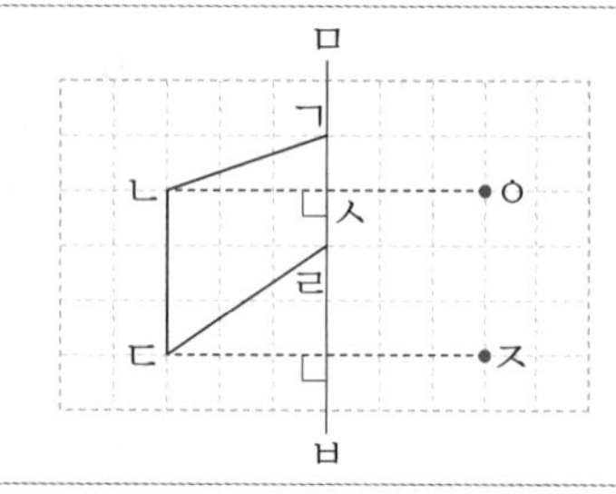	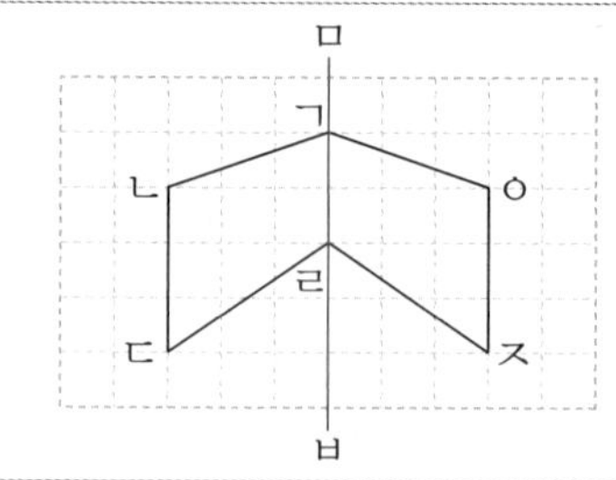
위와 같은 방법으로 점 ㄷ의 대응점을 찾아 점 ㅈ으로 표시합니다.	점 ㄹ과 점 ㅈ, 점 ㅈ과 점 ㅇ, 점 ㅇ과 점 ㄱ을 각각 이어 선대칭도형이 되도록 그립니다.

① 각 점의 대응점을 찾아 표시한 후,
② 자를 사용하여 대응점을 차례로 잇자.

정답 확인 | ❶ 수직

예제 문제 1

선대칭도형을 바르게 그린 것에 ○표 하세요.

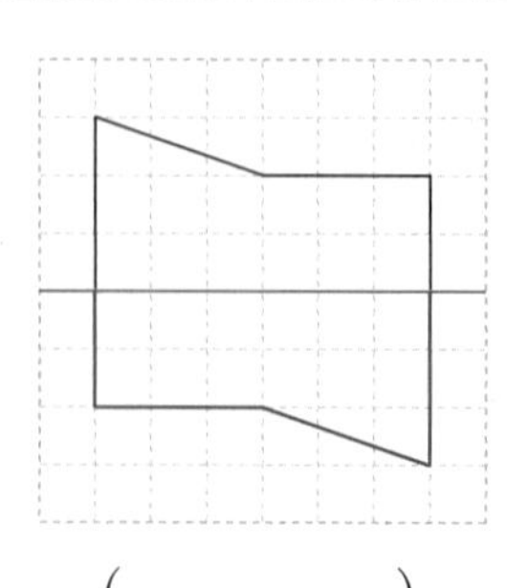

(　　　)

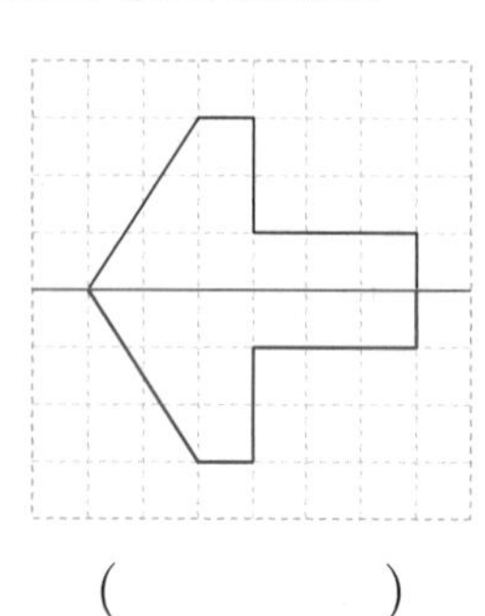

(　　　)

예제 문제 2

선대칭도형을 완성하려고 합니다. 나머지 한 점의 위치로 알맞은 것을 찾아 번호를 쓰세요.

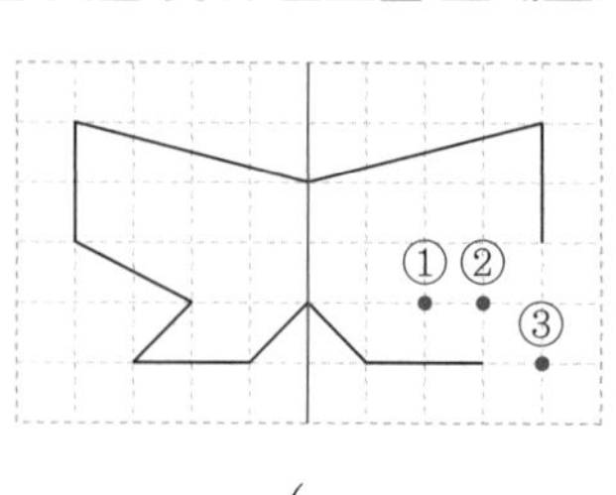

(　　　　　)

개념 집중 연습

정답과 해설 14쪽

[1~2] 각각의 대응점을 찾아 점(•)으로 표시하고 선대칭도형을 완성해 보세요.

1

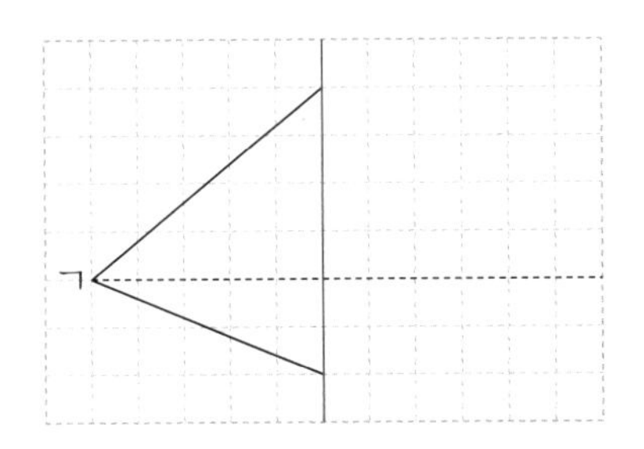

2

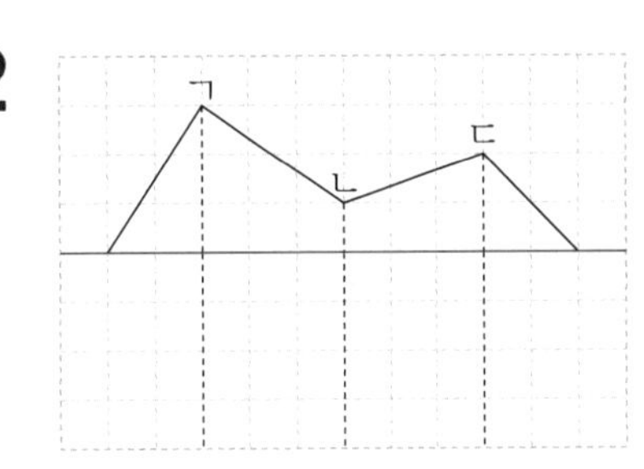

[3~8] 선대칭도형을 완성해 보세요.

3

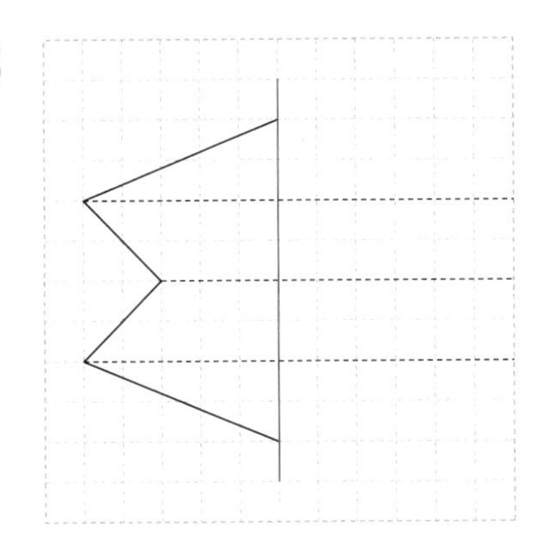

선대칭도형은 각각의 대응점에서 대칭축까지의 거리가 서로 같아.

4

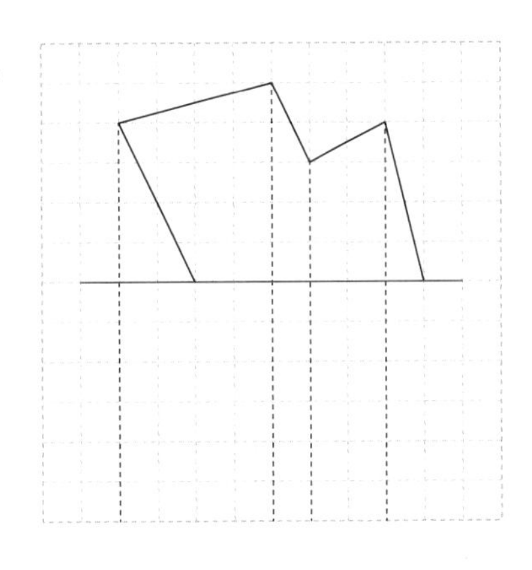

5

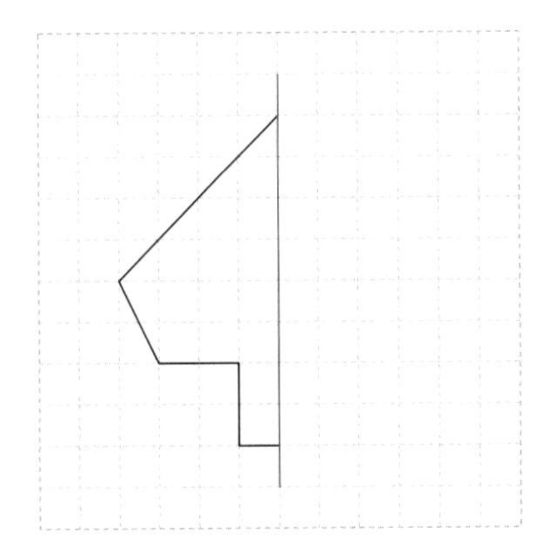

6

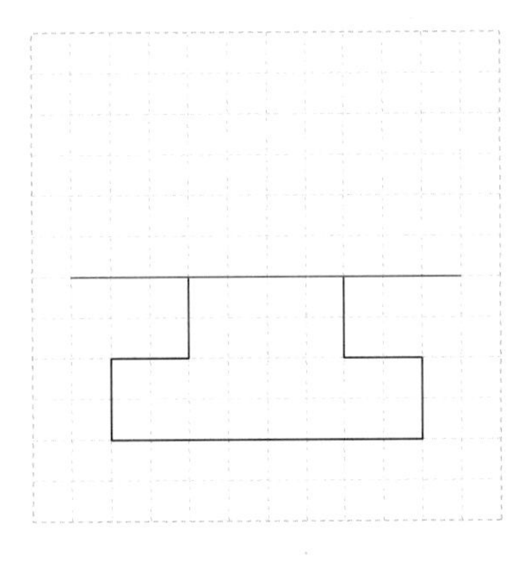

7

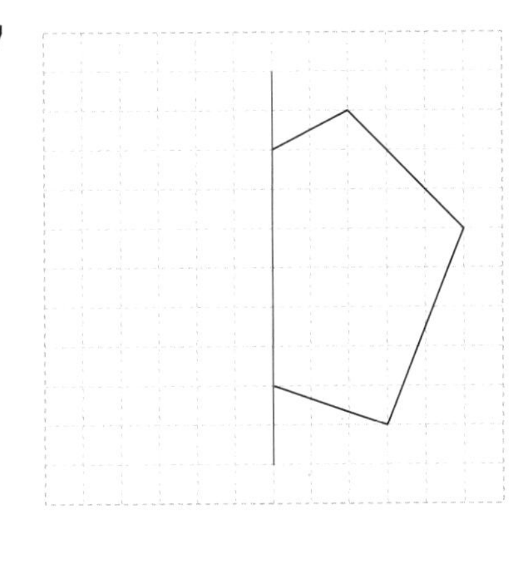

8

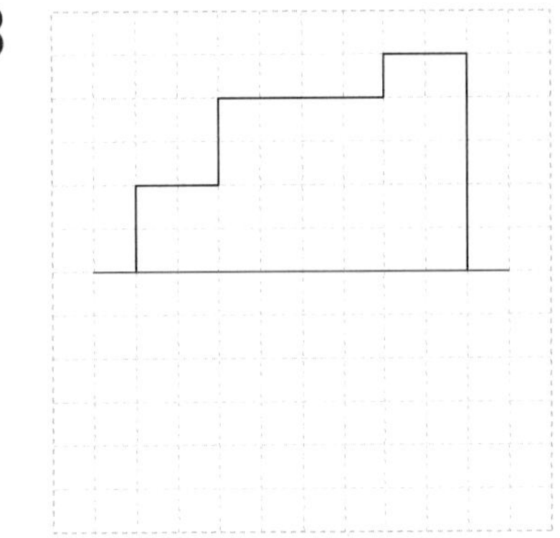

3 선대칭도형

1 선대칭도형을 모두 찾아 기호를 쓰세요.

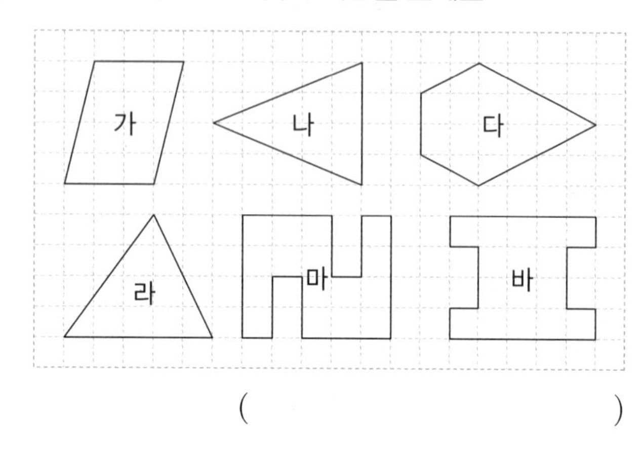

( )

2 직선 ㅈㅊ을 대칭축으로 하는 선대칭도형입니다. 대응점, 대응변, 대응각을 각각 찾아 쓰세요.

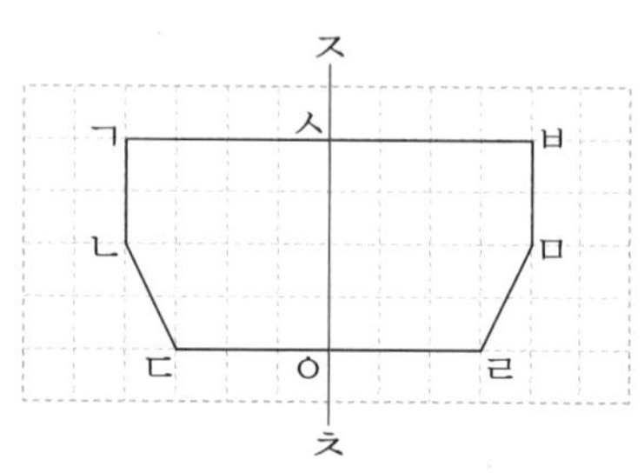

대응점	점 ㄴ과 점 ( )
대응변	변 ㄱㄴ과 변 ( )
대응각	각 ㄴㄷㅇ과 각 ( )

3 선대칭도형입니다. 대칭축을 모두 그리고 **몇 개**인지 쓰세요.

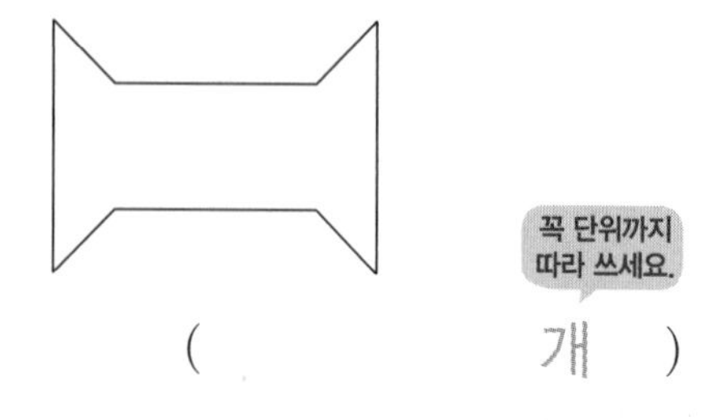

꼭 단위까지 따라 쓰세요.

(개)

4 소윤이가 그린 선대칭도형입니다. 바르게 설명했으면 ○표, 잘못 설명했으면 ×표 하세요.

내가 그린 선대칭도형의 대칭축은 4개야.
소윤

( )

5 선대칭도형에 대칭축을 잘못 그린 것을 찾아 ○표 하세요.

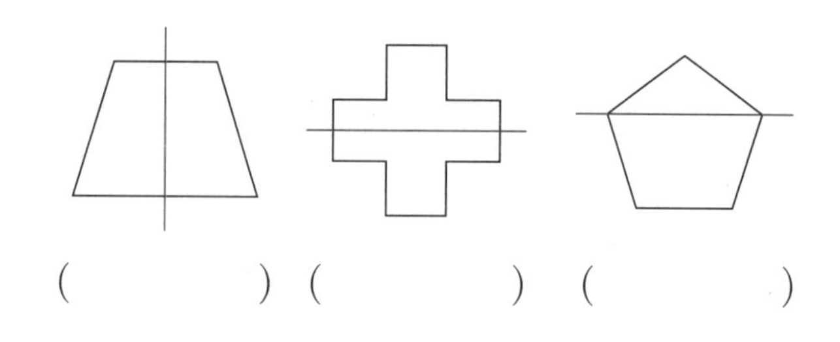

( ) ( ) ( )

6 선대칭도형을 보고 바르게 말한 사람을 찾아 이름을 쓰세요.

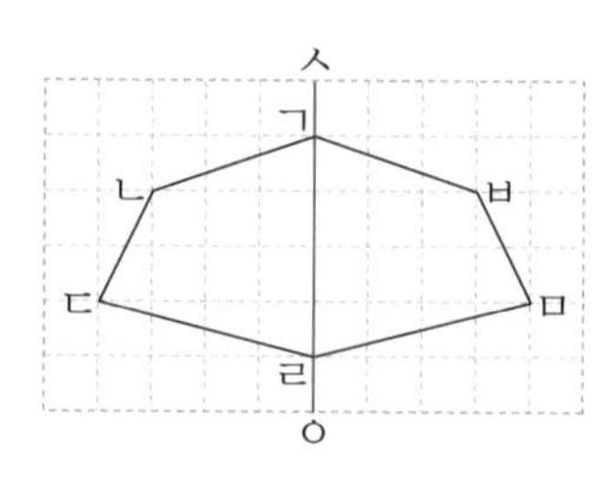

현준: 변 ㄴㄷ의 대응변은 변 ㄷㄹ이야.
승연: 각 ㄱㅂㅁ의 대응각은 각 ㄴㄷㄹ이야.
세호: 직선 ㅅㅇ은 대칭축이야.

( )

4 선대칭도형의 성질

[7~8] 직선 ㅅㅇ을 대칭축으로 하는 선대칭도형입니다. 물음에 답하세요.

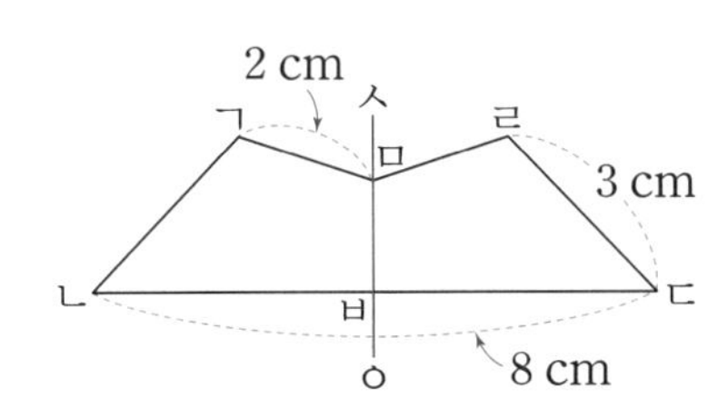

7 변 ㄱㄴ의 길이는 **몇 cm**인가요?

꼭 단위까지 따라 쓰세요.

(cm)

8 선분 ㅂㄷ의 길이는 **몇 cm**인가요?

(cm)

[9~10] 직선 ㅁㅂ을 대칭축으로 하는 선대칭도형입니다. 물음에 답하세요.

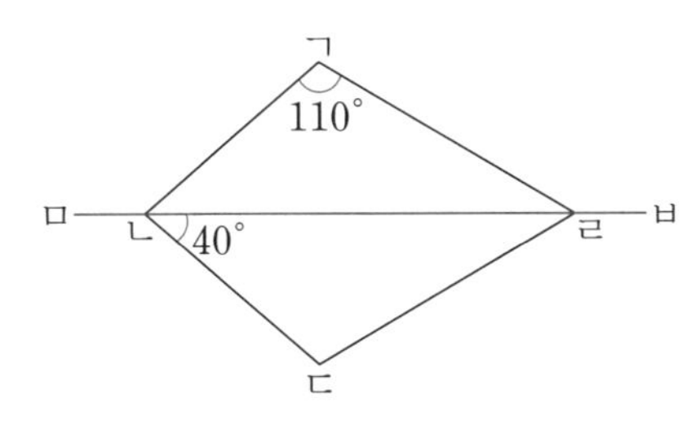

9 각 ㄴㄷㄹ의 크기는 **몇 도**인가요?

( )

10 각 ㄷㄹㄴ의 크기는 **몇 도**인가요?

( )

삼각형의 세 각의 크기의 합이 180°임을 이용해.

5 선대칭도형 그리기

11 선대칭도형을 완성해 보세요.

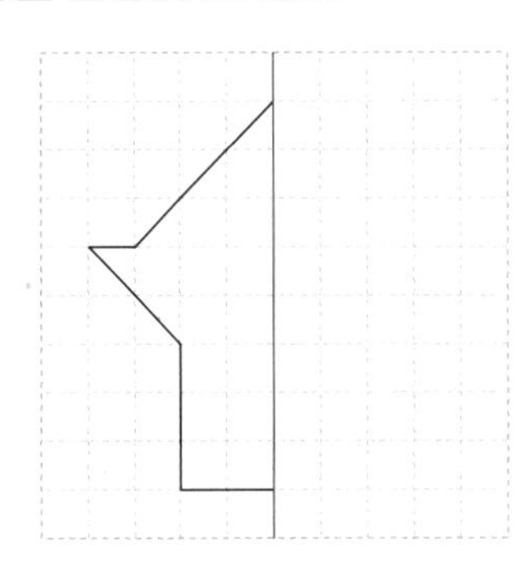

반복문제

12 선대칭도형을 완성해 보세요.

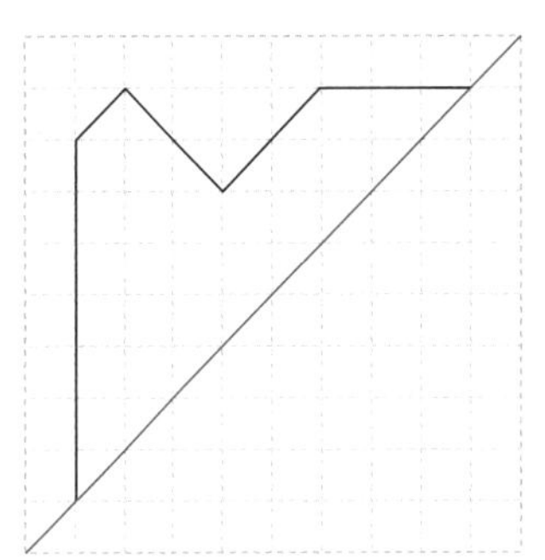

13 직선 ㄱㅁ을 긋고, 직선 ㄱㅁ을 대칭축으로 하는 선대칭도형을 완성해 보세요.

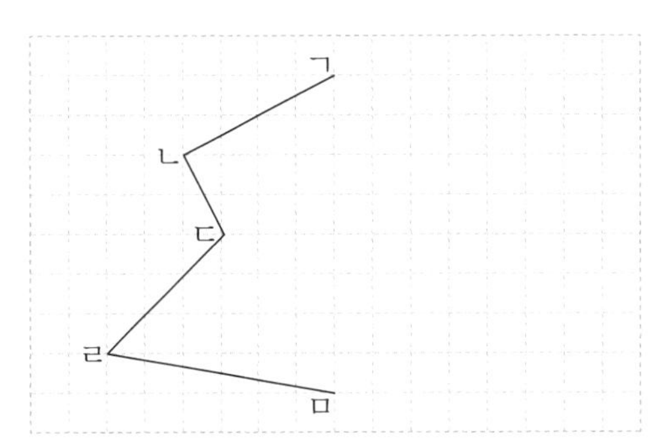

개념 빠삭

6 점대칭도형

▶ 개념동영상 3-⑤

1 점대칭도형 알아보기

어떤 점을 중심으로 180° 돌렸을 때 처음 도형과 완전히 겹치는 도형을 점대칭도형이라고 합니다. 이때 그 점을 대칭의 중심이라고 합니다.

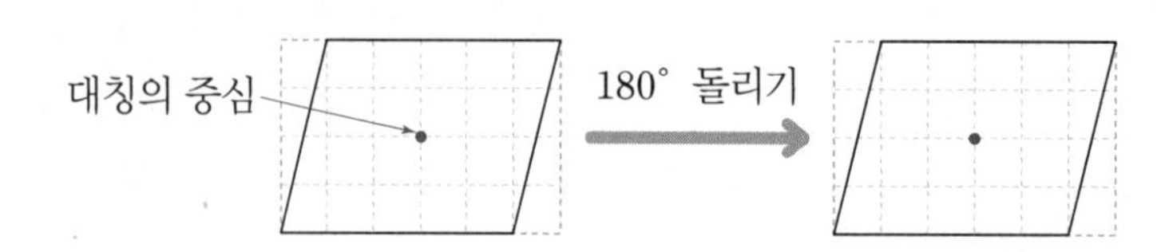

2 대응점, 대응변, 대응각 알아보기

대응점: 대칭의 중심을 중심으로 180° 돌렸을 때 겹치는 점

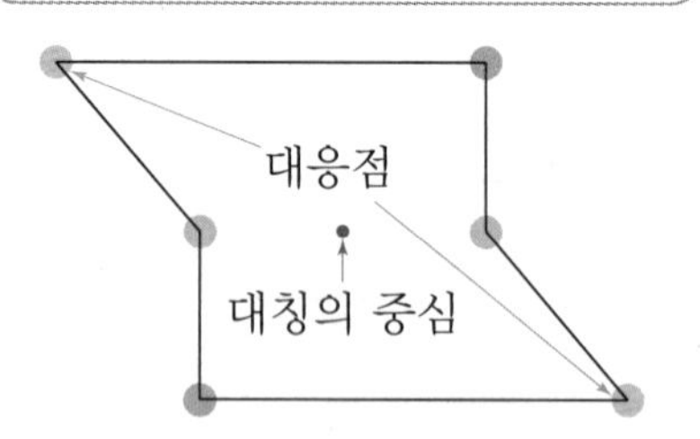

대응변: 대칭의 중심을 중심으로 180° 돌렸을 때 겹치는 ❶

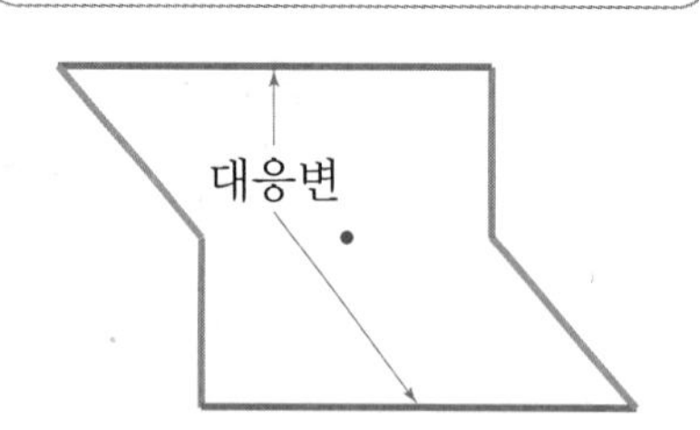

대응각: 대칭의 중심을 중심으로 ❷ ° 돌렸을 때 겹치는 각

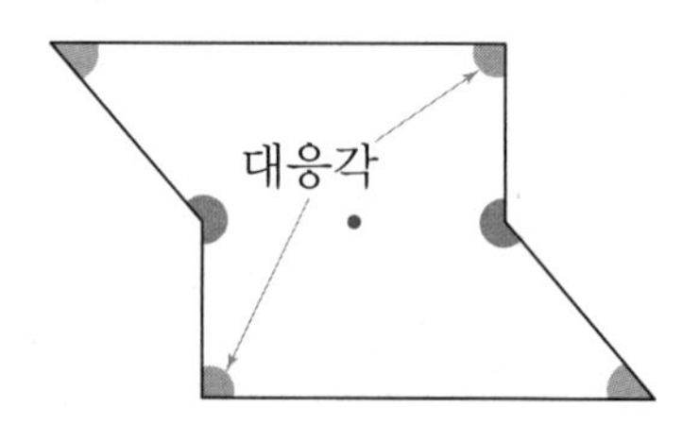

참고 점대칭도형에서 대응점끼리 각각 이은 선분이 만나는 점이 대칭의 중심입니다.

예

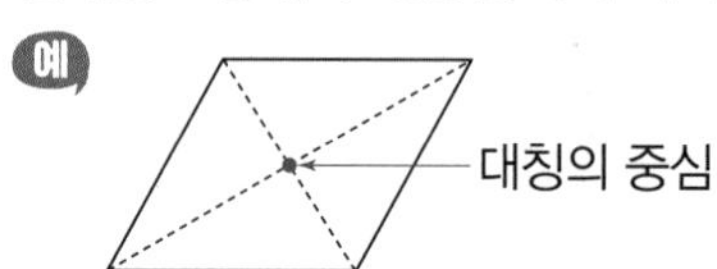

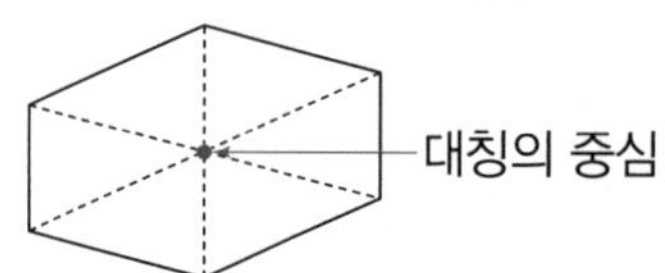

정답 확인 | ❶ 변 ❷ 180

예제 문제 1

도형은 점 ㅇ을 중심으로 180° 돌렸을 때 처음 도형과 완전히 겹칩니다. 이와 같은 도형을 무엇이라고 하나요?

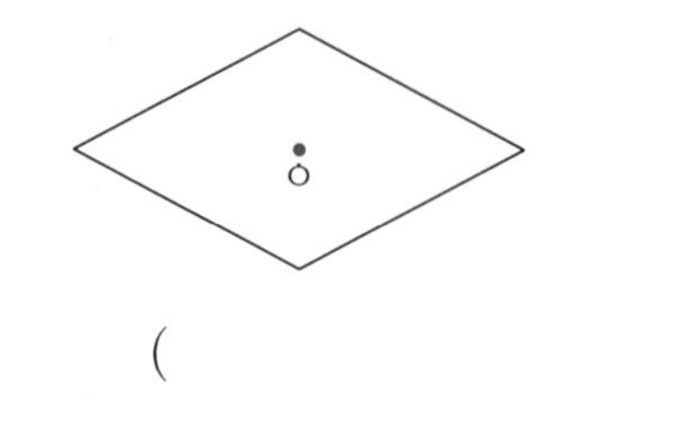

( )

예제 문제 2

점대칭도형이면 ○표, 그렇지 않으면 ×표 하세요. 또, 점대칭도형이면 대칭의 중심을 찾아 점(•)으로 표시해 보세요.

(1)

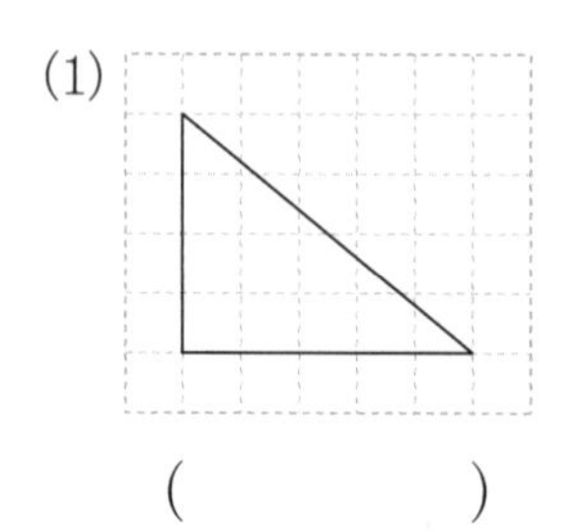

( )

(2)

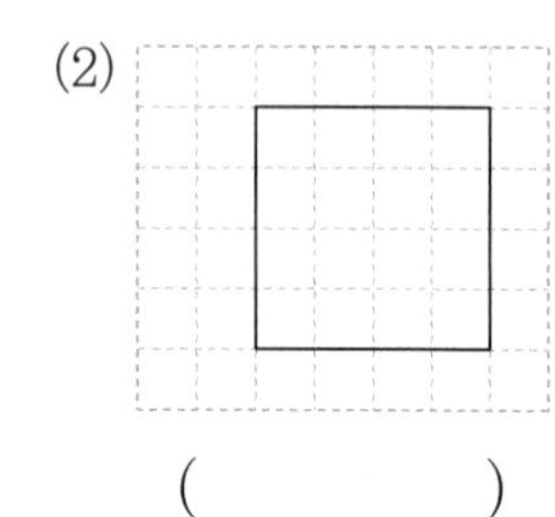

( )

정답과 해설 15쪽

[1~2] 점대칭도형을 찾아 기호를 쓰세요.

1

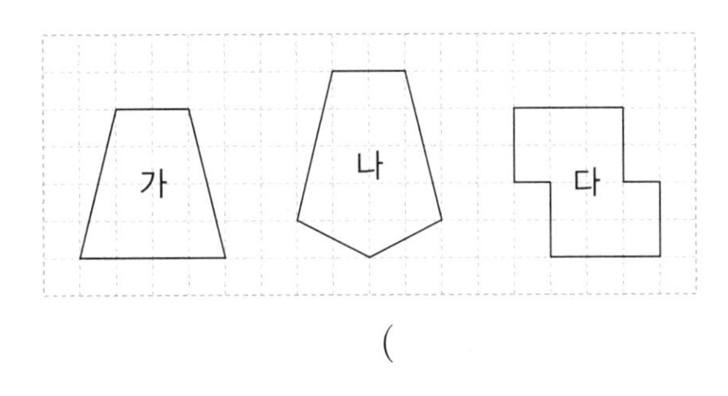

(　　　　　　　　　　)

2

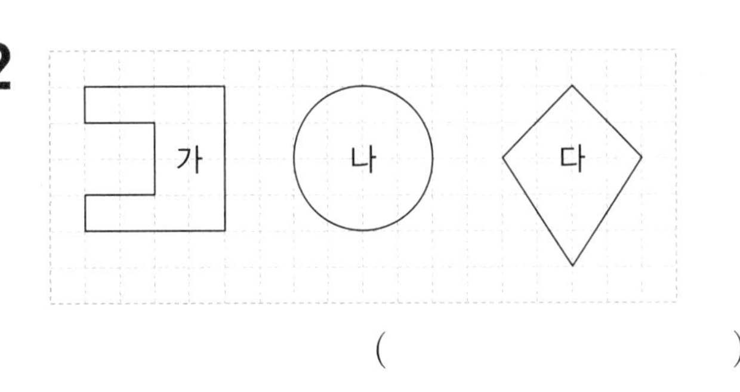

(　　　　　　　　　　)

[3~4] 점대칭도형에서 대칭의 중심을 찾아 번호를 쓰세요.

3

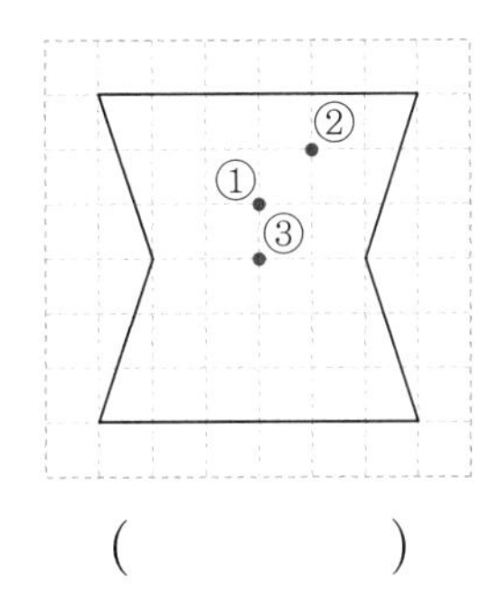

(　　　　)

4

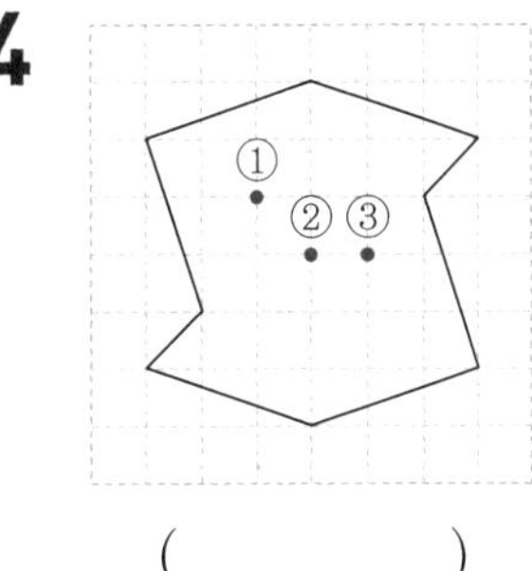

(　　　　)

점대칭도형에서 대칭의 중심은 항상 1개야.

[5~7] 점대칭도형입니다. 대칭의 중심을 찾아 점(•)으로 표시해 보세요.

5

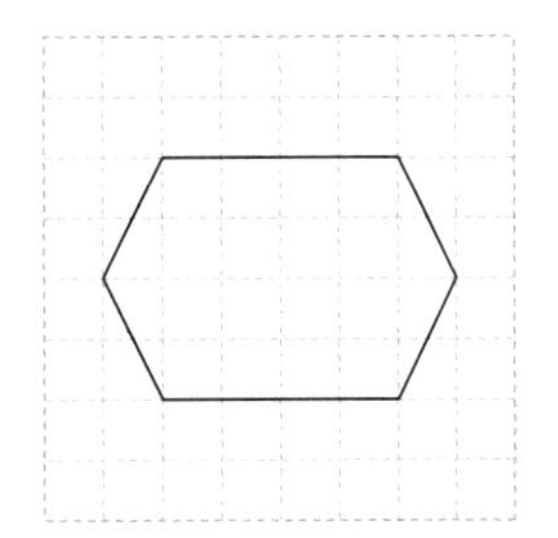

6

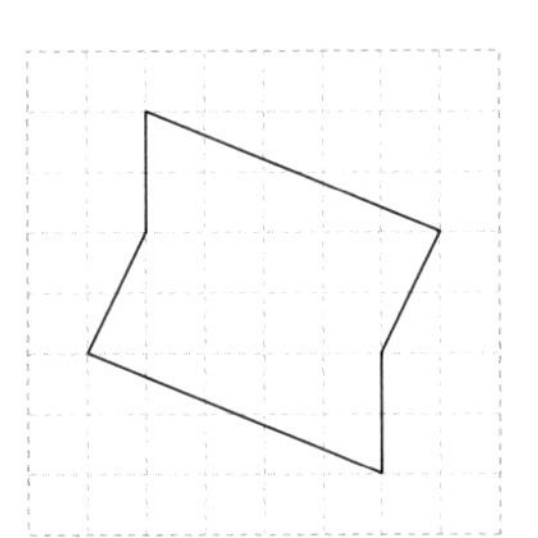

7

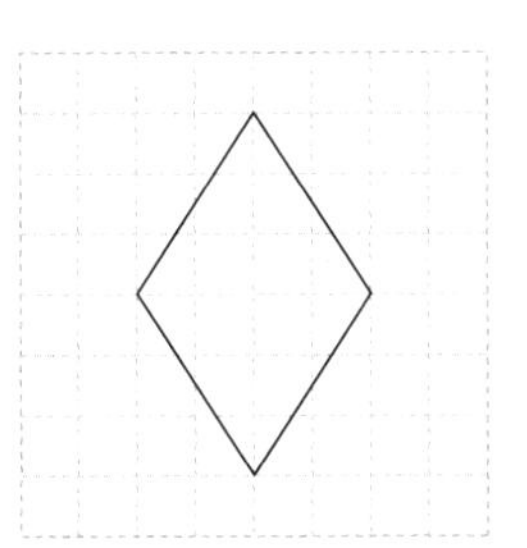

[8~9] 점 ㅇ을 대칭의 중심으로 하는 점대칭도형입니다. 대응점, 대응변, 대응각을 각각 찾아 쓰세요.

8

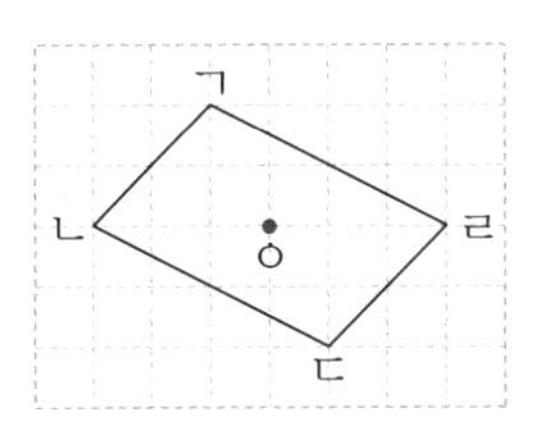

- 점 ㄱ의 대응점은 점 [　　　]입니다.
- 변 ㄴㄷ의 대응변은 변 [　　　]입니다.
- 각 ㄴㄷㄹ의 대응각은 각 [　　　]입니다.

9

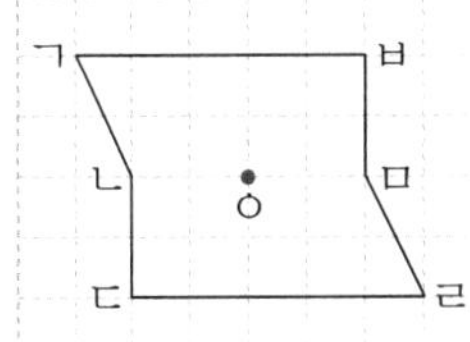
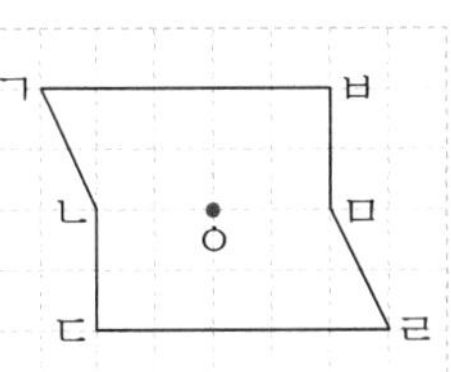

- 점 ㄷ의 대응점은 점 [　　　]입니다.
- 변 ㄴㄷ의 대응변은 변 [　　　]입니다.
- 각 ㄷㄹㅁ의 대응각은 각 [　　　]입니다.

❼ 점대칭도형의 성질

점대칭도형의 성질 알아보기

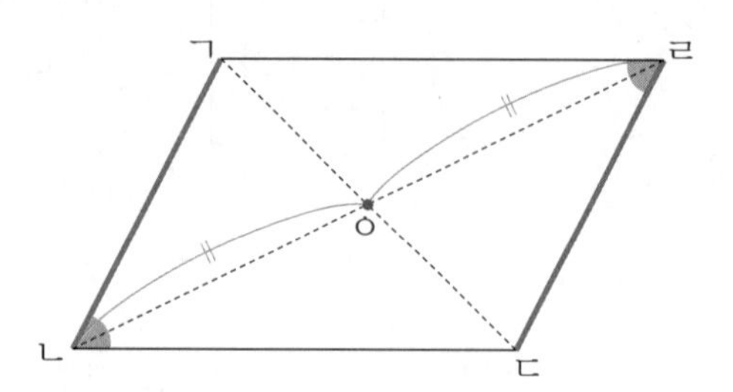

① 각각의 대응변의 길이가 서로 같습니다.

예 (변 ㄱㄴ)=(변 ❶ □)

② 각각의 대응각의 크기가 서로 같습니다.

예 (각 ㄱㄴㄷ)=(각 ㄷㄹㄱ)

③ 대칭의 중심은 대응점끼리 이은 선분을 둘로 똑같이 나눕니다.

각각의 대응점에서 대칭의 중심까지의 거리가 서로 같아.

예 (선분 ㄴㅇ)=(선분 ❷ □)

정답 확인 | ❶ ㄷㄹ ❷ ㄹㅇ

예제 문제 1

점 ㅇ을 대칭의 중심으로 하는 점대칭도형입니다. □ 안에 알맞은 기호나 수를 써넣으세요.

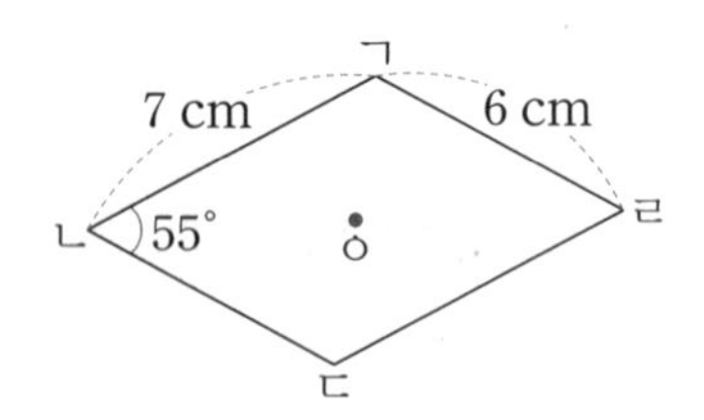

(1) 변 ㄷㄹ의 대응변은 변 □이므로 변 ㄷㄹ의 길이는 □cm입니다.

(2) 변 ㄴㄷ의 대응변은 변 □이므로 변 ㄴㄷ의 길이는 □cm입니다.

예제 문제 2

점 ㅇ을 대칭의 중심으로 하는 점대칭도형입니다. □ 안에 알맞은 기호나 수를 써넣으세요.

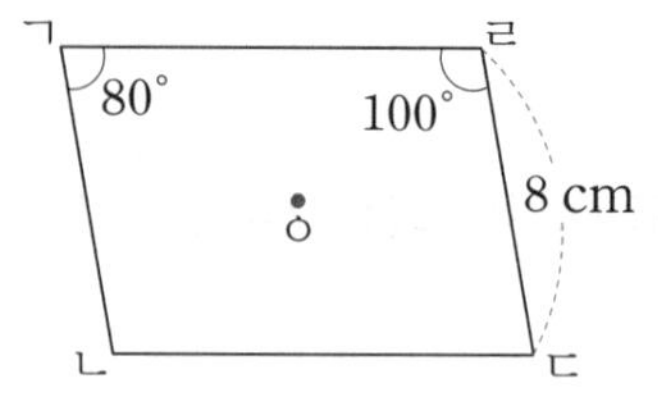

(1) 각 ㄱㄴㄷ의 대응각은 각 □이므로 각 ㄱㄴㄷ의 크기는 □°입니다.

(2) 각 ㄴㄷㄹ의 대응각은 각 □이므로 각 ㄴㄷㄹ의 크기는 □°입니다.

개념 집중 연습

정답과 해설 15쪽

[1~4] 점대칭도형에 대해 바르게 설명했으면 ○표, 잘못 설명했으면 ×표 하세요.

1

각각의 대응변의 길이가 서로 같아.

(　　　　)

2

각각의 대응각의 크기가 서로 달라.

(　　　　)

3

대응점끼리 각각 선분으로 이었을 때 이은 선분끼리는 만나지 않아.

(　　　　)

4

대칭의 중심은 대응점끼리 이은 선분을 셋으로 똑같이 나눠.

(　　　　)

[5~10] 점 ㅇ을 대칭의 중심으로 하는 점대칭도형입니다. □ 안에 알맞은 수를 써넣으세요.

5

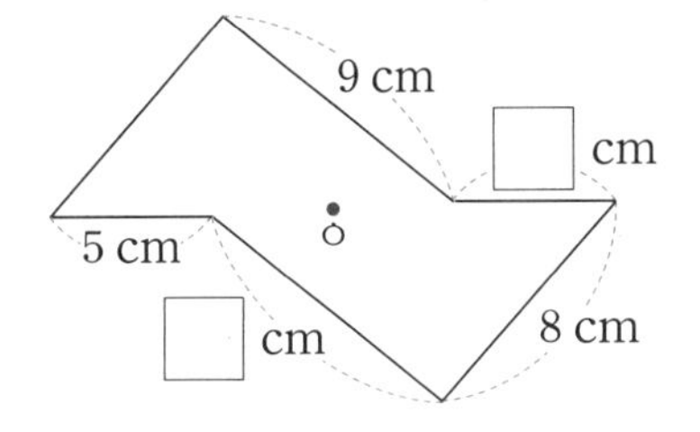

6

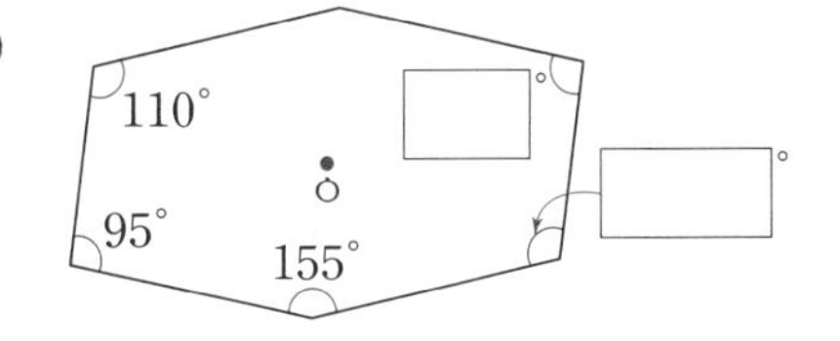

7

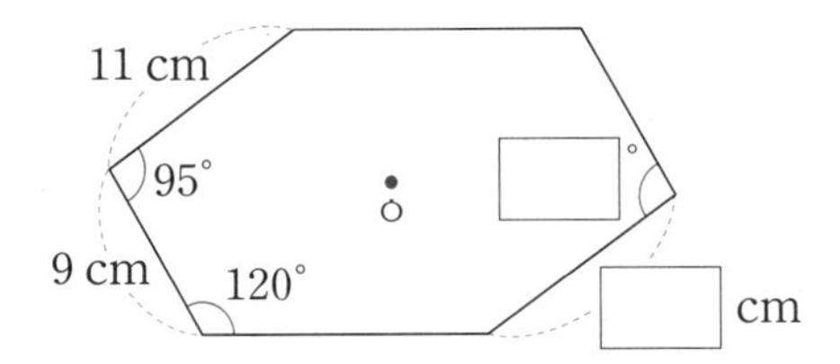

8

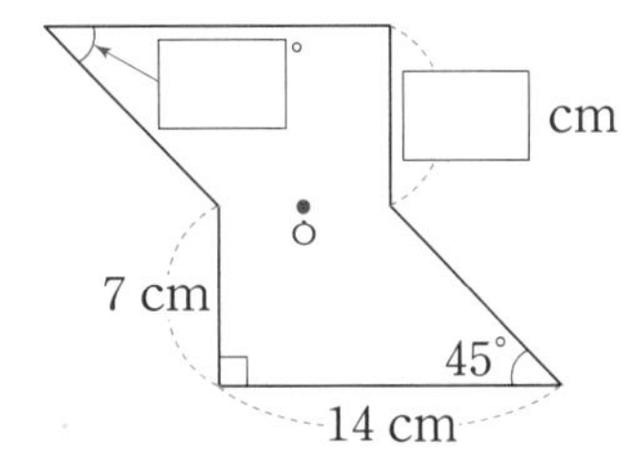

9

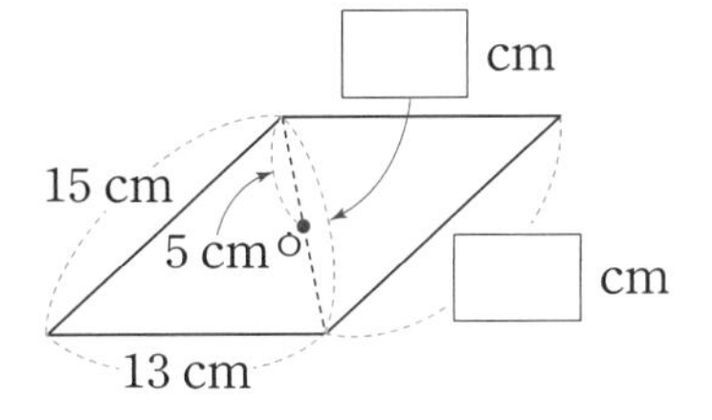

10

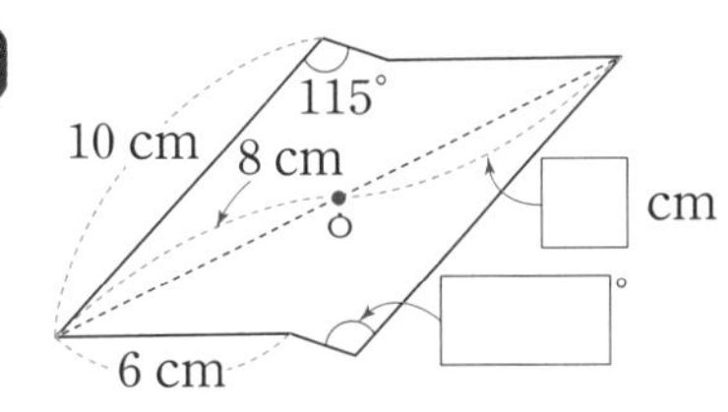

개념 빠삭 ❽ 점대칭도형 그리기

▶ 개념동영상 3-⑥

 **점대칭도형을 그리는 방법 알아보기**

점대칭도형을 그릴 때에는 각각의 **대응점에서** 대칭의 ❶ [　　　] **까지의 거리가 서로 같다**는 것을 이용해.

①	②
ㄱ, ㄴ, ㄷ, ㄹ, ㅇ	ㄱ, ㄴ, ㄷ, ㄹ, ㅇ, ㅁ
점 ㄴ에서 대칭의 중심인 점 ㅇ을 지나는 직선을 긋습니다.	이 직선에 선분 ㄴㅇ과 길이가 같은 선분 ㅁㅇ이 되도록 점 ㄴ의 대응점을 찾아 점 ㅁ으로 표시합니다.
③ 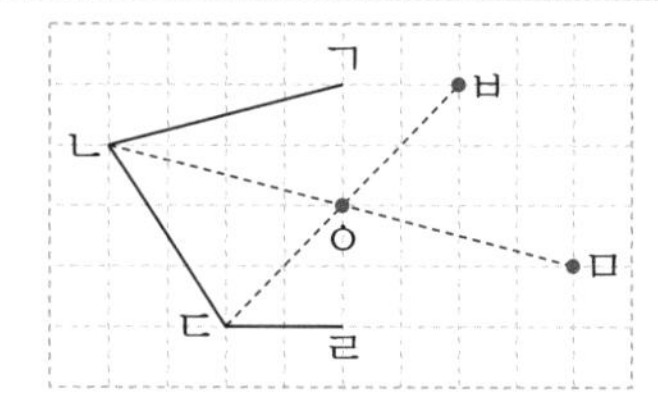	④ 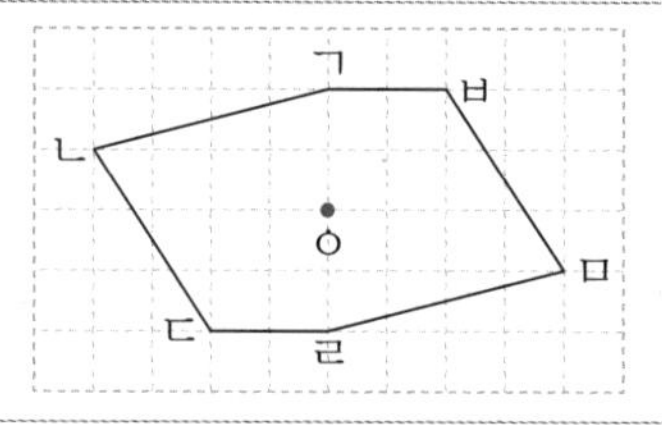
위와 같은 방법으로 점 ㄷ의 대응점을 찾아 점 ㅂ으로 표시합니다. 점 ㄱ의 대응점은 점 ㄹ입니다.	점 ㄹ과 점 ㅁ, 점 ㅁ과 점 ㅂ, 점 ㅂ과 점 ㄱ을 각각 이어 점대칭도형이 되도록 그립니다.

① 각 점의 대응점을 찾아 표시한 후,
② 자를 사용하여 대응점을 차례로 잇자.

정답 확인 | ❶ 중심

 예제 문제 1

점대칭도형을 바르게 그린 것을 모두 찾아 ○표 하세요.

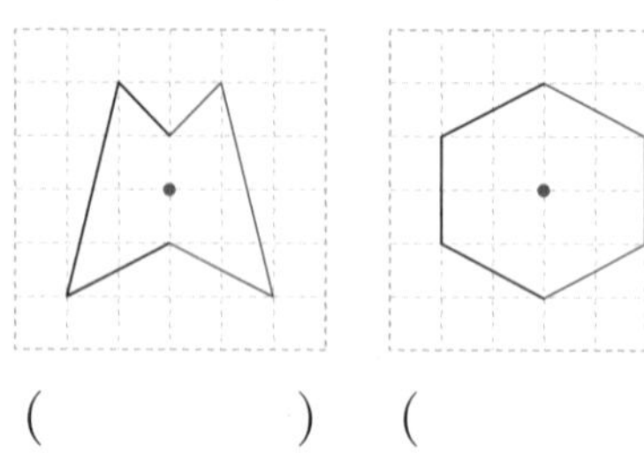

(　　　) (　　　)

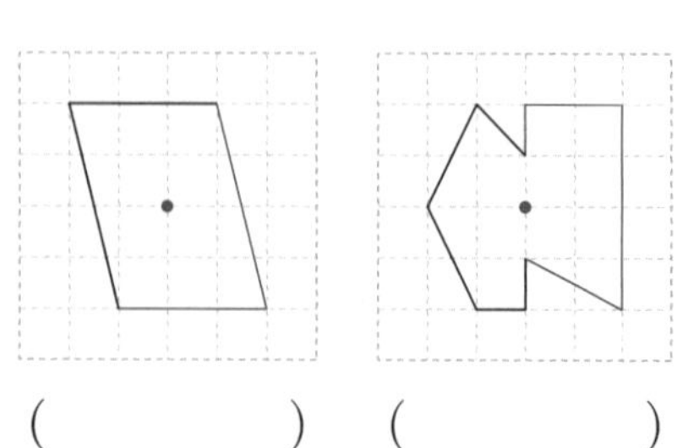

(　　　) (　　　)

예제 문제 2

점대칭도형이 되도록 그림을 완성하려고 합니다. 나머지 한 점의 위치로 알맞은 것을 찾아 번호를 쓰세요.

(1)

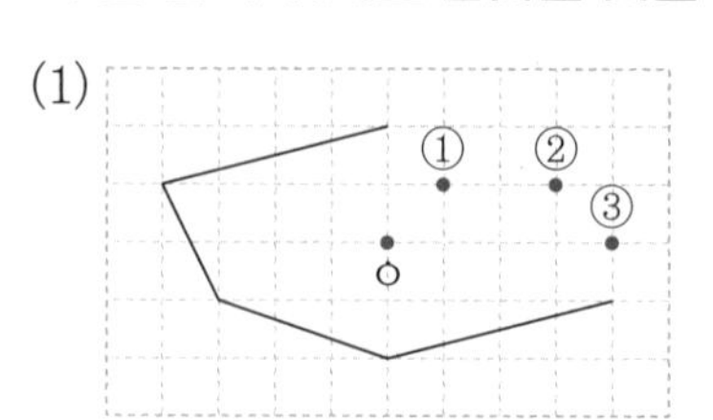

(　　　)

(2)

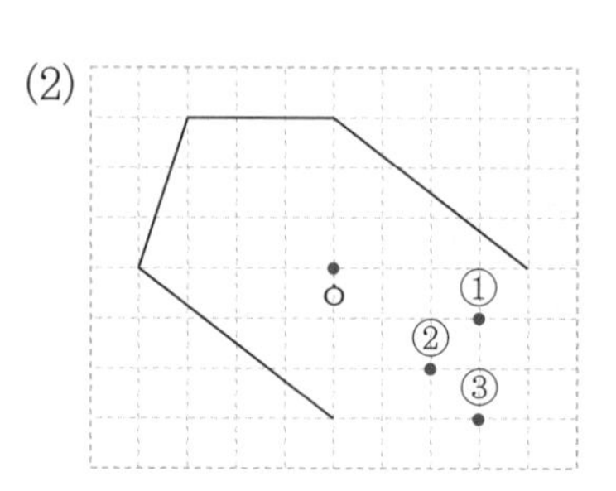

(　　　)

개념 집중 연습

정답과 해설 16쪽

[1~2] 점 ㄴ과 점 ㄷ의 대응점을 각각 찾아 점(•)으로 표시하고 점대칭도형을 완성해 보세요.

1

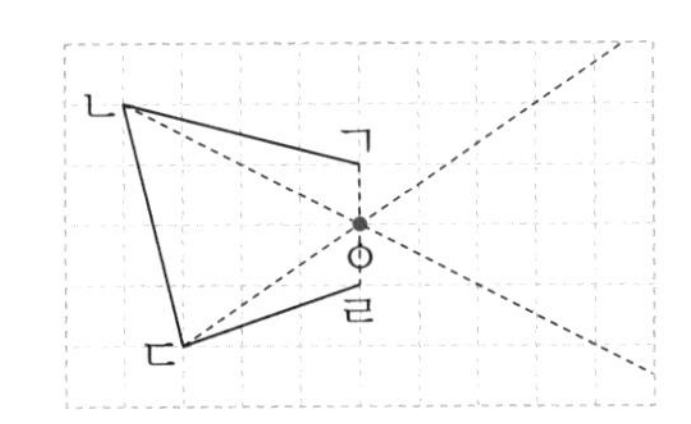

2

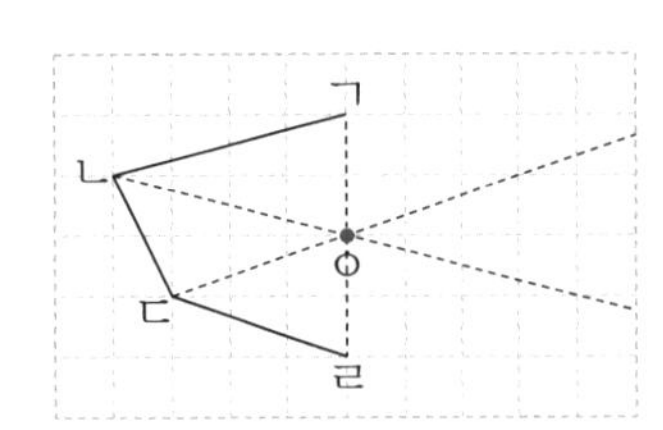

[3~8] 점 ㅇ을 대칭의 중심으로 하는 점대칭도형을 완성해 보세요.

3

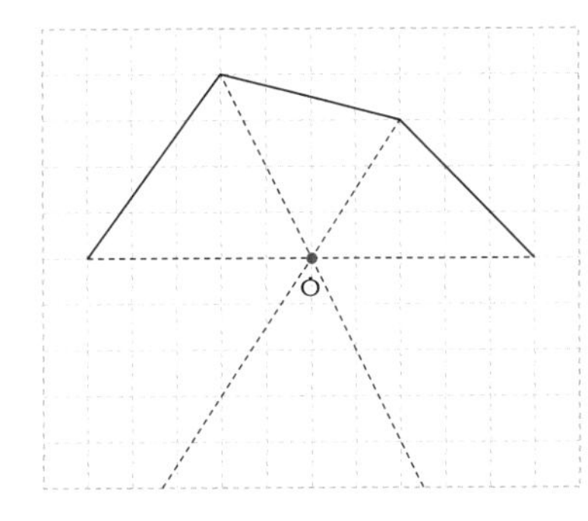

점대칭도형은 각각의 대응점에서 대칭의 중심까지의 거리가 서로 같아.

4

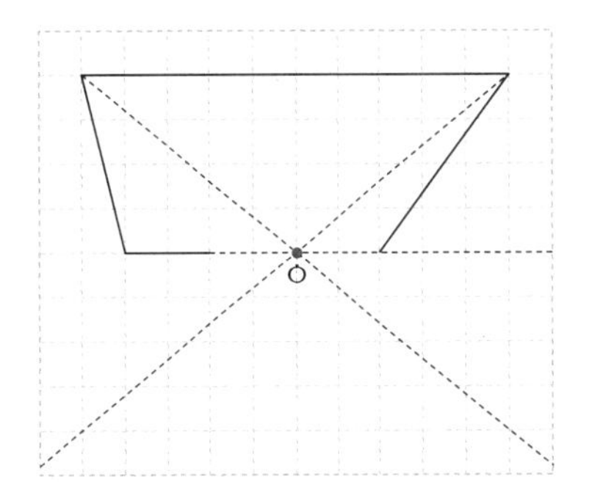

5

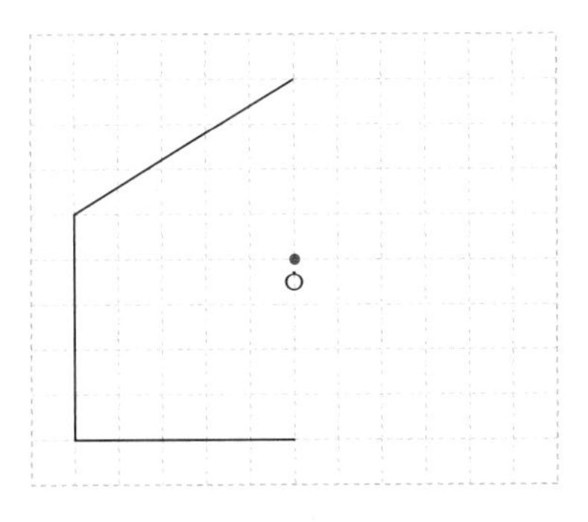

6

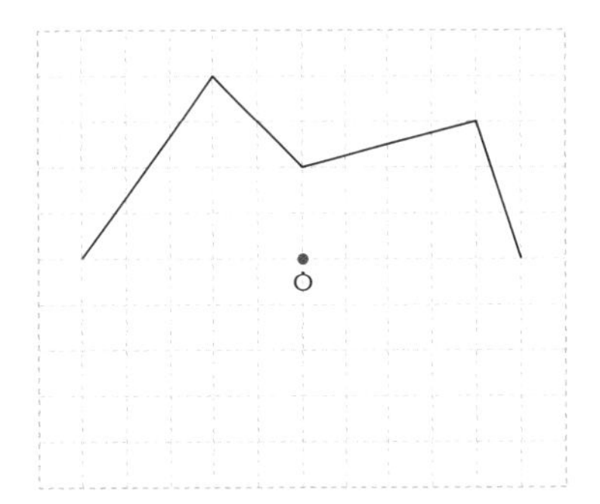

7

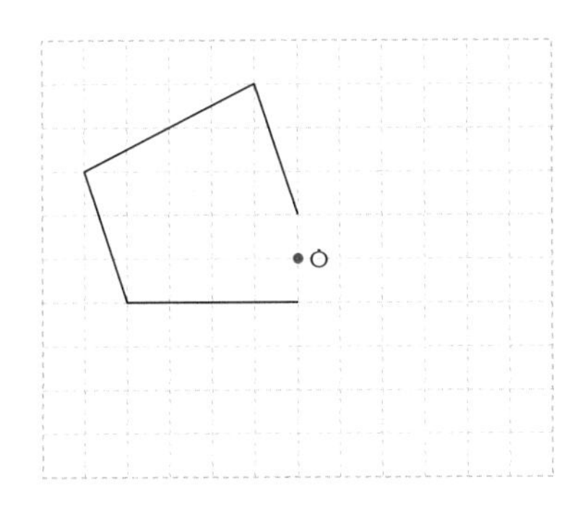

8

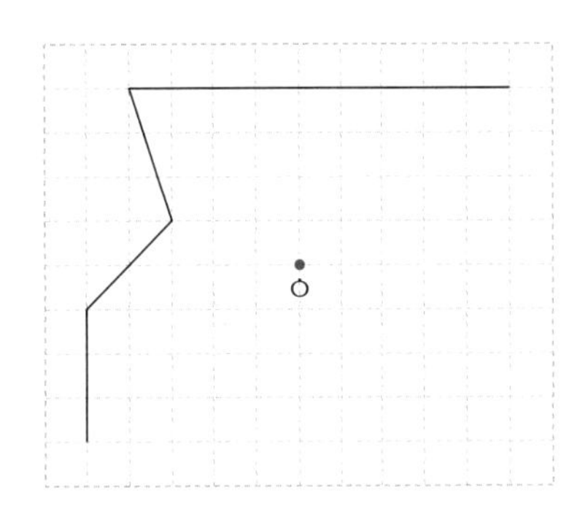

6 점대칭도형

1 다음은 점 ㅇ을 중심으로 180° 돌렸을 때 처음 도형과 완전히 겹치는 점대칭도형입니다. 이때 점 ㅇ을 무엇이라고 하나요?

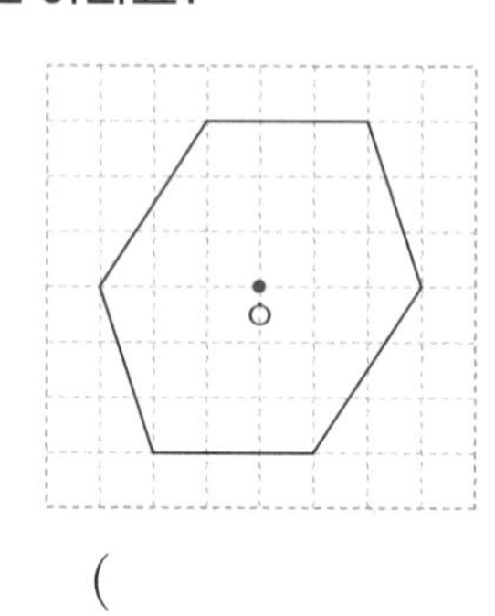

(　　　　　　　　　)

2 점대칭도형은 어느 것인가요? ·············· (　　　　)

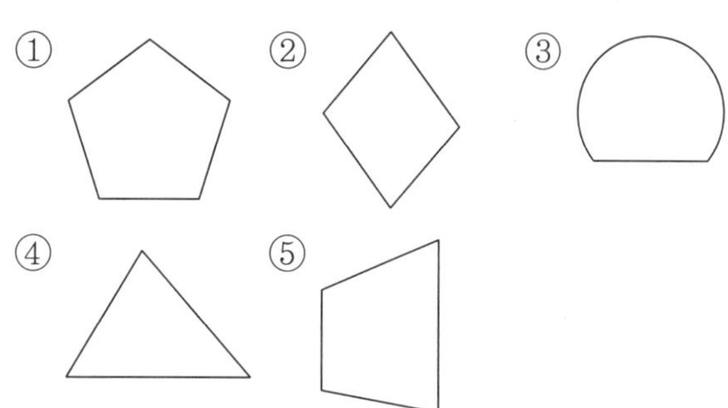

3 점 ㅇ을 대칭의 중심으로 하는 점대칭도형입니다. 대응점, 대응변, 대응각을 각각 찾아 쓰세요.

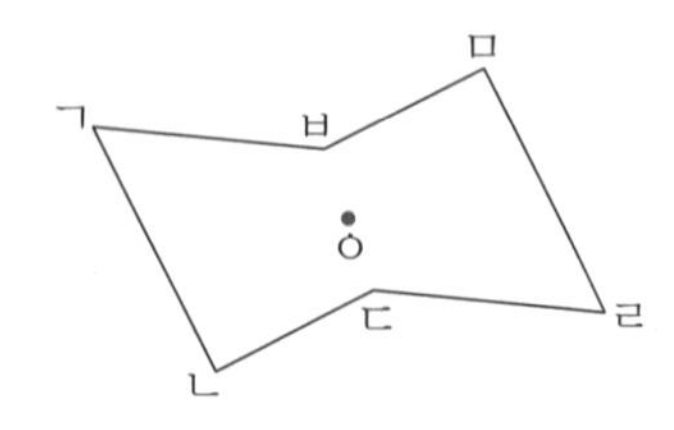

대응점	점 ㄴ과 점 (　　　　　)
대응변	변 ㄱㄴ과 변 (　　　　　)
대응각	각 ㅂㄱㄴ과 각 (　　　　　)

4 점대칭도형에 대해 바르게 말했으면 ○표, 잘못 말했으면 ×표 하세요.

도형에 따라 대칭의 중심이 1개인 경우도 있고 여러 개인 경우도 있어.

(　　　　　　　　　)

5 점대칭도형이 아닌 그림을 모두 찾아 기호를 쓰세요.

(　　　　　　　　　)

7 점대칭도형의 성질

6 점 ㅇ을 대칭의 중심으로 하는 점대칭도형입니다. 길이가 같은 선분을 찾아 이어 보세요.

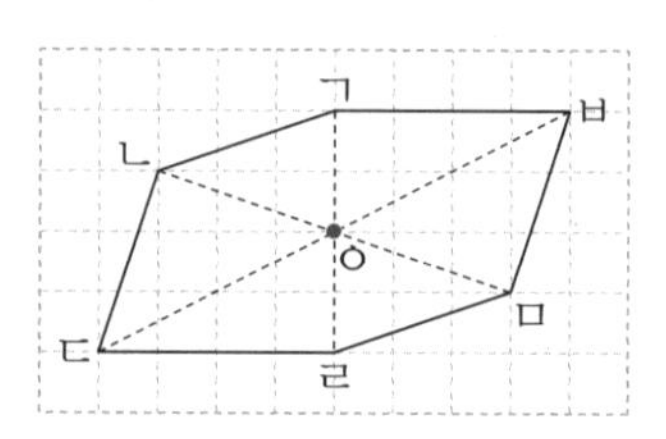

선분 ㄴㅇ •	• 선분 ㄱㅇ
선분 ㄷㅇ •	• 선분 ㅂㅇ
선분 ㄹㅇ •	• 선분 ㅁㅇ

[7~8] 점 ㅇ을 대칭의 중심으로 하는 점대칭도형입니다. 물음에 답하세요.

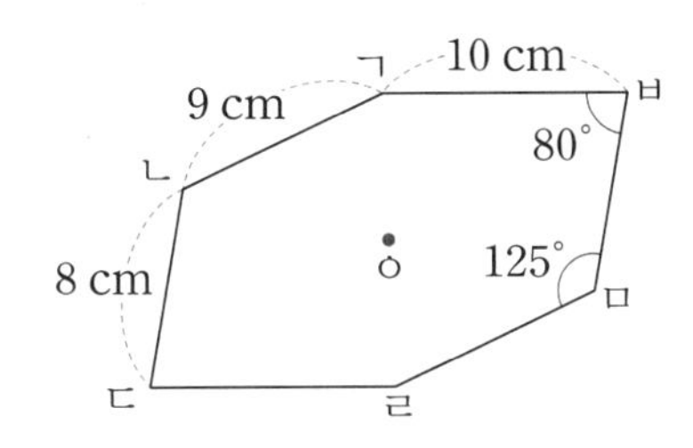

7 변 ㄹㅁ의 길이는 **몇 cm**인가요?

꼭 단위까지 따라 쓰세요.

(cm)

8 각 ㄴㄷㄹ의 크기는 **몇 도**인가요?

( )

[9~10] 점 ㅇ을 대칭의 중심으로 하는 점대칭도형입니다. 물음에 답하세요.

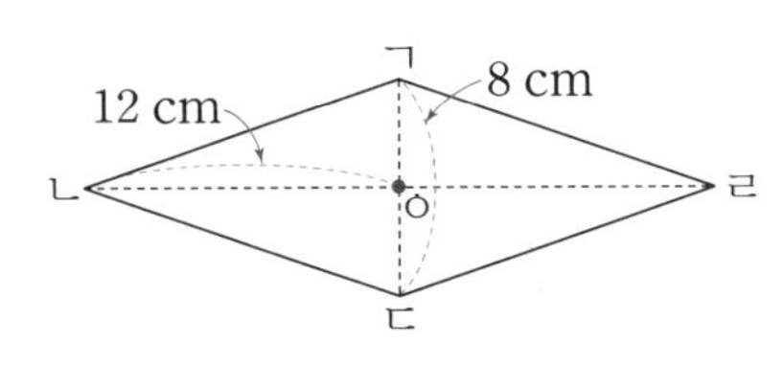

9 선분 ㄴㄹ의 길이는 **몇 cm**인가요?

(cm)

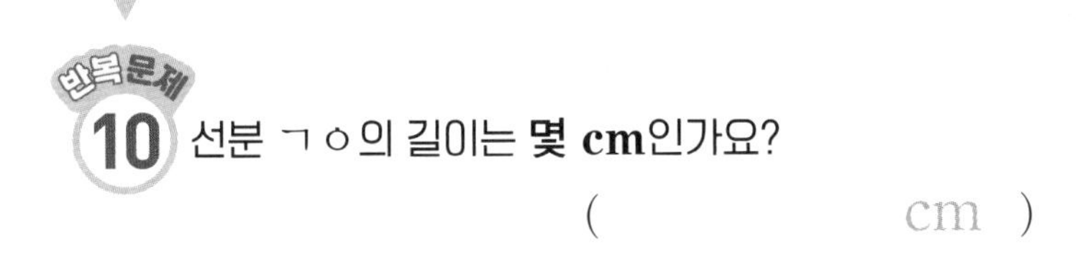

반복문제

10 선분 ㄱㅇ의 길이는 **몇 cm**인가요?

(cm)

8 점대칭도형 그리기

11 점 ㄴ과 점 ㄷ의 대응점을 찾아 각각 점 ㅁ과 점 ㅂ으로 표시하고 점대칭도형을 완성해 보세요.

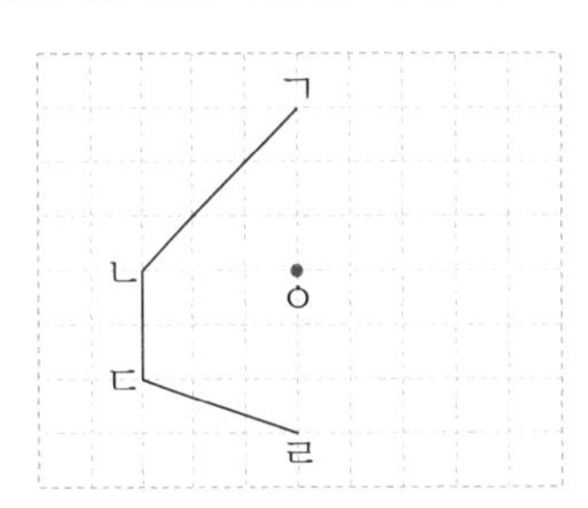

[12~14] 점 ㅇ을 대칭의 중심으로 하는 점대칭도형을 완성해 보세요.

12

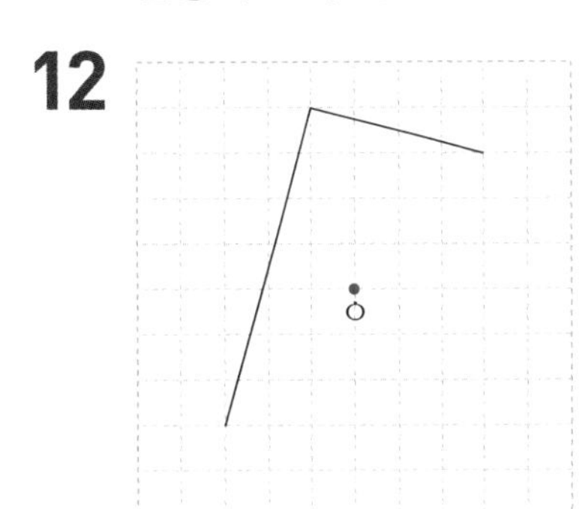

13

ㅇ

14

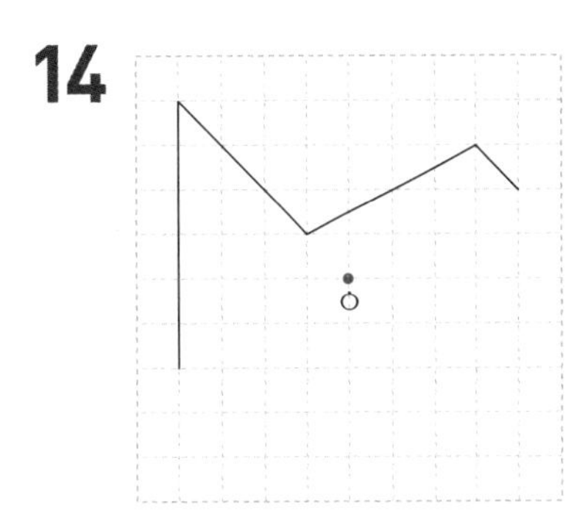

TEST 3단원 평가

1 왼쪽 도형과 서로 합동인 도형에 ○표 하세요.

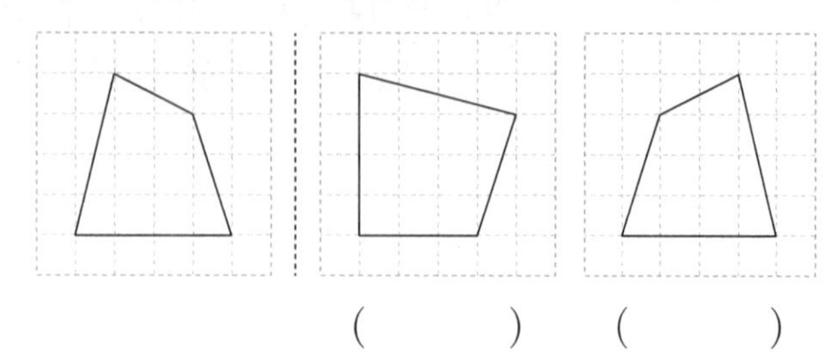

( ) ( )

2 점대칭도형은 어느 것인가요? ············ ( )

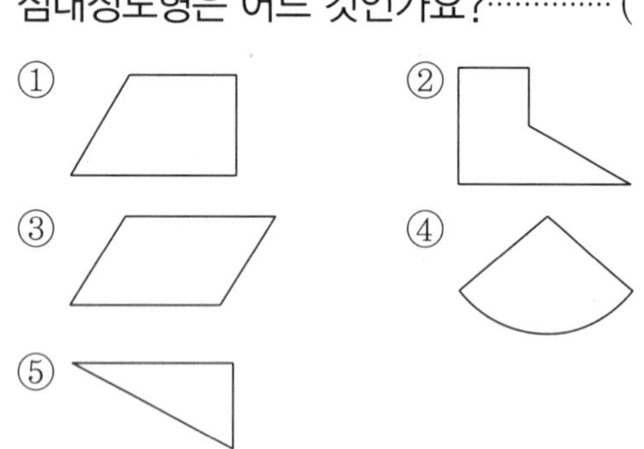

3 점 ㅇ을 대칭의 중심으로 하는 점대칭도형입니다. 대응변을 각각 찾아 쓰고, 대응변의 길이를 비교해 보세요.

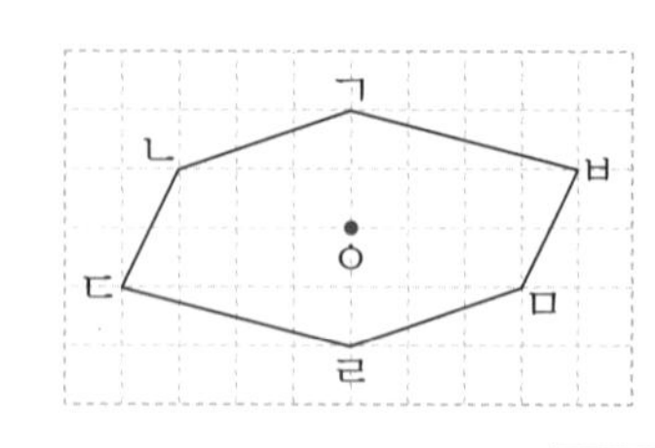

변 ㄱㄴ의 대응변: 변 [ ]

변 ㄴㄷ의 대응변: 변 [ ]

변 ㄷㄹ의 대응변: 변 [ ]

➜ 각각의 대응변의 길이가 서로

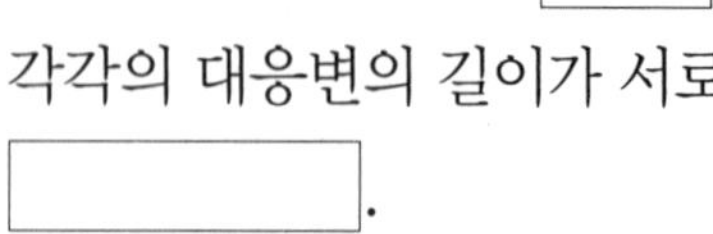.

4 선대칭도형입니다. 대칭축을 찾아 기호를 쓰세요.

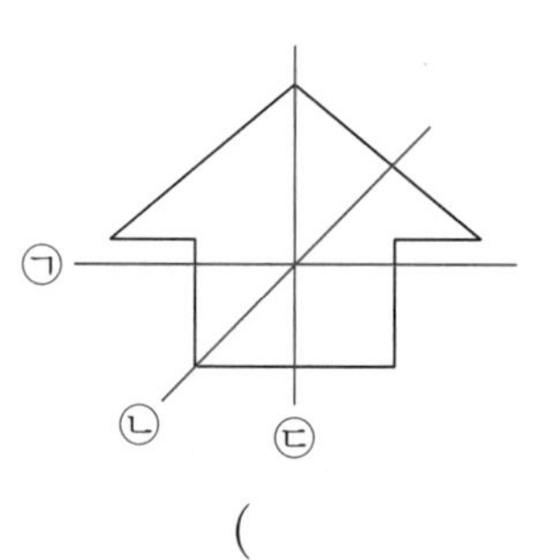

( )

5 점대칭도형입니다. 대칭의 중심을 찾아 점(•)으로 표시해 보세요.

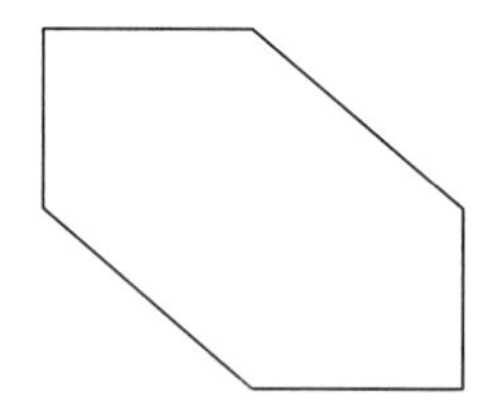

[6~7] 두 삼각형은 서로 합동입니다. 물음에 답하세요.

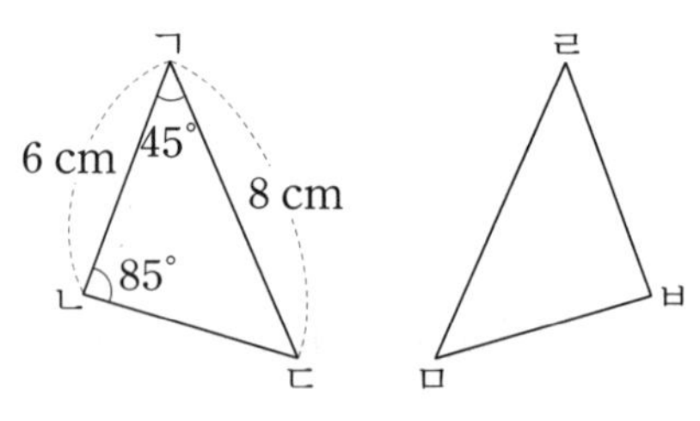

6 변 ㄹㅁ의 길이는 몇 cm인가요?

( )

7 각 ㅁㄹㅂ의 크기는 몇 도인가요?

( )

8 선대칭도형의 대칭축을 잘못 나타낸 것을 모두 고르세요. ………………………………………… (　　　　　)

① 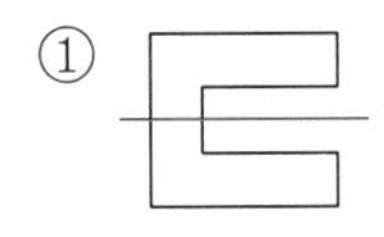
② 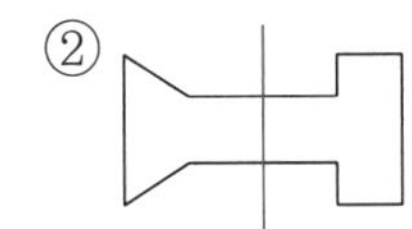
③ 
④ 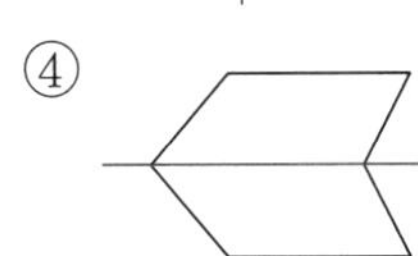
⑤ 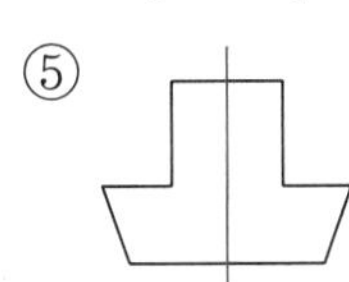

9 선대칭도형의 대응점끼리 모두 선분으로 이었을 때 이은 선분들이 대칭축과 만나서 이루는 각의 크기는 각각 몇 도인가요?

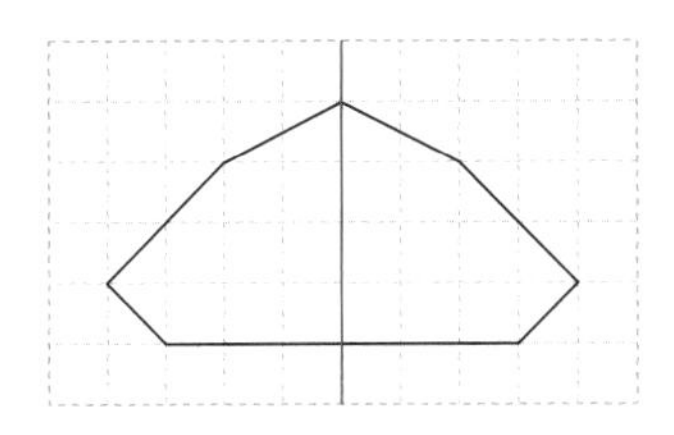

각각 □°입니다.

10 서아의 질문에 알맞은 답을 쓰세요.

선대칭도형은 도형에 따라 대칭축이 1개일 수도 있고 여러 개일 수도 있어.

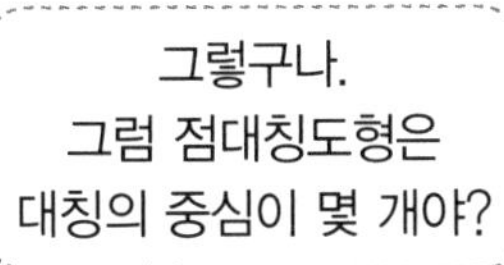

그렇구나.
그럼 점대칭도형은
대칭의 중심이 몇 개야?

(　　　　　　　　　　)

[11~12] □ 안에 알맞은 수를 써넣으세요.

11 직선 ㄱㄴ을 대칭축으로 하는 선대칭도형

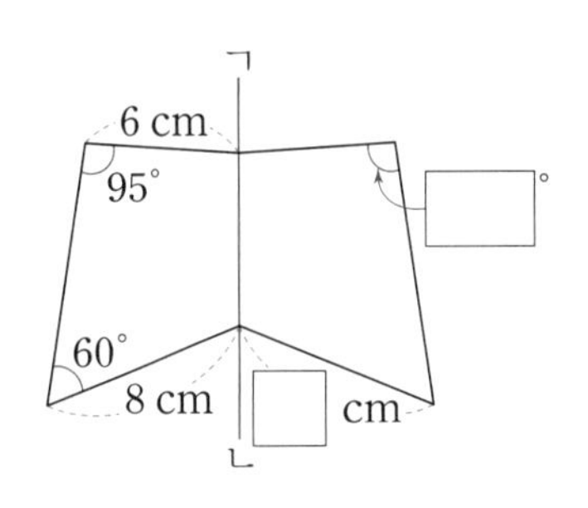

12 점 ㅇ을 대칭의 중심으로 하는 점대칭도형

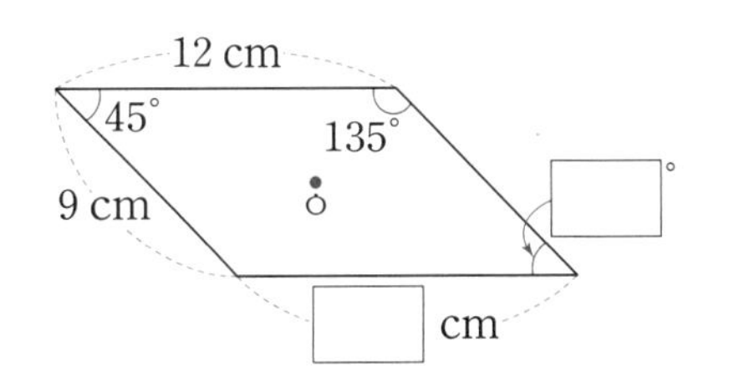

13 선대칭도형을 완성해 보세요.

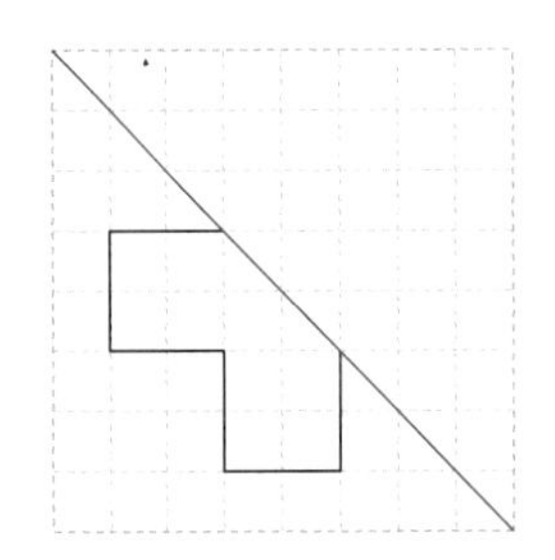

14 점 ㅇ을 대칭의 중심으로 하는 점대칭도형을 완성해 보세요.

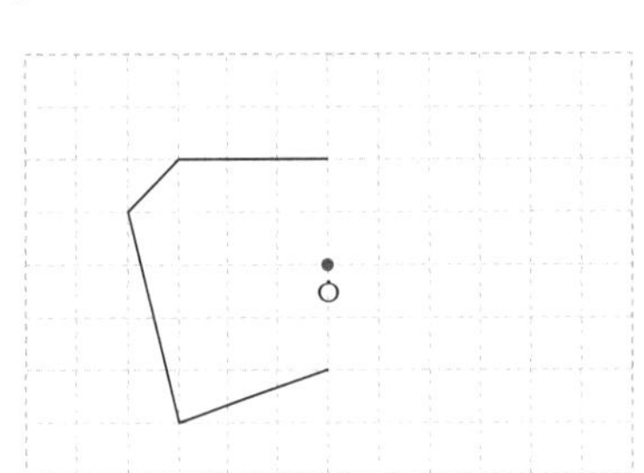

정답과 해설 17쪽

15 선대칭도형입니다. 대칭축의 수가 더 많은 도형을 찾아 기호를 쓰세요.

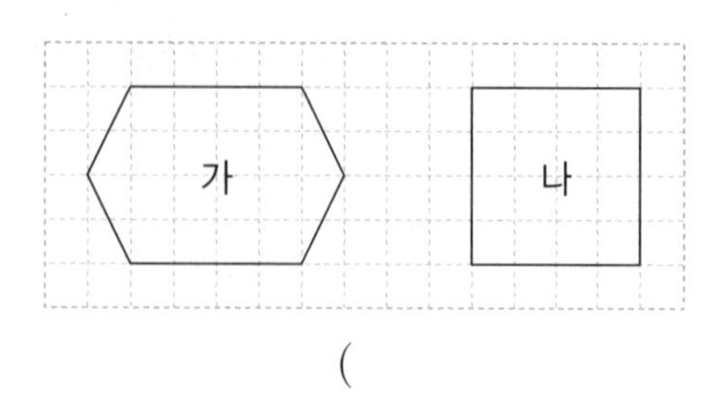

( )

16 서로 합동인 두 사각형에 대한 설명으로 잘못된 것을 모두 고르세요. ( )

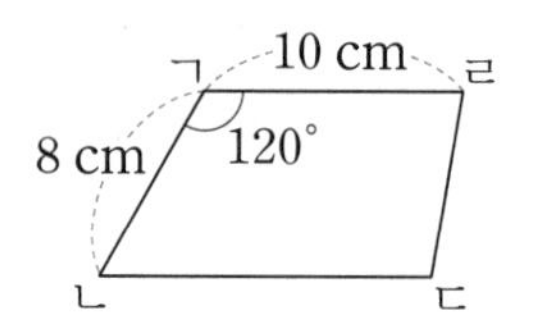

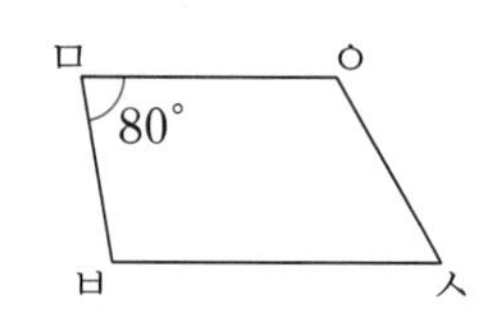

① 점 ㄴ의 대응점은 점 ㅅ입니다.
② 변 ㄹㄷ의 대응변은 변 ㅇㅅ입니다.
③ 변 ㅁㅇ의 길이는 10 cm입니다.
④ 각 ㄱㄹㄷ의 크기는 80°입니다.
⑤ 변 ㅂㅅ의 길이는 8 cm입니다.

17 삼각형 ㄱㄴㄷ은 선분 ㄱㄹ을 대칭축으로 하는 선대칭도형입니다. 변 ㄴㄷ의 길이는 몇 cm인가요?

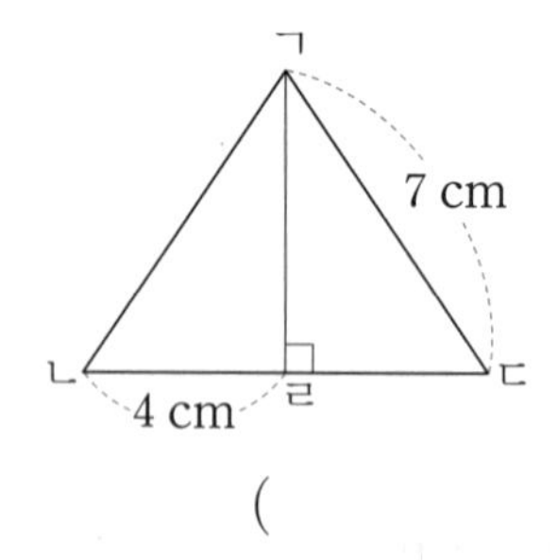

( )

18 선대칭도형이면서 점대칭도형인 것을 찾아 기호를 쓰세요.

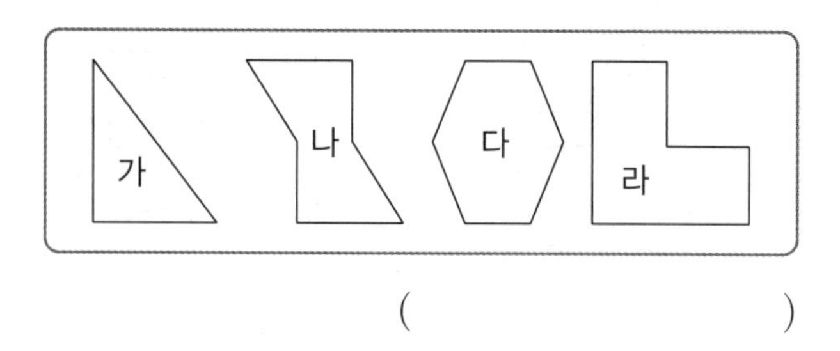

( )

19 두 삼각형은 서로 합동입니다. 각 ㄹㅂㅁ의 크기는 몇 도인가요?

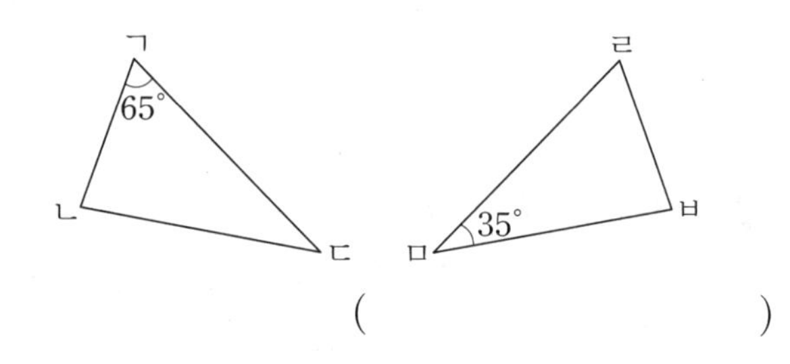

( )

20 점 ㅇ을 대칭의 중심으로 하는 점대칭도형입니다. 이 점대칭도형의 둘레는 몇 cm인가요?

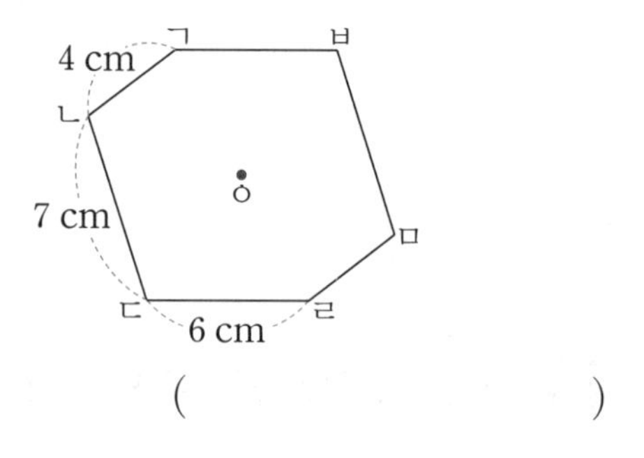

( )

20. 점대칭도형에서 각각의 대응변의 길이가 서로 같다는 것을 이용하여 둘레를 구할 수 있습니다.

예 점대칭도형에서 둘레 구하기

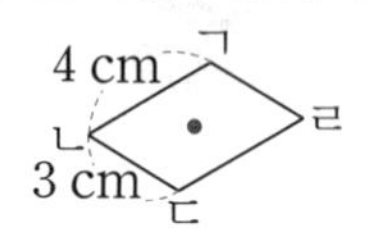

➔ (둘레)$=(4+3)\times 2=14$ (cm)

틀린 그림을 찾아라!

스마트폰으로 QR코드를 찍으면 정답이 보여요.

지하네 학급 게시판에는 개성 가득한 모습의 반 학생들의 사진을 붙여 놓았어요. 두 그림에서 서로 다른 3곳을 찾아 ○표 하고 물음에 답하세요.

왼쪽 6장의 사진 중 선대칭인 사진은 몇 장일까?

한 직선을 따라 접어서 완전히 겹치는 사진은 □장이야.

그럼, 오른쪽 6장의 사진 중 선대칭이 아닌 사진은 몇 장일까?

한 직선을 따라 접어서 완전히 겹치지 않는 사진은 □장이야.

4 소수의 곱셈

4단원 학습 계획표

✓ 이 단원의 표준 학습 일수는 5일입니다. 계획대로 공부한 후 확인란에 사인을 받으세요.

이 단원에서 배울 내용	쪽수	계획한 날	확인
1단계 **개념 빠삭** ❶ (1보다 작은 소수)×(자연수) ❷ (1보다 큰 소수)×(자연수)	86~89쪽	월 일	확인했어요!
2단계 **익힘책 빠삭**	90~91쪽		
1단계 **개념 빠삭** ❸ (자연수)×(1보다 작은 소수) ❹ (자연수)×(1보다 큰 소수)	92~95쪽	월 일	확인했어요!
2단계 **익힘책 빠삭**	96~97쪽		
1단계 **개념 빠삭** ❺ (1보다 작은 소수)×(1보다 작은 소수) ❻ (1보다 큰 소수)×(1보다 큰 소수) ❼ 곱의 소수점 위치	98~103쪽	월 일	확인했어요!
		월 일	확인했어요!
2단계 **익힘책 빠삭**	104~105쪽		
TEST **4단원 평가**	106~108쪽	월 일	확인했어요!

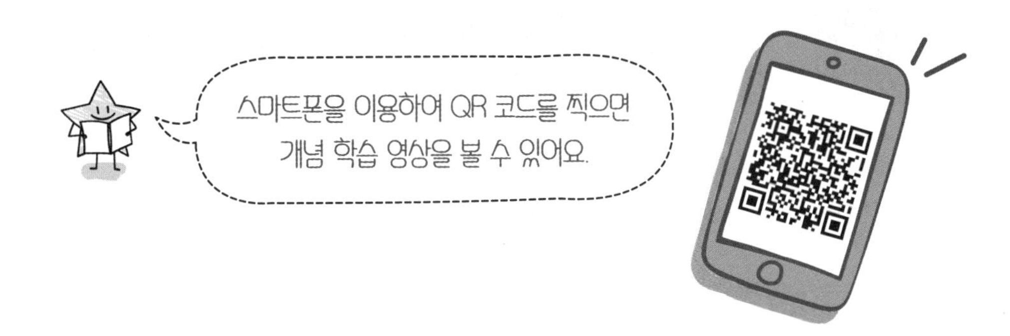

처음은 좋으나 끝이 좋지 않음을 가리키는 고사성어는?

❶ (1보다 작은 소수)×(자연수)

① 0.9×2를 그림으로 알아보기

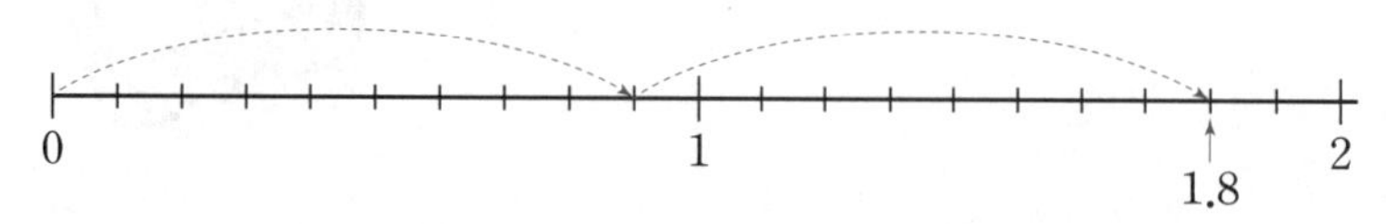

➔ 0.9씩 2번 나타내면 1.8이므로 $0.9\times2=1.8$입니다.

② 0.9×2를 여러 가지 방법으로 계산하기

방법 1 소수의 덧셈으로 계산하기

$0.9\times2=0.9+0.9=$ ❶ ☐

0.9를 2번 더한 것과 같음.

방법 2 0.1의 개수로 계산하기

0.9는 0.1이 9개인 수이므로 $0.9\times2=0.1\times9\times2$입니다.

➔ 0.1이 모두 ❷ ☐ 개이므로 $0.9\times2=1.8$입니다.

방법 3 분수의 곱셈으로 계산하기

$0.9\times2=\frac{9}{10}\times2=\frac{9\times2}{10}=\frac{18}{10}=$ ❸ ☐

분모가 10인 분수로 바꾸기

소수의 곱셈에서는 방법 3, 방법 4를 자주 이용해.

방법 4 자연수의 곱셈으로 계산하기

$9\times2=18$

$\frac{1}{10}$배 ↓ $\frac{1}{10}$배

$0.9\times2=1.8$

세로로 계산하기

$$\begin{array}{r} 9 \\ \times\ 2 \\ \hline 18 \end{array} \rightarrow \begin{array}{r} 0.9 \\ \times\ \ 2 \\ \hline 1.8 \end{array}$$

자연수의 곱셈으로 계산한 다음 곱해지는 수의 소수점 위치에 맞춰 소수점을 찍습니다.

곱해지는 수가 $\frac{1}{10}$배가 되면 계산 결과가 $\frac{1}{10}$배가 됩니다.

정답 확인 | ❶ 1.8 ❷ 18 ❸ 1.8

예제 문제 1

0.5×3을 그림으로 나타낸 것입니다. ☐ 안에 알맞은 수를 써넣으세요.

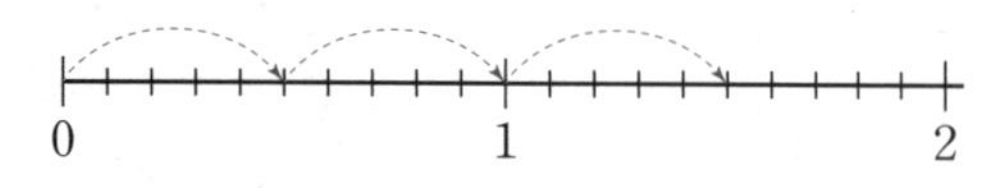

➔ 0.5씩 ☐번 나타내면 ☐이므로

0.5×☐=☐입니다.

예제 문제 2

0.2×8을 0.1의 개수로 계산하려고 합니다. ☐ 안에 알맞은 수를 써넣으세요.

0.2는 0.1이 ☐개인 수이므로

$0.2\times8=0.1\times2\times8$입니다.

➔ 0.1이 모두 ☐개이므로

0.2×8=☐입니다.

4 소수의 곱셈

정답과 해설 18쪽

[1~2] 소수의 덧셈으로 계산하려고 합니다. □ 안에 알맞은 수를 써넣으세요.

1 $0.7\times4=0.7+0.7+\square+\square=\square$

2 $0.63\times3=0.63+\square+\square=\square$

[3~4] 보기 와 같이 계산해 보세요.

보기

$0.4\times3=\frac{4}{10}\times3=\frac{4\times3}{10}=\frac{12}{10}=1.2$

3 $0.8\times9=\frac{\square}{10}\times9=\frac{\square\times9}{10}=\frac{\square}{10}=\square$

소수 한 자리 수는 분모가 10인 분수로, 소수 두 자리 수는 분모가 100인 분수로 바꿔.

4 $0.57\times6=\frac{\square}{100}\times6=\frac{\square\times6}{100}=\frac{\square}{100}=\square$

[5~6] □ 안에 알맞은 수를 써넣으세요.

5

$5\times7=35$

$\frac{1}{10}$배 ↓ □배 ↓

$0.5\times7=\square$

6

9 —$\frac{1}{100}$배→ 0.09

$\times\ 6$ $\quad$ $\times\ 6$

54 —□배→ $\square$

[7~12] 계산해 보세요.

7 0.4×8

8 0.32×4

9 0.6×9

10 0.23×5

11 0.9×2

12 0.17×3

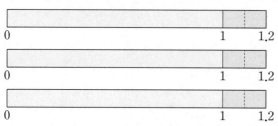

② (1보다 큰 소수)×(자연수)

① 1.2×3을 수 막대로 알아보기

1이 3개이면 3,
0.1이 6개이면 0.6이므로
1.2×3=3+0.6=3.6이야.

1.2×3을 수 막대로 나타내면 1이 **3**개, 0.1이 **6**개입니다.

➔ 1이 **3**개, 0.1이 **6**개이면 **3.6**이므로 1.2×3=3.6입니다.

② 1.2×3을 여러 가지 방법으로 계산하기

방법 1 분수의 곱셈으로 계산하기

$$1.2\times3=\frac{12}{10}\times3=\frac{12\times3}{10}=\frac{❶\square}{10}=❷\square$$

분모가 10인 분수로 바꾸기

방법 2 자연수의 곱셈으로 계산하기

12×3=36

$\frac{1}{10}$배 ↓ ❸□배 ↓

1.2×3=3.6

세로로 계산하기

$$\begin{array}{r} 1\,2 \\ \times\quad 3 \\ \hline 3\,6 \end{array} \Rightarrow \begin{array}{r} 1.2 \\ \times\quad 3 \\ \hline 3.6 \end{array}$$

자연수의 곱셈으로 계산한 다음

곱해지는 수의 소수점 위치에 맞춰 소수점을 찍습니다.

정답 확인 | ❶ 36 ❷ 3.6 ❸ $\frac{1}{10}$

예제 문제 1

1.3×2를 수 막대로 알아보려고 합니다. □ 안에 알맞은 수를 써넣으세요.

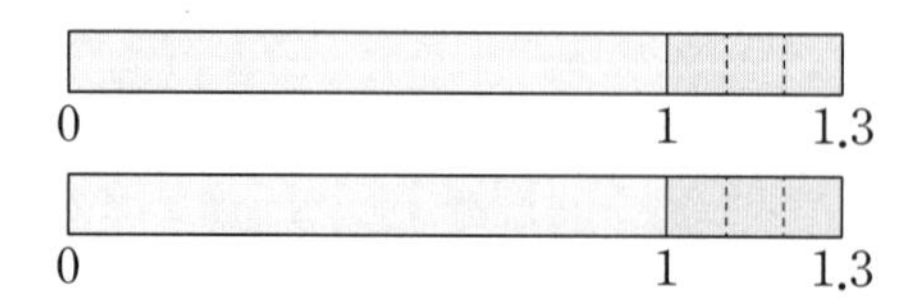

(1) 1.3×2를 수 막대로 나타내면 1이 □개,
0.1이 □개입니다.

(2) 1이 □개, 0.1이 □개이면 □이므로
1.3×2=□입니다.

예제 문제 2

25×4를 자연수의 곱셈으로 계산하려고 합니다. □ 안에 알맞은 수를 써넣으세요.

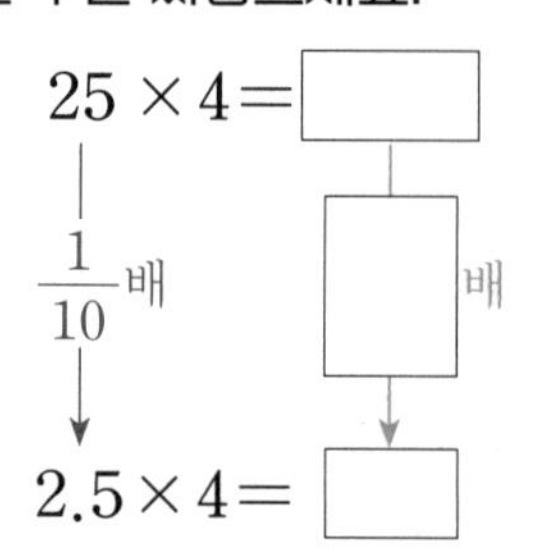

곱해지는 수가 $\frac{1}{10}$배가 되면
계산 결과가 $\frac{1}{10}$배가 돼.

정답과 해설 18쪽

[1~2] 보기 와 같이 계산해 보세요.

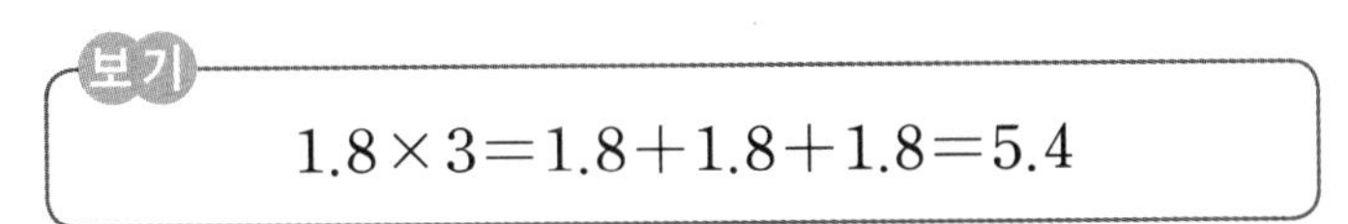

1 $1.2\times8=$

2 $3.23\times4=$

[3~4] 보기 와 같이 계산해 보세요.

보기

$3.2\times2=\dfrac{32}{10}\times2=\dfrac{32\times2}{10}=\dfrac{64}{10}=64\times\dfrac{1}{10}=6.4$

3 $1.6\times8=\dfrac{\square}{10}\times8=\dfrac{\square\times8}{10}=\dfrac{\square}{10}=\square\times\dfrac{1}{10}=\square$

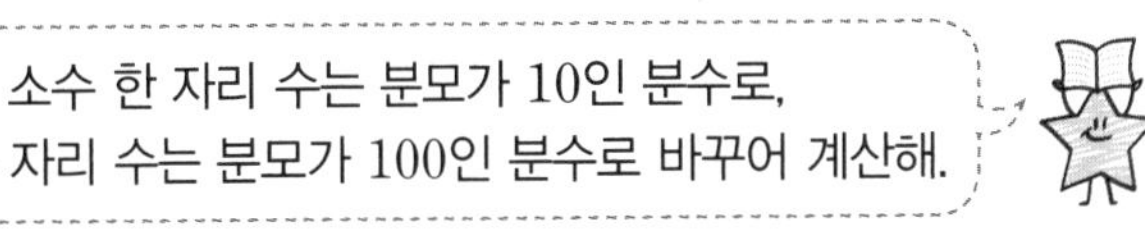

소수 한 자리 수는 분모가 10인 분수로,
소수 두 자리 수는 분모가 100인 분수로 바꾸어 계산해.

4 $2.37\times5=\dfrac{\square}{100}\times5=\dfrac{\square\times5}{100}=\dfrac{\square}{100}=\square\times\dfrac{1}{100}=\square$

[5~10] 계산해 보세요.

5 1.27×3

6 3.8×2

7 2.4×4

8
$$\begin{array}{r}3.5\\ \times\quad 5\\ \hline\end{array}$$

9
$$\begin{array}{r}2.1\ 4\\ \times\quad\ \ 6\\ \hline\end{array}$$

10
$$\begin{array}{r}6.2\\ \times\quad 7\\ \hline\end{array}$$

1 (1보다 작은 소수)×(자연수)

1 수직선을 보고 □ 안에 알맞은 수를 써넣으세요.

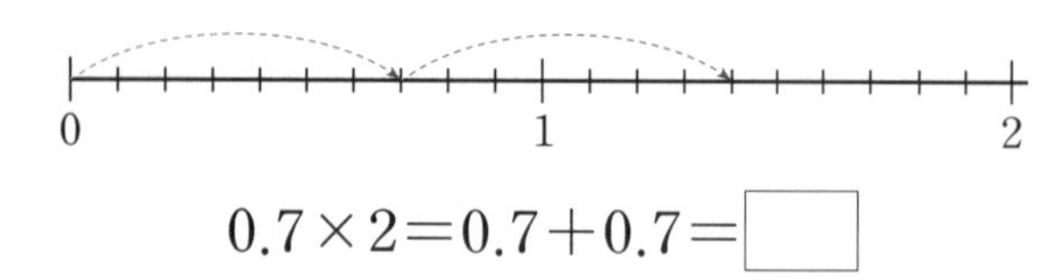

$0.7\times2=0.7+0.7=\square$

2 0.1의 개수로 계산하려고 합니다. □ 안에 알맞은 수를 써넣으세요.

0.9×8

0.9는 0.1이 □개인 수이므로
$0.9\times8=0.1\times\square\times\square$입니다.
➔ 0.1이 모두 □개이므로
$0.9\times8=\square$입니다.

3 계산해 보세요.

(1) 0.14×6

(2) 0.23×9

4 보기 와 같이 계산해 보세요.

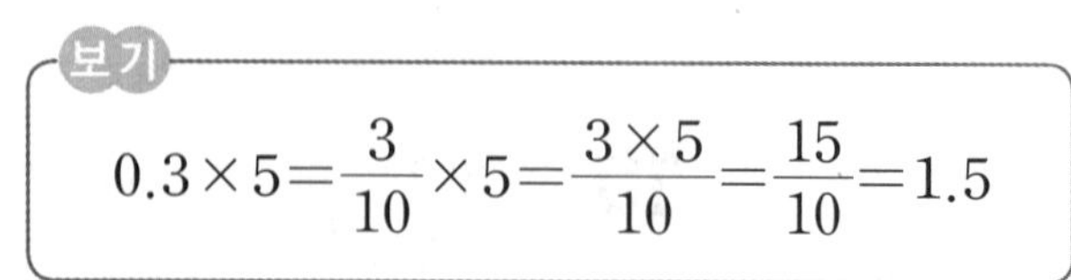
보기

$0.3\times5=\frac{3}{10}\times5=\frac{3\times5}{10}=\frac{15}{10}=1.5$

$0.9\times5=$ ____________

5 크기를 비교하여 ○ 안에 >, =, <를 알맞게 써넣으세요.

0.69×5 ○ 3.5

6 계산 결과를 잘못 설명한 사람의 이름을 쓰세요.

0.28×6은 0.3과 6의 곱으로 어림할 수 있으니까 0.28×6은 1.8 정도가 돼.

0.48×7은 0.5와 7의 곱으로 어림할 수 있으니까 0.48×7은 35 정도가 돼.

(　　　　　　　　)

7 정삼각형의 둘레는 몇 m인가요?

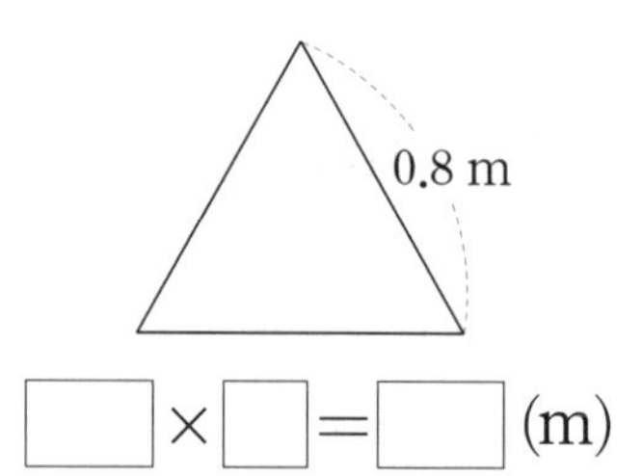

$\square\times\square=\square$ (m)

1 서술형 첫 단계

8 아영이는 수조에 물을 한 번에 0.6 L씩 7번 부었습니다. 아영이가 수조에 부은 물의 양은 모두 **몇 L**인가요?

식 ____________ 꼭 단위까지 따라 쓰세요.

답 ____________ L

2 (1보다 큰 소수)×(자연수)

9 계산을 바르게 한 것에 ○표 하세요.

4.36 × 2 = 87.2	8.5 × 3 = 25.5
(　　　)	(　　　)

$$\begin{array}{r} 4.3\,6 \\ \times \quad\ 2 \\ \hline 8\,7.2 \end{array} \qquad \begin{array}{r} 8.5 \\ \times \quad 3 \\ \hline 2\,5.5 \end{array}$$

10 계산해 보세요.

(1) 5.6×8

(2) 3.45×9

11 두 수의 곱을 구하세요.

7.12　　4

(　　　　　　)

반복문제

12 서아와 건우가 말한 두 수의 곱을 구하세요.

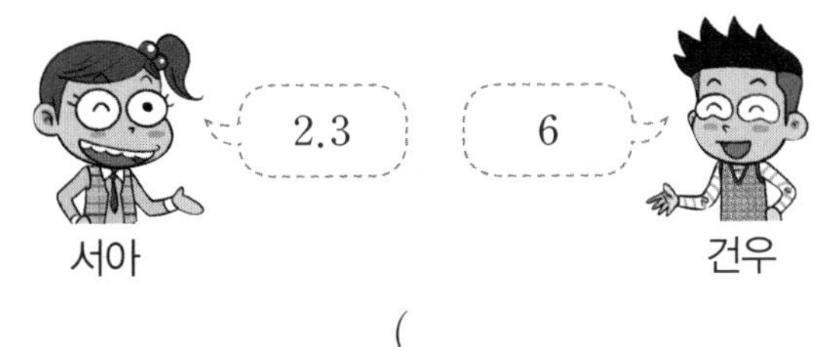

(　　　　　　)

13 9.1×3을 잘못 계산한 것입니다. 바르게 고쳐 계산해 보세요.

$$9.1 \times 3 = \frac{91}{100} \times 3 = \frac{91 \times 3}{100} = \frac{273}{100} = 2.73$$

고치기

$9.1 \times 3 =$

14 1.24×6을 자연수의 곱셈으로 계산해 보세요.

1.24×6

1 서술형 첫 단계

15 현빈이는 매일 1.4 km씩 걷기 운동을 합니다. 현빈이가 일주일 동안 걷기 운동한 거리는 **몇 km**인가요?

식 ____________________ 꼭 단위까지 따라 쓰세요.

답 ____________ km

개념 빠삭

③ (자연수)×(1보다 작은 소수)

① 2×0.7을 그림으로 알아보기

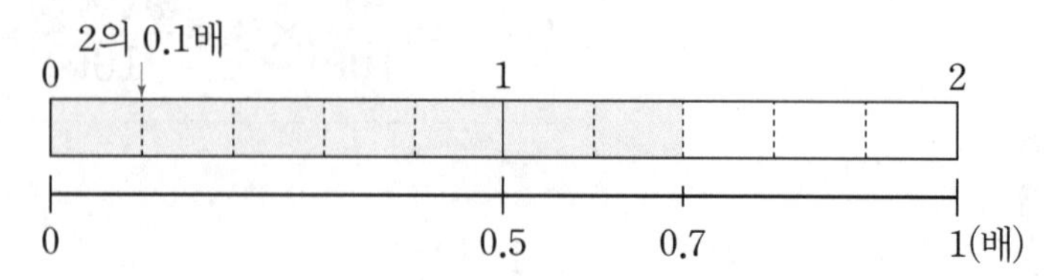

한 칸의 크기는 2의 $\frac{1}{10}$배로 $2\times\frac{1}{10}=0.2$입니다.

➜ 2의 0.7배는 7칸이므로 0.2의 7배가 되어 1.4입니다. 따라서 $2\times0.7=1.4$입니다.

② 2×0.7을 여러 가지 방법으로 계산하기

방법 1 분수의 곱셈으로 계산하기

$$2\times0.7=2\times\frac{7}{10}=\frac{2\times7}{10}=\frac{❶\square}{10}=❷\square$$

분모가 10인 분수로 바꾸기

방법 2 자연수의 곱셈으로 계산하기

$2\times7=14$

$\frac{1}{10}$배 ↓ ↓ ❸☐배

$2\times0.7=1.4$

세로로 계산하기

$$\begin{array}{r} 2 \\ \times\ 7 \\ \hline 1\ 4 \end{array} \rightarrow \begin{array}{r} 2 \\ \times\ 0.7 \\ \hline 1.4 \end{array}$$

자연수의 곱셈으로 계산한 다음

곱하는 수의 소수점 위치에 맞춰 소수점을 찍습니다.

곱하는 수가 $\frac{1}{10}$배가 되면 계산 결과가 $\frac{1}{10}$배가 됩니다.

참고 2×0.7과 0.7×2의 계산 결과 비교하기

2×7과 7×2의 계산 결과가 14로 같은 것처럼 2×0.7과 0.7×2의 계산 결과는 1.4로 같습니다.

정답 확인 | ❶ 14 ❷ 1.4 ❸ $\frac{1}{10}$

예제 문제 1

2×0.4를 그림으로 나타낸 것입니다. ☐ 안에 알맞은 수를 써넣으세요.

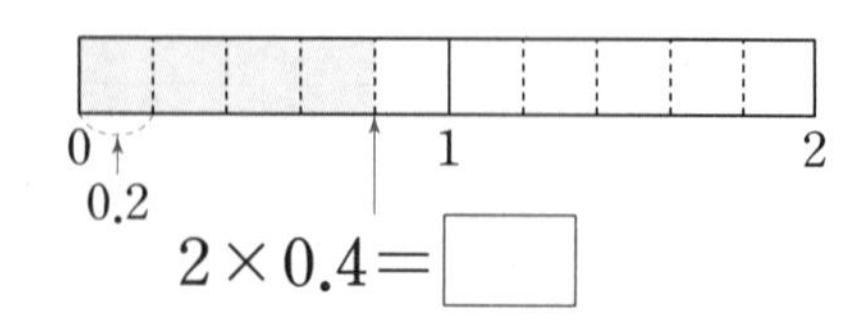

예제 문제 2

3×0.6을 자연수의 곱셈으로 계산하려고 합니다. ☐ 안에 알맞은 수를 써넣으세요.

$3\times6=18$

$\frac{1}{10}$배 ↓ $\frac{1}{10}$배 ↓

$3\times\square=\square$

정답과 해설 19쪽

[1~2] 그림을 보고 □ 안에 알맞은 수를 써넣으세요.

1

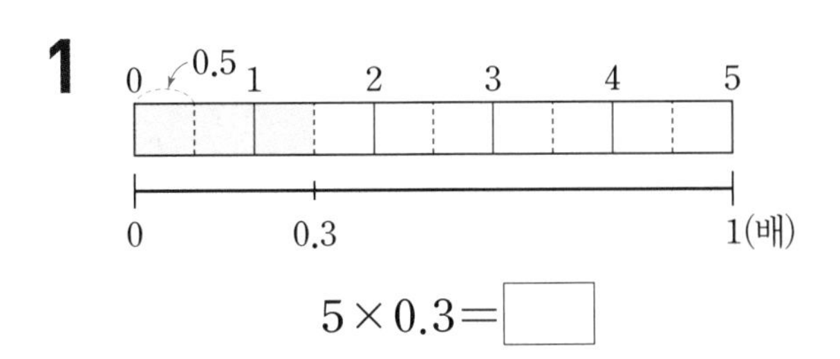

$5\times0.3=$ □

2

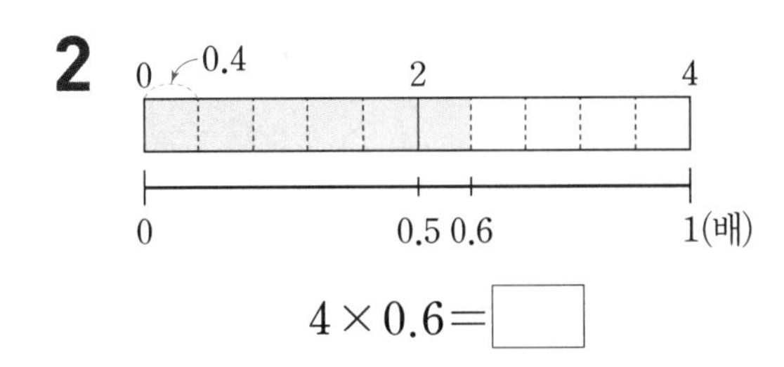

$4\times0.6=$ □

[3~4] 자연수의 곱셈으로 계산하려고 합니다. □ 안에 알맞은 수를 써넣으세요.

3

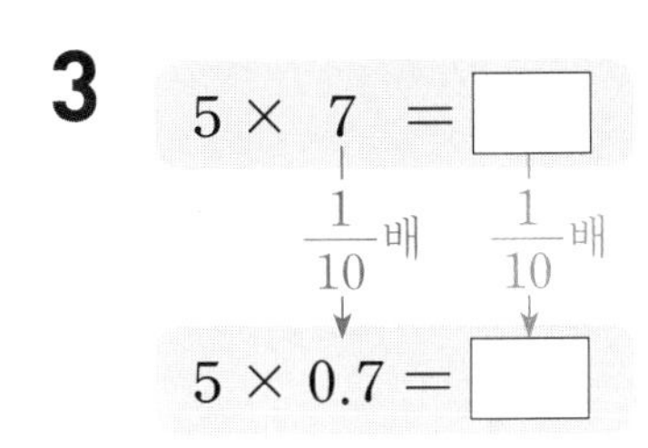

4

$31\times8=$ □

$\frac{1}{100}$배 $\frac{1}{100}$배

$31\times0.08=$ □

[5~6] 보기 와 같이 계산해 보세요.

보기

$$3\times0.5=3\times\frac{5}{10}=\frac{3\times5}{10}=\frac{15}{10}=15\times\frac{1}{10}=1.5$$

5 $6\times0.9=$

6 $8\times0.16=$

[7~10] 계산해 보세요.

7 14×0.4

8 18×0.12

9 $\begin{array}{r} 8 \\ \times\ 0.2 \\ \hline \end{array}$

10 $\begin{array}{r} 5 \\ \times\ 0.19 \\ \hline \end{array}$

개념 빠삭

④ (자연수)×(1보다 큰 소수)

▶ 개념동영상 4-④

① 2×1.6을 그림으로 알아보기

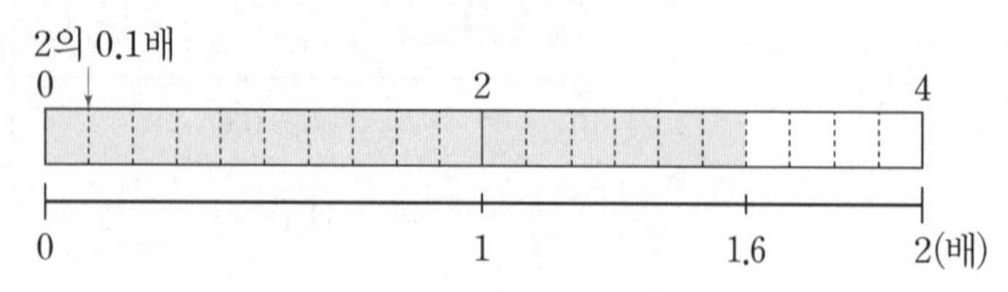

2의 **1**배는 **2**이고, 2의 **0.6**배는 **1.2**입니다.

➜ $2\times\mathbf{1.6}=\mathbf{2}+\mathbf{1.2}=$ ❶ ☐

② 2×1.6을 여러 가지 방법으로 계산하기

방법 1 분수의 곱셈으로 계산하기

$$2\times1.6=2\times\frac{❷\square}{10}=\frac{2\times16}{10}=\frac{32}{10}=❸\square$$

분모가 10인 분수로 바꾸기

방법 2 자연수의 곱셈으로 계산하기

$2\times16=32$

$\frac{1}{10}$배 ↓ $\frac{1}{10}$배 ↓

$2\times1.6=3.2$

세로로 계산하기

$$\begin{array}{r} 2 \\ \times\ 1\ 6 \\ \hline 3\ 2 \end{array} \Rightarrow \begin{array}{r} 2 \\ \times\ 1.6 \\ \hline 3.2 \end{array}$$

자연수의 곱셈으로 계산한 다음

곱하는 수의 소수점 위치에 맞춰 소수점을 찍습니다.

참고 자연수에 1보다 작은 소수를 곱하면 계산 결과는 주어진 자연수보다 작아지고, 1보다 큰 소수를 곱하면 계산 결과는 주어진 자연수보다 커집니다.

예 $2\times0.8=1.6$ (0.8<1, 2>1.6) $2\times1.3=2.6$ (1.3>1, 2<2.6)

정답 확인 | ❶ 3.2 ❷ 16 ❸ 3.2

예제 문제 1

2×2.5를 분수의 곱셈으로 계산하려고 합니다. ☐ 안에 알맞은 수를 써넣으세요.

$$2\times2.5=2\times\frac{\square}{10}=\frac{\square\times\square}{10}$$
$$=\frac{\square}{10}=\square$$

예제 문제 2

3×2.7을 자연수의 곱셈으로 계산하려고 합니다. ☐ 안에 알맞은 수를 써넣으세요.

$3\times27=\square$

$\frac{1}{10}$배 ↓ $\frac{1}{10}$배 ↓

$3\times2.7=\square$

정답과 해설 19쪽

[1~2] 그림을 이용하여 계산하려고 합니다. □ 안에 알맞은 수를 써넣으세요.

1 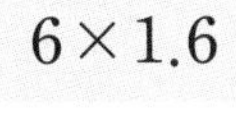

6×1.6

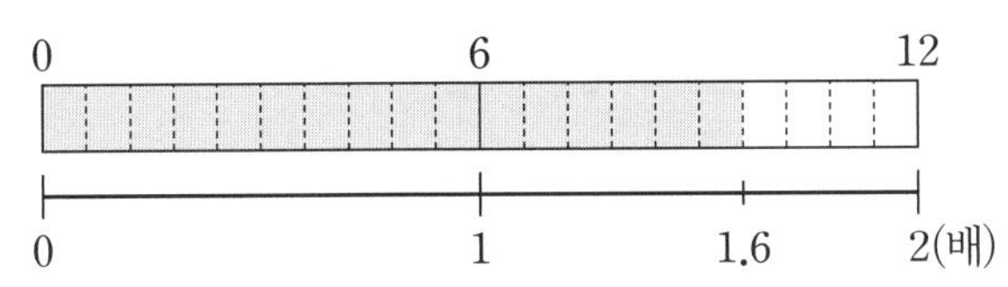

6의 1배는 □이고, 6의 0.6배는 □입니다.

➔ 6의 1.6배는 6+□=□입니다.

2 3×2.4

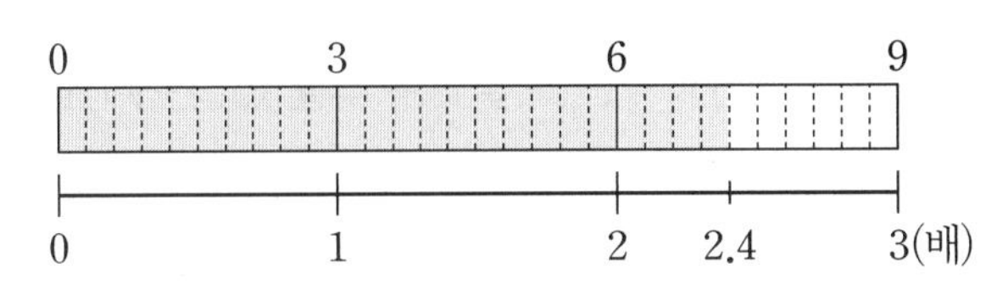

3의 2배는 □이고, 3의 0.4배는 □입니다.

➔ 3의 2.4배는 □+□=□입니다.

[3~5] □ 안에 알맞은 수를 써넣으세요.

3 $2 \times 21 =$ □

□배 □배

$2 \times 2.1 =$ □

4 $4 \times 19 =$ □

□배 □배

$4 \times 1.9 =$ □

5 $5 \times 107 =$ □

□배 □배

$5 \times 1.07 =$ □

[6~9] 분수의 곱셈으로 계산해 보세요.

6 $3 \times 2.6 =$

7 $9 \times 1.2 =$

8 $6 \times 5.14 =$

9 $2 \times 1.97 =$

[10~15] 계산해 보세요.

10 7×5.3

11 5×1.49

12 8×3.6

13
$$\begin{array}{r} 3 \\ \times\ 4.8 \\ \hline \end{array}$$

14
$$\begin{array}{r} 4 \\ \times\ 1.16 \\ \hline \end{array}$$

15
$$\begin{array}{r} 9 \\ \times\ 1.05 \\ \hline \end{array}$$

2단계 ③~④ 익힘책 빠삭

3 (자연수)×(1보다 작은 소수)

1 그림을 보고 □ 안에 알맞은 수를 써넣으세요.

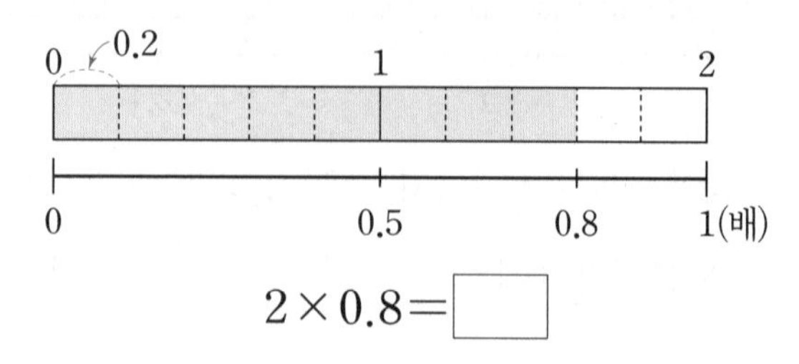

$2 \times 0.8 = \square$

2 □ 안에 알맞은 수를 써넣으세요.

$$5 \times 0.9 = 5 \times \frac{\square}{10} = \frac{5 \times \square}{10}$$
$$= \frac{\square}{10} = \square$$

3 계산해 보세요.

(1) $\begin{array}{r} 6 \\ \times\ 0.4 \\ \hline \end{array}$

(2) $\begin{array}{r} 4 \\ \times\ 0.19 \\ \hline \end{array}$

4 유찬이가 7×0.8을 어림하는 과정을 보고 알맞은 말에 ○표 하세요.

7×0.8은 7×0.5인
7의 $\frac{1}{2}$보다 (클 , 작을) 테니까
7의 반인 3.5보다 (클 , 작을) 거야.

5 크기를 비교하여 ○ 안에 >, =, <를 알맞게 써넣으세요.

$1 \bigcirc 28 \times 0.03$

반복문제

6 계산 결과가 더 큰 것에 색칠해 보세요.

5×0.25	3×0.37

7 지후 방에 있는 의자의 높이는 90 cm입니다. 의자를 가장 낮게 조절했을 때의 높이는 처음 의자 높이의 0.6배입니다. 의자를 가장 낮게 조절했을 때 의자의 높이는 **몇 cm**인가요?

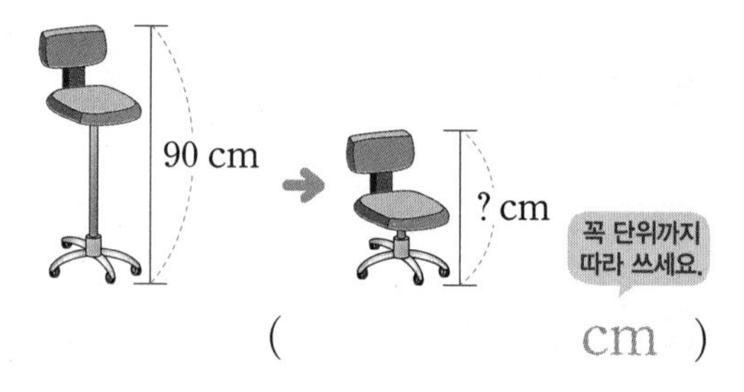

(cm)

서술형 첫 단계

8 은행나무의 높이는 3 m이고 단풍나무의 높이는 은행나무의 높이의 0.7배입니다. 단풍나무의 높이는 **몇 m**인가요?

식 ______________________

답 ______________ m

4 (자연수)×(1보다 큰 소수)

[9~10] 2×1.9**를 두 가지 방법으로 계산하려고 합니다. 물음에 답하세요.**

9 분수의 곱셈으로 계산해 보세요.

$$2\times1.9=2\times\frac{\square}{10}=\frac{2\times\square}{10}$$

$$=\frac{\square}{10}=\square$$

10 자연수의 곱셈으로 계산해 보세요.

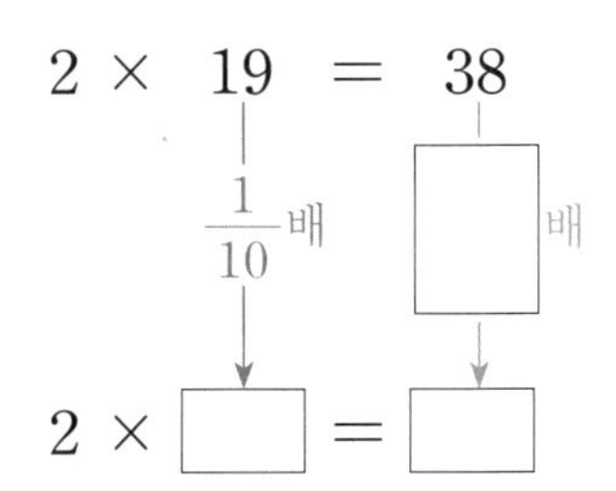

11 계산해 보세요.

(1) 7×1.6

(2) 6×2.17

12 자연수의 곱셈으로 계산하려고 합니다. □ 안에 알맞은 수를 써넣으세요.

$4\times23=92$

➜ $4\times2.3=\square$

13 계산 결과를 찾아 이어 보세요.

14 빈 곳에 알맞은 수를 써넣으세요.

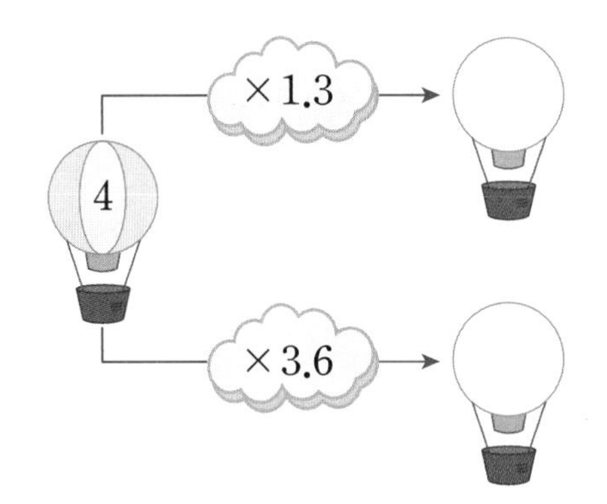

15 계산 결과가 10보다 작은 것의 기호를 쓰세요.

㉠ 7×1.43 ㉡ 8×1.23

( )

서술형 첫 단계

16 민호의 몸무게는 48 kg이고 아버지의 몸무게는 민호의 몸무게의 1.5배입니다. 아버지의 몸무게는 **몇 kg**인가요?

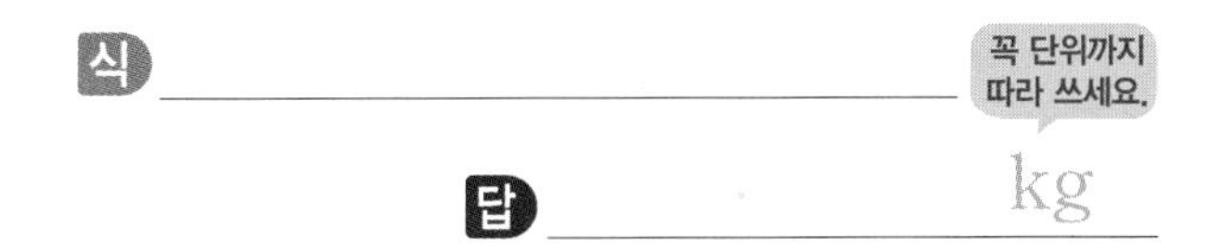

4 소수의 곱셈

1단계 개념 빠삭

⑤ (1보다 작은 소수)×(1보다 작은 소수)

① 0.9×0.7을 그림으로 알아보기

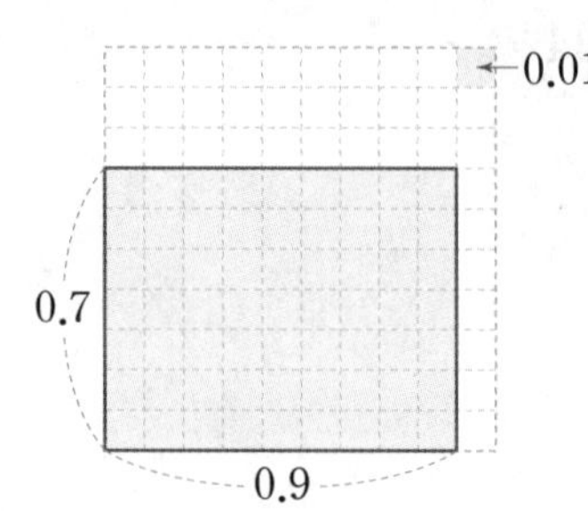

모눈종이의 가로를 0.9만큼, 세로를 0.7만큼 색칠하고 칸의 수를 세면 모두 ❶ □칸입니다.

한 칸의 넓이가 0.01이므로 색칠한 부분의 넓이는 0.63입니다.

➜ 0.9×0.7=0.01×63=❷ □

② 0.9×0.7을 여러 가지 방법으로 계산하기

방법 1 분수의 곱셈으로 계산하기

$$0.9\times0.7=\frac{9}{10}\times\frac{7}{10}=\frac{9\times7}{10\times10}=\frac{63}{❸\ \square}=0.63$$

방법 2 자연수의 곱셈으로 계산하기

곱해지는 수와 곱하는 수가 각각 $\frac{1}{10}$배가 되면 계산 결과가 $\frac{1}{100}$배가 됩니다.

9 × 7 = 63
($\frac{1}{10}$배, $\frac{1}{10}$배, $\frac{1}{100}$배)
0.9 × 0.7 = 0.63

세로로 계산하기

```
  9        0.9
× 7   ➜  × 0.7
 6 3       0.6 3
```

세로셈을 이용하여 9×7을 계산한 뒤, 0.9와 0.7의 소수점 아래 자리 수의 합만큼 소수점을 왼쪽으로 옮겨 찍어.

참고 0.9×0.07 계산하기

9 × 7 = 63
($\frac{1}{10}$배, $\frac{1}{100}$배, $\frac{1}{1000}$배)
0.9×0.07=0.063

➜ 0.9는 9의 $\frac{1}{10}$배이고 0.07은 7의 $\frac{1}{100}$배이므로 0.9×0.07의 곱은 9×7=63의 $\frac{1}{1000}$배입니다.

정답 확인 | ❶ 63 ❷ 0.63 ❸ 100

예제 문제 1

0.4×0.3을 그림으로 알아보려고 합니다. 물음에 답하세요.

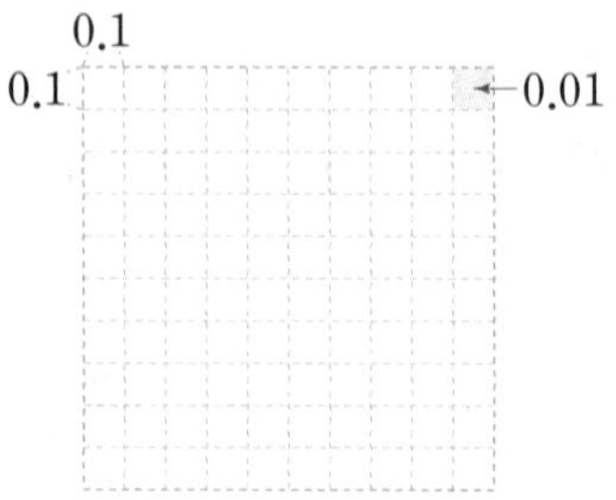

(그림: 0.1, 0.1, 0.01)

(1) 왼쪽 그림에 0.4×0.3만큼 색칠해 보세요.

(2) □ 안에 알맞은 수를 써넣으세요.

한 칸의 넓이가 0.01이므로 색칠한 부분의 넓이는 0.4×0.3=□입니다.

개념 집중 연습

[1~2] 그림을 보고 □ 안에 알맞은 수를 써넣으세요.

1

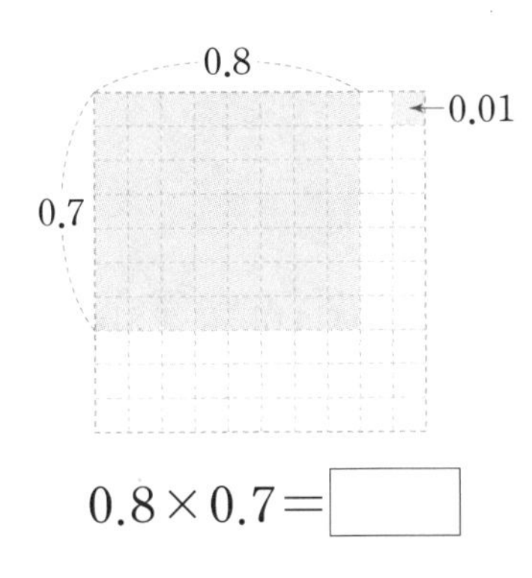

$0.8 \times 0.7 = \square$

2

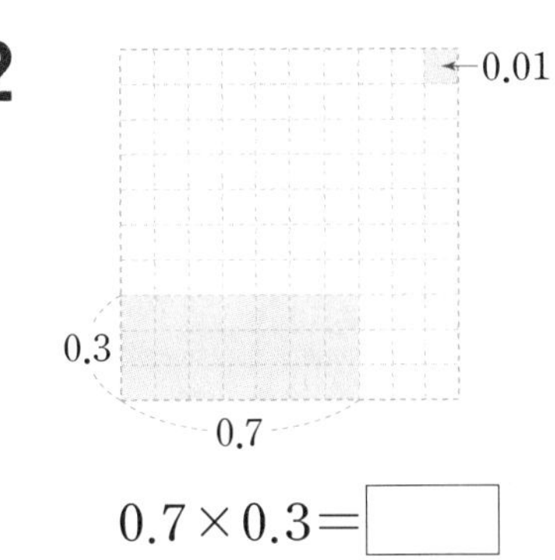

$0.7 \times 0.3 = \square$

[3~4] 분수의 곱셈으로 계산하려고 합니다. □ 안에 알맞은 수를 써넣으세요.

3 $0.6 \times 0.9 = \frac{\square}{10} \times \frac{\square}{10} = \frac{\square \times \square}{10 \times 10} = \frac{\square}{\square} = \square$

4 $0.3 \times 0.12 = \frac{\square}{10} \times \frac{\square}{100} = \frac{\square \times \square}{10 \times 100} = \frac{\square}{\square} = \square$

[5~6] 자연수의 곱셈으로 계산하려고 합니다. □ 안에 알맞은 수를 써넣으세요.

5

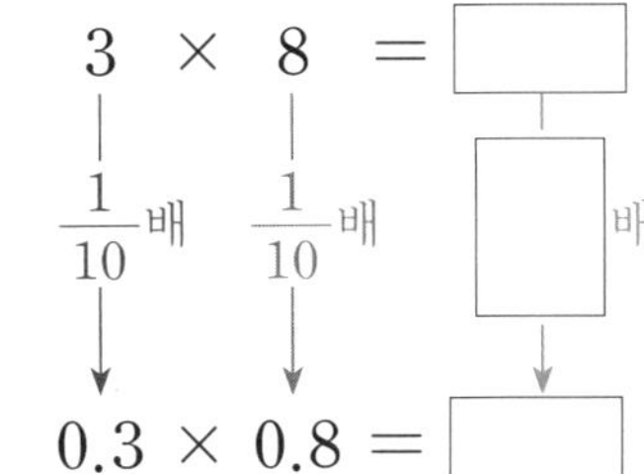

6

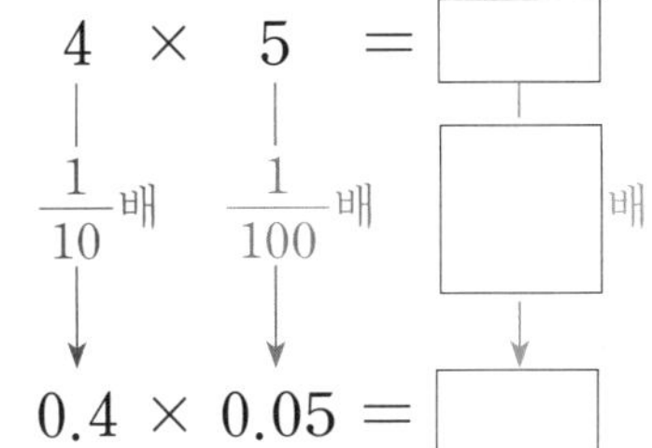

소수점 아래 끝자리 수가 0이면 0을 생략하여 나타낼 수 있어.

[7~10] 계산해 보세요.

7 0.23×0.5

8 0.6×0.6

9
$$\begin{array}{r} 0.1\,4 \\ \times \quad 0.9 \\ \hline \end{array}$$

10
$$\begin{array}{r} 0.2 \\ \times\, 0.3 \\ \hline \end{array}$$

개념 빠삭

⑥ (1보다 큰 소수)×(1보다 큰 소수)

① 1.8×1.1을 그림으로 알아보기

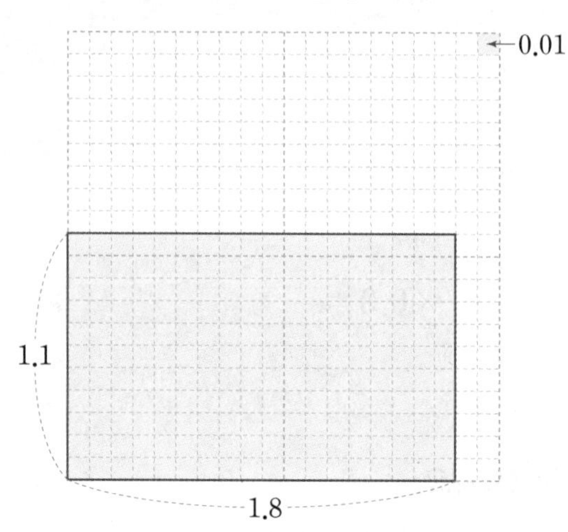

모눈종이의 가로를 1.8만큼, 세로를 1.1만큼 색칠하면 모두 198칸입니다.
한 칸의 넓이가 0.01이므로 색칠한 부분의 넓이는 1.98입니다.

➜ $1.8\times1.1=0.01\times198=1.98$

② 1.8×1.1을 여러 가지 방법으로 계산하기

방법 1 분수의 곱셈으로 계산하기

$$1.8\times1.1=\frac{18}{10}\times\frac{11}{10}=\frac{18\times11}{10\times10}=\frac{198}{100}=\boxed{❶}$$

분모가 10인 분수로 각각 바꾸기

방법 2 자연수의 곱셈으로 계산하기

$18\times11=198$

$\frac{1}{10}$배, $\frac{1}{10}$배, ❷ □배

$1.8\times1.1=1.98$

세로로 계산하기

```
   1 8        1.8
 × 1 1  ➜  × 1.1
 1 9 8      1.9 8
```

$18\times11=198$이고 1.8은 18의 $\frac{1}{10}$배, 1.1은 11의 $\frac{1}{10}$배이므로 1.8×1.1은 198의 $\frac{1}{100}$배인 1.98이야.

참고 1.8×1.1의 값을 어림하여 알아보기
1.8을 2로 생각하여 1.1과 곱하면 2.2이므로 1.8×1.1을 계산한 값은 2.2보다 작은 수가 나올 것입니다.

정답 확인 | ❶ 1.98 ❷ $\frac{1}{100}$

예제 문제 1

3.1×4.2를 분수의 곱셈으로 계산하려고 합니다. □ 안에 알맞은 수를 써넣으세요.

$$3.1\times4.2=\frac{\square}{10}\times\frac{\square}{10}=\frac{\square}{100}=\square$$

예제 문제 2

5.5×1.7을 자연수의 곱셈으로 계산하려고 합니다. □ 안에 알맞은 수를 써넣으세요.

$55\times17=935$

$\frac{1}{10}$배, $\frac{1}{10}$배, $\frac{1}{100}$배

$5.5\times1.7=\square$

정답과 해설 20쪽

[1~2] 자연수의 곱셈을 이용하여 계산해 보세요.

1 $34 \times 16 = 544$

↓

$3.4 \times 1.6 = \square$

2 $413 \times 23 = 9499$

↓

$4.13 \times 2.3 = \square$

[3~4] 보기 와 같이 계산해 보세요.

보기

$$1.4 \times 2.3 = \frac{14}{10} \times \frac{23}{10} = \frac{14 \times 23}{10 \times 10} = \frac{322}{100} = 322 \times \frac{1}{100} = 3.22$$

3 $4.2 \times 1.2 =$

4 $1.9 \times 1.8 =$

[5~6] 소수의 크기를 생각하여 계산하려고 합니다. □ 안에 알맞은 수를 써넣으세요.

5 3.6×1.3

$36 \times 13 = \square$인데 3.6에 1.3을 곱하면 3.6의 1배인 3.6보다 조금 커야 하므로 계산 결과는 $\square$입니다.

6 2.5×5.5

$25 \times 55 = \square$인데 2.5에 5.5를 곱하면 2.5의 6배인 $\square$보다 조금 작아야 하므로 계산 결과는 $\square$입니다.

[7~10] 계산해 보세요.

7 4.9×2.1

8 1.27×3.4

9
$$\begin{array}{r} 5.2 \\ \times\ 1.7 \\ \hline \end{array}$$

10
$$\begin{array}{r} 1.16 \\ \times\ \ 2.8 \\ \hline \end{array}$$

개념 빠삭

⑦ 곱의 소수점 위치

▶ 개념동영상 4-⑦

① 자연수와 소수의 곱셈에서 곱의 소수점 위치가 달라지는 규칙 찾기

예 0.12에 1, 10, 100, 1000을 각각 곱하기

$0.12 \times 1 = $ ❶ ☐

$0.12 \times 10 = 1.2$

$0.12 \times 100 = 12$

$0.12 \times 1000 = 120$

곱하는 수의 0이 하나씩 늘어날 때마다 곱의 소수점이 **오른쪽**으로 한 자리씩 옮겨집니다.

예 123에 1, 0.1, 0.01, 0.001을 각각 곱하기

$123 \times 1 = $ ❷ ☐

$123 \times 0.1 = 12.3$

$123 \times 0.01 = 1.23$

$123 \times 0.001 = 0.123$

곱하는 소수의 소수점 아래 자리 수가 하나씩 늘어날 때마다 곱의 소수점이 **왼쪽**으로 한 자리씩 옮겨집니다.

② 소수끼리의 곱셈에서 곱의 소수점 위치가 달라지는 규칙 찾기

$8 \times 4 = 32$

$0.8 \times 4 = 3.2$

$0.8 \times 0.4 = 0.32$

$0.8 \times 0.04 = 0.032$

자연수의 곱셈을 이용하여 계산한 뒤, 두 수의 소수점 아래 자리 수의 합만큼 소수점을 왼쪽으로 옮겨 표시해.

곱하는 두 수의 소수점 아래 자리 수를 더한 값만큼 곱의 소수점 아래 자리 수가 정해집니다.

주의 곱하는 두 수의 소수점 아래 자리 수만 생각하여 계산 결과의 소수점을 찍지 않도록 주의합니다.

예 $0.4 \times 0.5 = 0.02$ (×)

$4 \times 5 = 20$ ➔ $0.4 \times 0.5 = 0.20$ (○)

정답 확인 | ❶ 0.12 ❷ 123

예제 문제 1

다음을 보고 알맞은 말에 ○표 하세요.

$0.15 \times 10 = 1.5$

$0.15 \times 100 = 15$

$0.15 \times 1000 = 150$

➔ 곱하는 수의 0의 수만큼 소수점이 (오른쪽 , 왼쪽)으로 옮겨집니다.

예제 문제 2

보기 를 보고 소수점의 위치로 알맞은 곳을 찾아 소수점을 찍어 보세요.

보기

$327 \times 1 = 327$

$327 \times 0.1 = 32.7$

$327 \times 0.01 = 3\square2\square7$

정답과 해설 21쪽

[1~2] 소수점의 위치를 생각하여 □ 안에 알맞은 수를 써넣으세요.

1 $1.735\times1=1.735$

$1.735\times10=$ □

$1.735\times100=$ □

$1.735\times1000=$ □

2 $870\times1=870$

$870\times0.1=$ □

$870\times0.01=$ □

$870\times0.001=$ □

[3~4] □ 안에 알맞은 수를 써넣으세요.

3

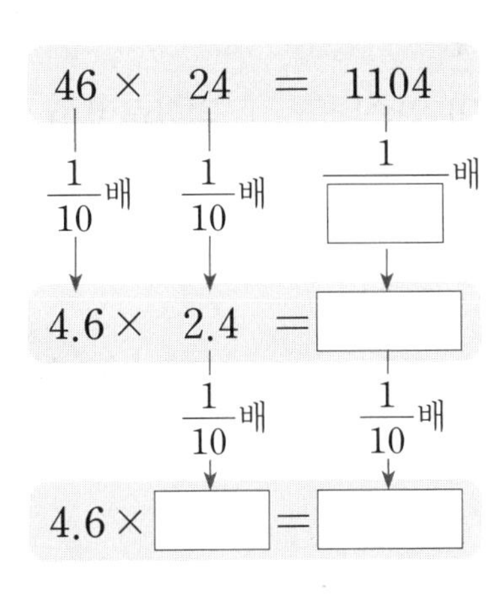

4

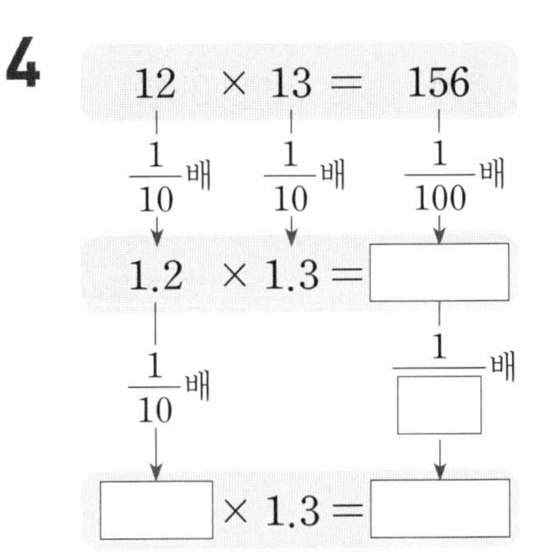

[5~6] 자연수의 곱셈을 이용하여 계산해 보세요.

5 $29\times34=986$

$29\times3.4=$ □

$29\times0.34=$ □

$29\times0.034=$ □

6 $35\times17=595$

$3.5\times1.7=$ □

$3.5\times0.17=$ □

$0.35\times1.7=$ □

7 값이 같은 것끼리 이어 보세요.

43×52 •	• 22.36
4.3×5.2 •	• 2.236
4.3×0.52 •	• 2236

곱하는 두 수의 소수점 아래 자리 수를 더한 값만큼 곱의 소수점 아래 자리 수가 정해져.

4 소수의 곱셈

2단계 ⑤~⑦ 익힘책 빠삭

5 (1보다 작은 소수)×(1보다 작은 소수)

1 계산해 보세요.

(1) 0.5×0.7

(2) 0.6×0.32

2 0.81×0.9를 바르게 계산한 사람의 이름을 쓰세요.

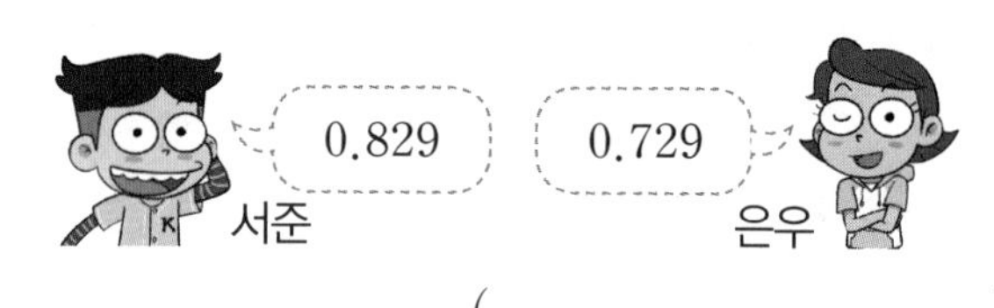

(　　　　　　　　)

3 보기와 같이 0.9×0.6을 계산해 보세요.

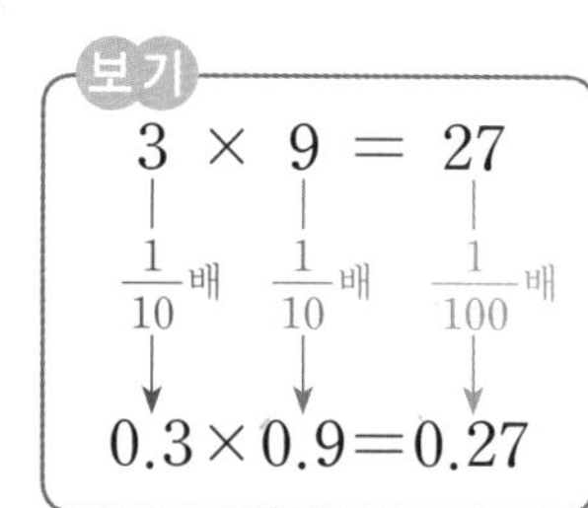

반복문제

4 보기와 같이 계산해 보세요.

보기

$$0.03 \times 0.4 = \frac{3}{100} \times \frac{4}{10} = \frac{3 \times 4}{100 \times 10} = \frac{12}{1000} = 0.012$$

$0.8 \times 0.17 =$

5 가장 큰 수와 가장 작은 수의 곱을 구하세요.

(　　　　　　　　)

서술형 첫 단계

6 밀가루 0.7 kg이 있습니다. 이 밀가루의 0.8만큼을 사용하여 빵을 만들었을 때, 사용한 밀가루의 양은 **몇 kg**인가요?

식 ________________ 꼭 단위까지 따라 쓰세요.

답 ________ kg

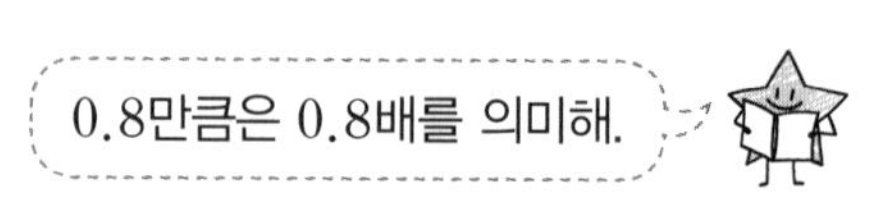

6 (1보다 큰 소수)×(1보다 큰 소수)

7 1.4×2.4를 두 가지 방법으로 계산한 것입니다. □ 안에 알맞은 수를 써넣으세요.

(1) 분수의 곱셈으로 계산하기

$$1.4 \times 2.4 = \frac{14}{10} \times \frac{24}{10} = \frac{\square \times \square}{10 \times 10} = \frac{\square}{100} = \square$$

(2) 자연수의 곱셈으로 계산하기

$14 \times 24 = 336$

$\frac{1}{10}$배　$\frac{1}{10}$배　□배

$1.4 \times 2.4 = \square$

8 자연수의 곱셈을 이용하여 계산해 보세요.

$18 \times 13 =$ ☐ ➜ $1.8 \times 1.3 =$ ☐

9 빈 곳에 두 수의 곱을 써넣으세요.

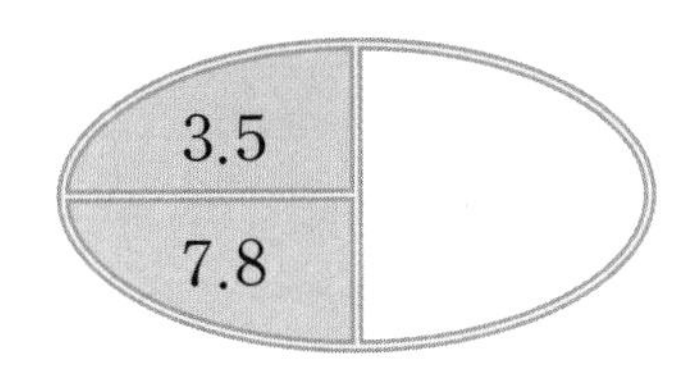

10 2.5×1.1을 계산한 것입니다. 잘못 계산한 곳을 찾아 바르게 계산해 보세요.

2.5
× 1.1
2 7.5
곱하는 두 수의 크기를 생각해서 소수점을 찍어야 해.

11 ☐ 안에 들어갈 수 있는 가장 작은 자연수를 구하세요.

$4.2 \times 1.19 <$ ☐

(　　　　　　　)

7 곱의 소수점 위치

12 빈칸에 알맞은 수를 써넣으세요.

(1)

×	10	100	1000
3.75			

(2)

×	0.1	0.01	0.001
248			

13 계산 결과가 다른 하나를 찾아 기호를 쓰세요.

㉠ 925×0.01
㉡ 0.925×100
㉢ 9250×0.001

(　　　　　　　)

14 보기를 이용하여 곱셈식을 완성해 보세요.

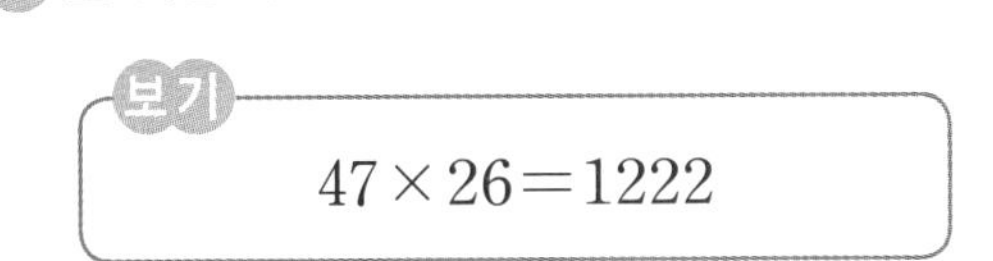

(1) $47 \times$ ☐ $= 12.22$

(2) ☐ $\times 26 = 1.222$

1 서술형 첫 단계

15 서아가 50×1.8을 잘못 계산한 까닭을 쓰세요.

까닭 ________________________

4 소수의 곱셈

TEST 4단원 평가

1 수직선을 보고 □ 안에 알맞은 수를 써넣으세요.

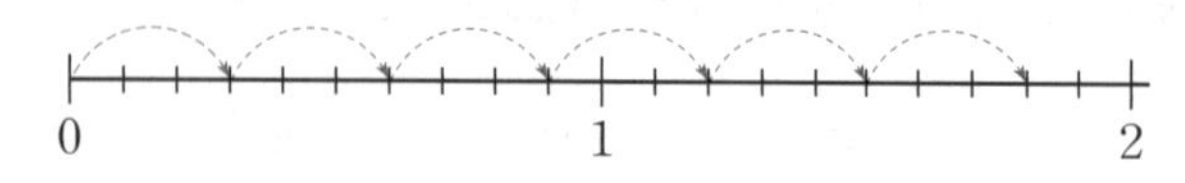

(1) 0.3씩 6이면 □입니다.

(2) 덧셈식으로 나타내면

$0.3+0.3+0.3+0.3+0.3+0.3=$ □

입니다.

(3) 곱셈식으로 나타내면 $0.3\times$ □ $=$ □입니다.

2 5.4×3을 0.1의 개수로 계산하려고 합니다. □ 안에 알맞은 수를 써넣으세요.

> 5.4는 0.1이 □개인 수이므로
> $5.4\times3=0.1\times$ □ $\times$ □입니다.
> ➔ 0.1이 모두 □개이므로
> $5.4\times3=$ □입니다.

3 □ 안에 알맞은 수를 써넣으세요.

$$3\times2.16=3\times\frac{\square}{100}=\frac{3\times\square}{100}$$
$$=\frac{\square}{100}=\square$$

4 자연수의 곱셈을 이용하여 계산해 보세요.

$28\times3=$ □ ➔ $0.28\times3=$ □

5 계산해 보세요.

(1) 0.9×0.7

(2) 2.8×3.14

6 보기 와 같이 계산해 보세요.

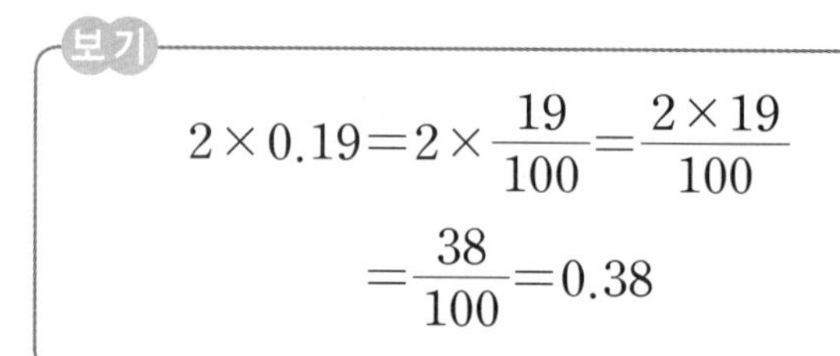

보기

$$2\times0.19=2\times\frac{19}{100}=\frac{2\times19}{100}$$
$$=\frac{38}{100}=0.38$$

$4\times0.24=$

7 잘못 계산한 곳을 찾아 바르게 계산해 보세요.

$\begin{array}{r} 0.62 \\ \times\ \ 0.4 \\ \hline 2.48 \end{array}$	➔	$\begin{array}{r} 0.62 \\ \times\ \ 0.4 \\ \hline \end{array}$

8 크기를 비교하여 ◯ 안에 >, =, <를 알맞게 써넣으세요.

0.58×5 ◯ 3

9 100원짜리 동전 10개, 100개, 1000개의 무게는 각각 몇 g인지 소수점의 위치를 생각하여 □ 안에 알맞은 수를 써넣으세요.

1개의 무게: 5.42 g

10개: $5.42 \times 10 =$ □ (g)
100개: $5.42 \times 100 =$ □ (g)
1000개: $5.42 \times 1000 =$ □ (g)

10 계산 결과가 소수 한 자리 수인 것을 찾아 ○표 하세요.

0.5×0.7 ( )　　0.4×0.5 ( )

11 □ 안에 알맞은 수를 써넣으세요.

(1) $28.7 \times$ □ $= 0.287$

(2) $0.59 \times$ □ $= 590$

1 서술형 첫 단계

12 □ 안에 알맞은 수를 써넣고, 그 까닭을 쓰세요.

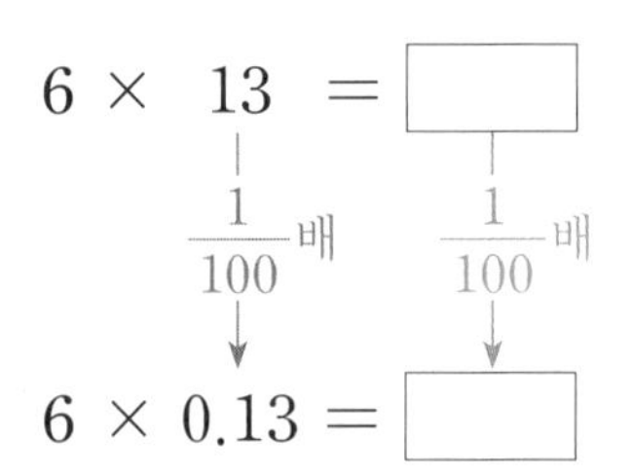

까닭을 따라 쓰세요.

까닭 곱하는 수가 □ 배가 되면 계산 결과가 □ 배가 됩니다.

13 평행사변형의 넓이는 몇 cm^2인가요?

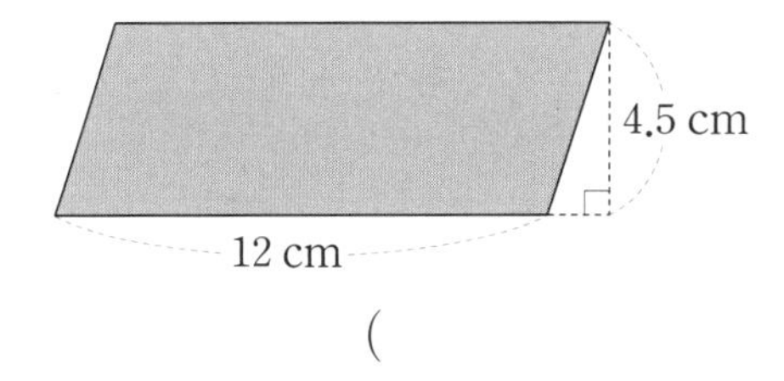

( )

14 은하네 집에서 학교까지의 거리는 4 km이고, 학교에서 도서관까지의 거리는 은하네 집에서 학교까지의 거리의 0.7배입니다. 학교에서 도서관까지의 거리는 몇 km인가요?

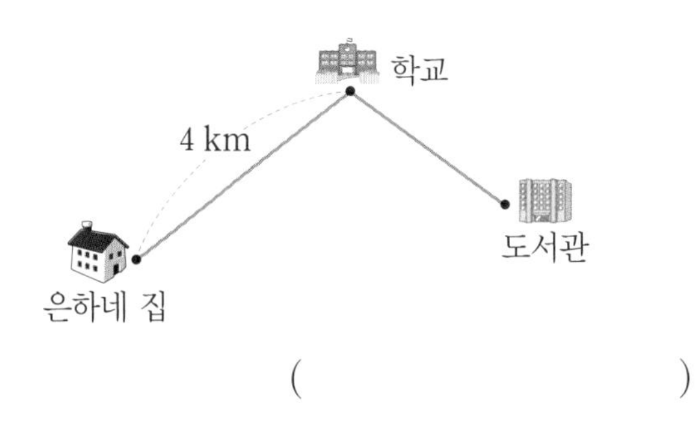

( )

15 가장 큰 수와 가장 작은 수의 곱을 구하세요.

4	5.59	7.8	3.2

(　　　　　　　　)

서술형 첫 단계

16 올해 소희의 나이는 12살입니다. 어머니의 나이가 소희의 나이의 3.5배일 때 어머니의 나이는 몇 살인가요?

식 ______________________

답 ______________________

17 빈칸에 알맞은 수를 써넣으세요.

× →		
0.56	6	
9	0.13	

18 □ 안에 알맞은 수를 써넣으세요.

$$\begin{array}{r} 2.\square\,2 \\ \times\quad\ 3 \\ \hline \square.\,5\,6 \end{array}$$

19 □ 안에 들어갈 수 있는 자연수는 모두 몇 개인지 구하세요.

$3.9\times2<\square<2.1\times5$

(　　　　　　　　)

20 색 테이프 2장을 0.1 m만큼 겹치게 이어 붙였습니다. 색 테이프 한 장의 길이가 1.2 m일 때, 이어 붙인 색 테이프의 전체 길이는 몇 m인가요?

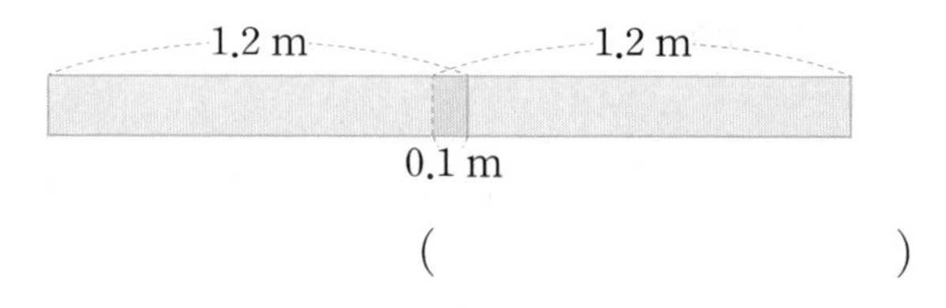

(　　　　　　　　)

20. • 겹친 부분의 수는 색 테이프의 수보다 1 작습니다.
• (이어 붙인 색 테이프 2장의 전체 길이)
=(색 테이프 2장의 길이)−(겹친 부분의 길이)

틀린 그림을 찾아라!

스마트폰으로 QR코드를 찍으면 정답이 보여요.

준수네 가족은 마트에 가서 장을 보고 있습니다. 두 그림에서 서로 다른 3곳을 찾아 ○표 하고 물음에 답하세요.

준수네 가족은 한 병에 1.5 L인 주스를 3병 사려고 해.
그럼 준수네 가족이 사려고 한 주스의 양은 모두 몇 L일까?

준수네 가족이 사려고 하는 주스의 양은
모두 $1.5\times3=$ ☐ (L)야.

준수네 가족은 한 개에 0.6 kg인 배를 4개 사려고 해.
그럼 준수네 가족이 사려고 하는 배의 무게는 모두 몇 kg일까?

준수네 가족이 사려고 하는 배의 무게는
모두 $0.6\times4=$ ☐ (kg)이야.

5 직육면체

5단원 학습 계획표

✔ 이 단원의 표준 학습 일수는 4일입니다. 계획대로 공부한 후 확인란에 사인을 받으세요.

이 단원에서 배울 내용	쪽수	계획한 날	확인
1단계 개념 빠삭 ❶ 직육면체 ❷ 정육면체	112~115쪽	월 일	확인했어요!
2단계 익힘책 빠삭	116~117쪽		
1단계 개념 빠삭 ❸ 직육면체의 겨냥도 ❹ 직육면체의 성질	118~121쪽	월 일	확인했어요!
2단계 익힘책 빠삭	122~123쪽		
1단계 개념 빠삭 ❺ 정육면체의 전개도 ❻ 직육면체의 전개도	124~127쪽	월 일	확인했어요!
2단계 익힘책 빠삭	128~129쪽		
TEST 5단원 평가	130~132쪽	월 일	확인했어요!

스마트폰을 이용하여 QR 코드를 찍으면
개념 학습 영상을 볼 수 있어요.

어릴 때 울지 못하고 어른이 되어서야 우는 동물은?

정답 | 개구리

1단계 개념 빠삭

❶ 직육면체

▶ 개념동영상 5-①

직육면체 알아보기

직사각형 6개로 둘러싸인 도형을 **직육면체**라고 합니다.

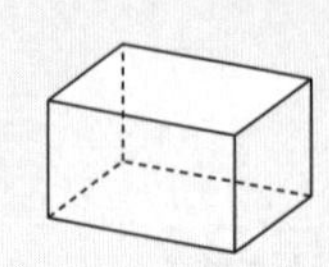
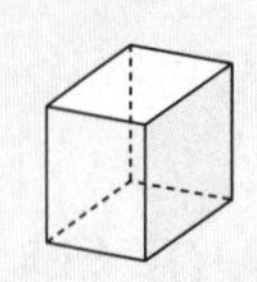
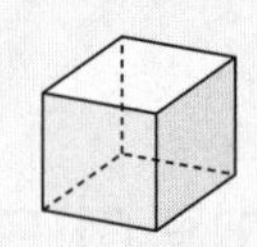

1. 직육면체의 구성 요소

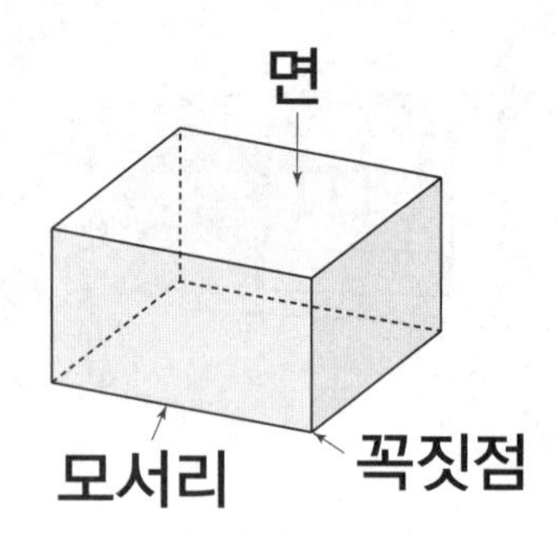

- **면**: 선분으로 둘러싸인 부분
- **모서리**: 면과 ❶ [ ] 이 만나는 선분
- **꼭짓점**: 모서리와 ❷ [ ] 가 만나는 점

2. 직육면체의 면, 모서리, 꼭짓점의 수

면의 수(개)	6
모서리의 수(개)	12
꼭짓점의 수(개)	❸

모든 직육면체에는 면이 6개, 모서리가 12개, 꼭짓점이 8개 있어.

주의 직육면체가 아닌 도형:

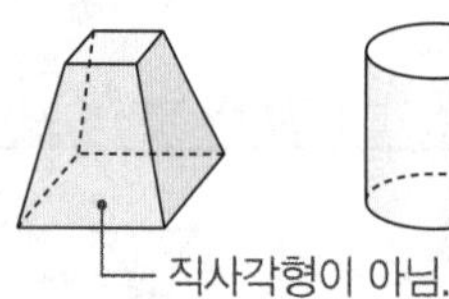
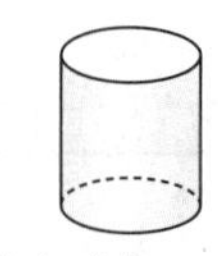
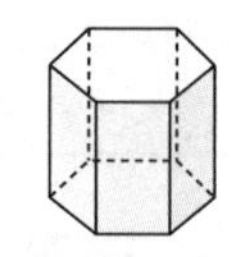

직사각형이 아님.

정답 확인 | ❶ 면 ❷ 모서리 ❸ 8

예제 문제 1

그림을 보고 □ 안에 알맞은 말을 써넣으세요.

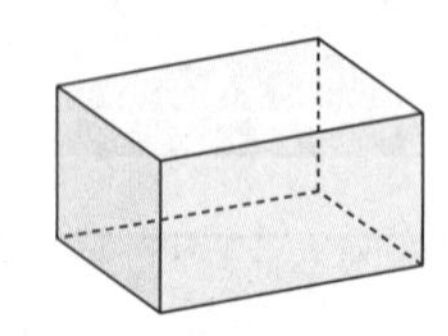

직사각형 6개로 둘러싸인 도형을 [ ](이)라고 합니다.

예제 문제 2

직육면체 모양 물건을 찾아 기호를 쓰세요.

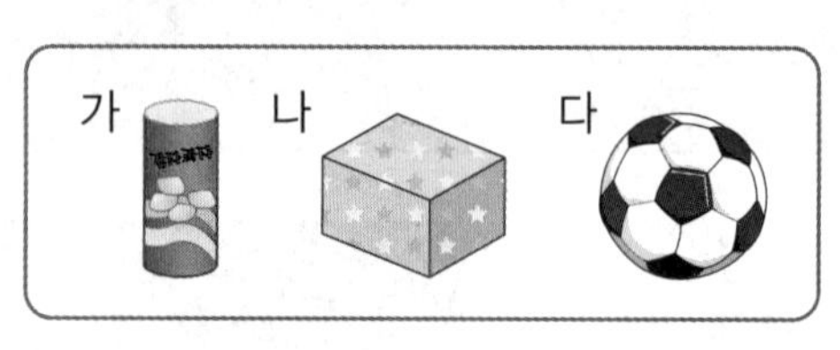

( )

직사각형 6개로 둘러싸인 물건을 찾아보자.

정답과 해설 23쪽

[1~2] 그림을 보고 물음에 답하세요.

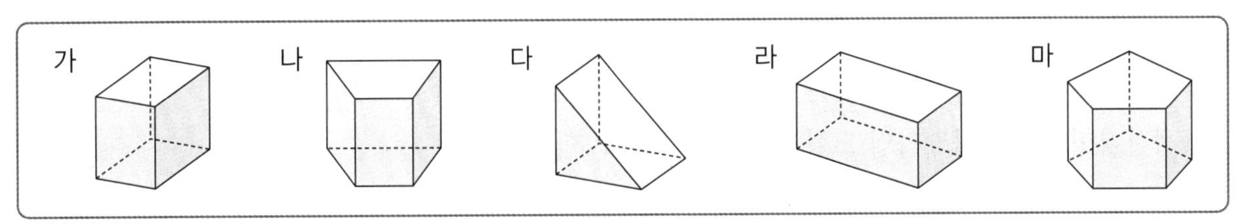

1 다음 기준에 따라 도형을 분류하여 기호를 써넣으세요.

직사각형 6개로 둘러싸인 도형	그렇지 않은 도형

2 직육면체를 모두 찾아 기호를 쓰세요.

(　　　　　　　　　　)

[3~5] 직육면체이면 ○표, 직육면체가 아니면 ×표 하세요.

3

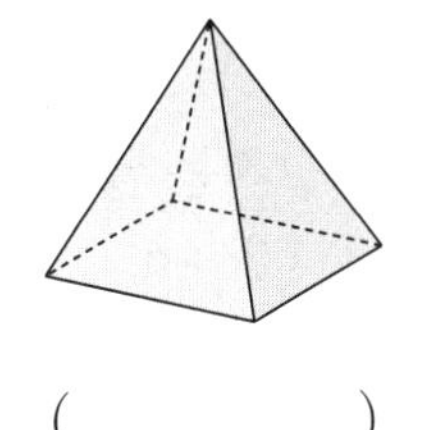

(　　　)

4

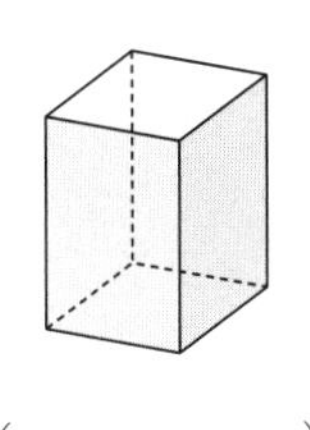

(　　　)

5

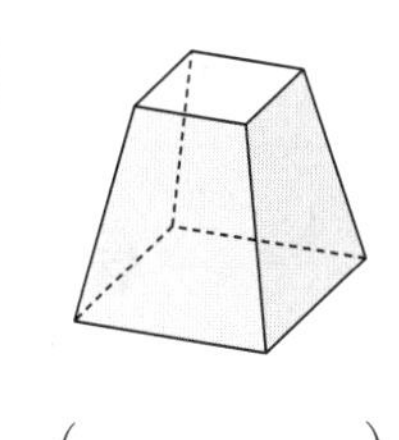

(　　　)

[6~7] 직육면체의 각 부분의 이름을 □ 안에 알맞게 써넣으세요.

6

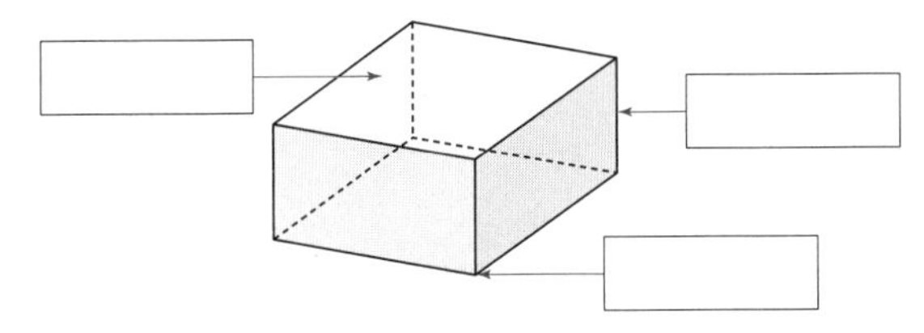

7

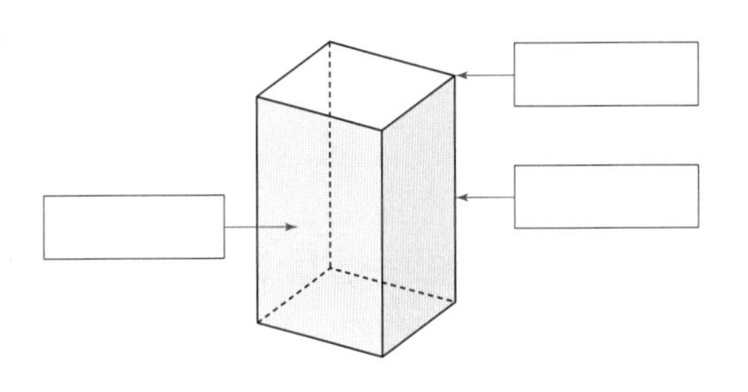

8 직육면체를 보고 빈칸에 알맞은 수를 써넣으세요.

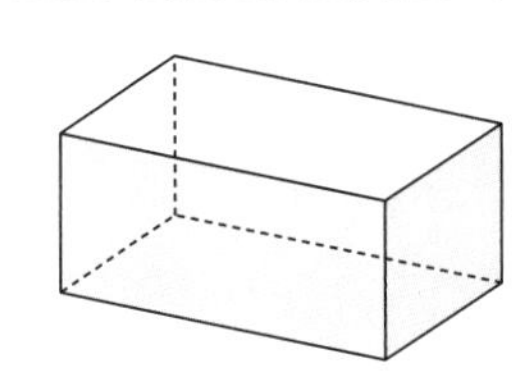

면의 수(개)	모서리의 수(개)	꼭짓점의 수(개)

개념 빠삭 ② 정육면체

정육면체 알아보기

정사각형 6개로 둘러싸인 도형을 **정육면체**라고 합니다.

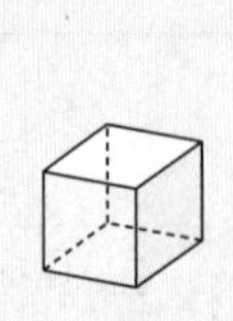
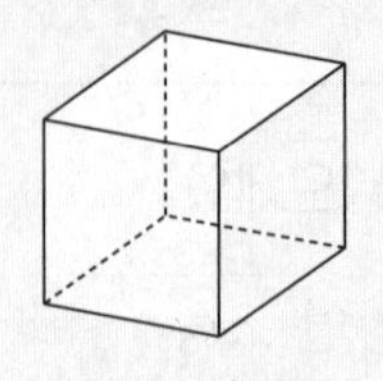
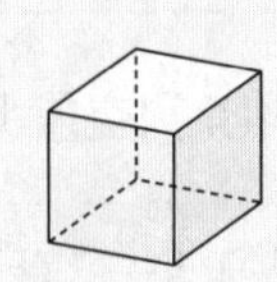

1. 정육면체의 면, 모서리, 꼭짓점의 수

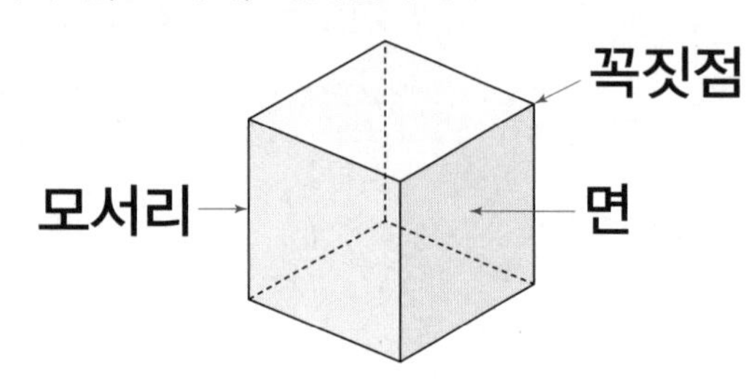

면의 수(개)	6
모서리의 수(개)	❶
꼭짓점의 수(개)	8

2. 직육면체와 정육면체의 공통점과 차이점 알아보기

	공통점			차이점	
	면의 수(개)	모서리의 수(개)	꼭짓점의 수(개)	면의 모양	모서리의 길이
직육면체	6	12	❷	직사각형	모두 같지는 않음.
정육면체				❸	모두 같음.

정사각형은 직사각형이라고 할 수 있지만 직사각형은 **정사각형**이라고 할 수 없습니다.

↓

정육면체는 직육면체라고 할 수 있지만 직육면체는 **정육면체**라고 할 수 없습니다.

정답 확인 | ❶ 12 ❷ 8 ❸ 정사각형

예제 문제 1

그림을 보고 □ 안에 알맞은 말을 써넣으세요.

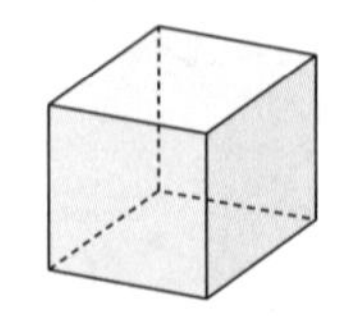

정사각형 6개로 둘러싸인 도형을 [ ](이)라고 합니다.

예제 문제 2

정육면체를 보고 빈칸에 알맞은 수를 써넣으세요.

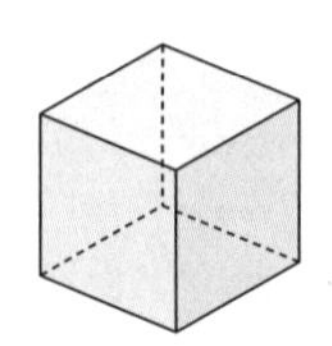

면의 수(개)	모서리의 수(개)	꼭짓점의 수(개)
6		

[1~6] 정육면체이면 ○표, 정육면체가 아니면 ×표 하세요.

1

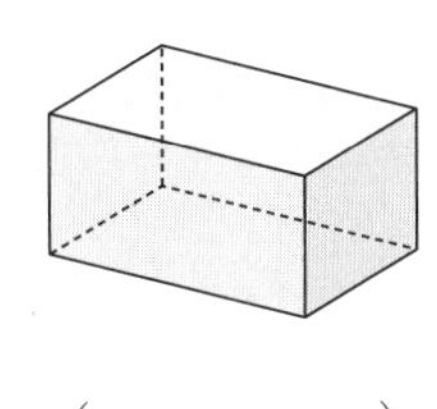

(　　　　)

2

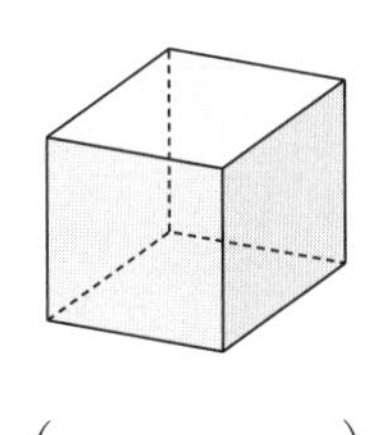

(　　　　)

3

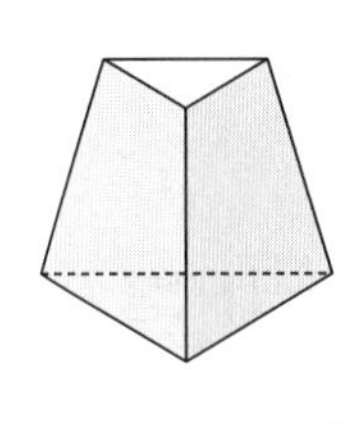

(　　　　)

4

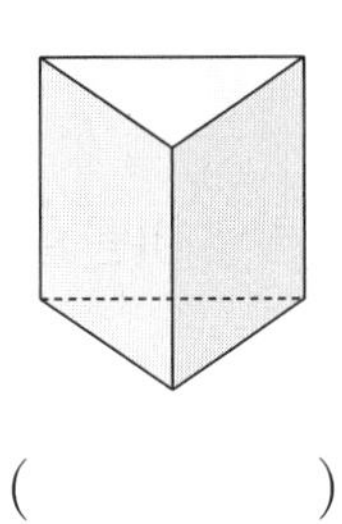

(　　　　)

5

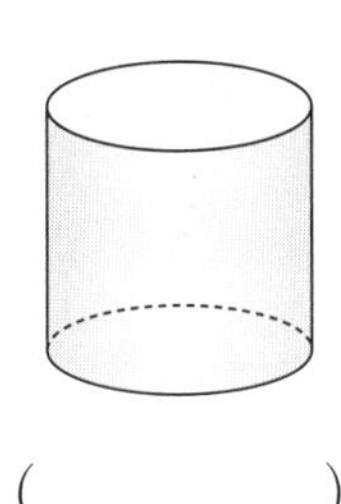

(　　　　)

6

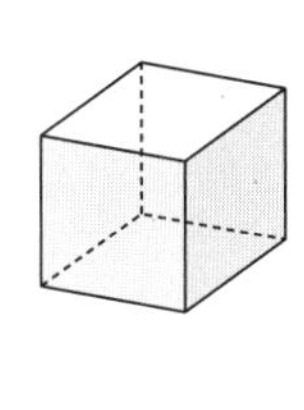

(　　　　)

[7~8] 그림을 보고 물음에 답하세요.

가

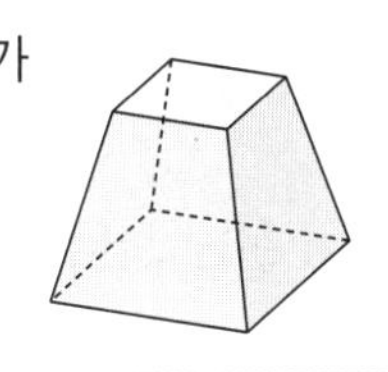

나

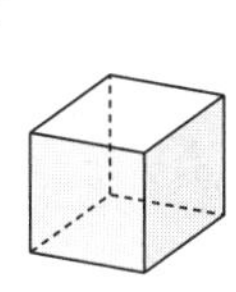

다

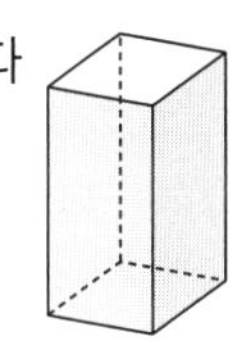

라

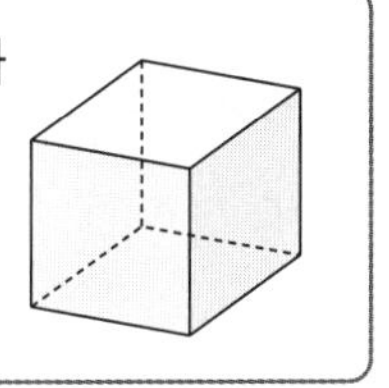

7 직육면체를 모두 찾아 기호를 쓰세요.

(　　　　　　　　　　)

8 정육면체를 모두 찾아 기호를 쓰세요.

(　　　　　　　　　　)

9 알맞은 말에 ○표 하세요.

(1) 직육면체와 정육면체는 면, 모서리, 꼭짓점의 수가 각각 서로 (같습니다 , 다릅니다).

(2) 정육면체는 모서리의 길이가 모두 (같습니다 , 다릅니다).

(3) 정육면체는 직육면체라고 할 수 (있습니다 , 없습니다).

2단계 ①~② 익힘책 빠삭

1 직육면체

1 그림과 같이 직사각형 6개로 둘러싸인 도형을 무엇이라고 하나요?

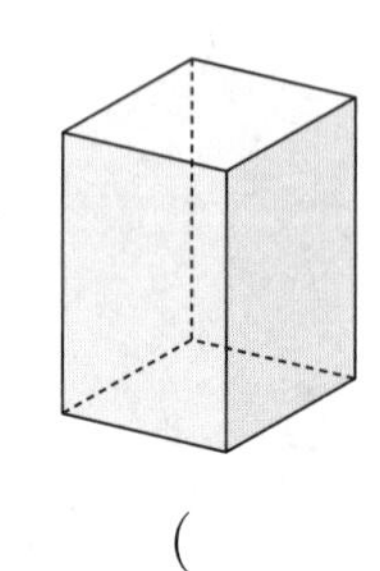

( )

2 그림을 보고 □ 안에 알맞은 말을 써넣으세요.

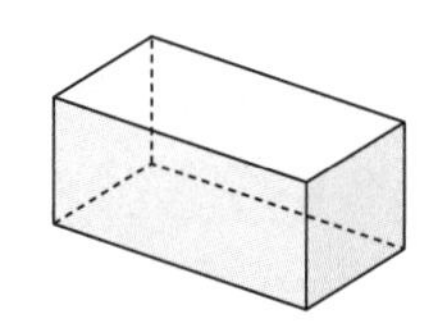

(1) 선분으로 둘러싸인 부분을 □(이)라고 합니다.

(2) 면과 면이 만나는 선분을 □(이)라고 합니다.

(3) 모서리와 모서리가 만나는 점을 □(이)라고 합니다.

3 직육면체를 모두 고르세요. ....( )

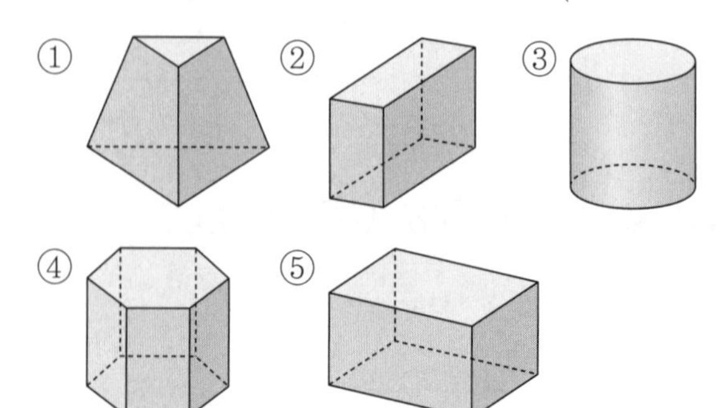

4 직육면체를 보고 빈칸에 알맞은 수를 써넣으세요.

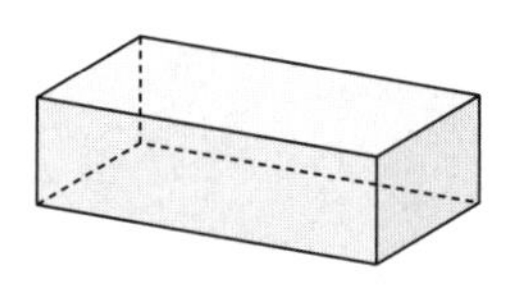

면의 수(개)	모서리의 수(개)	꼭짓점의 수(개)

5 직육면체에 대해 잘못 설명한 사람의 이름을 쓰세요.

민재: 직육면체의 면은 모두 직사각형 모양이야.

서아: 직육면체에는 모서리와 모서리가 만나는 점이 7개 있어.

( )

서술형 첫 단계

6 도형이 직육면체가 아닌 까닭을 쓰세요.

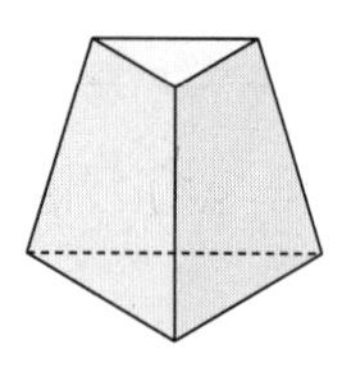

까닭 ______________________

____

7 오른쪽 직육면체에서 색칠한 면의 둘레는 **몇 cm**인가요?

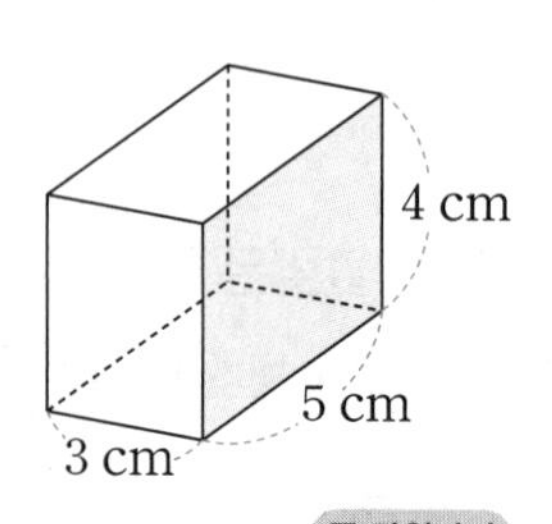

꼭 단위까지 따라 쓰세요.

(cm)

2 정육면체

8 정육면체를 찾아 기호를 쓰세요.

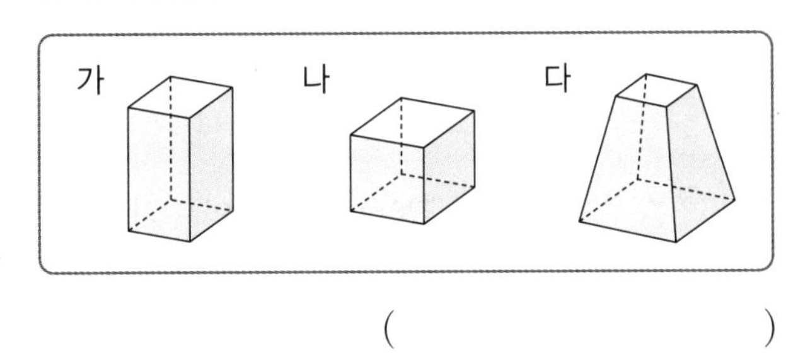

( )

9 정육면체를 보고 빈칸에 알맞게 써넣으세요.

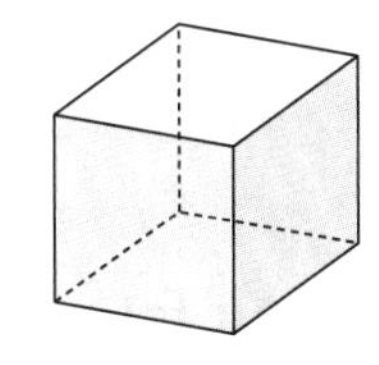

면의 모양	
면의 수(개)	
모서리의 수(개)	
꼭짓점의 수(개)	

10 직육면체와 정육면체에 대한 설명이 옳으면 ○표, 틀리면 ×표 하세요.

(1) 직육면체와 정육면체의 면의 수는 같습니다. ·································· ( )

(2) 직육면체는 정육면체라고 할 수 있습니다. ·································· ( )

(3) 직육면체와 정육면체의 면의 모양은 모두 직사각형입니다. ·················· ( )

11 정육면체입니다. □ 안에 알맞은 수를 써넣으세요.

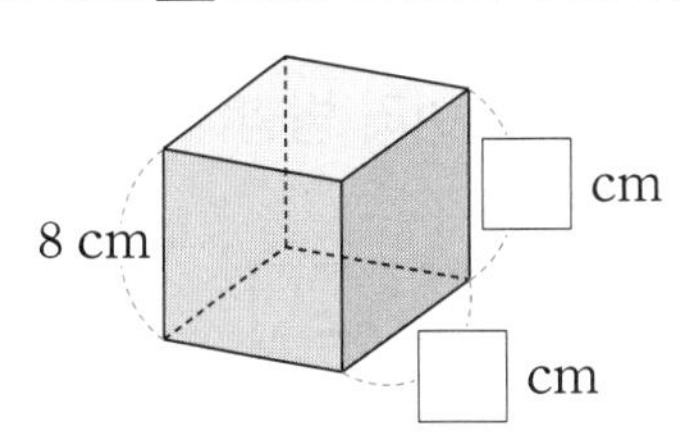

12 한 모서리의 길이가 4 cm인 정육면체 모양의 주사위가 있습니다. 이 주사위의 모든 모서리의 길이의 합은 **몇 cm**인가요?

꼭 단위까지 따라 쓰세요.

(cm)

반복문제

13 정육면체의 모든 모서리의 길이의 합은 36 cm입니다. 한 모서리의 길이는 **몇 cm**인가요?

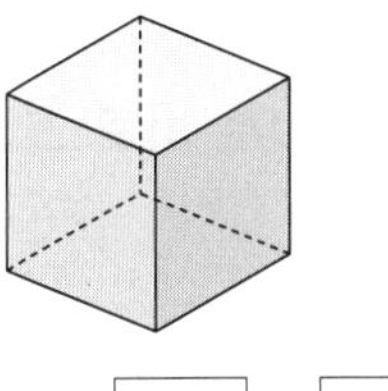

식 $36 \div \square = \square$

답 cm

5 직육면체

1단계 개념 빠삭

③ 직육면체의 겨냥도

▶ 개념동영상 5-③

① 직육면체를 여러 방향에서 관찰하기

가 위 / 나 앞 / 다 옆 / 라 / 마 / 바

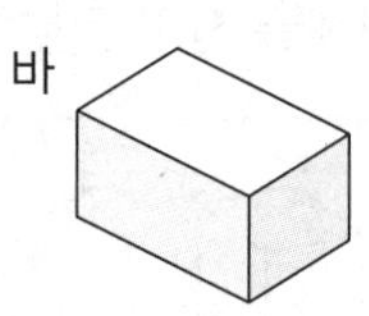

보이는 면의 수(개)	1	2	3
기호	가, 나, 다	라, 마	❶

바와 같이 보이는 면의 수가 가장 많은 방향에서 관찰했을 때 직육면체의 모양을 잘 알 수 있어.

② 직육면체의 겨냥도 알아보기

직육면체의 겨냥도: 직육면체의 모양을 잘 알 수 있도록 나타낸 그림

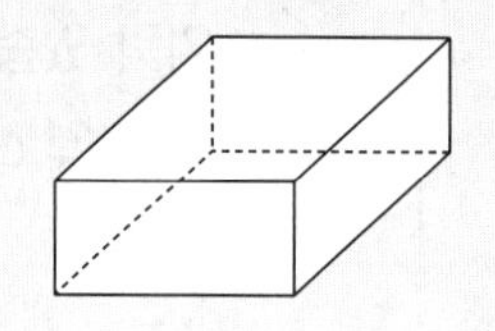

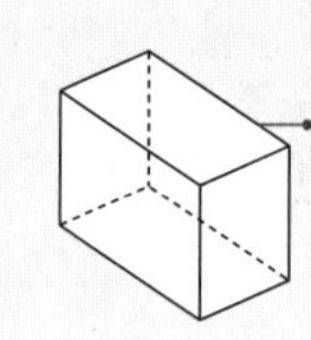

1. 겨냥도를 그리는 방법

① 보이는 **모서리는** 실선**으로,** 보이지 않는 **모서리는** 점선**으로 그립니다.**

② 마주 보는 모서리는 평행하고 길이가 같게 그립니다.

2. 면, 모서리, 꼭짓점의 수

면의 수(개)		모서리의 수(개)		꼭짓점의 수(개)	
보이는 **면**	보이지 않는 **면**	보이는 **모서리**	보이지 않는 **모서리**	보이는 **꼭짓점**	보이지 않는 **꼭짓점**
3	3	9	❷	7	❸

정답 확인 | ❶ 바 ❷ 3 ❸ 1

예제 문제 1

□ 안에 알맞은 말을 써넣으세요.

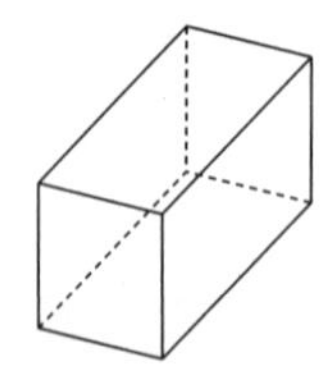

직육면체의 모양을 잘 알 수 있도록 나타낸 그림을 직육면체의 [　　](이)라고 합니다.

예제 문제 2

오른쪽 직육면체 모양의 물건을 보고 빈칸에 알맞은 수를 써넣으세요.

	면의 수(개)	모서리의 수(개)	꼭짓점의 수(개)
보이는 것	3	9	
보이지 않는 것			1

1 정육면체의 겨냥도를 바르게 그린 것에 ○표, 잘못 그린 것에 ×표 하세요.

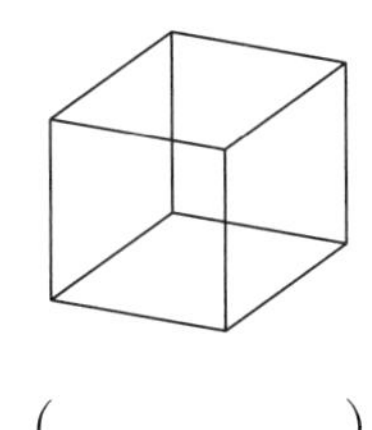
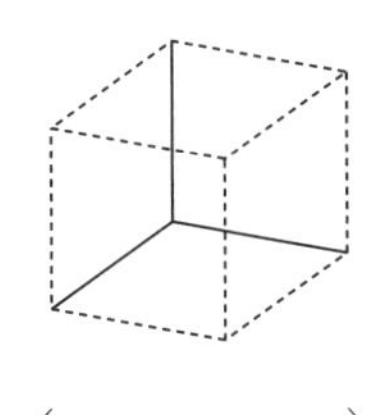
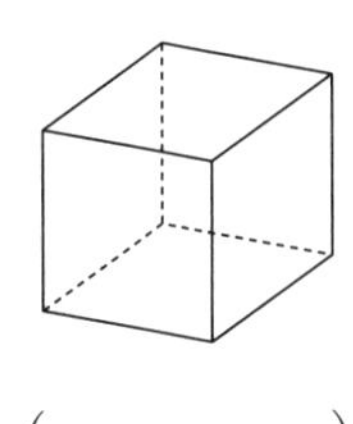

( ) ( ) ( )

2 직육면체의 겨냥도를 바르게 그린 것에 ○표, 잘못 그린 것에 ×표 하세요.

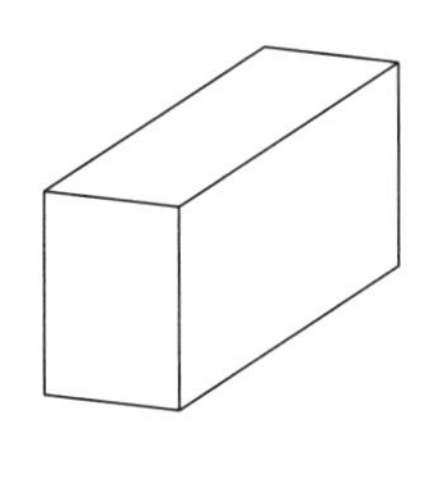
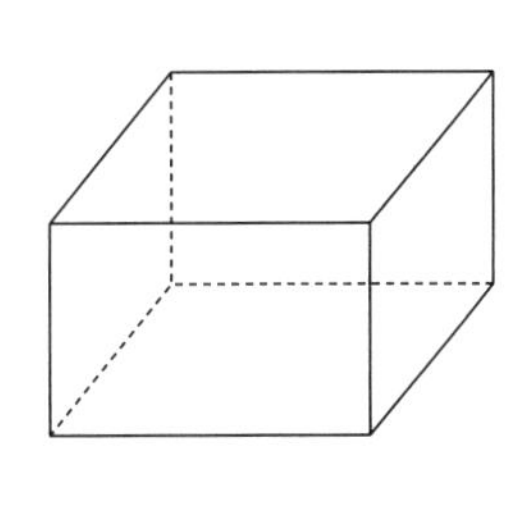
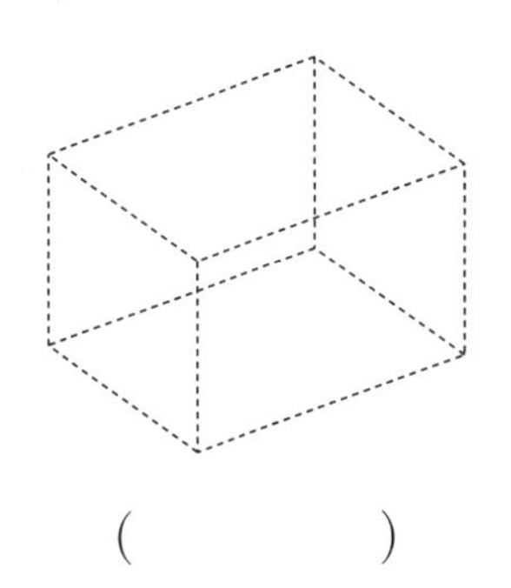

( ) ( ) ( )

[3~5] 직육면체의 겨냥도가 되도록 보이지 않는 모서리를 점선으로 그려 넣으세요.

3

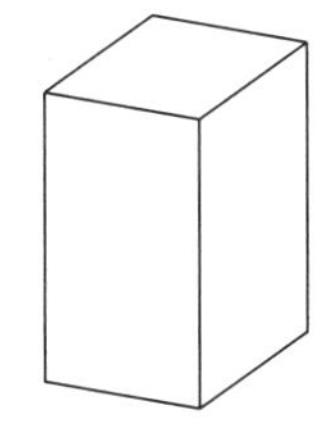

4

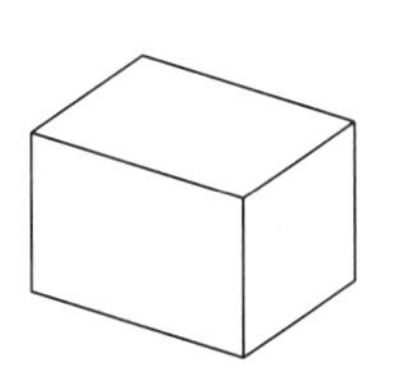

5

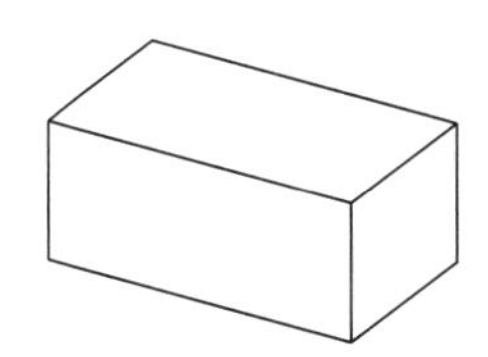

보이는 모서리는 실선으로, 보이지 않는 모서리는 점선으로 그려야 해.

[6~8] 그림에서 빠진 부분을 그려 넣어 직육면체의 겨냥도를 완성해 보세요.

6

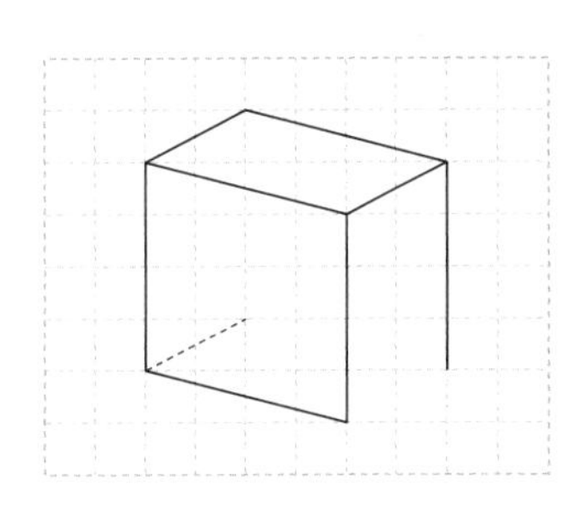

7

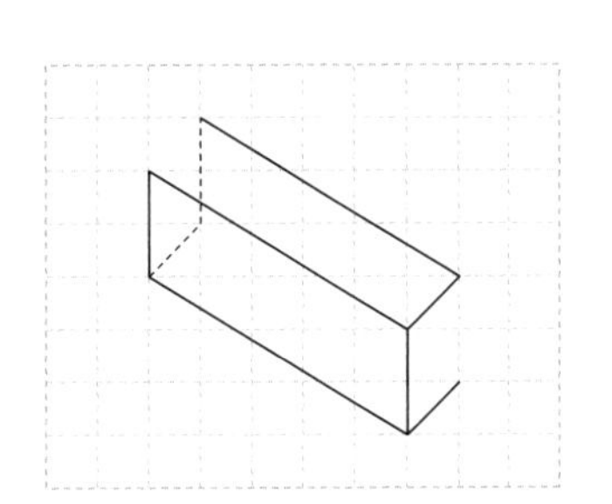

8

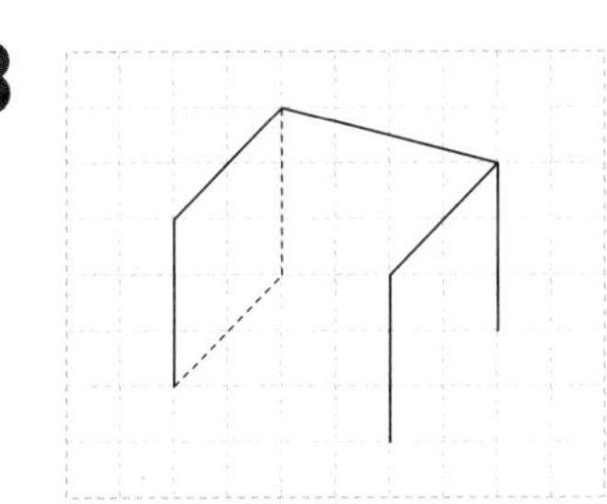

개념 빠삭

④ 직육면체의 성질

① 밑면 알아보기

직육면체에서 계속 늘여도 만나지 않는 두 면을 서로 평행하다고 합니다.
이 두 면을 직육면체의 **밑면**이라고 합니다.

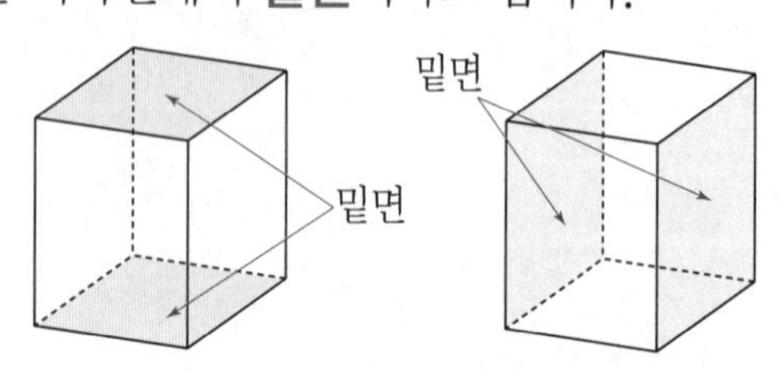

➜ 직육면체에는 서로 평행한 면이 ❶ [ ] **쌍** 있고, 이 평행한 면은 각각 **밑면이 될 수 있습니다.**

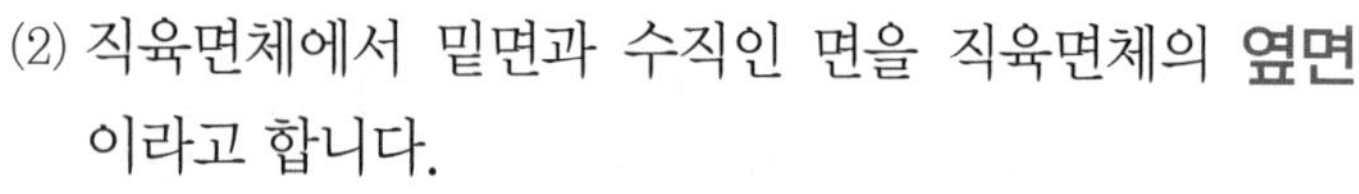

② 옆면 알아보기

(1) 삼각자 3개를 오른쪽과 같이 놓았을 때
면 ㄱㄴㄷㄹ과 면 ㄴㅂㅅㄷ,
면 ㄱㄴㄷㄹ과 면 ㄷㅅㅇㄹ,
면 ㄴㅂㅅㄷ과 면 ㄷㅅㅇㄹ은 각각 수직입니다.

(2) 직육면체에서 밑면과 수직인 면을 직육면체의 **옆면**이라고 합니다.

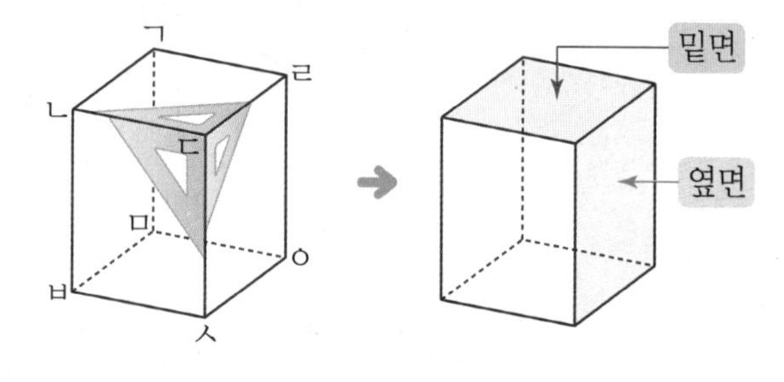

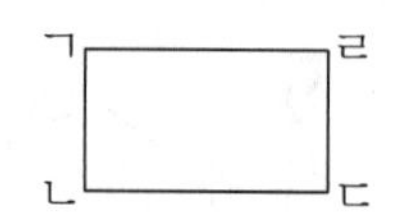

참고 면의 기호를 읽을 때, 시계 방향 또는 시계 반대 방향으로 차례로 읽어야 합니다.

ㄱ ㄹ ㄴ ㄷ (직사각형) ➜ 면 ㄱㄴㄷㄹ (○) 면 ㄱㄹㄷㄴ (○) 면 ㄱㄴㄹㄷ (×)

정답 확인 | ❶ 3 ❷ 4

예제 문제 1

직육면체를 보고 □ 안에 알맞은 말을 써넣으세요.

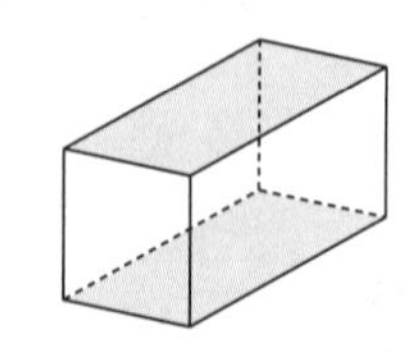

직육면체에서 색칠한 두 면처럼 계속 늘여도 만나지 않는 두 면을 서로 평행하다고 합니다. 이 두 면을 직육면체의 [   ](이)라고 합니다.

예제 문제 2

직육면체를 보고 □ 안에 알맞은 말을 써넣으세요.

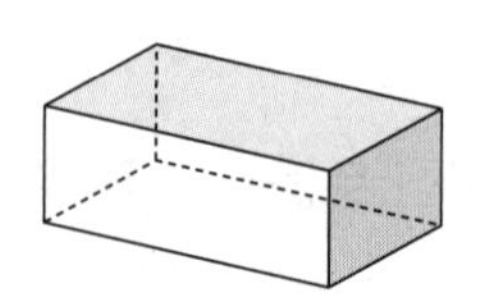

직육면체에서 밑면과 수직인 면을 직육면체의 [   ](이)라고 합니다.

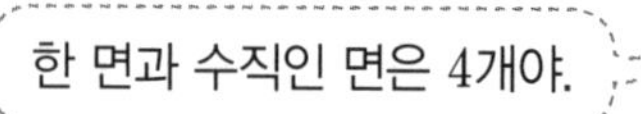

5 직육면체

개념 집중 연습

정답과 해설 24쪽

[1~3] 직육면체에서 색칠한 면이 밑면일 때 다른 밑면을 찾아 색칠해 보세요.

1

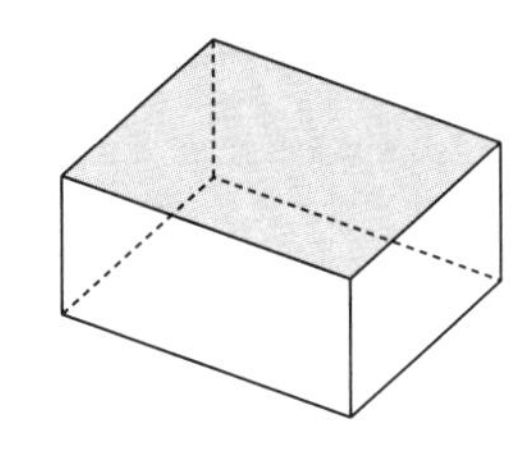

2

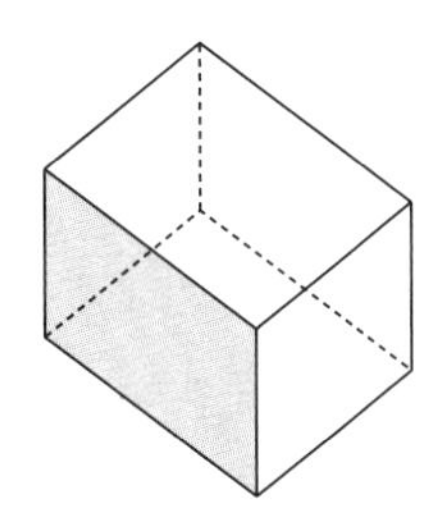

3

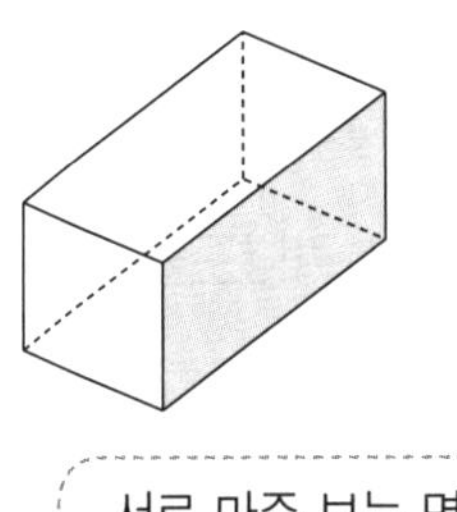

서로 마주 보는 면은 만나지 않아.

4 보기 의 색칠한 면과 수직인 면을 잘못 색칠한 것을 찾아 기호를 쓰세요.

보기

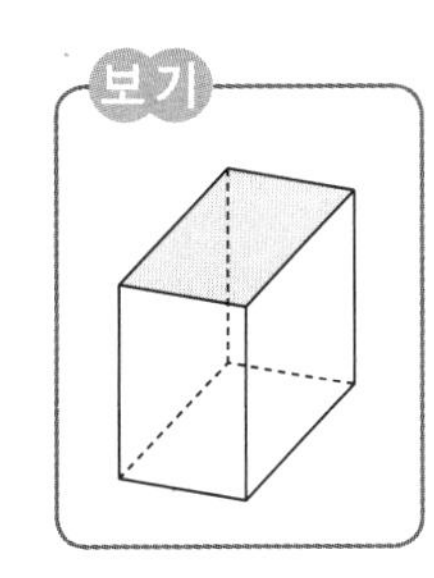

가

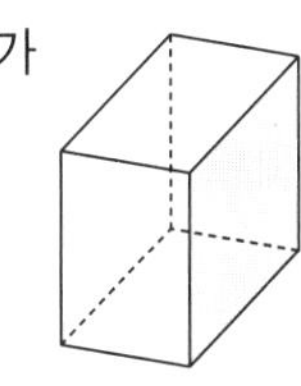

나

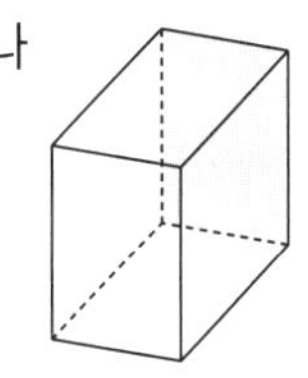

다

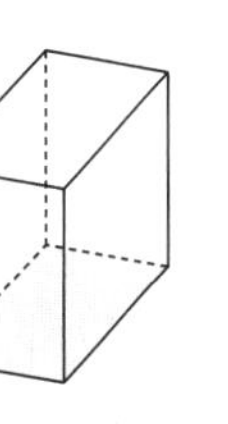

라

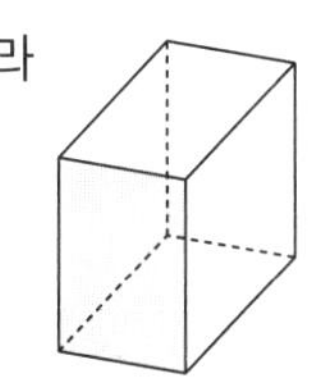

(　　　　　　　　)

[5~6] 직육면체에서 색칠한 면이 밑면일 때 옆면을 찾아 ○표 하세요.

5

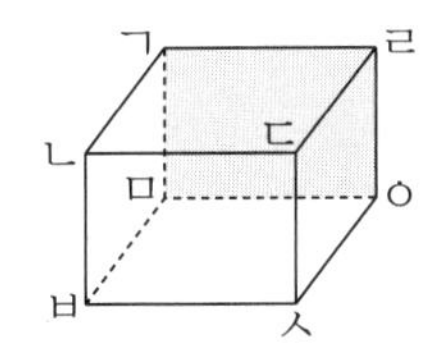

(면 ㄴㅂㅅㄷ , 면 ㄹㄷㅅㅇ)

6

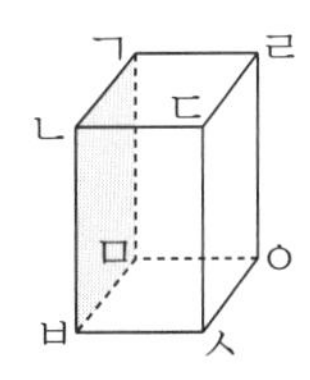

(면 ㅁㅂㅅㅇ , 면 ㄹㅇㅅㄷ)

[7~8] 직육면체를 보고 색칠한 면과 수직인 면을 모두 찾아 쓰세요.

7

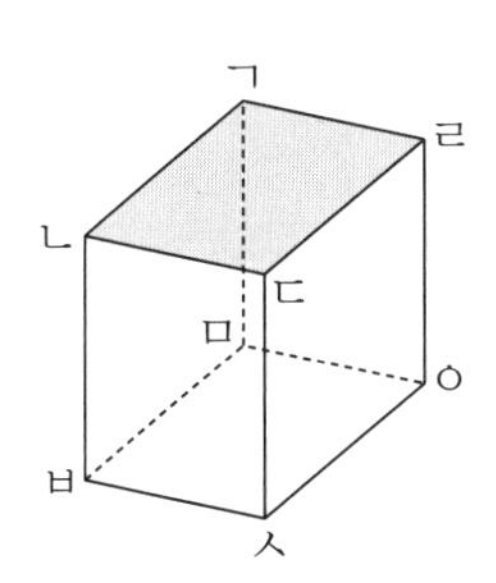

면 (　　　　　　), 면 (　　　　　　),
면 (　　　　　　), 면 (　　　　　　)

8

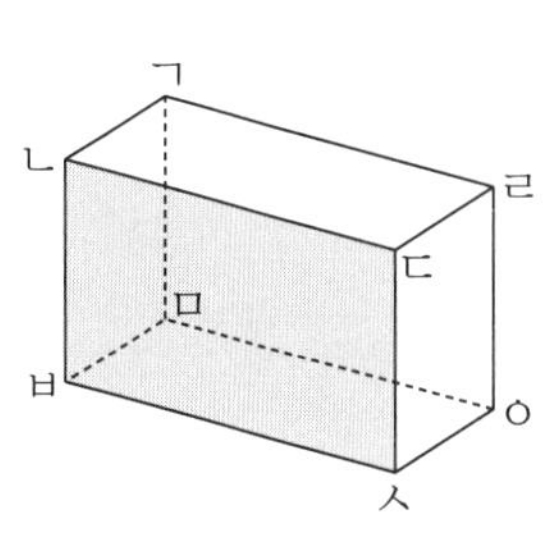

면 (　　　　　　), 면 (　　　　　　),
면 (　　　　　　), 면 (　　　　　　)

2단계 ❸~❹ 익힘책 빠삭

3 직육면체의 겨냥도

1 직육면체의 겨냥도를 바르게 그린 것을 찾아 기호를 쓰세요.

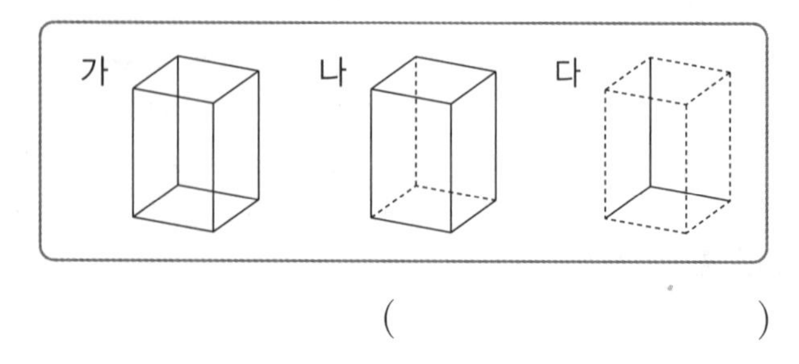

( )

2 □ 안에 알맞은 말을 써넣으세요.

직육면체의 겨냥도는 직육면체의 모양을 잘 알 수 있도록 보이는 모서리는 □으로, 보이지 않는 모서리는 □으로 그린 그림입니다.

[3~4] 오른쪽 직육면체의 겨냥도를 보고 물음에 답하세요.

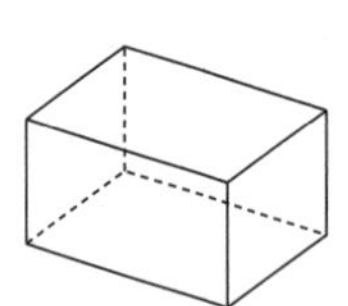

3 보이는 꼭짓점과 보이지 않는 꼭짓점은 각각 **몇 개**인가요?

꼭 단위까지 따라 쓰세요.

보이는 꼭짓점 (개)

보이지 않는 꼭짓점 (개)

4 보이는 면과 보이지 않는 면은 각각 **몇 개**인가요?

보이는 면 (개)

보이지 않는 면 (개)

5 그림에서 빠진 부분을 그려 넣어 직육면체의 겨냥도를 완성해 보세요.

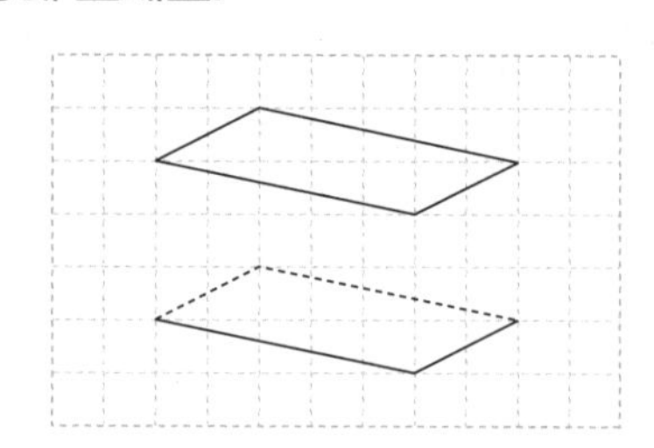

6 직육면체를 보고 물음에 답하세요.

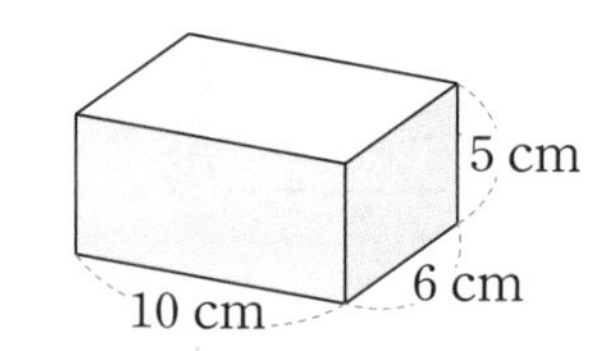

(1) 위의 직육면체에 보이지 않는 모서리를 모두 점선으로 그려 보세요.

(2) 보이지 않는 모서리의 길이의 합은 **몇 cm**인가요?

(cm)

1 서술형 첫 단계

7 직육면체의 겨냥도를 잘못 그린 것입니다. 그 까닭을 쓰세요.

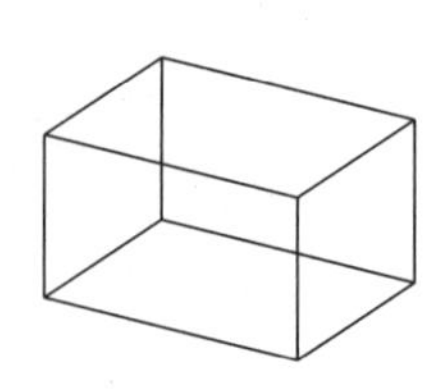

까닭을 따라 쓰세요

까닭 보이지 않는 모서리를 □으로 그려야 하는데 □으로 그렸습니다.

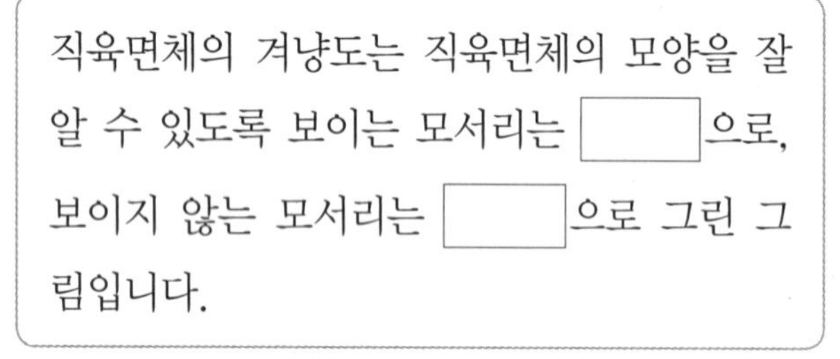

4 직육면체의 성질

8 오른쪽 직육면체의 꼭짓점 ㄱ에서 만나는 면은 **몇 개**인가요?

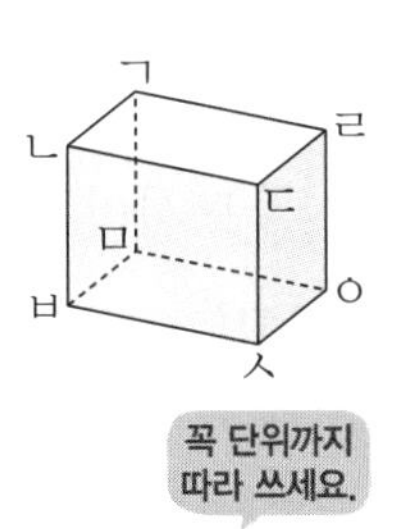

꼭 단위까지 따라 쓰세요.

(개)

9 직육면체에서 모서리 ㅂㅅ과 길이가 같은 모서리를 모두 찾아 선으로 그어 보세요.

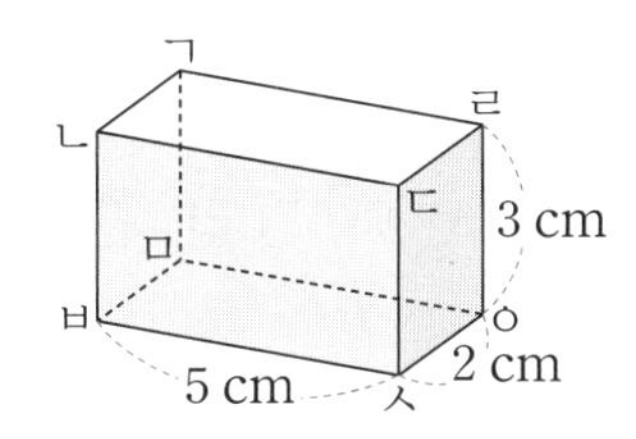

[10~11] 오른쪽 직육면체를 보고 물음에 답하세요.

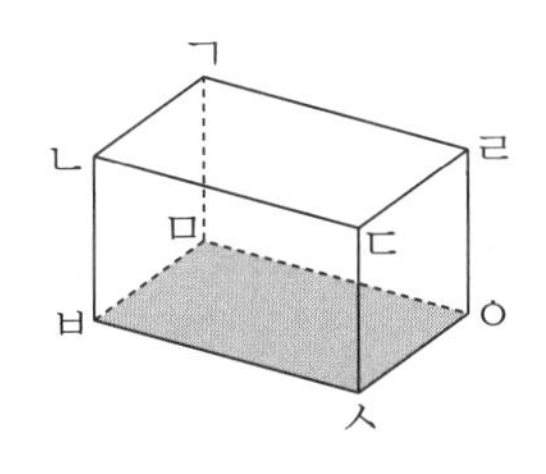

10 면 ㅁㅂㅅㅇ과 평행한 면을 찾아 쓰세요.

( )

반복문제

11 면 ㅁㅂㅅㅇ과 수직인 면을 모두 찾아 쓰세요.

면 ( ), 면 ( ),

면 ( ), 면 ( )

12 직육면체를 보고 □ 안에 알맞은 수를 써넣으세요.

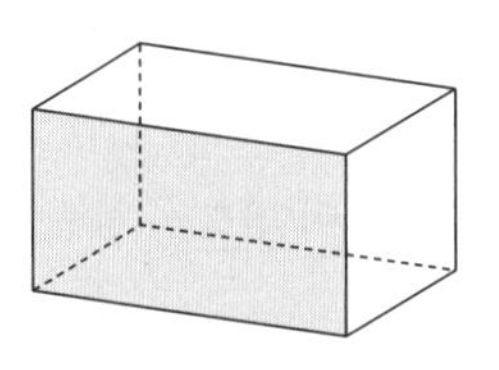

(1) 서로 평행한 면은 모두 □쌍입니다.

(2) 색칠한 면과 수직으로 만나는 면은 □개입니다.

13 직육면체에 삼각자 3개를 그림과 같이 놓았습니다. 설명이 옳으면 ○표, 틀리면 ×표 하세요.

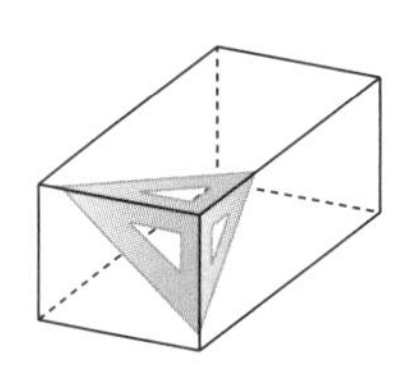

(1) 한 꼭짓점에서 만나는 면은 4개입니다. .... ( )

(2) 서로 만나는 두 면은 수직입니다. .... ( )

14 직육면체에서 색칠한 면과 평행한 면의 모서리의 길이의 합은 **몇 cm**인가요?

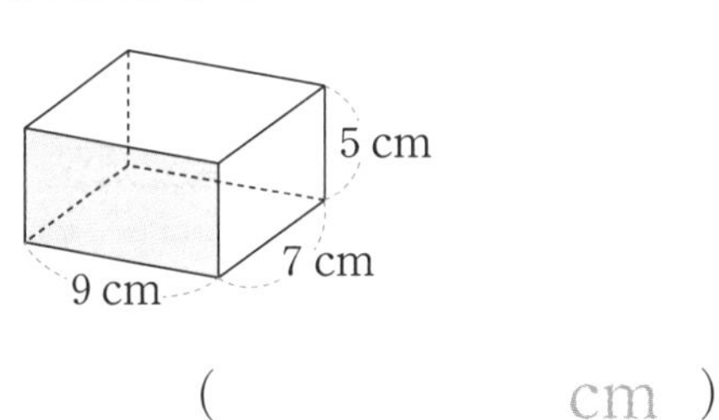

(cm)

개념 빠삭

5 정육면체의 전개도

1 정육면체의 전개도 알아보기

정육면체의 **전개도**: 정육면체의 모서리를 잘라서 펼친 그림

전개도를 그릴 때 **잘린** 모서리는 **실선**으로, **잘리지 않은** 모서리는 **점선**으로 그립니다.

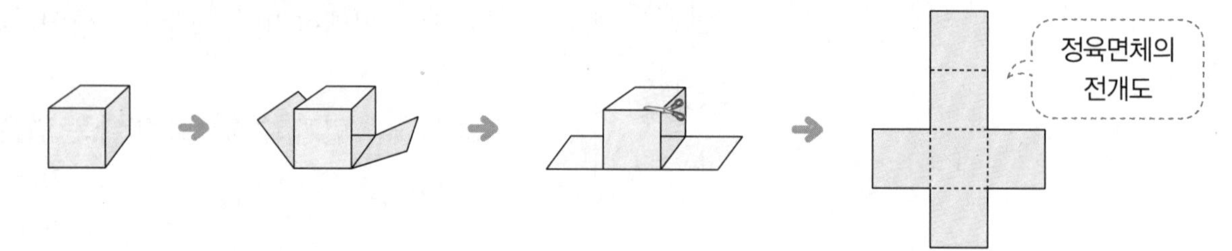

2 정육면체의 전개도의 성질 알아보기

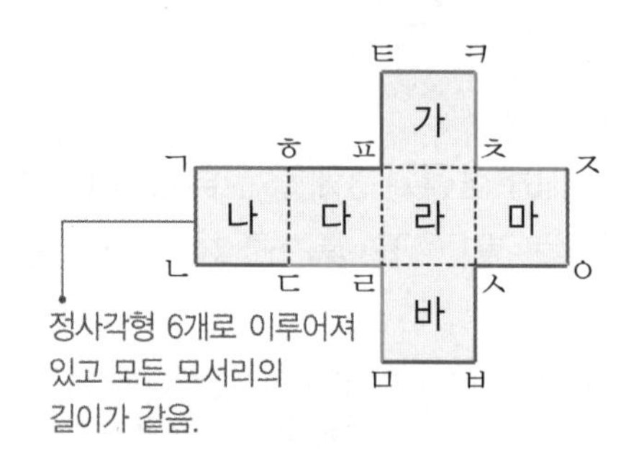

전개도를 접었을 때

(1) 점 ㄱ과 만나는 점: 점 ㅈ, 점 ㅋ

(2) 선분 ㄱㄴ과 겹치는 선분: 선분 ㅈㅇ

(3) 면 가와 평행한 면: 면 ❶ ☐

(4) 면 가와 수직인 면: 면 나, 면 다, 면 라, 면 ❷ ☐

- 정사각형 6개로 이루어져 있고, 모든 모서리의 길이가 같습니다.
- 전개도를 접었을 때 서로 겹치는 면은 없고, 겹치는 모서리의 길이는 같습니다.
- 전개도를 접었을 때 한 면과 수직인 면이 4개입니다.

3 여러 가지 정육면체의 전개도 알아보기

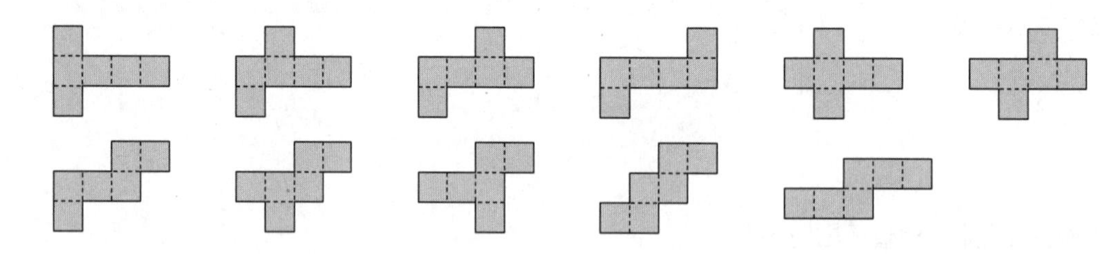

정답 확인 | ❶ 바 ❷ 마

예제 문제 1

☐ 안에 알맞은 말을 써넣으세요.

정육면체의 모서리를 잘라서 펼친 그림을 정육면체의 ☐(이)라고 합니다.

예제 문제 2

알맞은 말에 ○표 하세요.

정육면체의 전개도에서
잘린 모서리는 (실선 , 점선)으로 그리고
잘리지 않은 모서리는 (실선 , 점선)으로
그립니다.

1 정육면체의 전개도를 찾아 ○표 하세요.

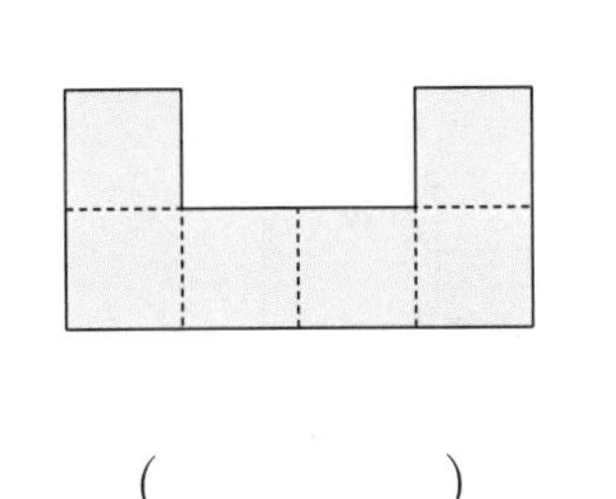
( )

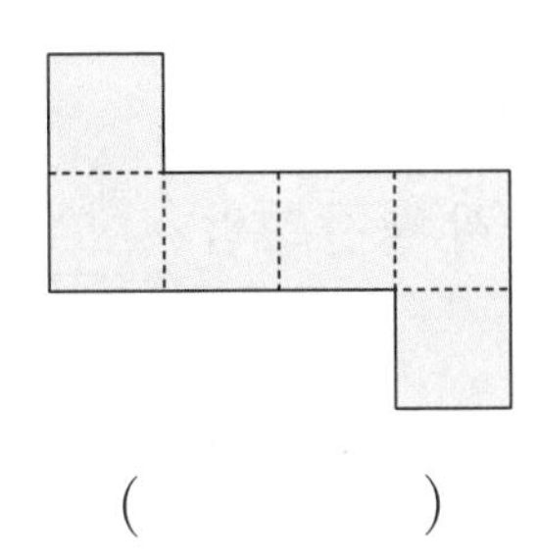
( )

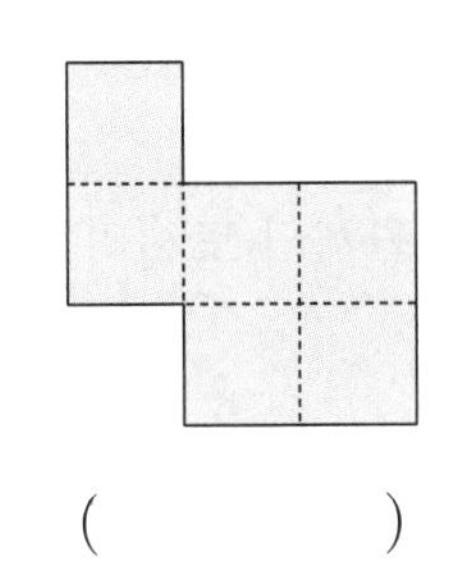
( )

면의 수가 6개인지, 접었을 때 겹치는 면은 없는지 생각해 봐.

[2~3] 정육면체의 전개도에서 빠진 부분을 그려 넣으세요.

2

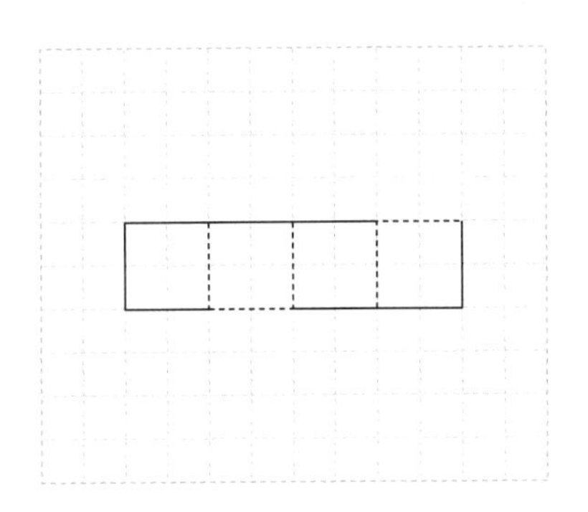

3

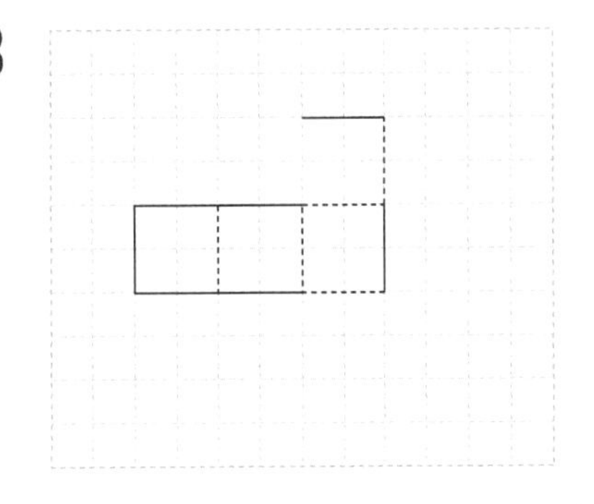

[4~5] 전개도를 보고 물음에 답하세요.

4

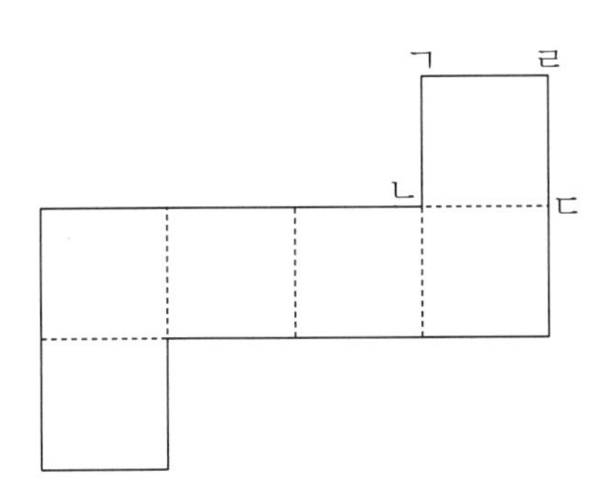

(1) 전개도를 접었을 때 점 ㄷ과 만나는 점을 찾아 ○표 하세요.

(2) 전개도를 접었을 때 선분 ㄷㄹ과 겹치는 선분을 찾아 빨간색으로 표시해 보세요.

(3) 전개도를 접었을 때 면 ㄱㄴㄷㄹ과 평행한 면을 찾아 파란색으로 색칠해 보세요.

5

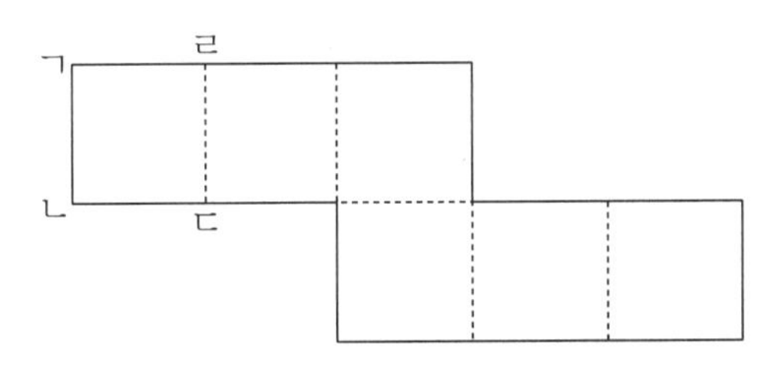

(1) 전개도를 접었을 때 점 ㄴ과 만나는 점을 찾아 ○표 하세요.

(2) 전개도를 접었을 때 선분 ㄴㄷ과 겹치는 선분을 찾아 빨간색으로 표시해 보세요.

(3) 전개도를 접었을 때 면 ㄱㄴㄷㄹ과 평행한 면을 찾아 파란색으로 색칠해 보세요.

1 단계 개념 빠삭

6 직육면체의 전개도

1 직육면체의 전개도 알아보기

직육면체의 **전개도**: 직육면체의 모서리를 잘라서 펼친 그림

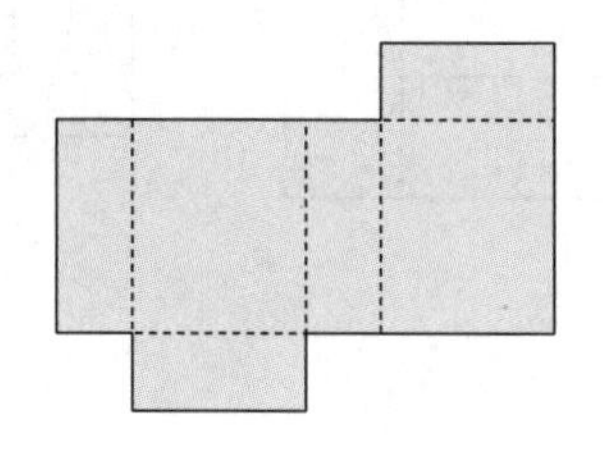

2 직육면체의 전개도의 성질 알아보기

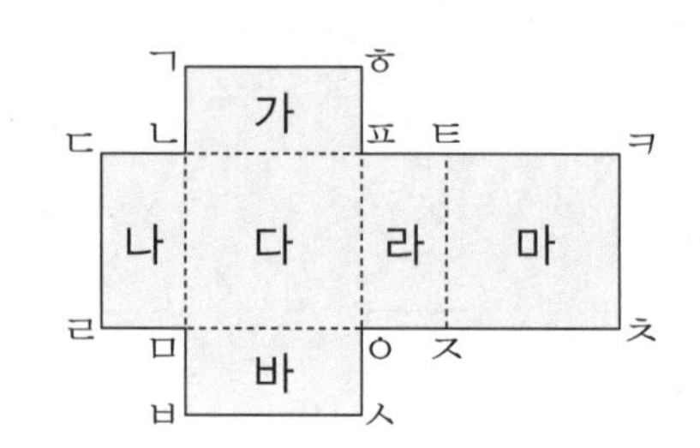

전개도를 접었을 때

(1) 점 ㄱ과 만나는 점: 점 ㄷ, 점 ㅋ

(2) 선분 ㄱㅎ과 겹치는 선분: 선분 ㅋㅌ

(3) 면 가와 평행한 면: 면 ❶

(4) 면 바와 수직인 면: 면 나, 면 다, 면 라, 면 ❷

3 직육면체의 전개도 그리기

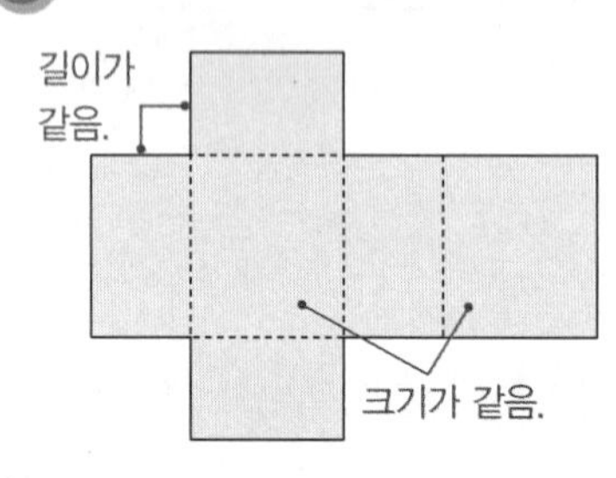

① 잘린 모서리는 실선으로, 잘리지 않은 모서리는 ❸ 으로 그립니다.

② 전개도를 접었을 때 서로 마주 보는 면의 **모양과 크기가 같게** 그립니다.

③ 전개도를 접었을 때 겹치는 모서리의 **길이가 같게** 그립니다.

정답 확인 | ❶ 바 ❷ 마 ❸ 점선

[1~2] 전개도를 접어서 직육면체를 만들었습니다. □ 안에 알맞은 기호를 써넣으세요.

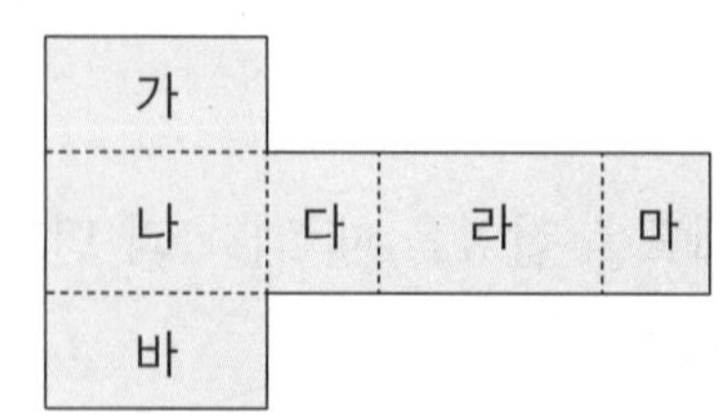

(1) 면 나와 평행한 면 ➜ 면 □

(2) 면 나와 수직인 면

➜ 면 □, 면 □, 면 □, 면 □

예제 문제 2

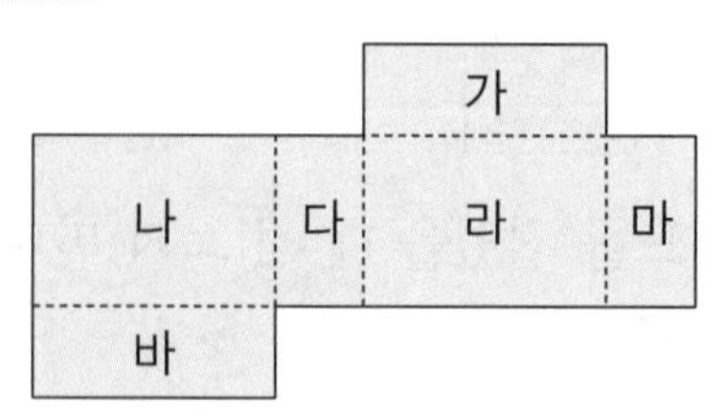

(1) 면 다와 평행한 면 ➜ 면 □

(2) 면 다와 수직인 면

➜ 면 □, 면 □, 면 □, 면 □

정답과 해설 25쪽

[1~3] 직육면체의 전개도가 맞으면 ○표, 아니면 ×표 하세요.

1

(　　　)

2

(　　　)

3

(　　　)

[4~5] 직육면체의 전개도를 그린 것입니다. □ 안에 알맞은 수를 써넣으세요.

4

4 cm
6 cm
3 cm

4 cm
3 cm
□ cm
□ cm

5

2 cm
5 cm
3 cm

5 cm
□ cm
3 cm
2 cm
□ cm

[6~7] 직육면체의 겨냥도를 보고 전개도를 완성해 보세요.

6

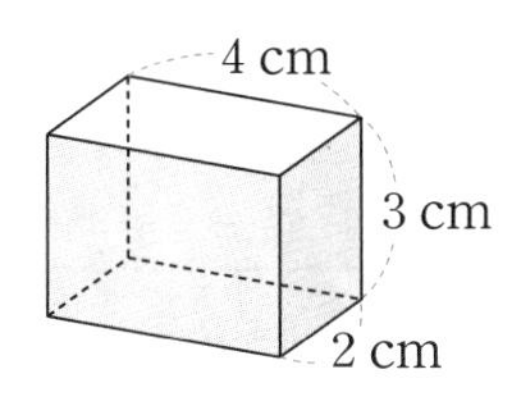

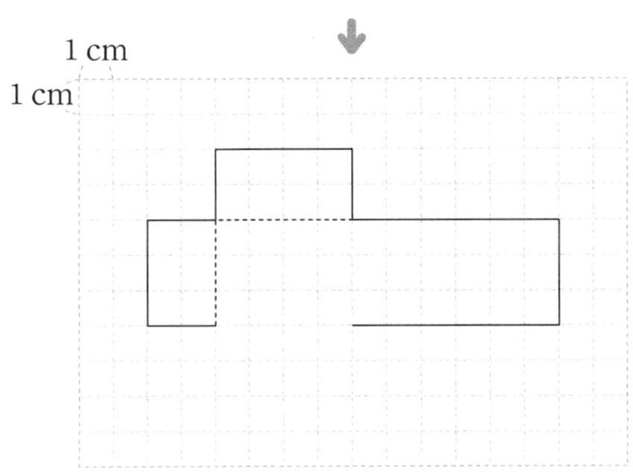

7

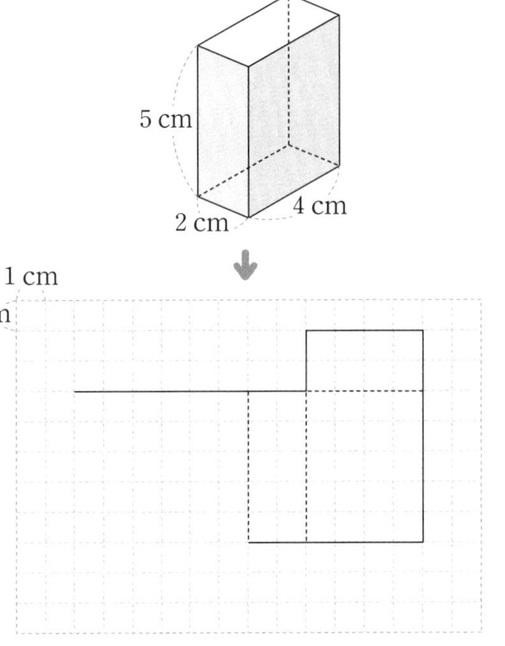

5 정육면체의 전개도

1 점선을 따라 접었을 때 정육면체를 만들 수 없는 사람의 이름을 쓰세요.

( )

2 전개도를 접어서 정육면체를 만들었습니다. 물음에 답하세요.

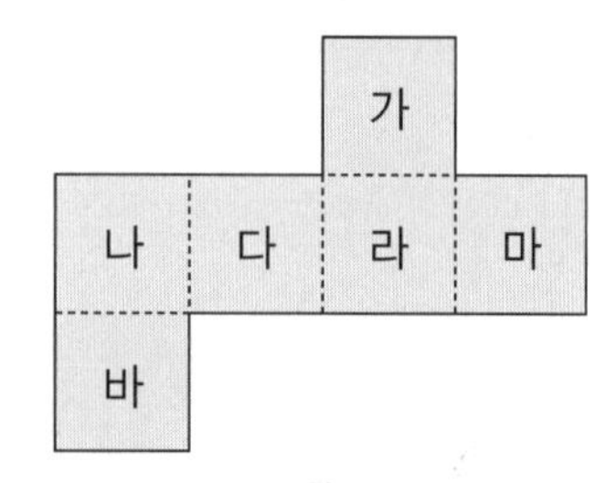

(1) 면 마와 평행한 면을 찾아 쓰세요.

( )

(2) 면 라와 수직인 면을 모두 찾아 쓰세요.

( )

반복문제

3 전개도를 접었을 때 색칠한 면과 수직인 면에 모두 색칠해 보세요.

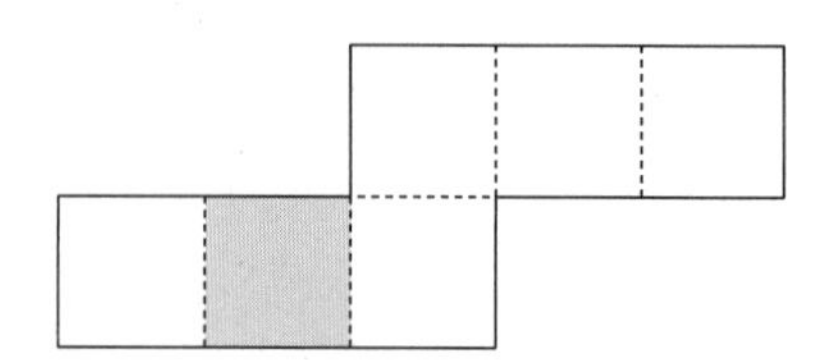

4 한 모서리의 길이가 3 cm인 정육면체의 전개도를 그려 보세요.

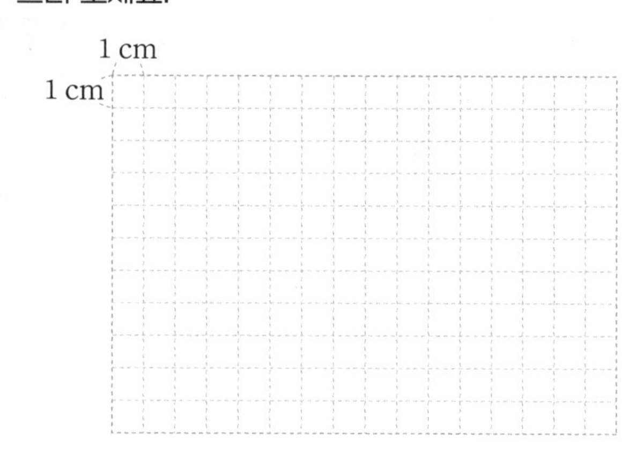

5 정육면체의 전개도를 접었을 때 선분 ㅂㅁ과 겹치는 선분을 찾아 쓰세요.

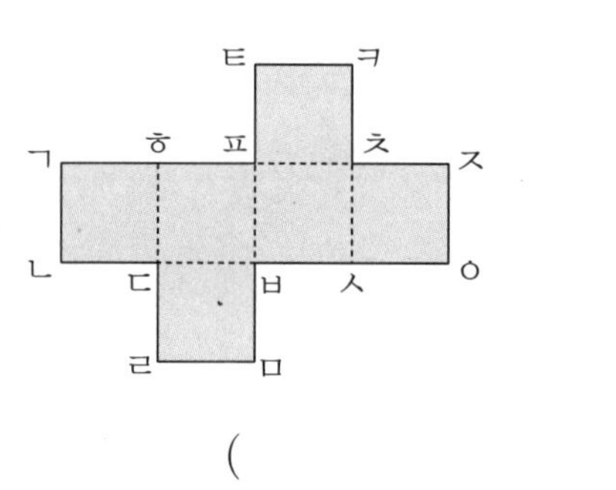

( )

6 보기와 같이 잘못 그려진 정육면체의 전개도에서 면 1개를 옮겨 정육면체의 전개도가 될 수 있도록 그려 보세요.

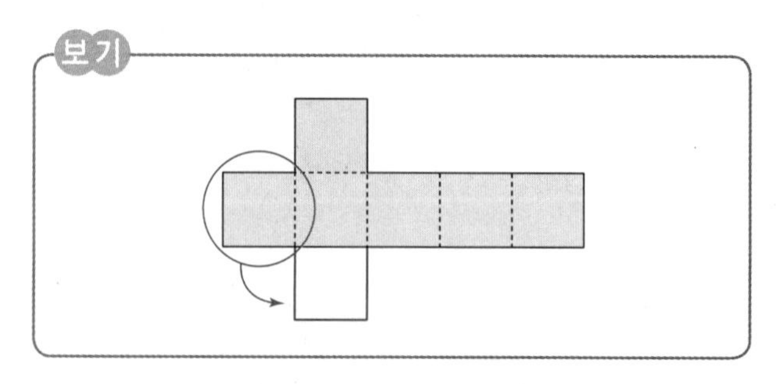

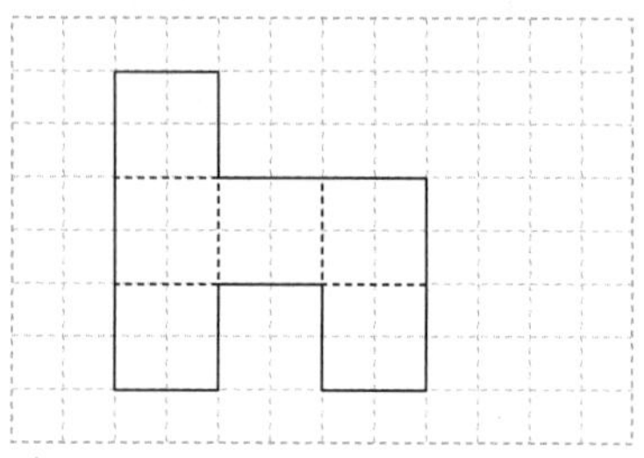

정답과 해설 25쪽

6 직육면체의 전개도

7 직육면체의 전개도가 아닌 것에 ×표 하세요.

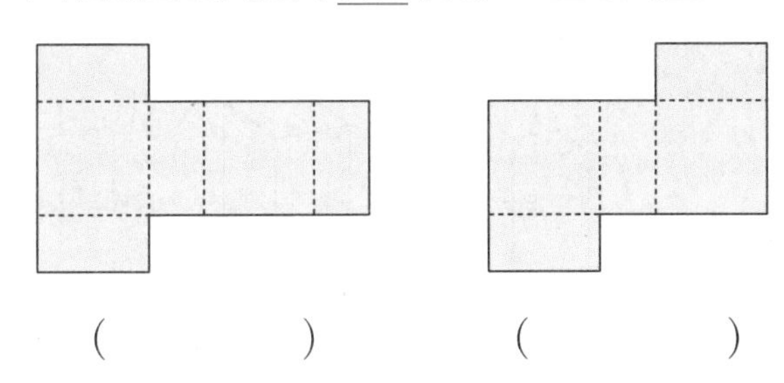

(　　　　) (　　　　)

8 직육면체의 전개도를 그린 것입니다. □ 안에 알맞은 수를 써넣으세요.

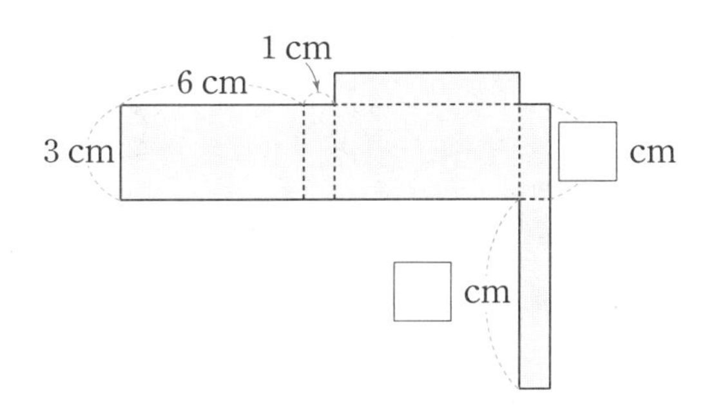

9 직육면체의 겨냥도를 보고 전개도를 완성해 보세요.

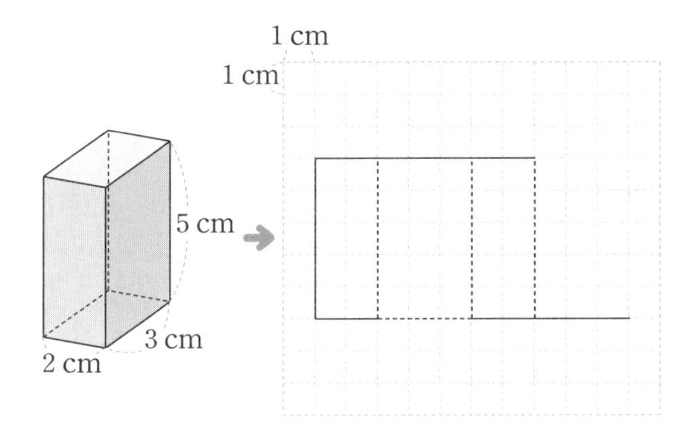

[10~12] 직육면체의 전개도를 보고 물음에 답하세요.

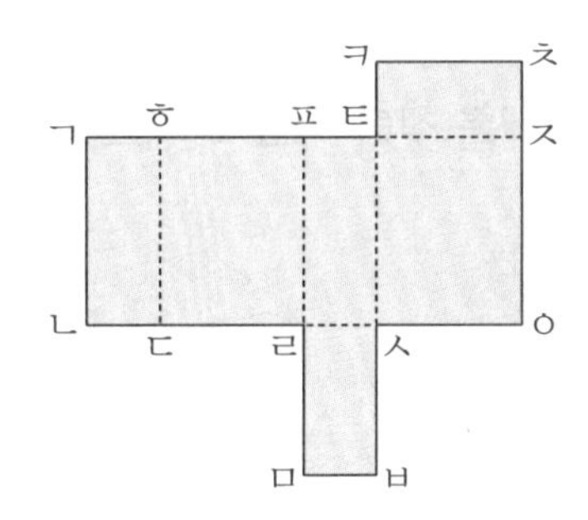

10 전개도를 접었을 때 점 ㅁ과 만나는 점을 찾아 쓰세요.

(　　　　　　　　)

11 전개도를 접었을 때 면 ㄱㄴㄷㅎ과 수직인 면을 모두 찾아 쓰세요.

____

____

12 전개도를 접었을 때 선분 ㅅㅂ과 겹치는 선분을 찾아 쓰세요.

(　　　　　　　　)

13 다음 그림이 직육면체의 전개도가 될 수 없는 까닭을 바르게 말한 사람의 이름을 쓰세요.

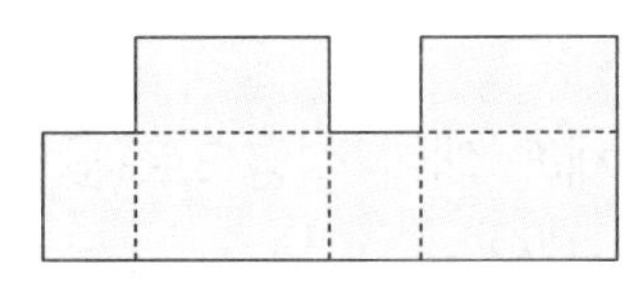

지안: 마주 보는 면이 합동이 아니기 때문에 직육면체의 전개도가 될 수 없어.

유찬: 전개도를 접었을 때 겹치는 면이 있어서 직육면체의 전개도가 될 수 없어.

(　　　　　　　　)

TEST 5단원 평가

점수 점

1 정육면체를 찾아 ○표 하세요.

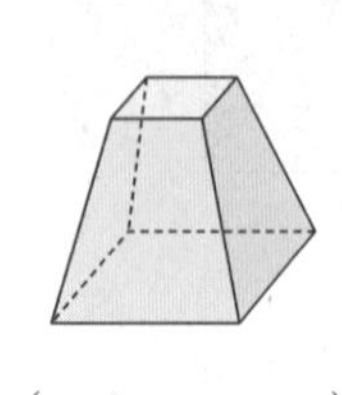 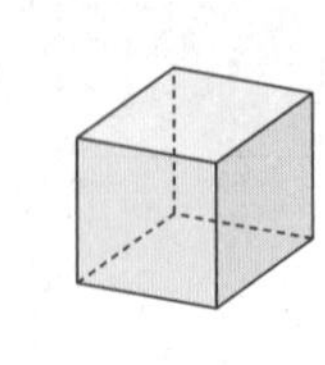 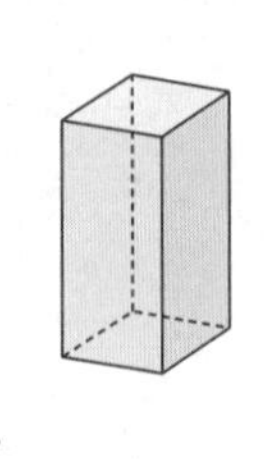

( ) ( ) ( )

2 직육면체의 각 부분의 이름을 □ 안에 알맞게 써넣으세요.

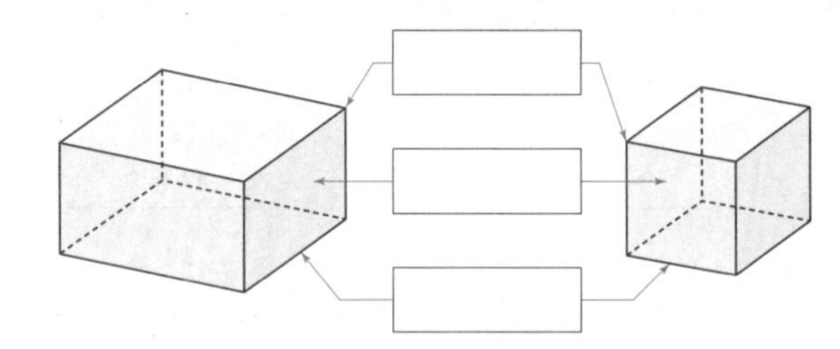

3 직육면체의 겨냥도에서 보이지 않는 면은 몇 개인가요?

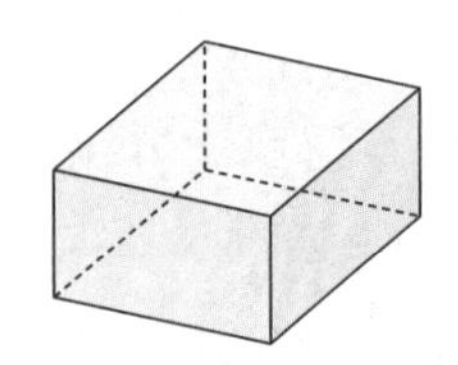

( )

4 직육면체에 대한 설명으로 옳으면 ○표, 틀리면 ×표 하세요.

(1) 꼭짓점이 8개입니다. .... ( )

(2) 직사각형 모양의 면으로 둘러싸여 있습니다. .... ( )

(3) 모서리의 길이가 모두 같습니다. .... ( )

5 직육면체의 겨냥도를 바르게 그린 것을 찾아 기호를 쓰세요.

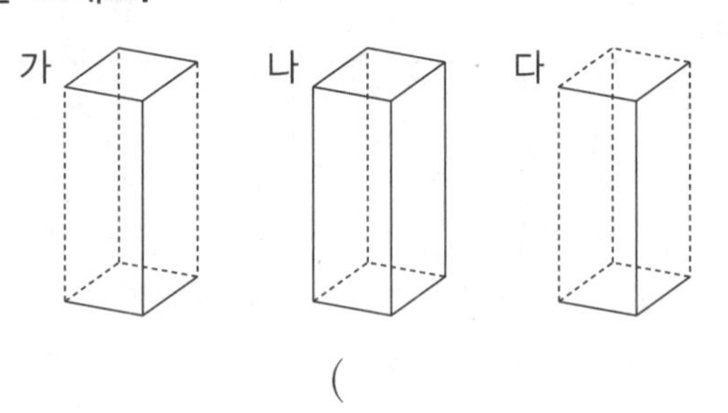

( )

6 직육면체와 정육면체를 보고 물음에 답하세요.

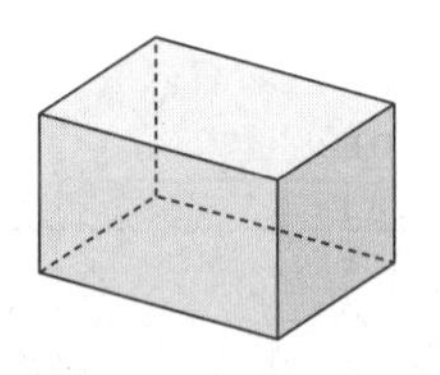 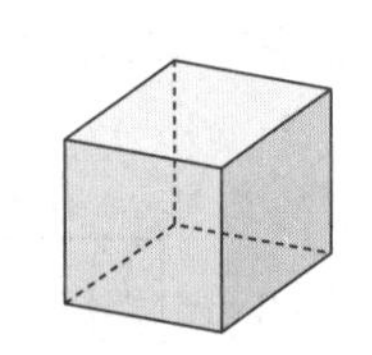

(1) 직육면체와 정육면체의 면의 모양을 각각 쓰세요.

직육면체	정육면체

(2) 정육면체는 직육면체라고 할 수 있나요, 없나요?

( )

7 정육면체의 전개도가 아닌 것을 찾아 ×표 하세요.

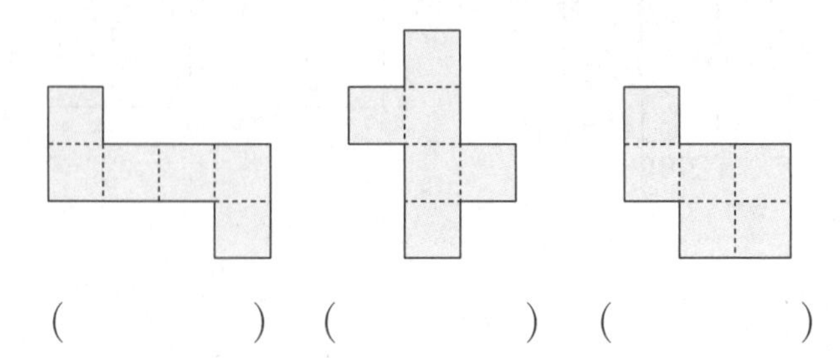

( ) ( ) ( )

5 직육면체

8 그림에서 빠진 부분을 그려 넣어 직육면체의 겨냥도를 완성해 보세요.

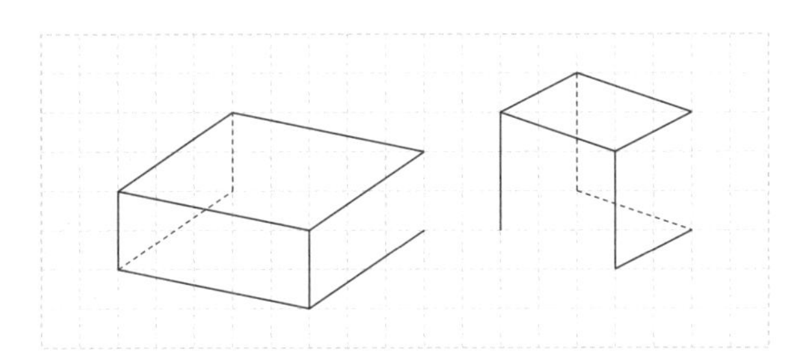

9 빈칸에 직육면체와 정육면체의 면, 모서리, 꼭짓점의 수를 각각 써넣으세요.

	면의 수(개)	모서리의 수(개)	꼭짓점의 수(개)
직육면체			
정육면체			

10 오른쪽 직육면체의 전개도입니다. □ 안에 알맞은 수를 써넣으세요.

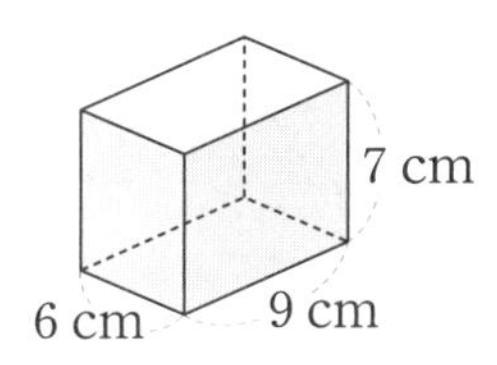

9 cm
6 cm
□ cm
□ cm
□ cm

11 전개도를 접어서 정육면체를 만들었습니다. 면 라와 수직인 면을 모두 찾아 쓰세요.

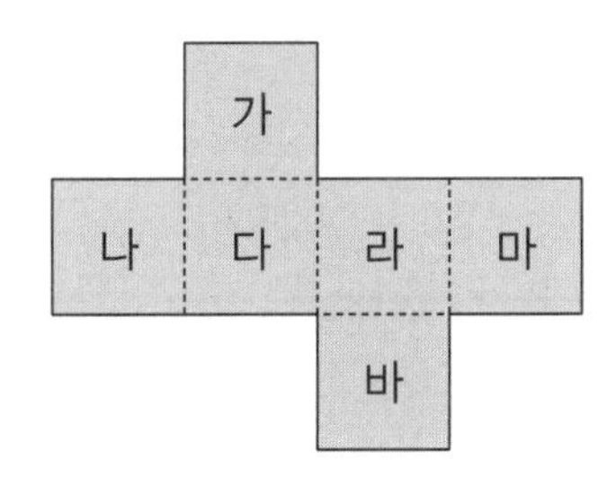

(　　　　　　　　　　)

12 직육면체의 성질에 대해 잘못 설명한 것을 찾아 기호를 쓰세요.

㉠ 서로 평행한 면은 모두 3쌍입니다.
㉡ 한 면과 수직인 면은 1개입니다.
㉢ 평행한 면은 각각 밑면이 될 수 있습니다.

(　　　　　　　　　　)

13 도형이 직육면체가 아닌 까닭을 쓰세요.

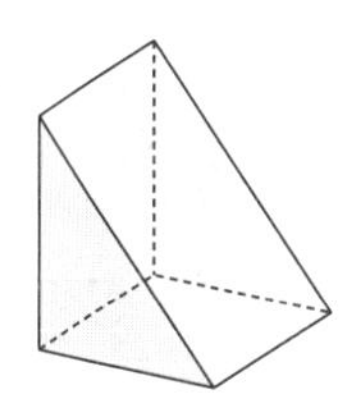

까닭을 따라 쓰세요.

까닭 직육면체는 직사각형 □개로 둘러싸인 도형인데 주어진 도형은 직사각형 □개와 삼각형 □개로 둘러싸여 있습니다.

14 직육면체의 전개도를 보고 물음에 답하세요.

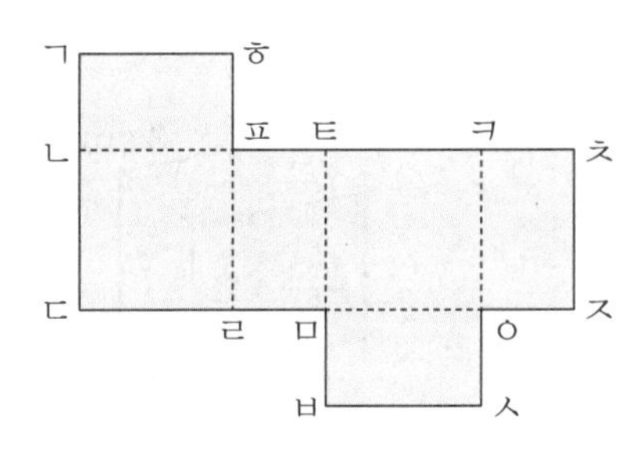

(1) 전개도를 접었을 때 점 ㅅ과 만나는 점을 모두 찾아 쓰세요.

(　　　　　　　　　　)

(2) 전개도를 접었을 때 선분 ㄷㄹ과 겹치는 선분을 찾아 쓰세요.

(　　　　　　　　　　)

정답과 해설 26쪽

15 정육면체에서 모든 모서리의 길이의 합은 몇 cm인가요?

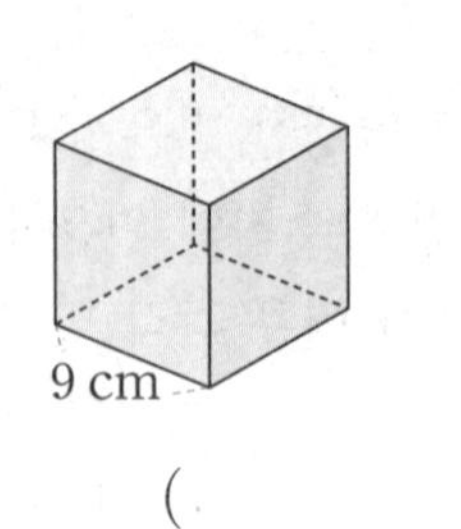

(　　　　　　　　　　)

16 전개도를 접어서 정육면체를 만들었을 때 두 면 사이의 관계가 다른 하나를 찾아 ○표 하세요.

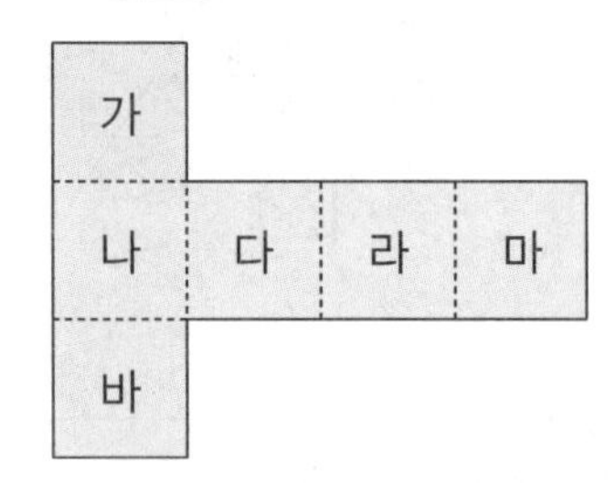

면 가와 면 다	면 나와 면 바	면 다와 면 마
(　　　)	(　　　)	(　　　)

17 직육면체에서 색칠한 면과 평행한 면의 둘레는 몇 cm인가요?

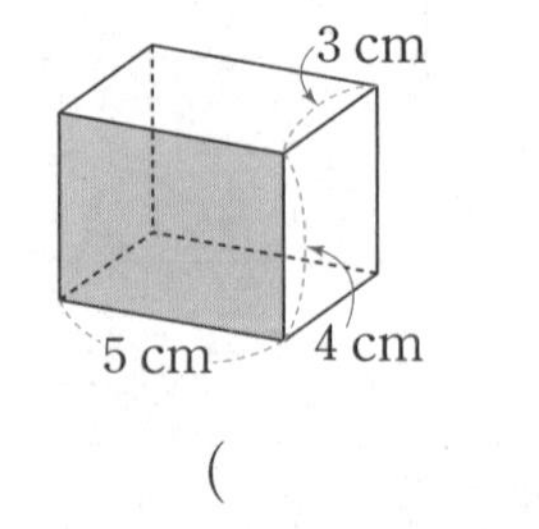

(　　　　　　　　　　)

18 직육면체의 전개도를 그린 것입니다. □ 안에 알맞은 꼭짓점의 기호를 써넣으세요.

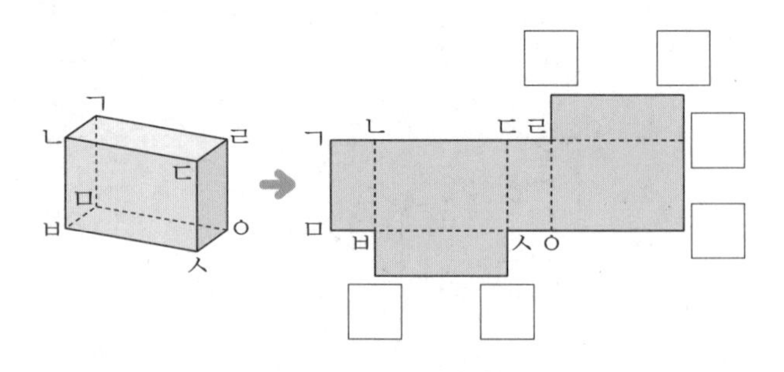

19 직육면체의 겨냥도를 보고 전개도를 그려 보세요.

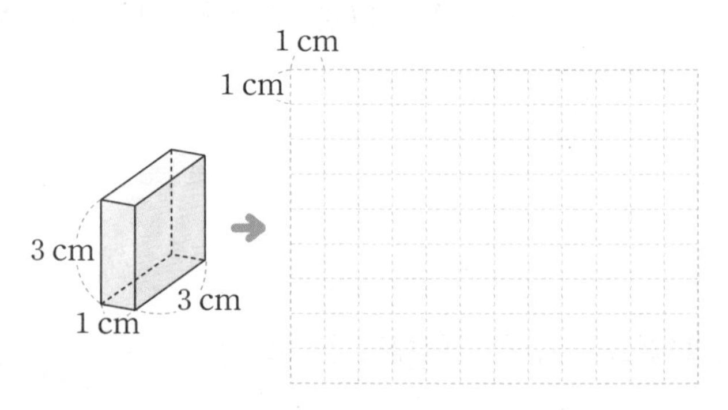

20 주사위의 마주 보는 면의 눈의 수의 합은 7입니다. 전개도의 빈 곳에 주사위의 눈을 알맞게 그려 넣으세요.

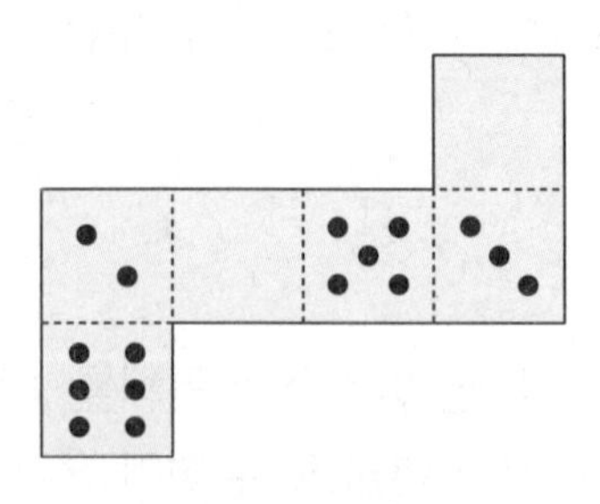

20. 주사위는 마주 보는 두 면의 눈의 수의 합이 7입니다.

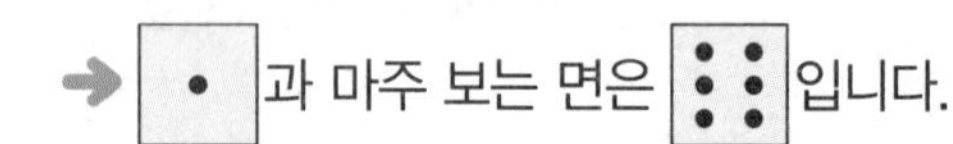

틀린 그림을 찾아라!

스마트폰으로 QR코드를 찍으면 정답이 보여요.

오늘은 즐거운 크리스마스 아침입니다. 산타 할아버지께서 선물을 많이 가져다 주셨을까요? 두 그림에서 서로 다른 3곳을 찾아 ◯표 하고 물음에 답하세요.

이 직육면체 모양 상자는 내 거다! 신난다!

직육면체는 직사각형 몇 개로 둘러싸여 있을까?

1, 2, 3, ..., ☐개!

정답! 그럼 정사각형 6개로 둘러싸인 이 (직육면체 , 정육면체) 모양 상자들은 다 내 거야!

6 평균과 가능성

6단원 학습 계획표

✔ 이 단원의 표준 학습 일수는 5일입니다. 계획대로 공부한 후 확인란에 사인을 받으세요.

이 단원에서 배울 내용	쪽수	계획한 날	확인
1단계 **개념 빠삭** ❶ 평균 ❷ 평균 구하기 ❸ 평균 이용하기	136～141쪽	월 일	확인했어요!
2단계 **익힘책 빠삭**	142～145쪽	월 일	확인했어요!
1단계 **개념 빠삭** ❹ 일이 일어날 가능성을 말로 표현하기 ❺ 일이 일어날 가능성을 비교하기 ❻ 일이 일어날 가능성을 수로 표현하기	146～151쪽	월 일	확인했어요!
2단계 **익힘책 빠삭**	152～153쪽	월 일	확인했어요!
TEST **6단원 평가**	154～156쪽	월 일	확인했어요!

스마트폰을 이용하여 QR 코드를 찍으면
개념 학습 영상을 볼 수 있어요.

귀는 귀인데 못 듣는 귀는?

|정답| 배꼽귀 등

개념 빠삭 ❶ 평균

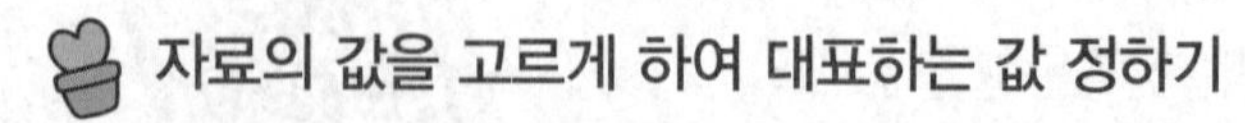

자료의 값을 고르게 하여 대표하는 값 정하기

예 현서네 모둠의 기둥에 건 고리 수를 대표하는 값 정하기

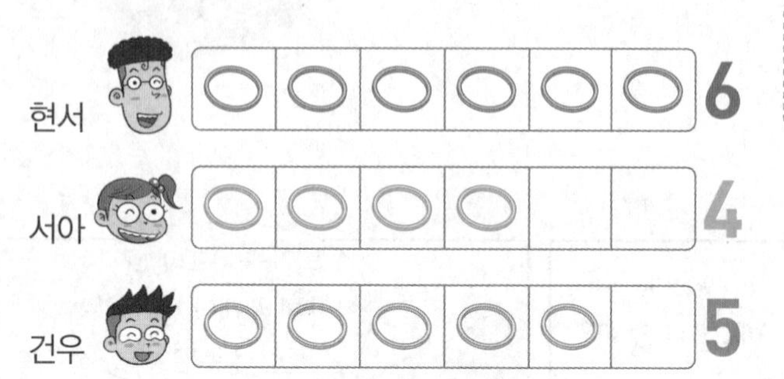

고리를 옮겨 고리의 수를 고르게 하기

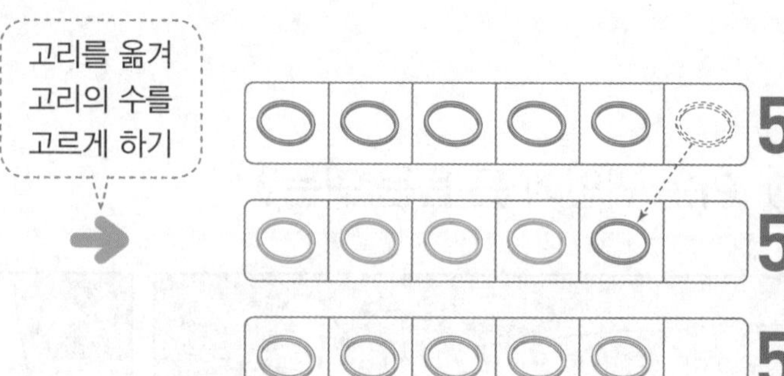

1. 현서의 고리 1개를 서아에게 옮겨서 기둥에 건 고리 수 **6**, **4**, **5**를 고르게 합니다.

➜ 각 학생당 고리 수가 **5**, **5**, **5**이므로 ❶ [ ] 를 대표하는 값으로 정할 수 있습니다.

2. **6**+**4**+**5**는 **5**×**3**과 같으므로

기둥에 건 고리 수를 모두 더한(**6**+**4**+**5**) 후 모둠 학생 수(**3**)로 나눈 수(**5**)는 현서네 모둠의 기둥에 건 고리 수를 대표하는 값으로 정할 수 있습니다.

주어진 자료를 대표하는 값을 **평균**이라고 합니다.

평균은 자료의 값을 모두 더해 자료의 수로 나누어 구할 수 있습니다.

➜ **(평균)=(자료의 값을 모두 ❷ [ ] 수)÷(자료의 수)**

정답 확인 | ❶ 5 ❷ 더한

6 평균과 가능성

[1~2] 묶은 구슬 수를 대표하는 값을 정하려고 합니다. 물음에 답하세요.

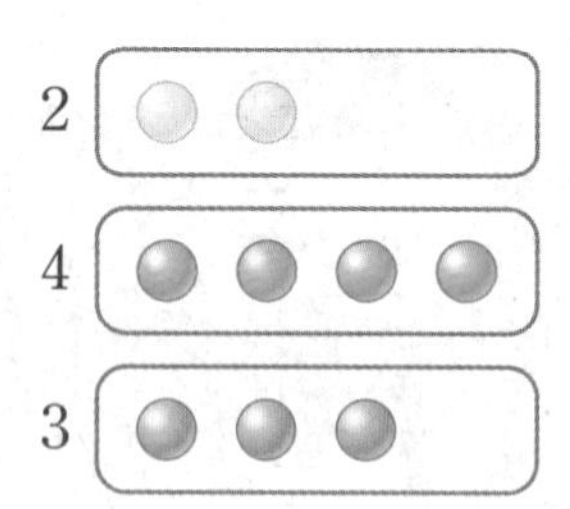

예제 문제 1

□ 안에 알맞은 수를 써넣으세요.

각 묶음에 있는 구슬 수를 같게 하려면 초록색 구슬 □개를 노란색 구슬 쪽으로 옮깁니다.

➜ 묶은 구슬 수를 대표하는 값: □개

예제 문제 2

□ 안에 알맞은 수를 써넣으세요.

(전체 구슬 수)=2+4+3=□(개)

(묶음 수)=□묶음

➜ 묶은 구슬 수를 대표하는 값: □개

예제 문제 3

알맞은 말에 ○표 하세요.

주어진 자료의 값을 모두 더해 자료의 수로 나눈 값을 (합계 , 평균)(이)라고 합니다.

정답과 해설 27쪽

1 승우네 모둠이 지금 가지고 있는 연필 수를 나타낸 것입니다. 물음에 답하세요.

승우네 모둠이 지금 가지고 있는 연필 수

5				○
4				○
3			○	○
2	○	○	○	○
1	○	○	○	○
연필 수(자루) / 이름	승우	수연	민정	승훈

➔

5				
4				
3				
2				
1				
연필 수(자루) / 이름	승우	수연	민정	승훈

(1) ○를 옮겨 오른쪽 그래프에 고르게 나타내 보세요.

(2) 승우네 모둠이 지금 가지고 있는 연필 수를 대표하는 값을 몇 자루로 정할 수 있나요?

( )자루

2 소라의 줄넘기 이중 뛰기 기록을 조사하여 나타낸 것입니다. 소라의 줄넘기 이중 뛰기 기록을 대표하는 값을 몇 개로 정할 수 있나요?

1회 (줄넘기 6개)

2회 (줄넘기 10개)

3회 (줄넘기 8개)

(줄넘기 그림) 1개

( )개

3 지연이네 학교 5학년 학급별 학생 수는 22명, 25명, 23명, 26명입니다. 한 학급당 학생 수를 대표하는 값을 정하는 올바른 방법에 ○표 하세요.

방법	○표
각 학급의 학생 수 22, 25, 23, 26 중 가장 큰 수인 26으로 정합니다.	
각 학급의 학생 수 22, 25, 23, 26 중 가장 작은 수인 22로 정합니다.	
각 학급의 학생 수 22, 25, 23, 26을 고르게 하면 24, 24, 24, 24가 되므로 24로 정합니다.	

개념 빠삭 ❷ 평균 구하기

▶ 개념동영상 6-②

 여러 가지 방법으로 평균 구하기

농구 골대에 골을 넣은 횟수

이름	준하	세빈	재희	영아
횟수(번)	4	5	2	1

1. 종이띠로 평균 구하기

각자 골을 넣은 횟수만큼의 칸으로 이루어진 종이띠를 이어 붙이고 4등분이 되게 접습니다.

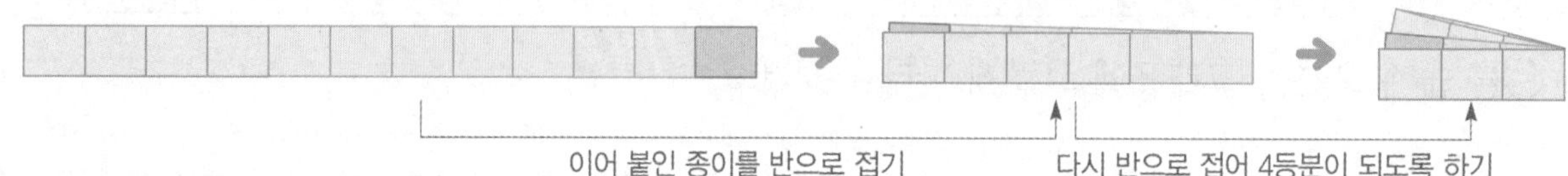

4등분이 되었을 때 접혀서 나뉜 곳마다 종이띠가 3칸씩 있습니다. ➔ (평균)= ❶ 번

2. 그래프에서 예상한 평균을 기준으로 ○를 옮겨 평균 구하기

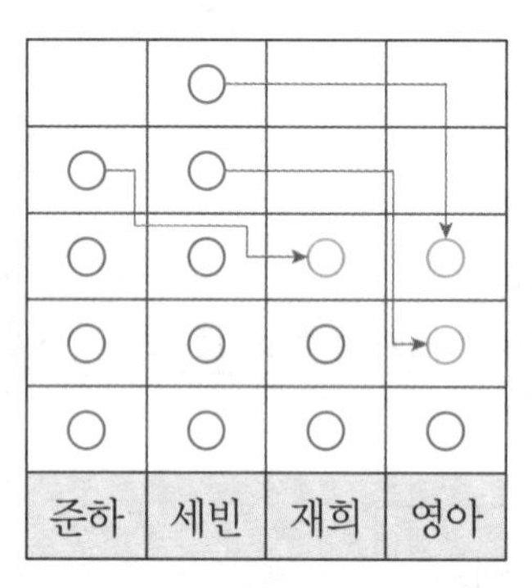

① 평균을 3번으로 예상합니다.

② (4, 2), (5, 1)로 수를 짝 짓고 ○를 옮겨 자료의 값을 고르게 합니다.

➔ 골을 넣은 횟수의 평균은 ❷ 번입니다.

3. 골을 넣은 횟수의 합을 사람 수로 나누어 평균 구하기

(평균)=(골을 넣은 횟수의 합)÷(사람 수)=(4+5+2+1)÷4=12÷4= ❸ (번)

정답 확인 | ❶ 3 ❷ 3 ❸ 3

평균과 가능성

예제 문제 1

모형을 옮겨 모형의 수를 고르게 하려고 합니다. 어떻게 옮겨야 하는지 화살표(→)로 표시하고 평균을 구하세요.

(평균)= □ 개

예제 문제 2

두 종이테이프 길이의 평균은 몇 cm인지 구하려고 합니다. □ 안에 알맞은 수를 써넣으세요.

5 cm [1 2 3 4]

3 cm [1 2]

(1) 두 종이테이프를 겹치지 않게 이은 전체 길이:

5+3= □ (cm)

(2) 두 종이테이프 길이의 평균:

□ ÷2= □ (cm)

정답과 해설 27쪽

1 성연이의 팔 굽혀 펴기 기록을 나타낸 표입니다. 팔 굽혀 펴기 기록의 평균을 여러 가지 방법으로 구하세요.

성연이의 팔 굽혀 펴기 기록

회	1회	2회	3회	4회
기록(번)	8	7	4	5

모형을 고르게 옮겨 구하기

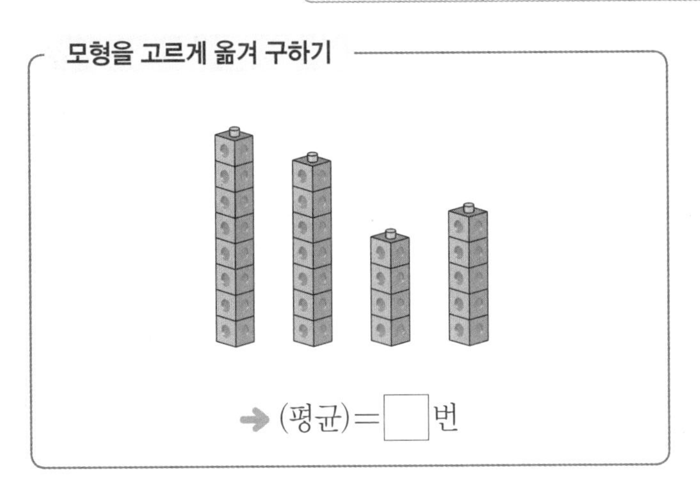

➔ (평균)=□번

종이띠를 이용하여 구하기

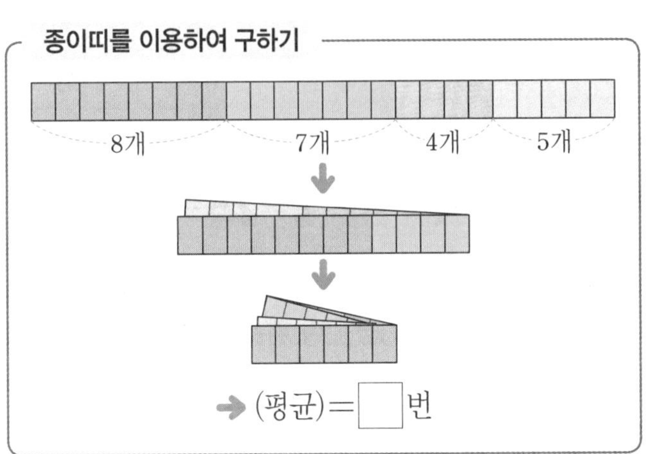

➔ (평균)=□번

2 현민이가 4일 동안 한 턱걸이 횟수를 나타낸 표입니다. 턱걸이 횟수의 평균을 여러 가지 방법으로 구하세요.

현민이가 한 턱걸이 횟수

날짜	첫째 날	둘째 날	셋째 날	넷째 날
횟수(번)	4	1	5	2

그래프에서 예상한 평균을 기준으로 ○를 옮겨 구하기

예상한 평균: □번

		○	
○		○	
○		○	
○		○	○
○	○	○	○
첫째 날	둘째 날	셋째 날	넷째 날

➔ (평균)=□번

턱걸이 횟수의 합을 날수로 나누어 구하기

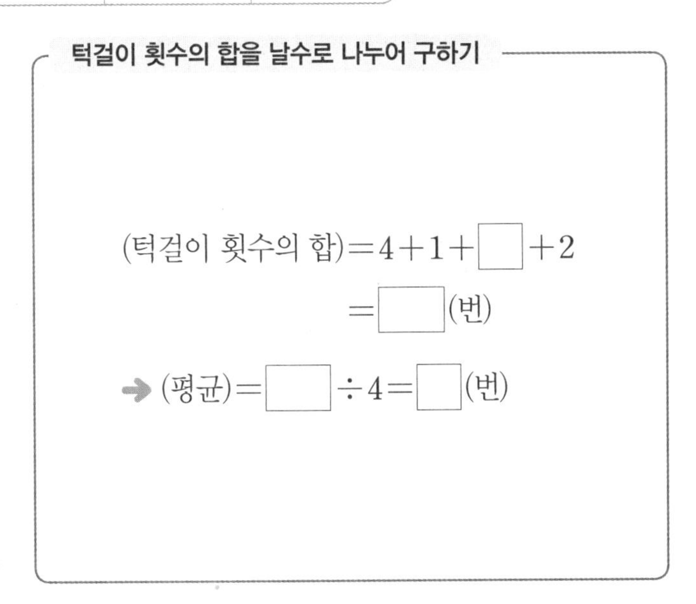

(턱걸이 횟수의 합)=4+1+□+2

=□(번)

➔ (평균)=□÷4=□(번)

[3~4] 식을 세워 주어진 수들의 평균을 구하려고 합니다. □ 안에 알맞은 수를 써넣으세요.

3

32, 35, 32

(평균)=(□+35+□)÷□

=□÷□=□

4

25, 24, 25, 26

(평균)=(25+24+25+□)÷□

=□÷□=□

개념 빠삭

❸ 평균 이용하기

❶ 평균 비교하기

세빈이네 모둠의 50 m 달리기 기록

이름	세빈	수영	이찬
기록(초)	10	6	8

(세빈이네 모둠 기록의 평균)
$=(10+6+8)\div3=24\div3=$ ❶ ☐ (초)
└ 학생 수

영아네 모둠의 50 m 달리기 기록

이름	영아	민혁	종은	현우
기록(초)	8	7	8	5

(영아네 모둠 기록의 평균)
$=(8+7+8+5)\div4=28\div4=7$(초)
└ 학생 수

➔ 기록의 평균이 더 빠른 영아네 모둠이 반 대표 모둠이 되어야 합니다.

❷ 평균을 이용하여 자료의 값 구하기

예 학급별 안경을 쓴 학생 수의 **평균이 6명**일 때 3반의 안경을 쓴 학생 수 구하기

학급별 안경을 쓴 학생 수

학급(반)	1	2	3	4
학생 수(명)	4	7		5

평균 학급 수

(안경을 쓴 학생 수의 합)$=6\times4=$ ❷ ☐ (명)

(3반의 안경을 쓴 학생 수)$=24-(4+7+5)=$ ❸ ☐ (명)
└ 1반, 2반, 4반의 학생 수의 합

평균이 학생 수의 합을 학급 수로 나눈 것이니 학생 수의 합은 평균과 학급 수의 곱으로 구할 수 있어.

정답 확인 | ❶ 8 ❷ 24 ❸ 8

예제 문제 1

준하네 모둠과 지우네 모둠의 오래 매달리기 기록을 나타낸 표입니다. ☐ 안에 알맞은 수나 말을 써넣으세요.

준하네 모둠

이름	기록(초)
준하	10
지훈	9
서현	8

지우네 모둠

이름	기록(초)
지우	7
예준	8
수빈	9
도현	8

(1) (준하네 모둠의 오래 매달리기 기록의 평균)
$=(10+9+☐)\div3=☐\div3=☐$(초)

(2) (지우네 모둠의 오래 매달리기 기록의 평균)
$=(7+8+☐+8)\div4$
$=☐\div4=☐$(초)

(3) 오래 매달리기 기록의 평균이 더 높은 모둠은 ☐네 모둠입니다.

6 평균과 가능성

정답과 해설 27쪽

[1~2] 승우네 모둠과 서연이네 모둠의 제기차기 기록을 나타낸 표입니다. 물음에 답하세요.

승우네 모둠의 제기차기 기록

이름	제기차기 기록(개)
승우	2
수연	2
민정	3
승훈	5

서연이네 모둠의 제기차기 기록

이름	제기차기 기록(개)
서연	5
재호	4
진영	3

1 승우네 모둠과 서연이네 모둠의 제기차기 기록의 평균은 각각 몇 개인가요?

승우네 모둠 (　　　　)개, 서연이네 모둠 (　　　　)개

2 어느 모둠이 더 잘했다고 볼 수 있나요?

(　　　　) 모둠

[3~5] 태연이가 4일 동안 접은 종이학의 수를 나타낸 표입니다. 태연이가 종이학을 하루 평균 14개 접었을 때 물음에 답하세요.

접은 종이학의 수

요일	월	화	수	목
종이학의 수(개)	12	16	11	

3 월요일부터 수요일까지 접은 종이학은 모두 몇 개인가요?

(　　　　)개

4 4일 동안 접은 종이학은 모두 몇 개인가요?

$\square \times 4 = \square$(개)

5 목요일에 접은 종이학은 몇 개인가요?

(　　　　)개

2단계 ❶~❸ 익힘책 빠삭

1 평균

1 5상자에 각각 지우개가 들어 있습니다. 대표적으로 한 상자당 지우개가 몇 개씩 들어 있다고 정하면 좋을지 알맞은 말에 ○표 하세요.

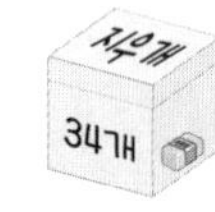

각 상자에 들어 있는 지우개의 수를 대표할 수 있는 수는
(가장 작은 수 , 가장 큰 수 , 고르게 한 수)
로 정할 수 있습니다.

2 정희네 모둠의 수학 쪽지 시험 점수를 나타낸 표입니다. 정희네 모둠에서 한 명의 점수를 대표하는 값을 **몇 점**이라고 말할 수 있나요?

정희네 모둠의 수학 쪽지 시험 점수

이름	정희	하영	재민	선아
점수(점)	75	70	70	65

꼭 단위까지 따라 쓰세요.

(점)

3 수아네 모둠 친구들이 화살을 똑같이 나누어 가지고 투호를 하려고 합니다. 한 사람이 **몇 개**씩 가지게 되나요?

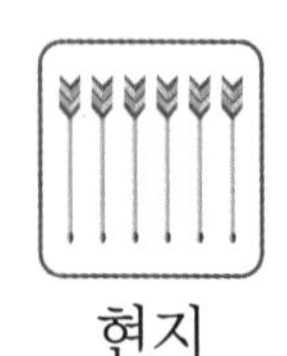

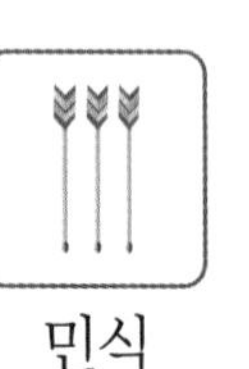

수아 현지 윤수 민식

(개)

[4~6] 어느 달의 날짜별 미술관의 입장객 수를 나타낸 표입니다. 물음에 답하세요.

날짜별 미술관의 입장객 수

날짜	10일	11일	12일	13일
입장객 수(명)	20	20	18	14

4 위의 표를 막대그래프로 나타낸 것입니다. 막대의 높이를 고르게 해 보세요.

날짜별 미술관의 입장객 수

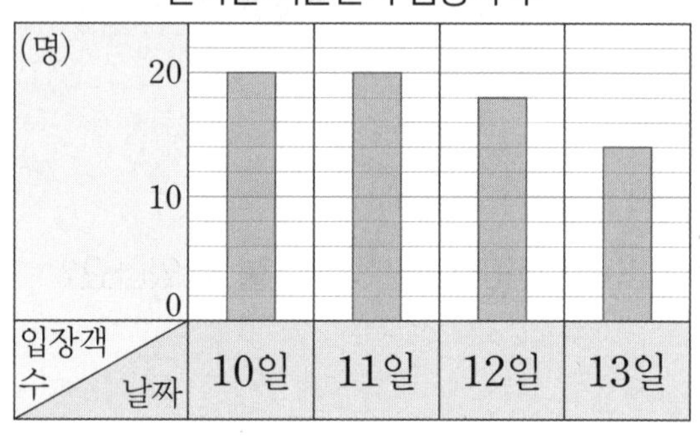

5 위 **4**의 막대그래프를 보고 미술관의 입장객 수는 하루 평균 **몇 명**인지 구하세요.

(명)

1 서술형 첫 단계

6 위 **5**에서 구한 하루 입장객 수의 평균은 어떤 의미라고 생각할 수 있는지 쓰세요.

따라 쓰세요.

10일부터 13일까지 하루에 입장객이 대부분 □명 왔습니다.

2 평균 구하기

[7~8] 준호네 모둠의 팔 굽혀 펴기 기록을 나타낸 표를 보고 평균을 구하려고 합니다. 물음에 답하세요.

준호네 모둠의 팔 굽혀 펴기 기록

이름	준호	태경	우준	형은
기록(번)	10	13	12	9

7 예상한 평균을 기준으로 수를 고르게 하여 평균을 구하려고 합니다. □ 안에 알맞은 수를 써넣으세요.

평균을 11번으로 예상한 후 (10, □), (13, □)로 수를 짝 지어 자료의 값을 고르게 하여 구한 기록의 평균은 □번입니다.

8 기록을 모두 더해 사람 수로 나누어 평균을 구하세요.

(평균)=□÷□=□(번)

반복문제

9 윤주네 가족이 기르는 강아지들의 무게를 나타낸 표입니다. 강아지 무게의 평균은 **몇 kg**인가요?

강아지의 무게

이름	깜이	복실이	흰둥이	까망이
무게(kg)	2	3	5	2

꼭 단위까지 따라 쓰세요.

(kg)

[10~11] 지우네 학교 5학년의 학급별 학생 수를 나타낸 표입니다. 물음에 답하세요.

학급별 학생 수

학급(반)	1	2	3	4	5
학생 수(명)	32	29	33	28	23

10 5학년 전체 학생 수와 학급별 학생 수의 평균은 각각 **몇 명**인가요?

전체 학생 수 (명)

평균 (명)

11 학생 수가 평균과 같은 학급은 **몇 반**인가요?

(반)

[12~13] 서우가 4일 동안 피아노 연습을 한 시간을 나타낸 표입니다. 물음에 답하세요.

서우가 피아노 연습을 한 시간

날짜	첫째 날	둘째 날	셋째 날	넷째 날
시간(분)	55	50	53	58

12 서우가 하루에 피아노 연습을 한 시간의 평균은 **몇 분**인가요?

(분)

13 서우가 5일 동안 연습한 시간의 평균이 4일 동안 연습한 시간의 평균보다 높으려면 다섯째 날에는 연습을 **몇 분**보다 더 많이 해야 하나요?

(분)

[14~17] 슬아네 모둠의 1년 전보다 자란 키를 조사하여 나타낸 막대그래프입니다. 물음에 답하세요.

슬아네 모둠 친구들의 자란 키

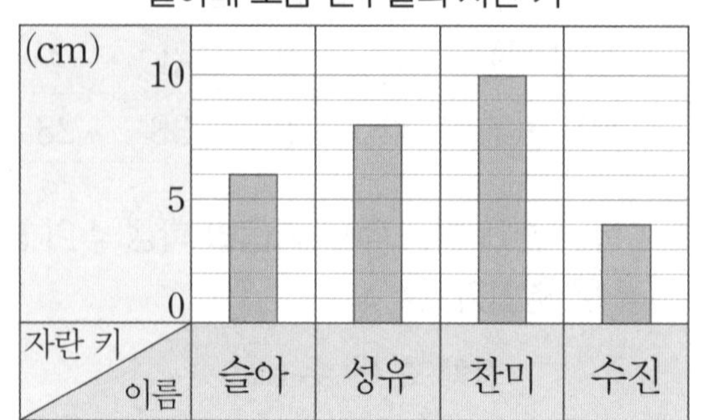

14 슬아네 모둠의 1년 전보다 자란 키의 평균은 **몇 cm**인지 구하고, 막대그래프에 빨간색 가로선으로 표시해 보세요.

꼭 단위까지 따라 쓰세요.

(cm)

15 자란 키가 평균보다 높은 친구는 모두 **몇 명**인가요?

(명)

16 자란 키가 평균보다 낮은 친구는 모두 **몇 명**인가요?

(명)

17 알맞은 말에 ○표 하세요.

수진이가 빠진다면 평균을 나타내는 가로선은 (위로 , 아래로) 옮겨질 것입니다.

평균보다 낮은 자료가 빠지면 평균은 높아지게 돼.

3 평균 이용하기

[18~20] 지후네 모둠과 서우네 모둠의 종이비행기 멀리 날리기 기록을 조사하여 나타낸 표입니다. 물음에 답하세요.

지후네 모둠의 기록

이름	기록(m)
지후	8
현정	11
민아	12
재호	9

서우네 모둠의 기록

이름	기록(m)
서우	12
새봄	8
태은	6
주하	7
민영	7

18 지후네 모둠의 종이비행기 멀리 날리기 기록의 평균은 **몇 m**인가요?

(m)

반복문제

19 서우네 모둠의 종이비행기 멀리 날리기 기록의 평균은 **몇 m**인가요?

(m)

20 지후네 모둠과 서우네 모둠 중 어느 모둠이 종이비행기 멀리 날리기를 더 잘했다고 볼 수 있나요?

☐네 모둠

21 세 수의 평균이 5일 때 ㉠을 구하세요.

6, 2, ㉠

(자료의 값을 모두 더한 수)$=5\times3=$☐

➔ ㉠$=$☐$-(6+2)=$☐

[22~23] 서연이네 반의 모둠별 학생 수와 먹은 호두과자 수를 나타낸 표입니다. 물음에 답하세요.

모둠별 학생 수와 먹은 호두과자 수

모둠	1모둠	2모둠	3모둠	4모둠
학생 수(명)	5	4	5	6
먹은 호두과자 수(개)	25	32	35	36

22 모둠별로 먹은 호두과자 수의 평균을 구하세요.

모둠별로 먹은 호두과자 수의 평균

모둠	1모둠	2모둠	3모둠	4모둠
먹은 호두과자 수의 평균(개)				

23 한 학생당 먹은 호두과자 수가 가장 많은 모둠은 **어느 모둠**인가요?

꼭 단위까지 따라 쓰세요.

(모둠)

24 마을별 초등학생 수를 나타낸 표입니다. 초등학생 수의 평균이 212명일 때 별빛 마을의 초등학생은 **몇 명**인가요?

마을별 초등학생 수

마을	하늘	별빛	솔뫼	사랑
초등학생 수(명)	311		164	208

(명)

25 태현이네 학교에서 큐브 빨리 맞추기 대회를 열었습니다. 기록의 평균이 300초 미만이어야 예선을 통과할 수 있다면 태현이는 예선을 통과할 수 있나요?

태현이의 큐브 맞추기 기록

회	1회	2회	3회	4회
기록(초)	302	305	286	299

➜ 예선을 통과할 수 (있습니다 , 없습니다).

[26~28] 윤석이네 모둠과 지현이네 모둠의 운동화 치수를 나타낸 표입니다. 두 모둠의 운동화 치수의 평균이 같을 때, 물음에 답하세요.

윤석이네 모둠의 치수

이름	치수(mm)
윤석	240
유민	245
우람	235
재희	220

지현이네 모둠의 치수

이름	치수(mm)
지현	225
서린	
혜민	245
은경	240
현정	235

26 윤석이네 모둠의 운동화 치수의 평균은 **몇 mm**인가요?

(mm)

27 지현이네 모둠의 운동화 치수의 합은 **몇 mm**인가요?

(mm)

28 서린이의 운동화 치수는 **몇 mm**인가요?

(mm)

1단계 개념 빠삭

4 일이 일어날 가능성을 말로 표현하기

가능성: 어떠한 상황에서 특정한 일이 일어나길 기대할 수 있는 정도
가능성의 정도는 **불가능하다**, **~아닐 것 같다**, **반반이다**, **~일 것 같다**, **확실하다** 등으로 표현할 수 있습니다.

예
- 노란색 구슬만 담긴 주머니에서 꺼낸 구슬은 흰색일 것입니다. → **불가능하다**
  - 흰색 구슬은 나올 수 없음.
- 동전 한 개를 9번 던지면 9번 모두 그림 면이 나올 것입니다. → **~아닐 것 같다**
  - 모두 그림 면이 나오지는 않을 것 같음.
- 동전 한 개를 던지면 숫자 면이 나올 것입니다. → **반반이다**
  - 숫자 면과 그림 면이 나올 수 있음.
- 주사위 한 개를 굴려서 나온 눈의 수가 2 이상 6 이하일 것입니다. → **~일 것 같다**
  - 1부터 6까지의 눈 중 하나가 나옴.
- 화요일 다음 날은 수요일일 것입니다. → ❶
  - 화요일 다음 날은 수요일임.

정답 확인 | ❶ 확실하다

예제 문제 1

일이 일어날 가능성을 생각해 보고, 알맞게 표현한 곳에 ○표 하세요.

(1)

일 / 가능성	올해 겨울에는 서울의 기온이 30 ℃보다 높은 날이 있을 것입니다.
불가능하다	
반반이다	
확실하다	

(2)

일 / 가능성	진우는 같은 날 태어난 쌍둥이입니다. 진우네 가족 중에 생일이 같은 사람이 있을 것입니다.
불가능하다	
반반이다	
확실하다	

예제 문제 2

일이 일어날 가능성을 생각해 보고, 알맞게 표현한 곳에 ○표 하세요.

(1) 동전 한 개를 던지면 그림 면이 나올 것입니다.

불가능하다	~아닐 것 같다	반반이다	~일 것 같다	확실하다

(2) 계산기로 '0 + 0 ='을 누르면 1이 나올 것입니다.

불가능하다	~아닐 것 같다	반반이다	~일 것 같다	확실하다

정답과 해설 28쪽

[1~5] 일이 일어날 가능성을 생각해 보고, 알맞게 표현한 것을 찾아 이어 보세요.

	일		가능성
1	내일 아침에 해가 동쪽에서 뜰 것입니다.	•	• 불가능하다
2	엄마와 가위바위보를 했을 때 연속으로 5번 이길 것입니다.	•	• ~아닐 것 같다
3	겨울 방학은 7월부터 시작할 것입니다.	•	• 반반이다
4	주사위 한 개를 굴려서 나온 눈의 수가 짝수일 것입니다.	•	• ~일 것 같다
5	노란색 공 5개, 빨간색 공 1개가 들어 있는 주머니에서 공 한 개를 꺼내면 노란색 공이 나올 것입니다.	•	• 확실하다

[6~10] 회전판 돌리기를 하고 있습니다. 일이 일어날 가능성을 생각해 보고, 알맞게 표현한 곳에 ○표 하세요.

가
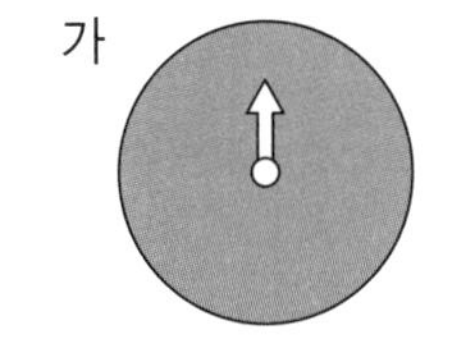
나
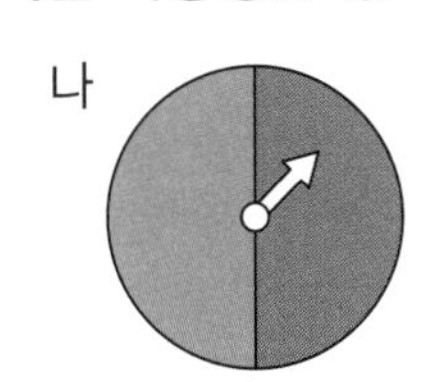
다
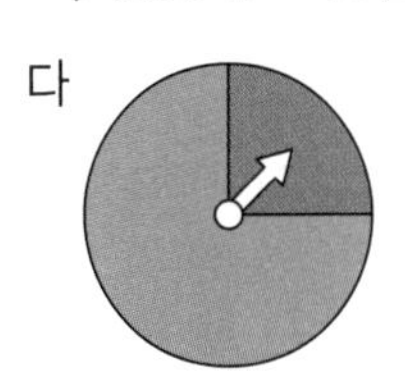

	일 \ 가능성	불가능하다	~아닐 것 같다	반반이다	~일 것 같다	확실하다
6	회전판 가에서 화살이 초록색에 멈출 것입니다.					
7	회전판 가에서 화살이 보라색에 멈출 것입니다.					
8	회전판 나에서 화살이 초록색에 멈출 것입니다.					
9	회전판 다에서 화살이 보라색에 멈출 것입니다.					
10	회전판 다에서 화살이 초록색에 멈출 것입니다.					

1
단계

개념 빠삭

5 일이 일어날 가능성을 비교하기

개념동영상 6-⑤

1 일이 일어날 가능성을 판단하기

예 1부터 10까지의 수 카드 10장 중 한 장을 뽑을 때 일이 일어날 가능성 판단하기

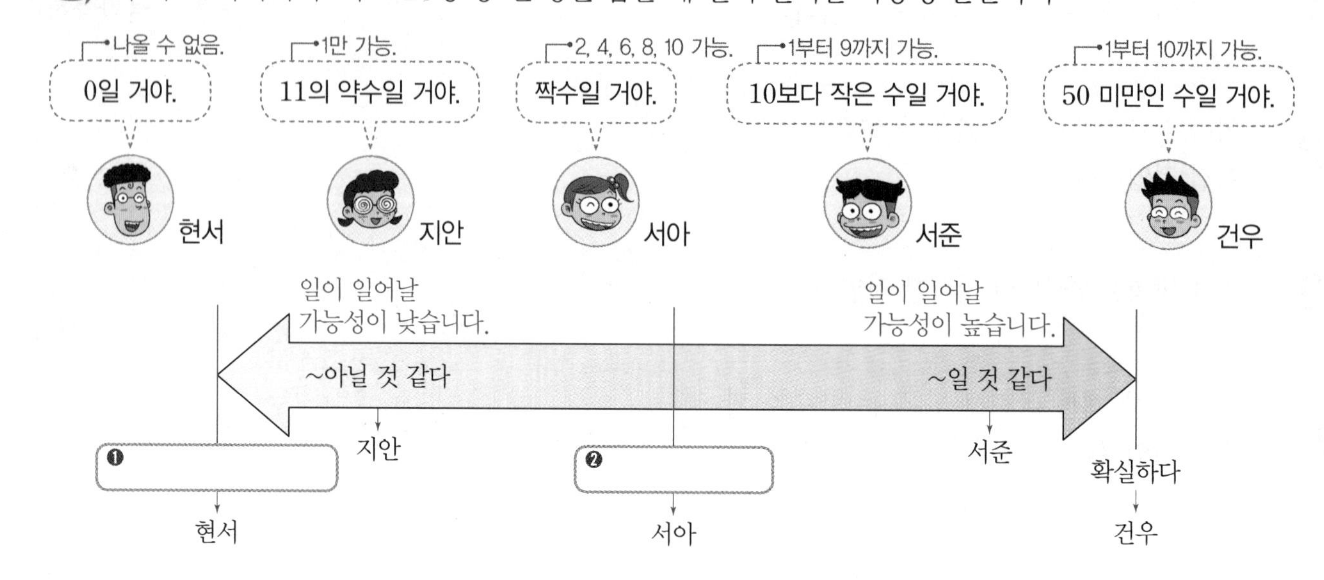
나올 수 없음.
0일 거야.
현서
1만 가능.
11의 약수일 거야.
지안
2, 4, 6, 8, 10 가능.
짝수일 거야.
서아
1부터 9까지 가능.
10보다 작은 수일 거야.
서준
1부터 10까지 가능.
50 미만인 수일 거야.
건우
일이 일어날 가능성이 낮습니다.
일이 일어날 가능성이 높습니다.
~아닐 것 같다
~일 것 같다
지안
서준
❶
❷
확실하다
현서
서아
건우

2 일이 일어날 가능성 비교하기

예 회전판을 돌렸을 때 일이 일어날 가능성 비교하기

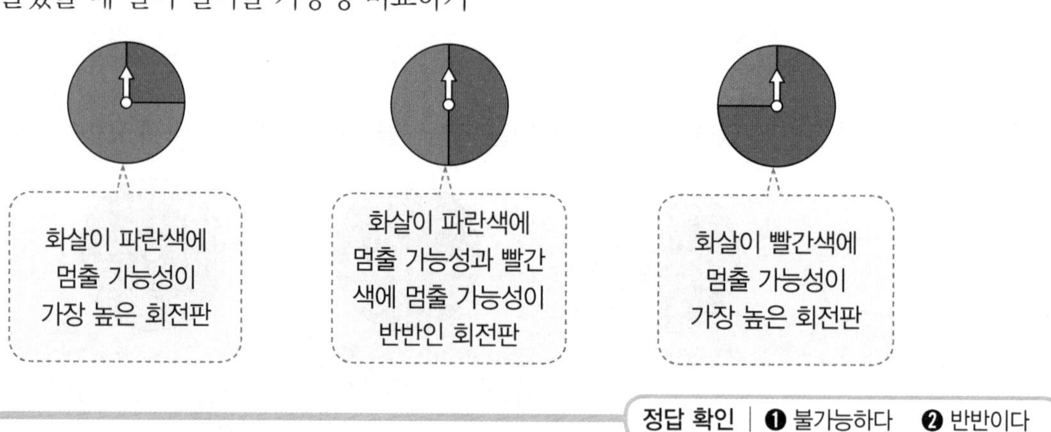
화살이 파란색에 멈출 가능성이 가장 높은 회전판
화살이 파란색에 멈출 가능성과 빨간색에 멈출 가능성이 반반인 회전판
화살이 빨간색에 멈출 가능성이 가장 높은 회전판

정답 확인 | ❶ 불가능하다 ❷ 반반이다

예제 문제 1

일이 일어날 가능성을 판단하여 해당하는 위치에 친구의 이름을 써넣으세요.

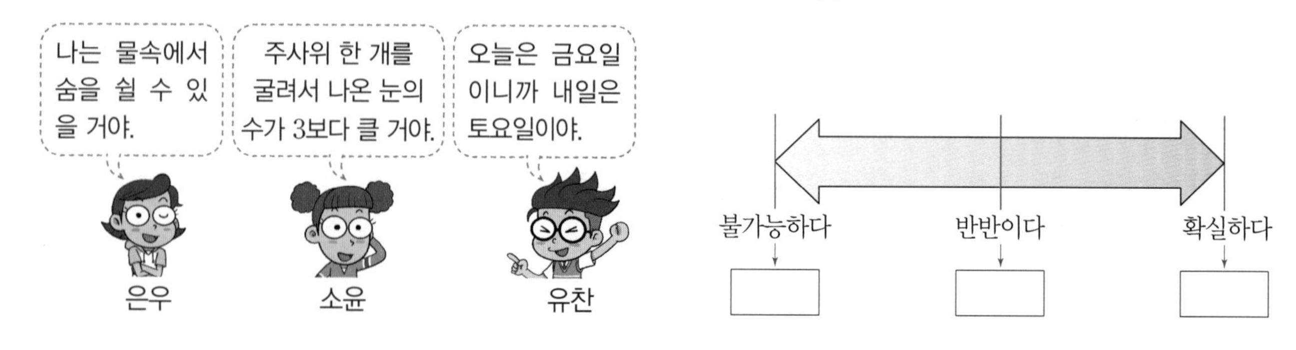
나는 물속에서 숨을 쉴 수 있을 거야.
은우
주사위 한 개를 굴려서 나온 눈의 수가 3보다 클 거야.
소윤
오늘은 금요일이니까 내일은 토요일이야.
유찬
불가능하다
반반이다
확실하다

[1~2] 각 상자에 다음과 같이 파란색 공과 분홍색 공이 들어 있습니다. 새봄이네 모둠 친구들이 말하는 일이 일어날 가능성을 판단하여 물음에 답하세요.

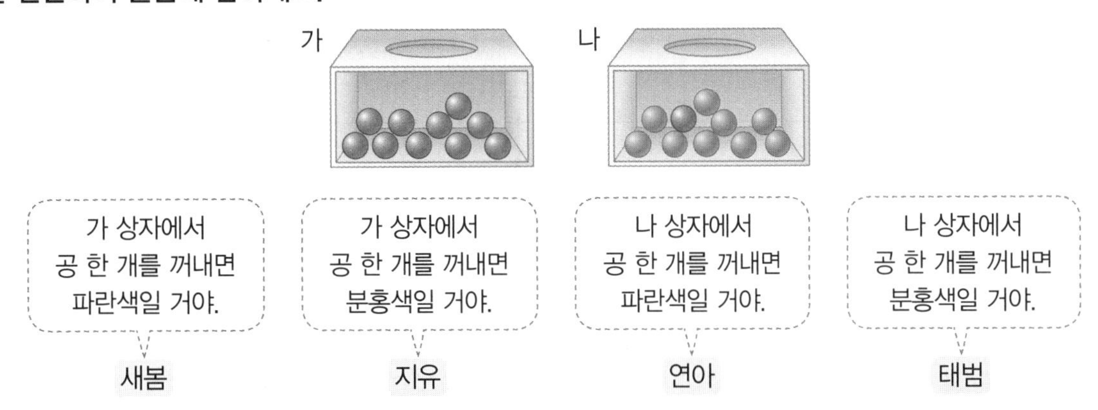

1 친구들이 말한 일이 일어날 가능성을 판단하여 해당하는 칸에 친구의 이름을 써넣으세요.

가능성	불가능하다	~아닐 것 같다	반반이다	~일 것 같다	확실하다
이름					

2 일이 일어날 가능성이 높은 순서대로 친구들의 이름을 쓰세요.

( )

[3~5] 회전판 돌리기를 하고 있습니다. 물음에 답하세요.

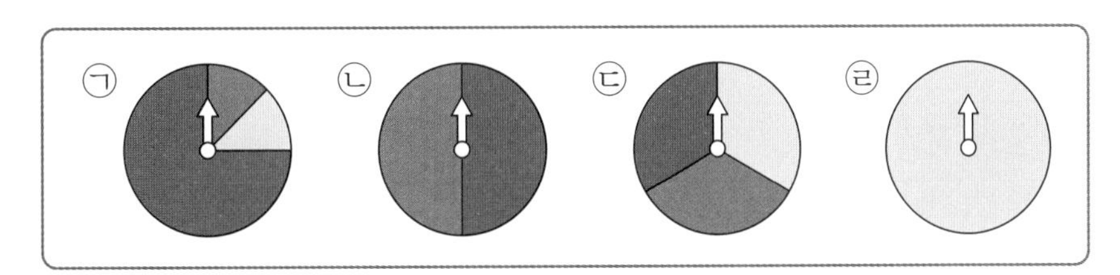

3 화살이 파란색에 멈출 가능성이 가장 높은 회전판을 찾아 기호를 쓰세요.

( )

4 화살이 파란색에 멈출 가능성과 빨간색에 멈출 가능성이 반반인 회전판을 찾아 기호를 쓰세요.

( )

5 화살이 빨간색에 멈출 가능성이 높은 순서대로 기호를 쓰세요.

( )

개념 빠삭

❻ 일이 일어날 가능성을 수로 표현하기

① 일이 일어날 가능성을 0부터 1까지의 수로 표현하기

② 일이 일어날 가능성을 말과 수로 표현하기

검은색 공과 흰색 공이 각각 2개씩 들어 있는 상자에서 공 1개를 꺼냈을 때

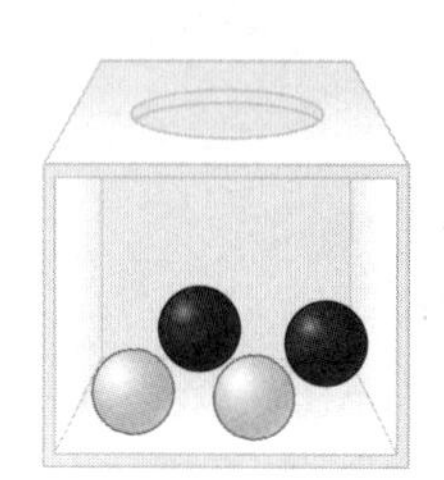

(1) 꺼낸 공이 빨간색일 가능성 말 불가능하다 수 0

(2) 꺼낸 공이 흰색일 가능성 말 반반이다 수 ❷

(3) 꺼낸 공이 검은색일 가능성 말 반반이다 수 $\frac{1}{2}$

꺼낸 공이 흰색일 가능성과 검은색일 가능성은 같아.

정답 확인 | ❶ 1 ❷ $\frac{1}{2}$

예제 문제 1

일이 일어날 가능성을 수로 표현한 것과 해당되는 일을 찾아 이어 보세요.

1 •		• 오늘 저녁에 해가 서쪽으로 질 가능성
$\frac{1}{2}$ •		• 오늘 날짜가 9일이면 내일이 8일일 가능성
0 •		• 주사위 한 개를 굴려서 나온 눈의 수가 짝수일 가능성

예제 문제 2

오른쪽과 같은 색깔의 공이 들어 있는 주머니에서 공 1개를 꺼낼 때 알맞은 말이나 수에 ○표 하세요.

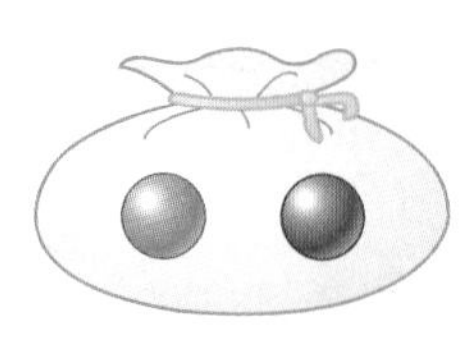

(1) 꺼낸 공이 초록색일 가능성을 말로 표현하면 (확실하다 , 반반이다)입니다.

(2) 꺼낸 공이 초록색일 가능성을 수로 표현하면 $\left(\frac{1}{2} , 1 \right)$입니다.

일이 일어날 가능성이 '확실하다'인 것을 수로 표현하면 1, '불가능하다'인 것을 수로 표현하면 0, '반반이다'인 것을 수로 표현하면 $\frac{1}{2}$이야.

개념 집중 연습

정답과 해설 29쪽

[1~2] 오른쪽과 같이 흰색 바둑돌이 2개 들어 있는 상자에서 바둑돌 1개를 꺼냈습니다. 물음에 답하세요.

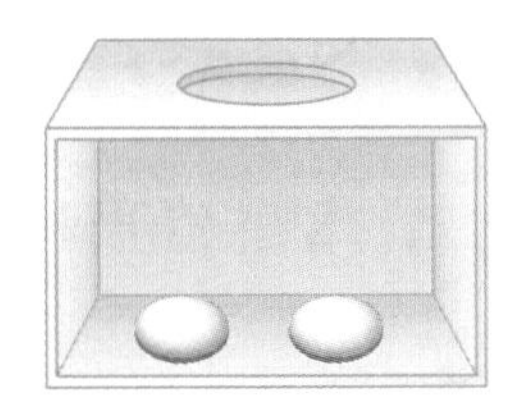

1 꺼낸 바둑돌이 흰색일 가능성에 화살표(↓)로 나타내 보세요.

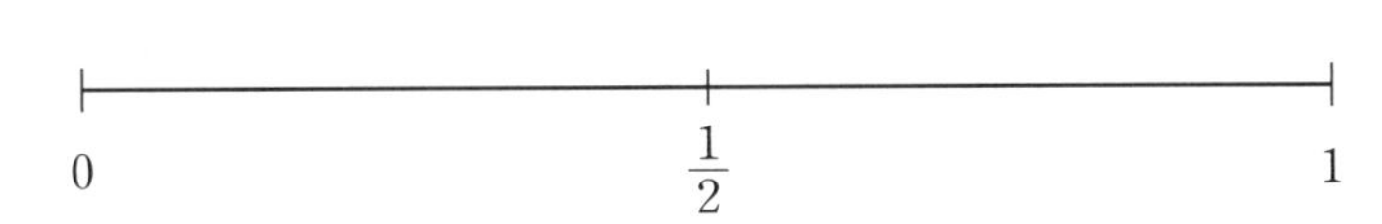

2 꺼낸 바둑돌이 검은색일 가능성에 화살표(↓)로 나타내 보세요.

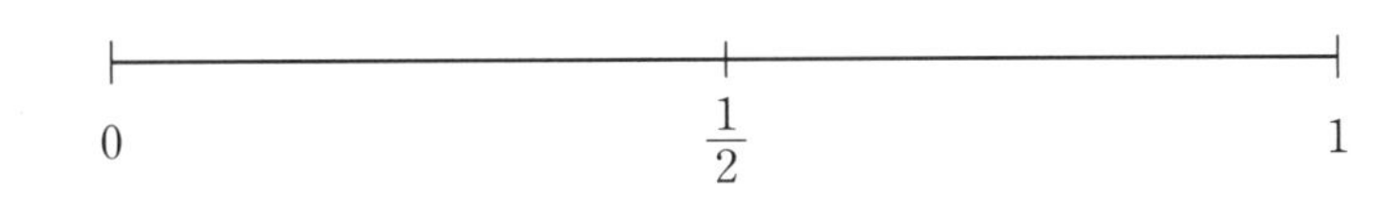

[3~4] 오른쪽과 같이 검은색 바둑돌이 2개 들어 있는 상자에서 바둑돌 1개를 꺼냈습니다. 꺼낸 바둑돌의 가능성을 0부터 1까지의 수로 표현해 보세요.

3 꺼낸 바둑돌이 흰색일 가능성 ➔ □

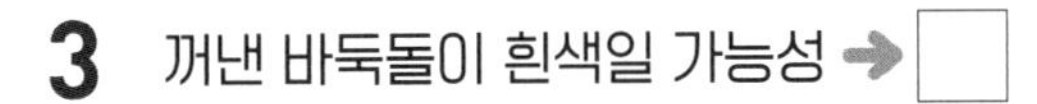

4 꺼낸 바둑돌이 검은색일 가능성 ➔ □

[5~6] 야구공과 테니스공이 각각 1개씩 들어 있는 상자에서 공 1개를 꺼냈습니다. 꺼낸 공의 가능성을 말과 수로 표현해 보세요.

5 꺼낸 공이 야구공일 가능성을 말로 표현하면 (불가능하다 , 반반이다 , 확실하다)이고,

수로 표현하면 $\frac{1}{\square}$입니다.

6 꺼낸 공이 테니스공일 가능성을 말로 표현하면 (불가능하다 , 반반이다 , 확실하다)이고,

수로 표현하면 $\frac{\square}{\square}$입니다.

4 일이 일어날 가능성을 말로 표현하기

1 일이 일어날 가능성을 생각해 보고, 알맞게 표현한 것을 찾아 이어 보세요.

동전 한 개를 던질 때 숫자 면이 나올 가능성	아기가 태어나자마자 걸어 다닐 가능성

확실하다 · 반반이다 · 불가능하다

2 민재가 말한 일이 일어날 가능성을 생각해 보고, 알맞게 표현한 곳에 ○표 하세요.

민재: 오늘은 12월 31일이니까 내일은 12월 32일이 될 거야.

불가능하다	~아닐 것 같다	반반이다	~일 것 같다	확실하다

3 다음 일이 일어날 가능성을 말로 표현해 보고, 그렇게 생각한 까닭에 맞게 ○표 하세요.

7월에 우리나라에 눈이 올 가능성

말 ____________________

까닭 7월에는 기온이 높으므로 눈이 올 가능성은 (확실하다 , 불가능하다)입니다.

5 일이 일어날 가능성을 비교하기

[4~6] 일이 일어날 가능성을 비교하려고 합니다. 물음에 답하세요.

> ㉠ 나는 올해 12살이므로 내년에는 13살이 될 것입니다.
> ㉡ 오늘 저녁에 해가 동쪽으로 질 것입니다.
> ㉢ 내일은 오늘보다 기온이 높을 것입니다.

4 일이 일어날 가능성이 '확실하다'인 경우를 찾아 기호를 쓰세요.

( )

5 일이 일어날 가능성이 '불가능하다'인 경우를 찾아 기호를 쓰세요.

( )

6 일이 일어날 가능성이 높은 순서대로 기호를 쓰세요.

( )

7 회전판 돌리기를 하고 있습니다. 화살이 보라색에 멈출 가능성이 가장 낮은 회전판은 어느 것인가요? ( )

① 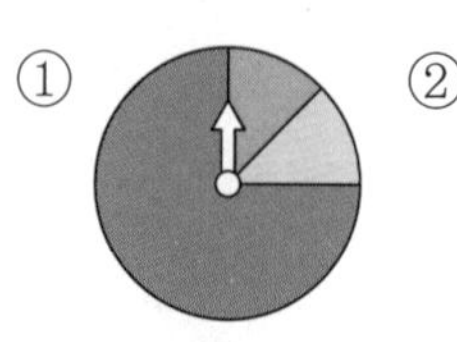 ② 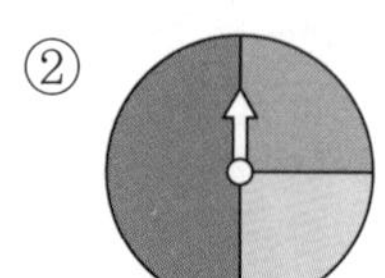 ③ 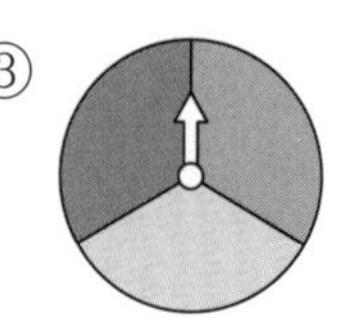

④ 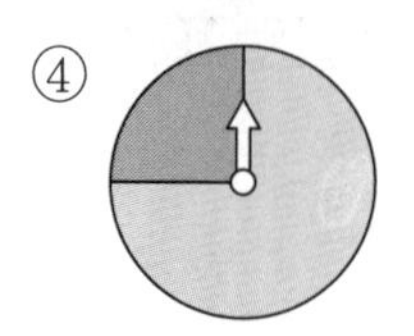 ⑤ 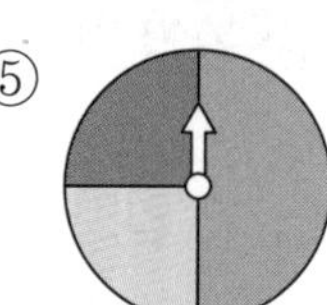

8 오른쪽과 같이 주머니에 빨간색 구슬 3개, 파란색 구슬 1개가 들어 있습니다. 주머니에서 구슬 1개를 꺼낼 때 일이 일어날 가능성이 낮은 순서대로 기호를 쓰세요.

㉠ 꺼낸 구슬이 빨간색일 가능성
㉡ 꺼낸 구슬이 초록색일 가능성
㉢ 꺼낸 구슬이 파란색일 가능성

( )

9 4장의 수 카드  3, 2, 4, 6 중에서 한 장을 뽑을 때 일이 일어날 가능성이 높은 순서대로 기호를 쓰세요.

㉠ 4가 나올 가능성
㉡ 짝수가 나올 가능성
㉢ 12의 약수가 나올 가능성

( )

10 조건 을 만족하는 회전판이 되도록 색칠해 보세요.

조건
- 화살이 노란색에 멈출 가능성이 가장 높습니다.
- 화살이 빨간색에 멈출 가능성은 파란색에 멈출 가능성의 2배입니다.

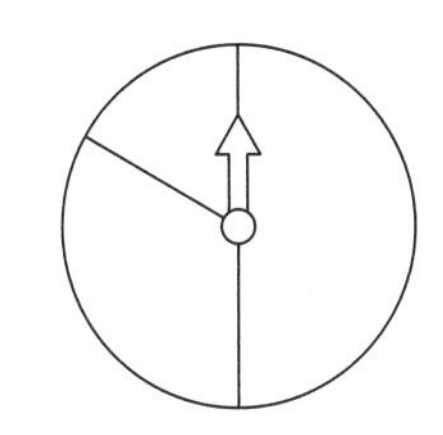

6 일이 일어날 가능성을 수로 표현하기

11 회전판 돌리기를 할 때 화살이 초록색에 멈출 가능성을 수로 표현해 보세요.

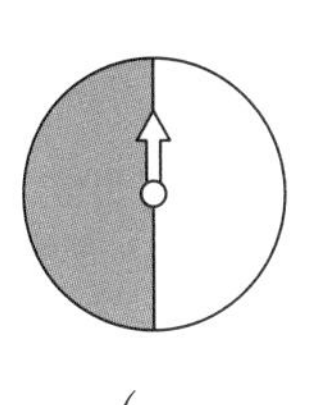

( )

[12~13] 눈이 다음과 같은 주사위 한 개를 굴렸을 때 일이 일어날 가능성을 말과 수로 표현해 보세요.

12 굴려 나온 주사위 눈의 수가 1 이상일 가능성

말 ______

수 ______

13 굴려 나온 주사위 눈의 수가 2의 배수일 가능성

말 ______

 ______

14 공 2개가 들어 있는 상자에서 공 1개를 꺼낼 때, 꺼낸 공이 흰색일 가능성이 0이 되도록 공을 색칠해 보세요.

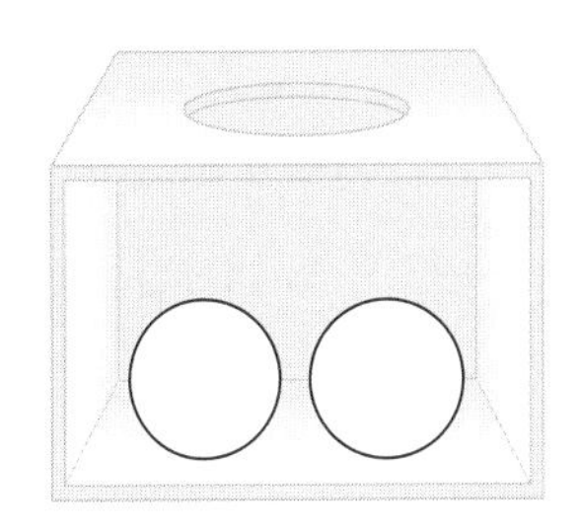

TEST

6단원 평가

점수 점

1 □ 안에 알맞은 말을 써넣으세요.

주어진 자료의 값을 모두 더해 자료의 수로 나눈 값을 □(이)라고 합니다.

2 □ 안에 알맞은 말이나 수를 써넣으세요.

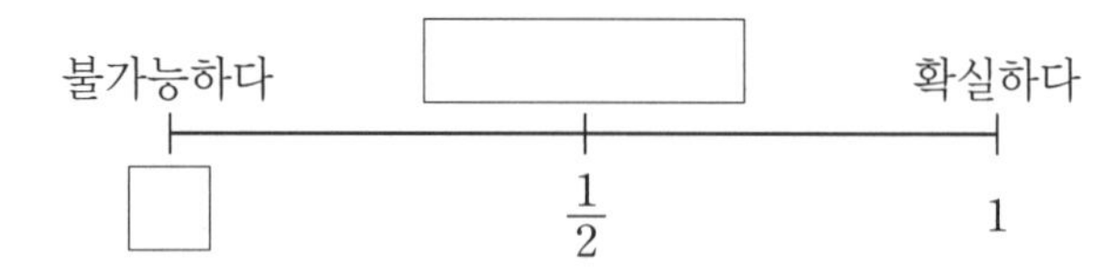

3 일이 일어날 가능성이 '확실하다'인 것에 ○표 하세요.

주사위 한 개를 굴릴 때 나온 눈의 수가 7보다 작을 가능성	길에서 만난 한 사람이 남자일 가능성
(　　　)	(　　　)

4 건우가 예상한 평균을 기준으로 수를 고르게 하여 네 수의 평균을 구하려고 합니다. □ 안에 알맞은 수를 써넣으세요.

15, 17, 13, 15

평균을 15로 예상하자.

(15, □), (17, □)(으)로 수를 짝 지어 자료의 값을 고르게 하여 구한 네 수의 평균은 □입니다.

[5~6] 희우가 3월부터 6월까지 학교에서 받은 칭찬 도장의 수를 나타낸 표입니다. 물음에 답하세요.

희우의 칭찬 도장의 수

월	3월	4월	5월	6월
칭찬 도장의 수(개)	2	1	5	4

5 희우가 받은 칭찬 도장의 수만큼 ○를 그려 나타낸 것을 고르게 옮기고, 평균이 몇 개인지 구하세요.

		○	
		○	○
		○	○
○		○	○
○	○	○	○
3월	4월	5월	6월

➜

3월	4월	5월	6월

(　　　　　　　　)

6 희우가 3월부터 6월까지 받은 칭찬 도장의 수만큼 종이띠로 나타낸 것입니다. 반으로 접고 다시 반으로 접어서 평균을 구하면 몇 개인가요?

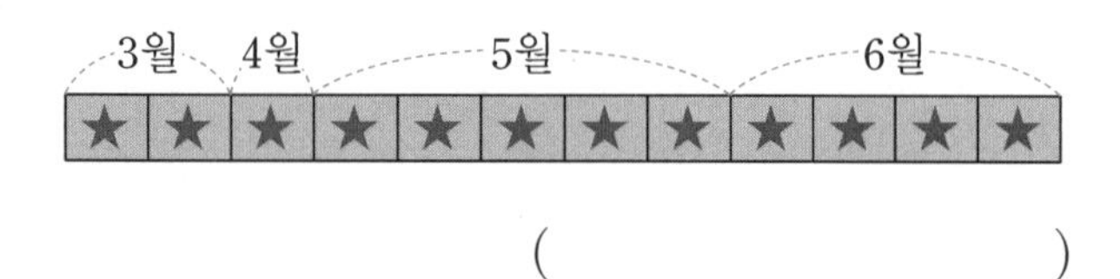

(　　　　　　　　)

7 다음 일이 일어날 가능성을 생각해 보고, 알맞게 표현한 곳에 ○표 하세요.

주사위 한 개를 굴려서 나온 눈의 수가 홀수일 것입니다.

불가능하다	~아닐 것 같다	반반이다	~일 것 같다	확실하다

8 다음과 같이 노란색 구슬 1개와 초록색 구슬 1개가 들어 있는 상자에서 구슬을 1개 꺼낼 때 꺼낸 구슬이 초록색일 가능성을 수로 표현해 보세요.

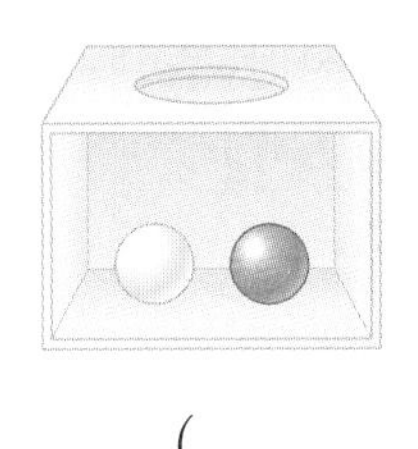

( )

[9~10] **지영이네 모둠 학생들의 수학 점수를 나타낸 표입니다. 물음에 답하세요.**

지영이네 모둠 학생들의 수학 점수

이름	지영	세화	준혁	민기
점수(점)	92	92	96	92

9 지영이네 모둠 학생들의 수학 점수의 평균은 몇 점인가요?

( )

10 경민이가 지영이네 모둠이 되었습니다. 경민이의 수학 점수가 88점일 때, 경민이의 점수를 포함한 지영이네 모둠 학생들의 수학 점수의 평균은 몇 점인가요?

( )

11 100원짜리 동전만 2개 들어 있는 주머니에서 동전 1개를 꺼낼 때 꺼낸 동전이 500원짜리 동전일 가능성을 수로 표현해 보세요.

( )

12 224쪽짜리 소설책을 일주일 동안 다 읽으려면 하루에 평균 몇 쪽씩 읽어야 하나요?

( )

13 예은이가 ○× 문제를 풀고 있습니다. ×라고 답했을 때, 정답을 맞혔을 가능성을 말과 수로 표현해 보세요.

말 ____________________

수 ____________________

[14~15] **회전판 돌리기를 하고 있습니다. 물음에 답하세요.**

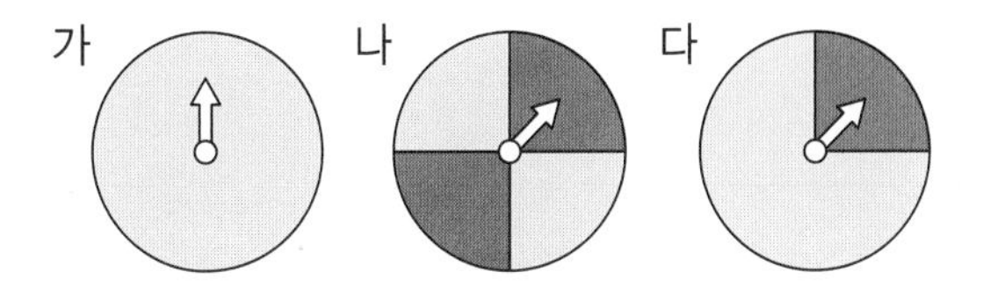

14 일이 일어날 가능성을 생각해 보고, 알맞게 표현한 친구를 찾아 이름을 쓰세요.

> 민재: 회전판 가에서 화살이 빨간색에 멈출 가능성은 '확실하다'입니다.
> 지안: 회전판 나에서 화살이 노란색에 멈출 가능성은 '반반이다'입니다.
> 서아: 회전판 다에서 화살이 노란색에 멈출 가능성은 '반반이다'입니다.

( )

15 회전판 나와 다 중 화살이 노란색에 멈출 가능성이 더 높은 회전판의 기호를 쓰세요.

( )

16 주머니에서 공을 1개 꺼낼 때 일이 일어날 가능성이 '불가능하다'인 경우의 기호를 쓰고, 가능성이 '확실하다'가 되도록 바꿔 보세요.

㉠ 빨간색 공 3개, 노란색 공 3개가 들어 있는 주머니에게 꺼낸 공은 빨간색일 것입니다.
㉡ 노란색 공 5개가 들어 있는 주머니에서 꺼낸 공은 파란색일 것입니다.

( )

바꾸기 ____________________

____

____

17 수민이네 모둠과 지수네 모둠의 왕복 오래달리기 기록을 나타낸 표입니다. 어느 모둠의 기록이 더 좋다고 할 수 있나요?

수민이네 모둠의 왕복 오래달리기 기록

이름	수민	혜지	민주	광호
기록(회)	10	6	11	9

지수네 모둠의 왕복 오래달리기 기록

이름	지수	수정	민찬	세혁	은경
기록(회)	6	8	7	11	8

( ) 모둠

[18~19] 서우네 모둠과 지후네 모둠의 스마트폰 사용 시간을 조사하여 나타낸 표입니다. 물음에 답하세요.

서우네 모둠

이름	시간(분)
서우	24
초롬	35
우진	23
호경	28
원규	25

지후네 모둠

이름	시간(분)
지후	34
은미	
민승	26
다희	27

18 서우네 모둠의 스마트폰 사용 시간의 평균은 몇 분인가요?

( )

19 지후네 모둠의 스마트폰 사용 시간의 평균이 서우네 모둠과 같을 때, 은미의 스마트폰 사용 시간은 몇 분인지 구하세요.

( )

20 주사위 한 개를 굴려서 나온 눈의 수가 홀수일 가능성과 화살이 빨간색에 멈출 가능성이 같도록 회전판을 색칠해 보세요.

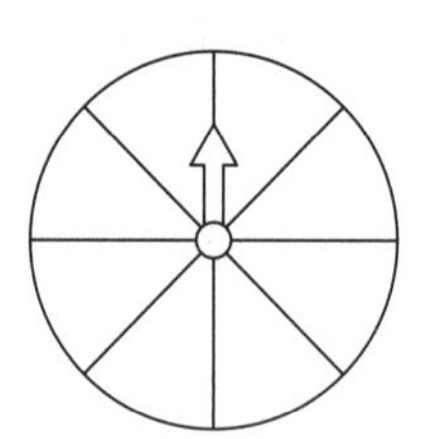

19. (평균)=(자료의 값을 모두 더한 수)÷(자료의 수)
➔ (자료의 값을 모두 더한 수)=(평균)×(자료의 수)

배움으로 행복한 내일을 꿈꾸는

천재교육 커뮤니티 안내

교재 안내부터 구매까지 한 번에!

천재교육 홈페이지

자사가 발행하는 참고서, 교과서에 대한 소개는 물론
도서 구매도 할 수 있습니다. 회원에게 지급되는 별을 모아
다양한 상품 응모에도 도전해 보세요!

다양한 교육 꿀팁에 깜짝 이벤트는 덤!

천재교육 인스타그램

천재교육의 새롭고 중요한 소식을 가장 먼저 접하고 싶다면?
천재교육 인스타그램 팔로우가 필수!
깜짝 이벤트도 수시로 진행되니 놓치지 마세요!

수업이 편리해지는

천재교육 ACA 사이트

오직 선생님만을 위한, 천재교육 모든 교재에 대한 정보가 담긴
아카 사이트에서는 다양한 수업자료 및 부가 자료는 물론
시험 출제에 필요한 문제도 다운로드하실 수 있습니다.

https://aca.chunjae.co.kr

천재교육을 사랑하는 샘들의 모임

천사샘

학원 강사, 공부방 선생님이시라면 누구나 가입할 수 있는 천사샘!
교재 개발 및 평가를 통해 교재 검토진으로 참여할 수 있는 기회는 물론
다양한 교사용 교재 증정 이벤트가 선생님을 기다립니다.

아이와 함께 성장하는 학부모들의 모임공간

튠맘 학습연구소

튠맘 학습연구소는 초·중등 학부모를 대상으로 다양한 이벤트와 함께
교재 리뷰 및 학습 정보를 제공하는 네이버 카페입니다.
초등학생, 중학생 자녀를 둔 학부모님이라면 튠맘 학습연구소로 오세요!

천재교육의 주요 교재를 소개합니다.

#차원이_다른_클라쓰
#강의전문교재
#초등교재

수학교재

●수학리더 시리즈

- 수학리더 [연산] 예비초~6학년/A·B단계
- 수학리더 [개념] 1~6학년/학기별
- 수학리더 [기본] 1~6학년/학기별
- 수학리더 [유형] 1~6학년/학기별
- 수학리더 [기본+응용] 1~6학년/학기별
- 수학리더 [응용·심화] 1~6학년/학기별

신간 수학리더 [최상위] 3~6학년/학기별

●독해가 힘이다 시리즈 *문제해결력

- 수학도 독해가 힘이다 1~6학년/학기별

신간 초등 문해력 독해가 힘이다 문장제 수학편 1~6학년/단계별

●수학의 힘 시리즈

신간 수학의 힘 1~2학년/학기별

- 수학의 힘 알파[실력] 3~6학년/학기별
- 수학의 힘 베타[유형] 3~6학년/학기별

●Go! 매쓰 시리즈

- Go! 매쓰(Start) *교과서 개념 1~6학년/학기별
- Go! 매쓰(Run A/B/C) *교과서+사고력 1~6학년/학기별
- Go! 매쓰(Jump) *유형 사고력 1~6학년/학기별

●계산박사 1~12단계

●수학 더 익힘 1~6학년/학기별

월간교재

●NEW 해법수학 1~6학년

●해법수학 단원평가 마스터 1~6학년/학기별

●월간 무등생평가 1~6학년

전과목교재

●리더 시리즈

- 국어 1~6학년/학기별
- 사회 3~6학년/학기별
- 과학 3~6학년/학기별

검정 교과서 완벽 반영

수학리더 개념

보충 문제집

BOOK 2

5-2

리더가 되기 위한 **공부 비법**

연산 → 문장제 학습
연산·기초 드릴
+ 문장 읽고 식 세우기

성취도 평가
단원별 실력 체크

천재교육

보충 문제집 포인트 3가지

- 문장으로 이어지는 연산 학습
- 기초력 집중 연습을 통해 기초를 튼튼하게
- 성취도 평가 문제를 풀면서 실력 체크

1 단원 · 문장으로 이어지는 기초 학습

▶ 정답과 해설 31쪽

이상과 이하 / 초과와 미만

[1~4] 주어진 범위에 속하는 수를 모두 찾아 쓰세요.

1 8 이상인 수

2　7　20　8　10

(　　　　　　　　)

2 20 미만인 수

28　19　20　11　32

(　　　　　　　　)

3 34 초과인 수

35　24　34　58　19

(　　　　　　　　)

4 45 이하인 수

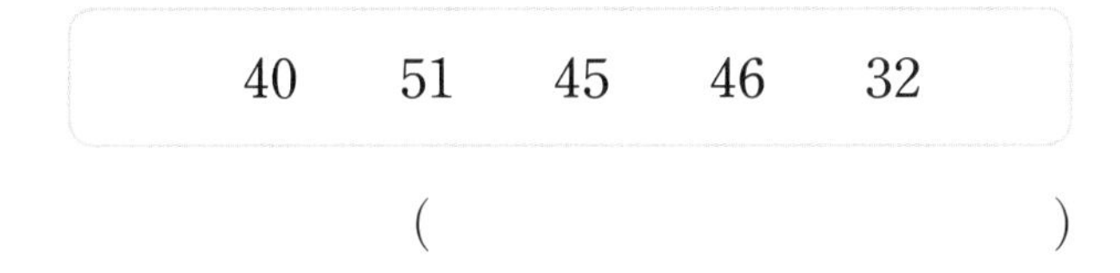

40　51　45　46　32

(　　　　　　　　)

[5~8] 수의 범위를 수직선에 나타내 보세요.

5 23 이하인 수

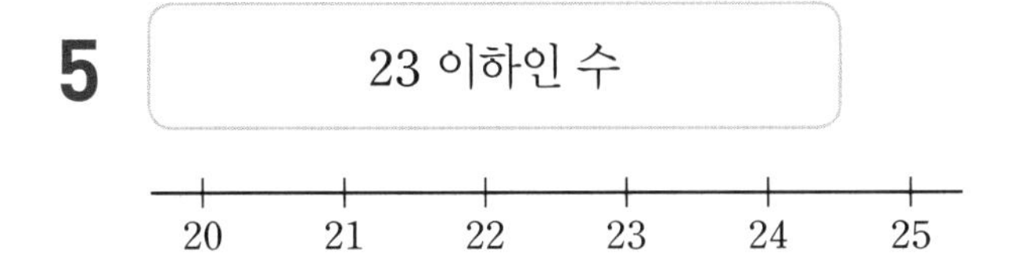

6 55 초과인 수

53　54　55　56　57　58

7 6.5 이상인 수

6.3　6.4　6.5　6.6　6.7　6.8

8 9.2 미만인 수

9.0　9.1　9.2　9.3　9.4　9.5

[9~10] 수직선에 나타낸 수의 범위를 쓰세요.

9

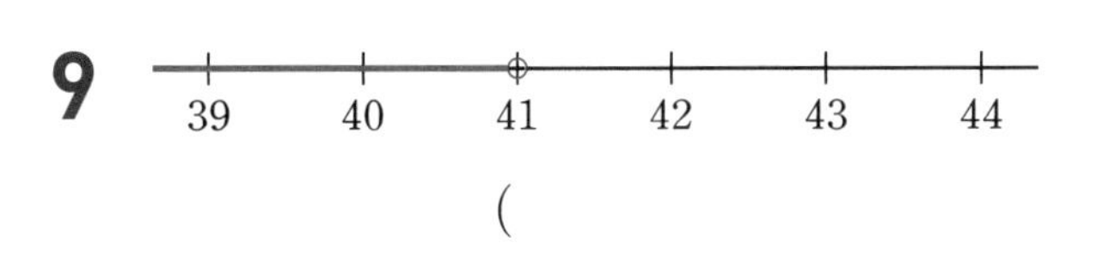

(　　　　　　　　)

10

83　84　85　86　87　88

(　　　　　　　　)

수의 범위를 활용하여 문제 해결하기

[1~4] 주어진 범위에 속하는 수를 모두 찾아 쓰세요.

1 9 이상 12 이하인 수

8　10　9　15　12

(　　　　　　　　)

2 23 초과 30 미만인 수

17　25　29　23　30

(　　　　　　　　)

3 42 초과 52 이하인 수

42　43　51　57　52

(　　　　　　　　)

4 75 이상 81 미만인 수

84　75　80　81　76

(　　　　　　　　)

[5~8] 수의 범위를 수직선에 나타내 보세요.

5

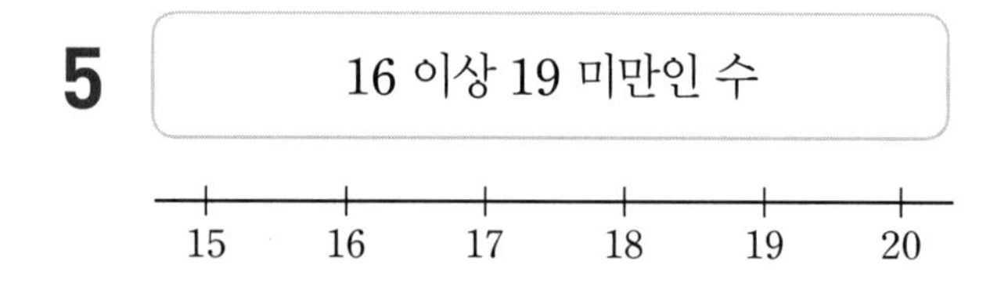

6 36 초과 38 미만인 수

34　35　36　37　38　39

7

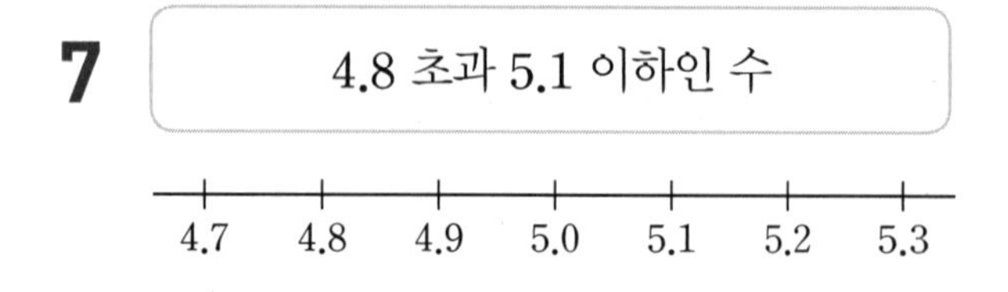

8

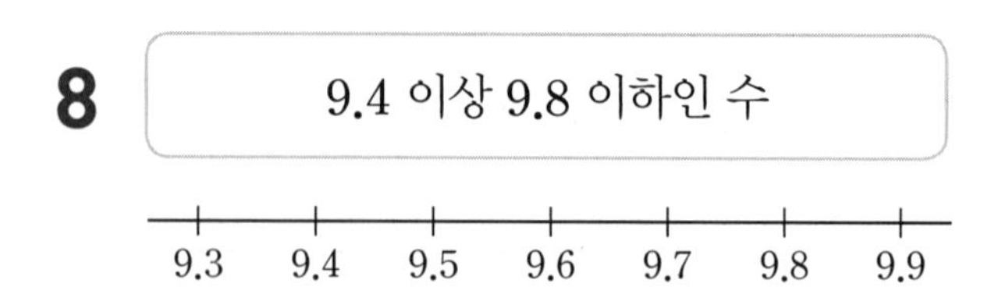

기초 → 문장제

18 이상 22 미만인 자연수는 모두 몇 개인가요?

답 ____________

▶ 정답과 해설 31쪽

올림 / 버림

[1~4] 수를 올림하여 주어진 자리까지 나타내 보세요.

1

수	십의 자리	백의 자리
315		

2

수	십의 자리	백의 자리
1755		

3

수	백의 자리	천의 자리
4320		

4

수	백의 자리	천의 자리
30127		

[5~8] 수를 버림하여 주어진 자리까지 나타내 보세요.

5

수	십의 자리	백의 자리
432		

6

수	십의 자리	백의 자리
2152		

7

수	백의 자리	천의 자리
8762		

8

수	백의 자리	천의 자리
52643		

[9~12] 소수를 어림하여 주어진 자리까지 나타내 보세요.

9 1.73을 올림하여 소수 첫째 자리까지

( )

10 2.45를 버림하여 소수 첫째 자리까지

( )

11 4.513을 올림하여 소수 둘째 자리까지

( )

12 8.186을 버림하여 소수 둘째 자리까지

( )

▶ 정답과 해설 32쪽

반올림 / 올림, 버림, 반올림을 활용하여 문제 해결하기

[1~4] 수를 반올림하여 주어진 자리까지 나타내 보세요.

1

수	십의 자리	백의 자리
564		

2

수	십의 자리	백의 자리
2518		

3

수	백의 자리	천의 자리
3094		

4

수	백의 자리	천의 자리
23548		

[5~6] 소수를 어림하여 주어진 자리까지 나타내 보세요.

5 1.635를 반올림하여 소수 첫째 자리까지

(　　　　　　)

6 6.829를 반올림하여 소수 둘째 자리까지

(　　　　　　)

[7~9] 올림, 버림, 반올림 중 어떤 방법으로 어림할지 ○표 하고, 답을 구하세요.

7 5670원짜리 세제를 사고 1000원짜리 지폐로만 세제값을 내려고 합니다. 최소 얼마를 내야 하나요?

올림　　버림　　반올림

(　　　　　　)

8 포도 135송이를 10송이씩 상자에 담아 포장하려고 합니다. 최대 몇 송이까지 포장할 수 있나요?

올림　　버림　　반올림

(　　　　　　)

9 무게가 8.7 kg인 수박의 무게를 1 kg 단위로 가까운 쪽의 눈금을 읽으면 몇 kg인가요?

올림　　버림　　반올림

(　　　　　　)

맞힌 문제 수 개/15개

▶ 정답과 해설 32쪽

1 36 이상인 수에 ○표 하고, 36 이하인 수에 △표 하세요.

33 34 35 36 37 38 39

2 2518을 버림하여 백의 자리까지 나타낸 수는 어느 것인가요? ·································· (   )

① 2000 ② 2600 ③ 2500
④ 2510 ⑤ 3000

[3~4] 은채네 모둠 학생들의 줄넘기 횟수를 조사하여 나타낸 표입니다. 물음에 답하세요.

은채네 모둠 학생들의 줄넘기 횟수

이름	은채	윤호	소정	은서
횟수(회)	128	113	125	126

3 줄넘기 횟수가 125회 초과인 학생의 횟수를 모두 쓰세요.

(   )

4 줄넘기 횟수가 125회 미만인 학생의 횟수를 쓰세요.

(   )

5 수를 올림하여 주어진 자리까지 나타내 보세요.

수	십의 자리	백의 자리
436		

6 수의 범위를 수직선에 나타내 보세요.

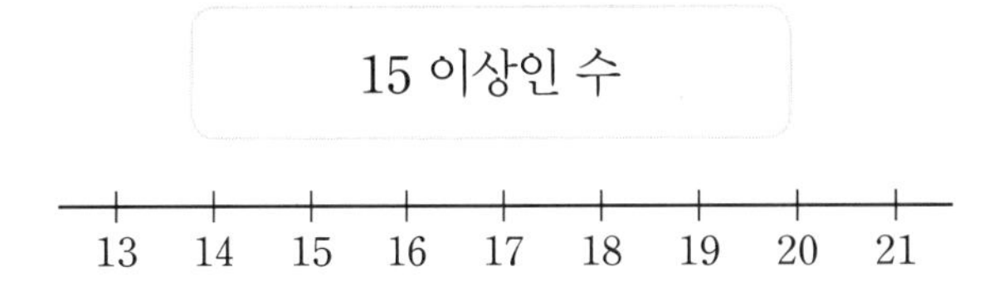

7 반올림하여 백의 자리까지 나타내면 3800이 되는 수에 모두 ○표 하세요.

3860 3800 3719 3754 3812

8 □ 안에 어림한 수를 써넣고 어림한 수의 크기를 비교하여 ○ 안에 >, =, <를 알맞게 써넣으세요.

372를 버림하여 백의 자리까지 나타낸 수
➜ □

○

363을 올림하여 십의 자리까지 나타낸 수

▶ 정답과 해설 32쪽

9 클립의 길이는 몇 cm인지 반올림하여 일의 자리까지 나타내 보세요.

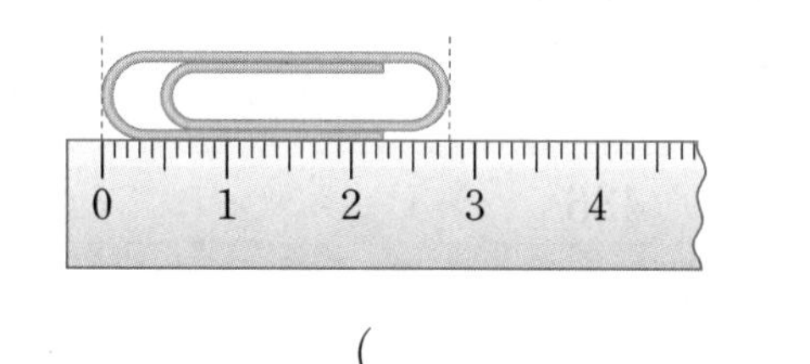

(　　　　　　　　　　)

10 수직선에 나타낸 수의 범위에 속하는 자연수는 모두 몇 개인가요?

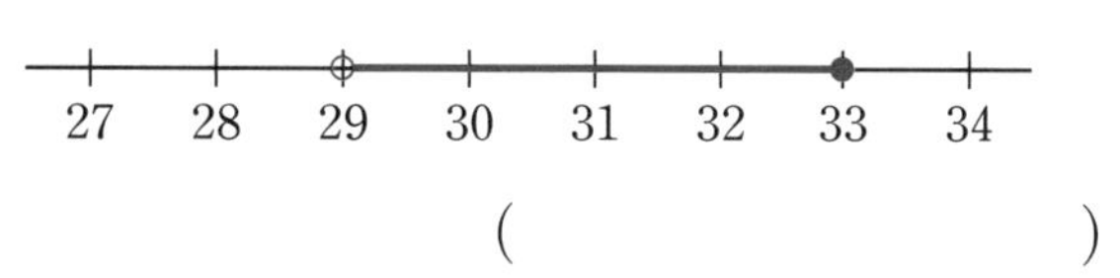

(　　　　　　　　　　)

11 현우네 학교 남자 태권도 선수들의 몸무게와 체급별 몸무게를 나타낸 표입니다. 은호가 속한 체급의 몸무게 범위를 수직선에 나타내 보세요.

현우네 학교 남자 태권도 선수들의 몸무게

이름	현우	유진	도현	은호
몸무게(kg)	34.5	36.0	36.4	33.8

체급별 몸무게(초등학교 남학생용)

체급	몸무게(kg)
핀급	32 이하
플라이급	32 초과 34 이하
밴텀급	34 초과 36 이하
페더급	36 초과 39 이하
라이트급	39 초과

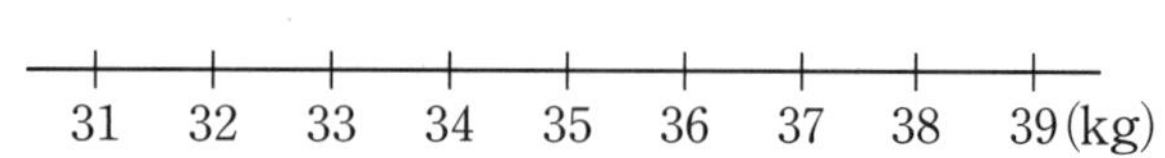

12 한 번에 최대 100명씩 탈 수 있는 코끼리 열차가 있습니다. 756명이 모두 타려면 코끼리 열차는 최소 몇 번 운행해야 하나요?

(　　　　　　　　　　)

13 공장에서 젤리를 2738봉지 만들었습니다. 한 상자에 10봉지씩 담아서 판다면 팔 수 있는 젤리는 최대 몇 상자인가요?

(　　　　　　　　　　)

14 □ 안에 들어갈 수 있는 일의 자리 숫자를 모두 구하세요.

이 수를 반올림하여 십의 자리까지 나타내면 6730이에요.

(　　　　　　　　　　)

15 올림하여 백의 자리까지 나타내면 8700이 되는 자연수 중에서 가장 큰 수를 쓰세요.

(　　　　　　　　　　)

▶ 정답과 해설 33쪽

(진분수)×(자연수), (대분수)×(자연수)

[1~10] 계산해 보세요.

1 $\frac{3}{4}\times 3$

2 $\frac{5}{6}\times 5$

3 $\frac{5}{12}\times 8$

4 $\frac{9}{14}\times 4$

5 $\frac{5}{8}\times 12$

6 $\frac{11}{16}\times 8$

7 $1\frac{1}{3}\times 5$

8 $2\frac{3}{5}\times 4$

9 $1\frac{3}{8}\times 6$

10 $2\frac{1}{6}\times 10$

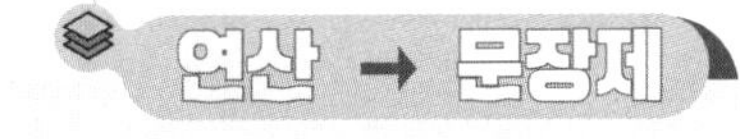

한 개의 무게가 $1\frac{3}{8}$ kg인 나무 막대가 6개 있습니다.
나무 막대 6개의 무게는 모두 몇 kg인가요?

식 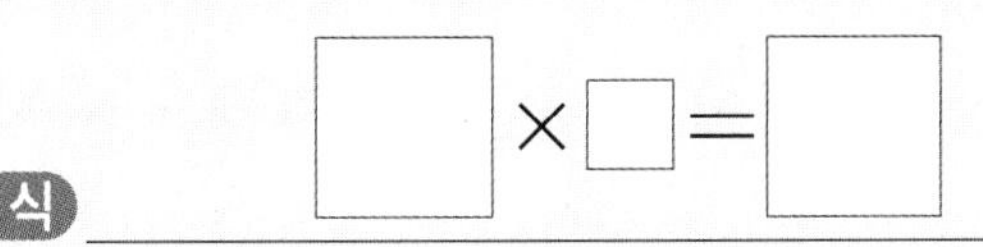

답 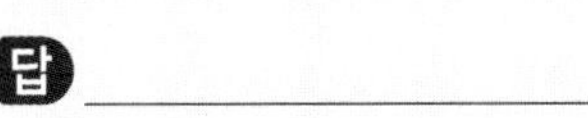

2 단원 · 문장으로 이어지는 연산 학습

(자연수)×(진분수), (자연수)×(대분수)

[1~10] 계산해 보세요.

1 $3\times\frac{7}{10}$

2 $2\times\frac{2}{9}$

3 $4\times\frac{2}{3}$

4 $12\times\frac{3}{8}$

5 $6\times\frac{9}{14}$

6 $9\times\frac{5}{12}$

7 $4\times1\frac{1}{3}$

8 $5\times1\frac{2}{7}$

9 $6\times2\frac{3}{4}$

10 $12\times1\frac{5}{6}$

연산 → 문장제

가로가 6 cm이고, 세로가 $2\frac{3}{4}$ cm인 직사각형이 있습니다.
이 직사각형의 넓이는 몇 cm^2인가요?

식 $\square\times\square=\square$

답 ____________

▶ 정답과 해설 33쪽

진분수의 곱셈(1), (2)

[1~10] 계산해 보세요.

1 $\frac{1}{6}\times\frac{1}{7}$

2 $\frac{1}{3}\times\frac{1}{9}$

3 $\frac{3}{4}\times\frac{1}{6}$

4 $\frac{8}{9}\times\frac{1}{4}$

5 $\frac{5}{9}\times\frac{2}{7}$

6 $\frac{4}{7}\times\frac{5}{8}$

7 $\frac{3}{8}\times\frac{4}{9}$

8 $\frac{1}{4}\times\frac{2}{5}\times\frac{5}{8}$

9 $\frac{2}{3}\times\frac{9}{10}$

10 $\frac{7}{12}\times\frac{11}{14}\times\frac{1}{2}$

연산 → 문장제

주스가 $\frac{2}{3}$ L 있었는데 혜림이가 주스의 $\frac{9}{10}$를 마셨습니다.
혜림이가 마신 주스는 몇 L인가요?

식 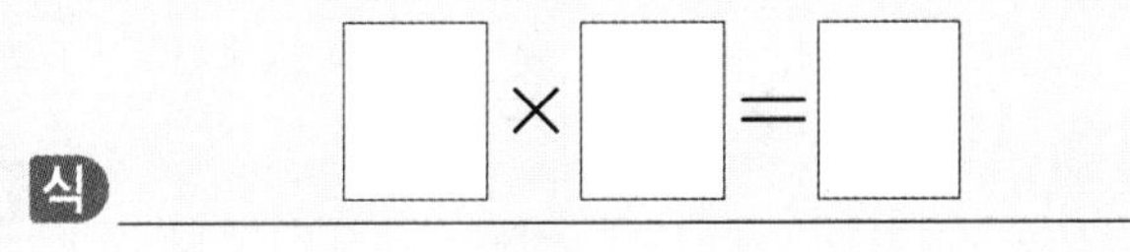 답

▶ 정답과 해설 33쪽

대분수가 있는 곱셈

[1~10] 계산해 보세요.

1 $2\frac{3}{5}\times1\frac{1}{2}$

2 $1\frac{1}{6}\times1\frac{2}{7}$

3 $2\frac{3}{4}\times2\frac{2}{11}$

4 $1\frac{5}{8}\times2\frac{2}{3}$

5 $3\frac{3}{4}\times1\frac{1}{6}$

6 $2\frac{2}{7}\times1\frac{5}{9}$

7 $\frac{4}{7}\times1\frac{2}{5}$

8 $\frac{3}{10}\times2\frac{2}{5}$

9 $3\frac{3}{5}\times\frac{7}{9}$

10 $1\frac{5}{6}\times\frac{4}{11}$

연산 → 문장제

지아의 책가방 무게는 $3\frac{3}{5}$ kg이고, 예빈이의 책가방 무게는 지아의 책가방 무게의 $\frac{7}{9}$배입니다. 예빈이의 책가방 무게는 몇 kg인가요?

식 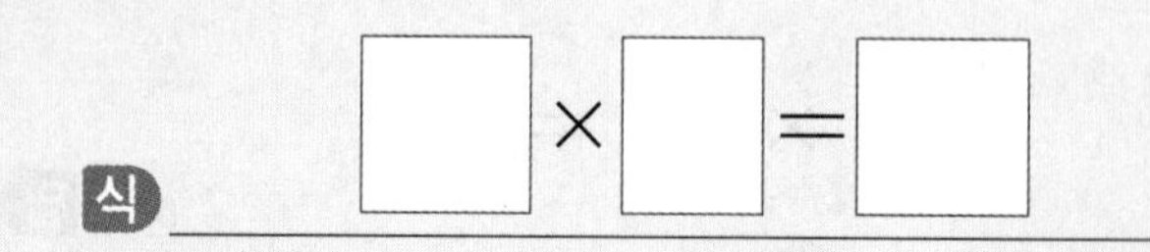

답

2 단원 • 성취도 평가

맞힌 문제 수 개/15개

▶ 정답과 해설 34쪽

1 그림을 보고 알맞게 이야기한 친구를 모두 찾아 ○표 하세요.

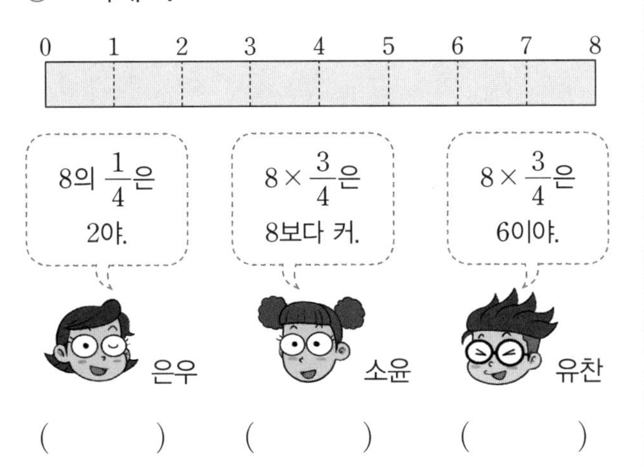

( ) ( ) ( )

2 그림을 보고 □ 안에 알맞은 수를 써넣으세요.

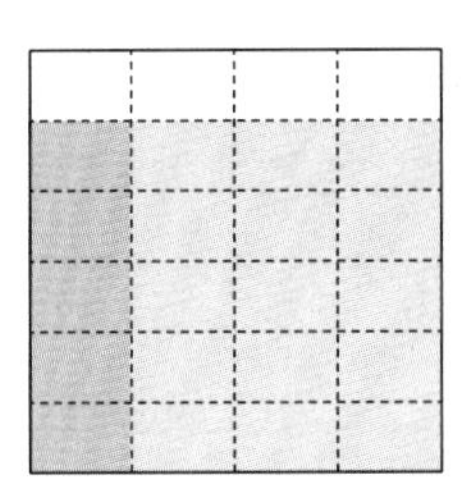

$$\frac{5}{6}\times\frac{1}{4}=\frac{5\times\square}{6\times\square}=\frac{\square}{\square}$$

[3~4] 계산해 보세요.

3 $\frac{7}{24}\times 6$

4 $14\times\frac{2}{7}$

5 보기 와 같은 방법으로 계산해 보세요.

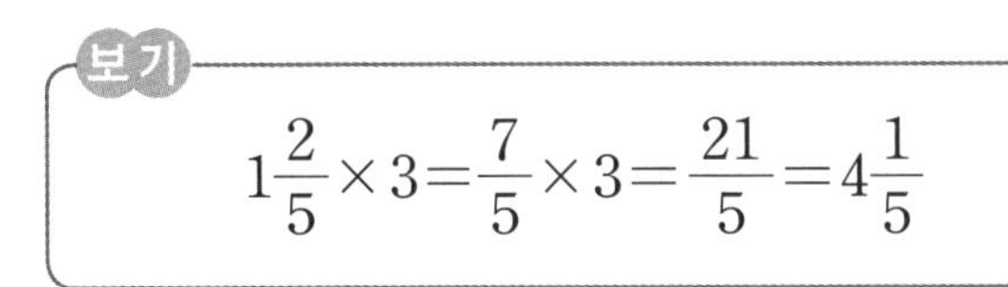

$2\frac{1}{3}\times 5$ ____________

6 빈칸에 알맞은 수를 써넣으세요.

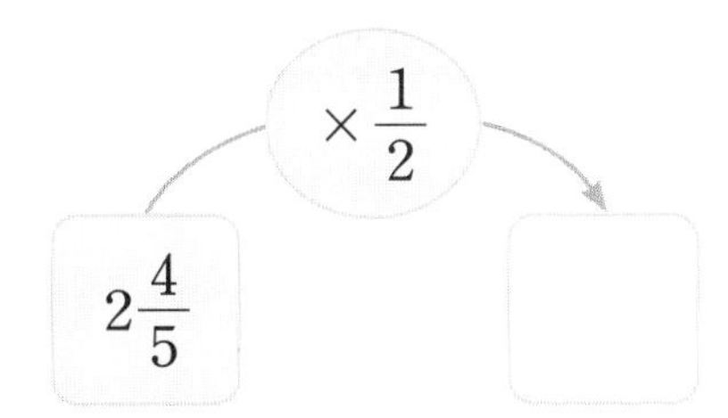

7 계산 결과를 찾아 이어 보세요.

$10\times\frac{3}{5}$ •　　　　• 6

$12\times\frac{2}{3}$ •　　　　• 7

　　　　　　　　　　• 8

8 세 분수의 곱을 구하세요.

$\frac{5}{7}$　$\frac{1}{6}$　$\frac{3}{5}$

( )

▶ 정답과 해설 34쪽

9 설명하는 수를 구하세요.

$2\frac{4}{5}$의 $1\frac{3}{7}$배인 수

(　　　　　　)

10 계산 결과의 크기를 비교하여 ○ 안에 >, =, <를 알맞게 써넣으세요.

$\frac{2}{3}\times\frac{1}{2}$ ○ $\frac{2}{3}\times\frac{1}{4}$

11 계산 결과가 3보다 큰 식에 ○표, 3보다 작은 식에 △표 하세요.

$3\times1\frac{4}{5}$	$3\times\frac{1}{4}$	$3\times\frac{5}{6}$
(　　)	(　　)	(　　)

12 바르게 설명한 것을 찾아 기호를 쓰세요.

㉠ 1시간의 $\frac{1}{3}$은 30분입니다.

㉡ 1 m의 $\frac{1}{5}$은 20 cm입니다.

(　　　　　　)

13 한 병에 $\frac{7}{8}$ L씩 들어 있는 음료수가 6병 있습니다. 음료수는 모두 몇 L인가요?

(　　　　　　)

14 (　　) 안의 수 중에서 □ 안에 들어갈 수 있는 수를 모두 찾아 ○표 하세요.

$6\times1\frac{1}{3}>$□

(6 , 7 , 8 , 9 , 10)

15 정사각형 가와 직사각형 나가 있습니다. 가와 나 중 어느 것의 넓이가 더 넓은가요?

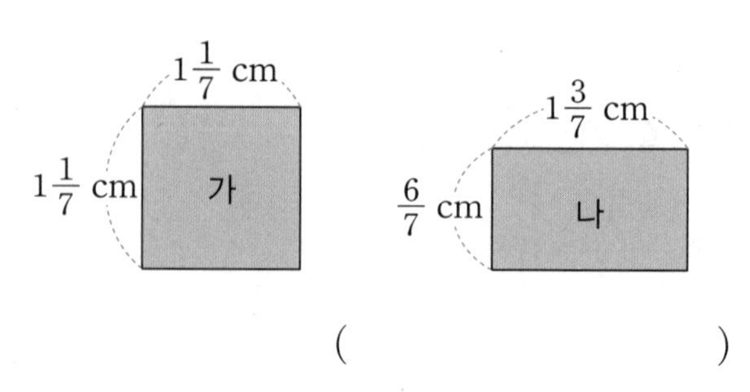

(　　　　　　)

▶ 정답과 해설 34쪽

도형의 합동 / 합동인 도형의 성질

[1~2] 왼쪽 도형과 서로 합동이 되도록 오른쪽 도형을 완성해 보세요.

1

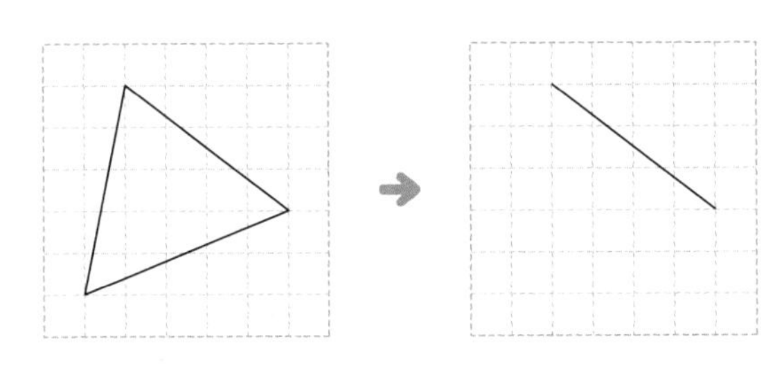

2

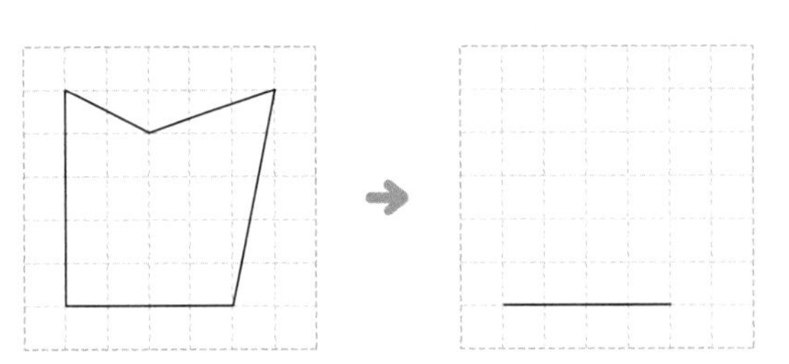

[3~4] 도형을 점선을 따라 잘랐을 때 잘라 낸 도형 중 서로 합동인 도형을 모두 찾아 기호를 쓰세요.

3

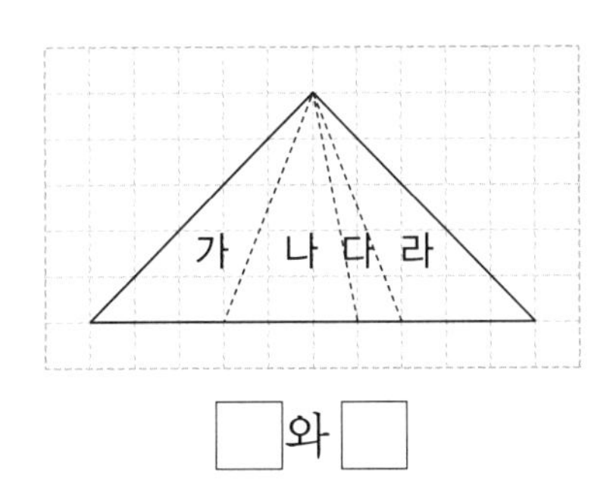

□와 □

4

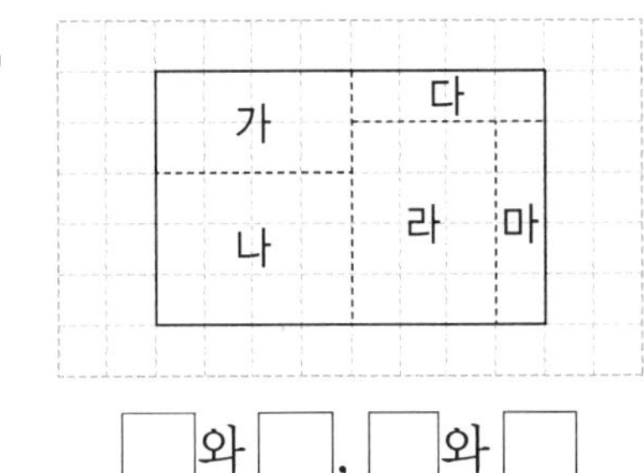

□와 □, □와 □

[5~8] 두 도형은 서로 합동입니다. □ 안에 알맞은 수를 써넣으세요.

5

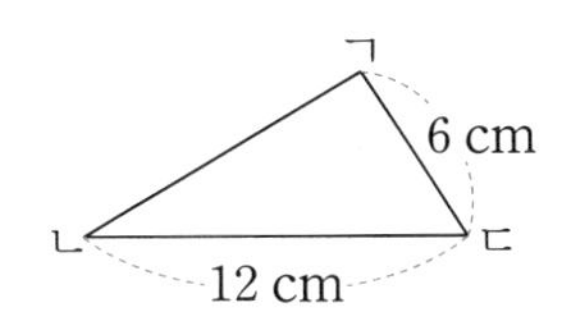

ㄹ 10 cm ㅁ ㅂ □ cm

6

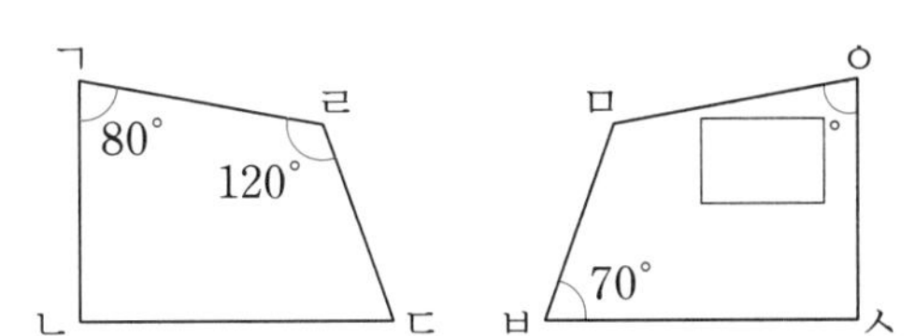

7

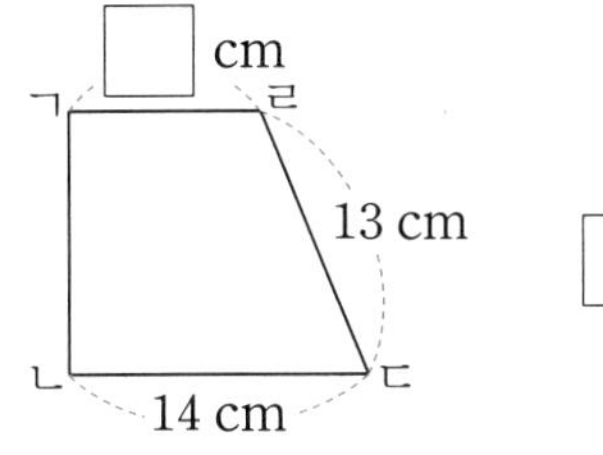

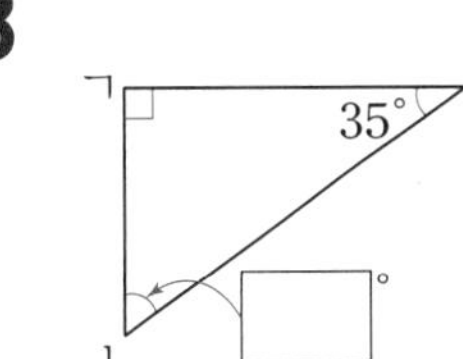

8

ㄱ 35° ㄷ ㄴ □°

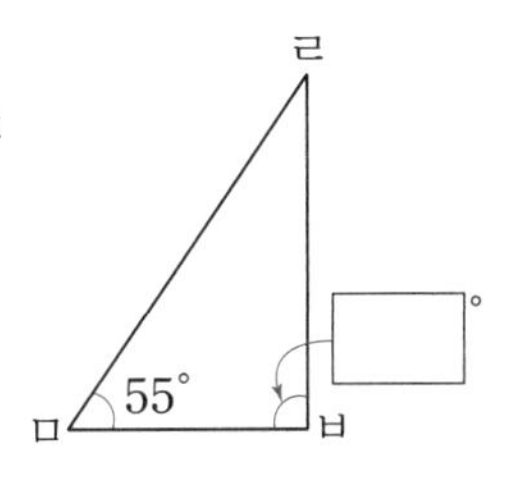

3 단원 기초력 집중 연습

선대칭도형 / 선대칭도형의 성질

[1~2] 선대칭도형을 모두 찾아 기호를 쓰세요.

1

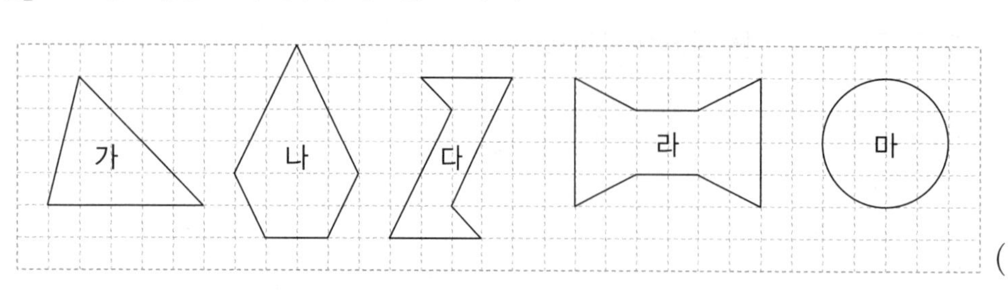

(　　　　　　　　　　)

2

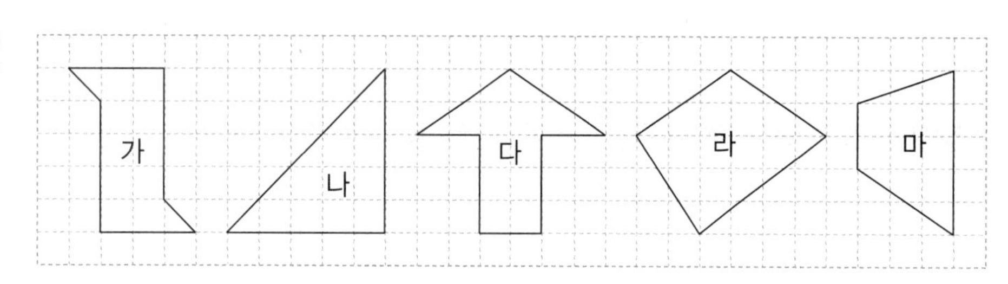

(　　　　　　　　　　)

[3~5] 선대칭도형입니다. 대칭축을 모두 찾아 그려 보세요.

3

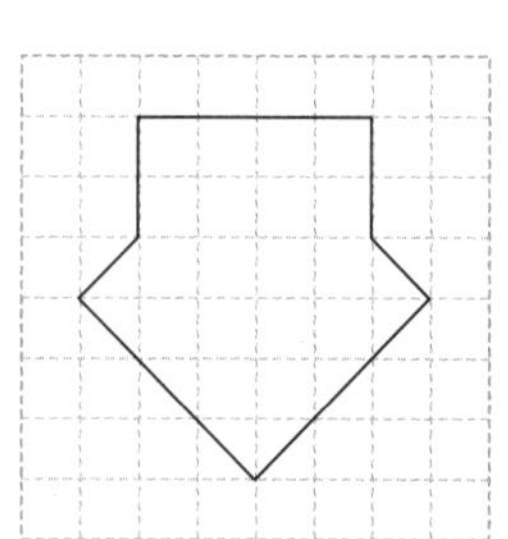

4

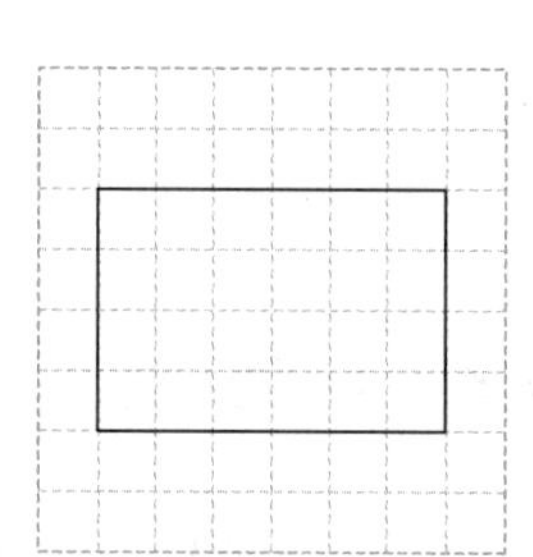

5

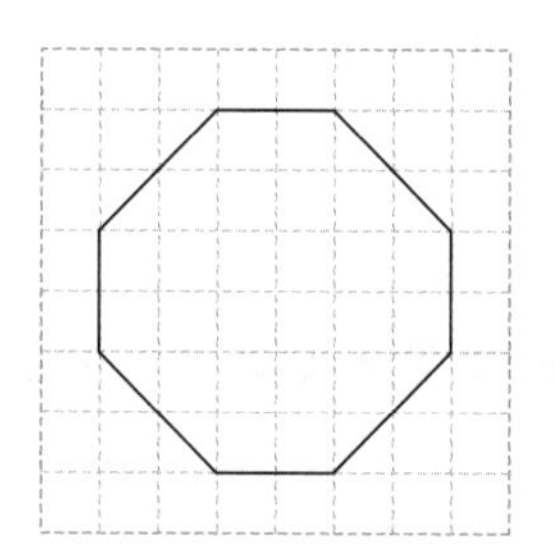

[6~8] 직선 ㄱㄴ을 대칭축으로 하는 선대칭도형입니다. □ 안에 알맞은 수를 써넣으세요.

6

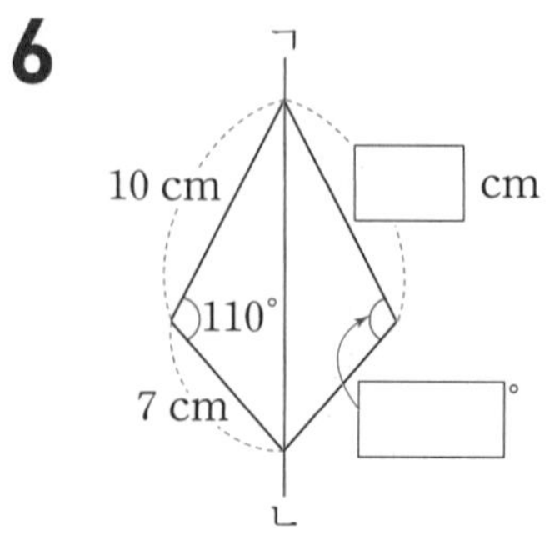

7

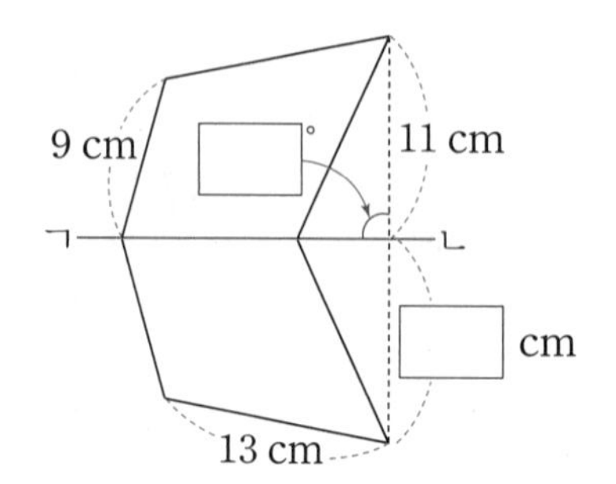

8

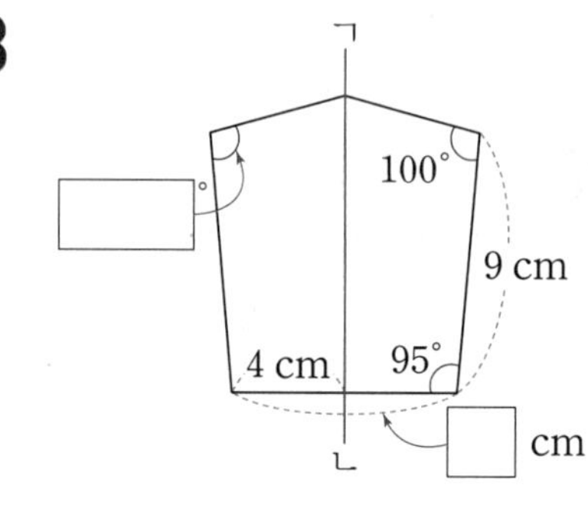

▶ 정답과 해설 34쪽

점대칭도형 / 점대칭도형의 성질

[1~2] 점대칭도형을 모두 찾아 기호를 쓰세요.

1

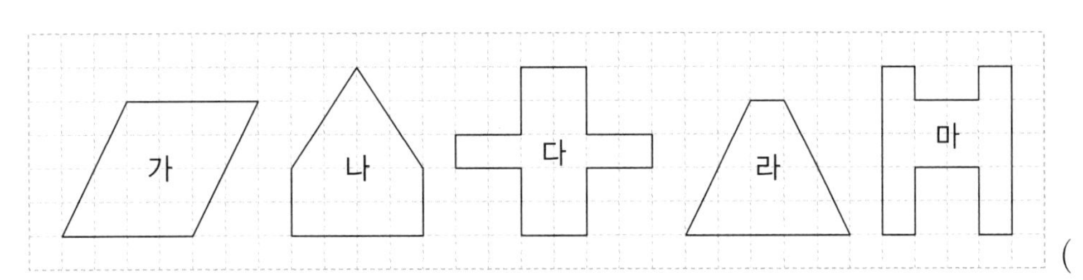

( )

2

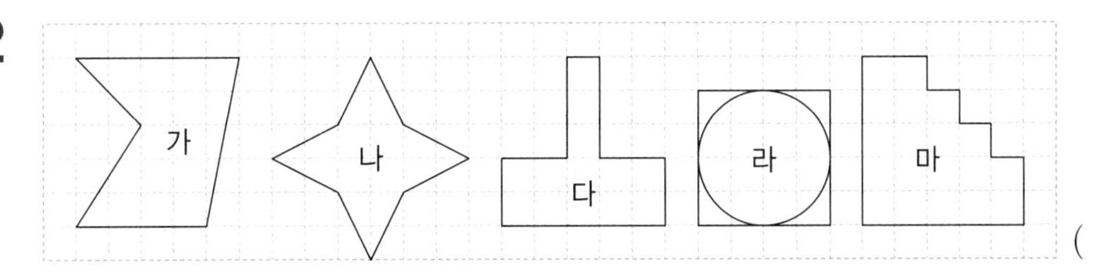

( )

[3~5] 점대칭도형입니다. 대칭의 중심을 찾아 점(•)으로 표시해 보세요.

3

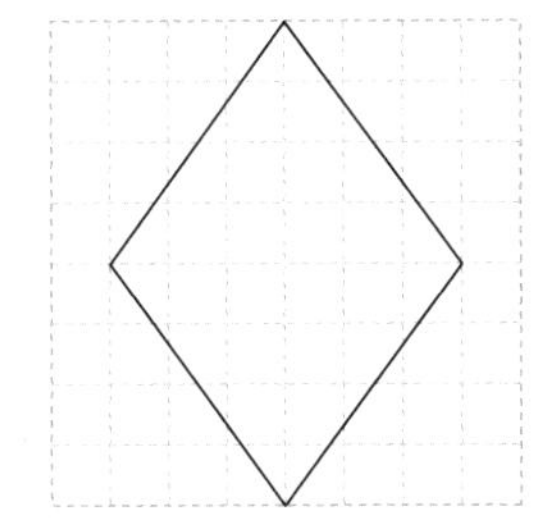

4

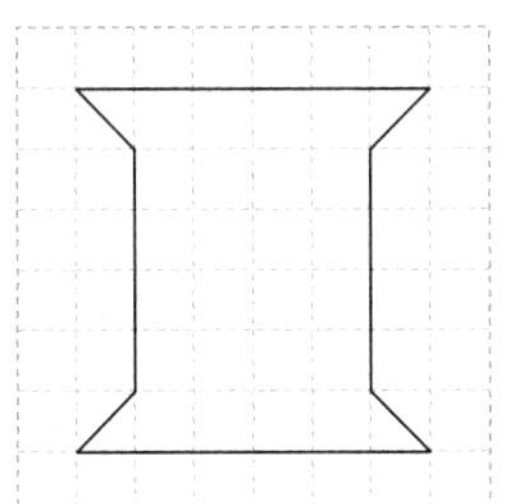

5

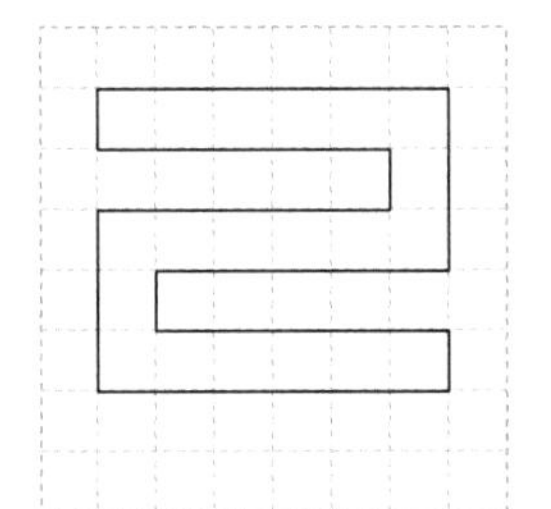

[6~8] 점 ㅇ을 대칭의 중심으로 하는 점대칭도형입니다. □ 안에 알맞은 수를 써넣으세요.

6

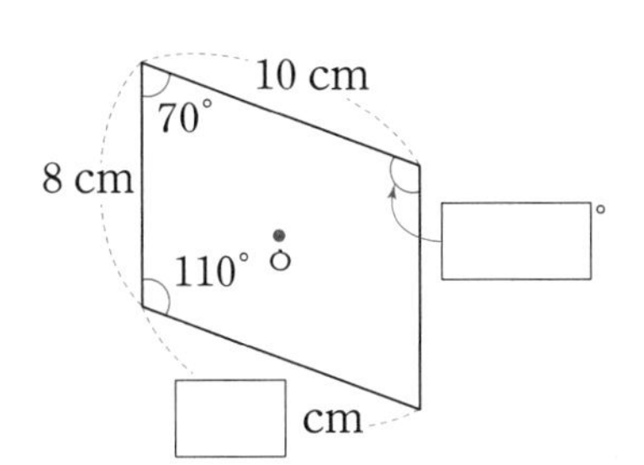

7

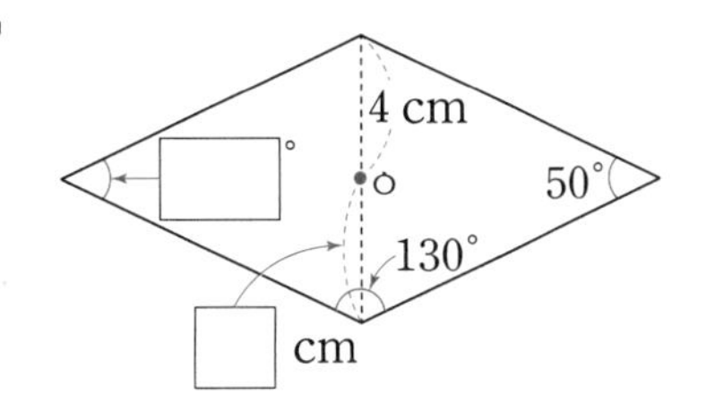

8

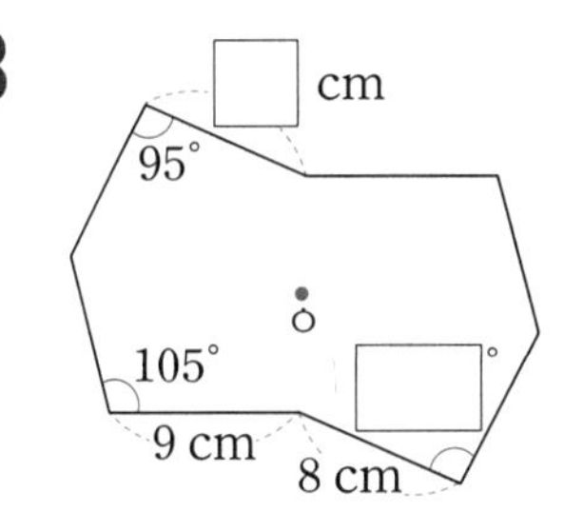

▶ 정답과 해설 35쪽

선대칭도형 그리기 / 점대칭도형 그리기

[1~4] 직선 ㄱㄴ을 대칭축으로 하는 선대칭도형을 완성해 보세요.

1

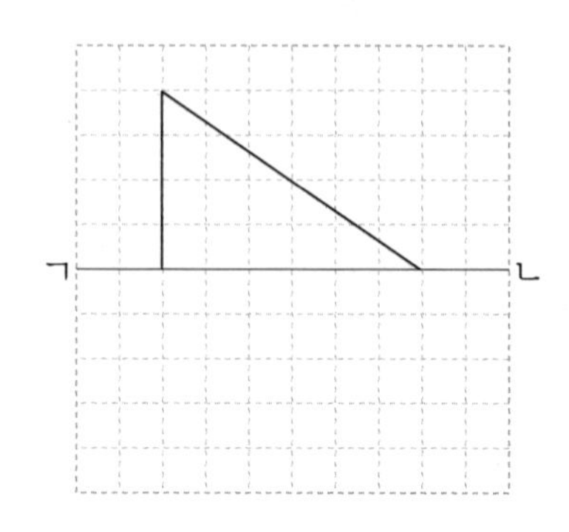

2

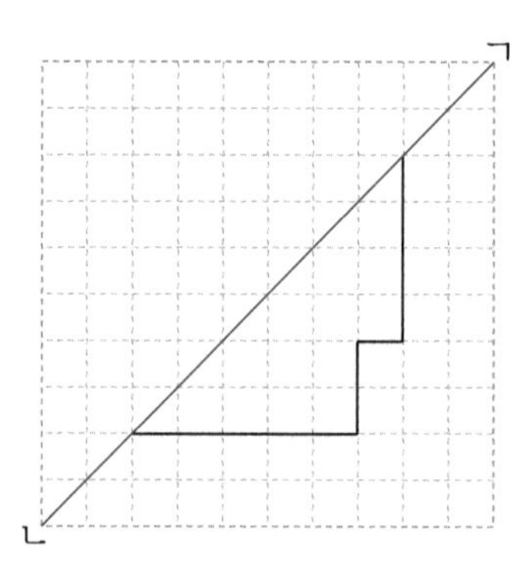

3

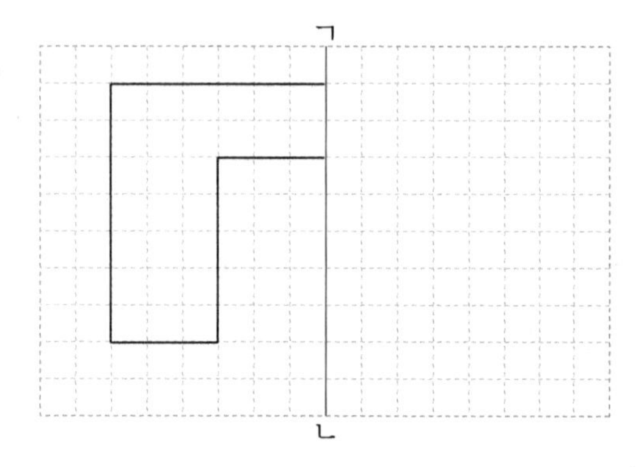

4

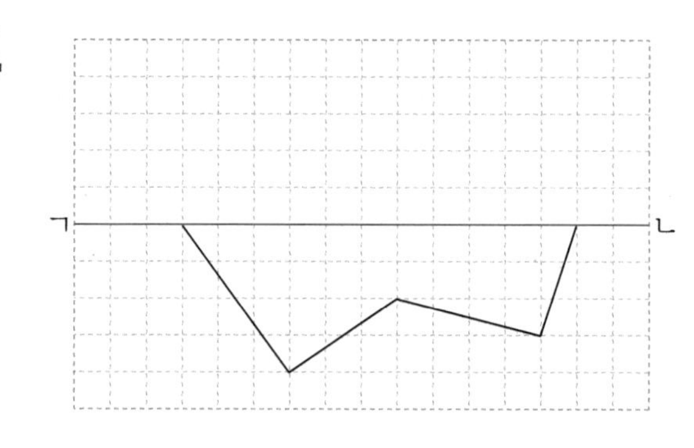

[5~8] 점 ㅇ을 대칭의 중심으로 하는 점대칭도형을 완성해 보세요.

5

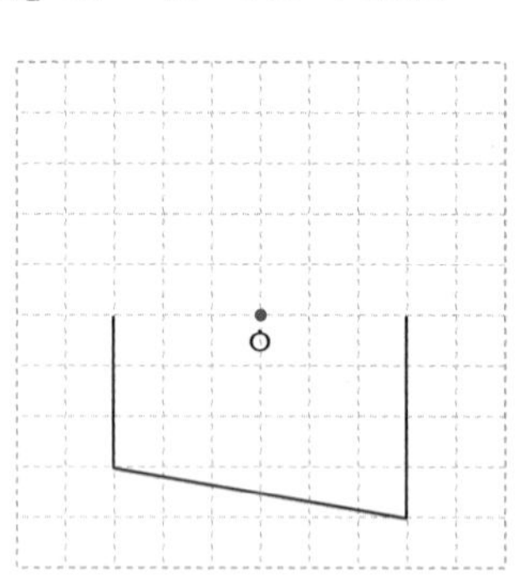

6

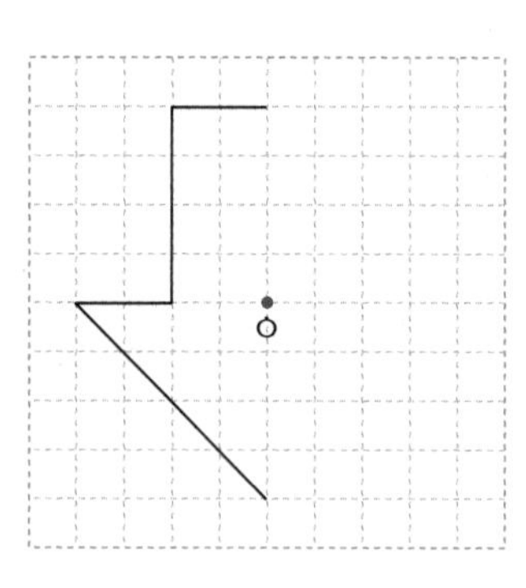

7

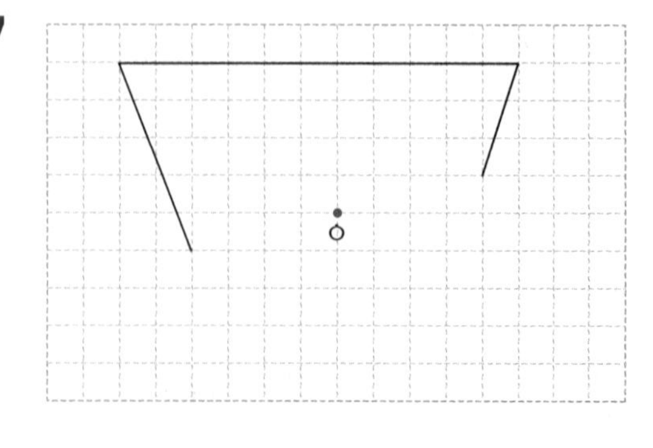

8

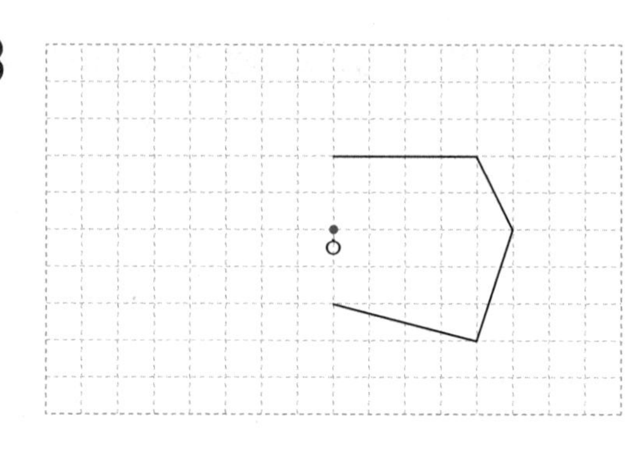

성취도 평가

맞힌 문제 수 개/15개

▶ 정답과 해설 36쪽

1 왼쪽 도형과 서로 합동인 도형을 찾아 ○표 하세요.

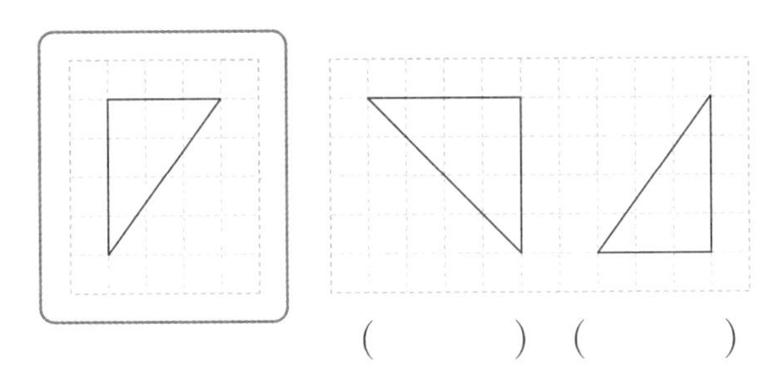

( ) ( )

2 점대칭도형을 찾아 ○표 하세요.

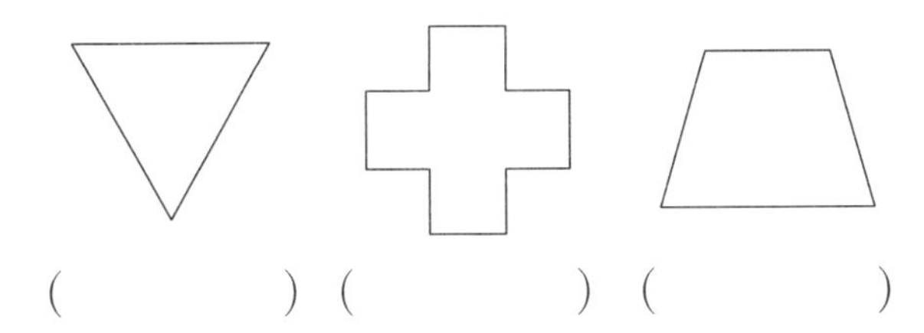

( ) ( ) ( )

3 선대칭도형입니다. 대칭축을 모두 그려 보세요.

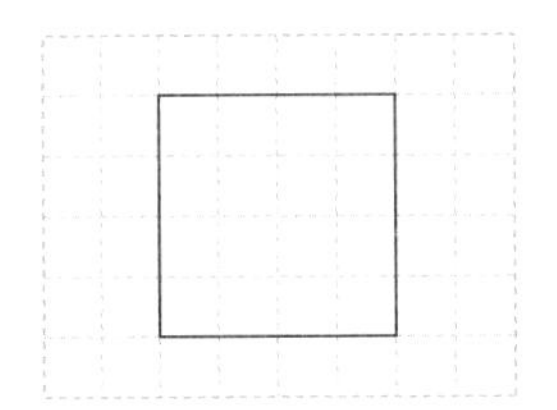

4 두 도형은 서로 합동입니다. 대응점, 대응변, 대응각이 각각 몇 쌍 있는지 쓰세요.

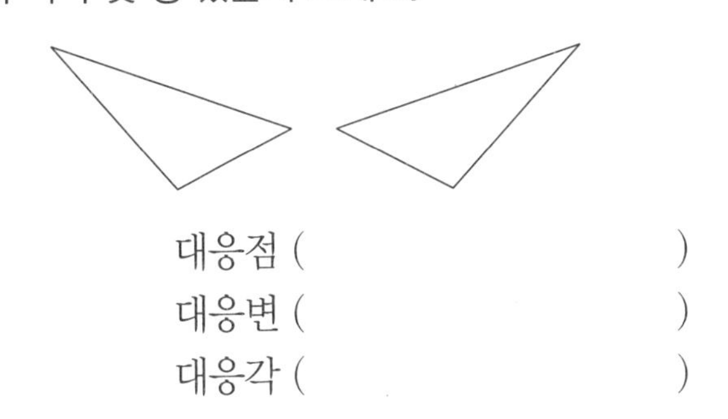

대응점 ( )
대응변 ( )
대응각 ( )

5 주어진 도형과 서로 합동인 도형을 그려 보세요.

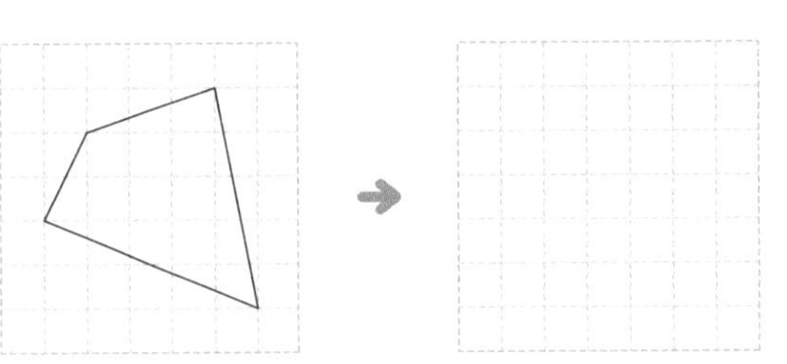

6 점 ㅇ을 대칭의 중심으로 하는 점대칭도형입니다. 대응점, 대응변, 대응각을 각각 찾아 쓰세요.

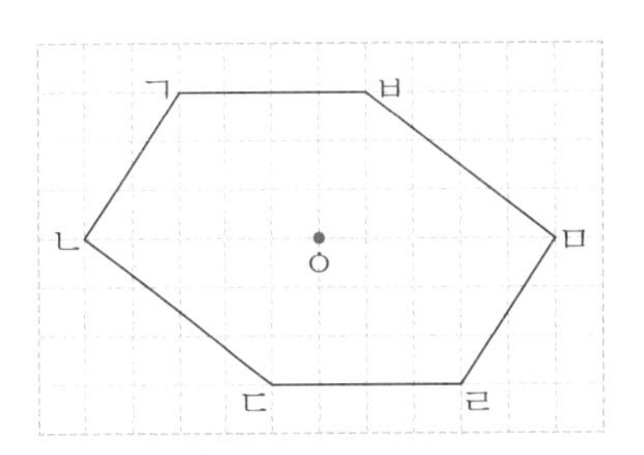

대응점	점 ㄱ과 점 ( )
대응변	변 ㅂㅁ과 변 ( )
대응각	각 ㄴㄱㅂ과 각 ( )

[7~8] 두 사각형은 서로 합동입니다. 물음에 답하세요.

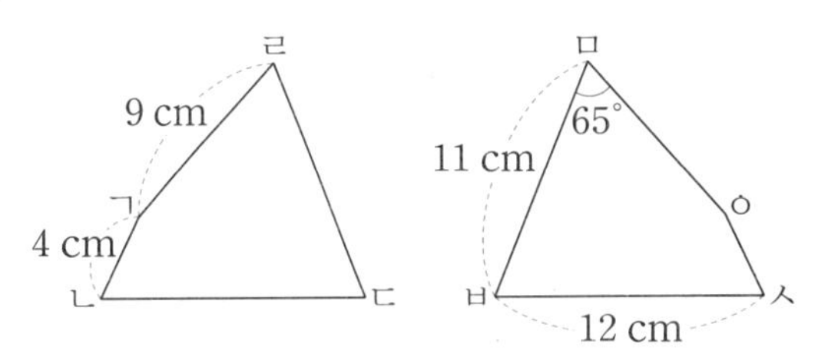

7 변 ㄹㄷ의 길이는 몇 cm인가요?

( )

8 각 ㄱㄹㄷ의 크기는 몇 도인가요?

( )

▶ 정답과 해설 36쪽

9 선대칭도형을 완성해 보세요.

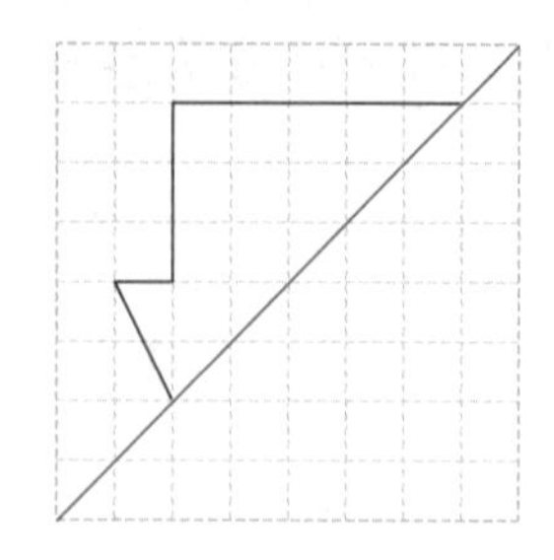

[10~11] 직선 ㅅㅇ을 대칭축으로 하는 선대칭도형입니다. 물음에 답하세요.

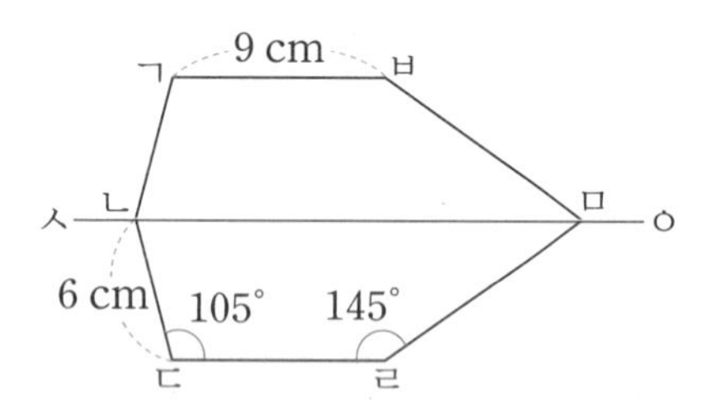

10 변 ㄷㄹ의 길이는 몇 cm인가요?

(　　　　　　　　)

11 각 ㄴㄱㅂ의 크기는 몇 도인가요?

(　　　　　　　　)

12 점 ㅇ을 대칭의 중심으로 하는 점대칭도형입니다. 선분 ㄴㅇ의 길이는 몇 cm인가요?

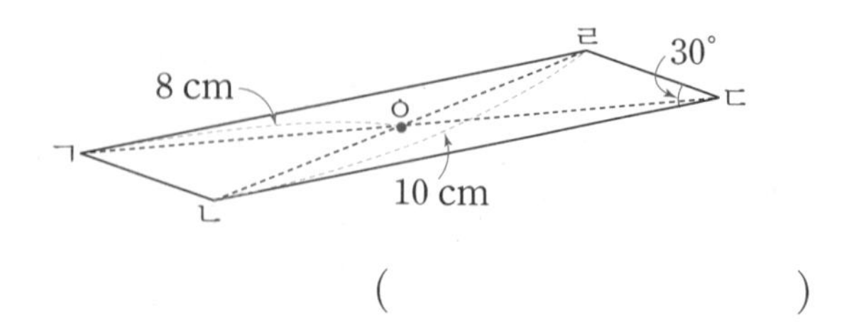

(　　　　　　　　)

13 다음에서 선대칭도형이면서 점대칭도형인 알파벳은 모두 몇 개인가요?

(　　　　　　　　)

14 점 ㅇ을 대칭의 중심으로 하는 점대칭도형의 둘레가 36 cm입니다. 변 ㄴㄷ의 길이는 몇 cm인가요?

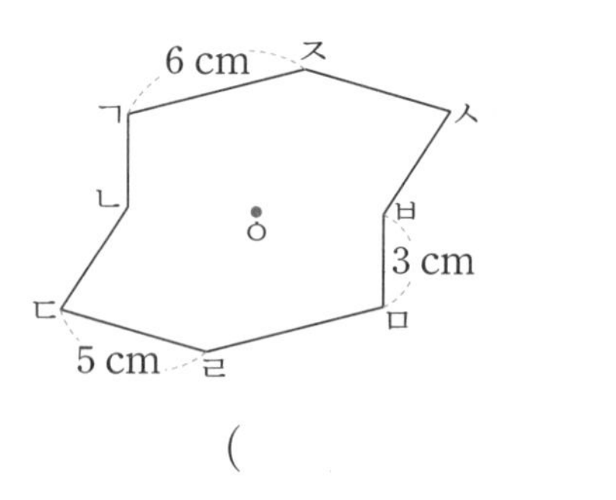

(　　　　　　　　)

15 삼각형 ㄱㄴㄷ은 직선 ㅁㅂ을 대칭축으로 하는 선대칭도형입니다. 삼각형 ㄱㄴㄷ의 넓이는 몇 cm^2인지 구하세요.

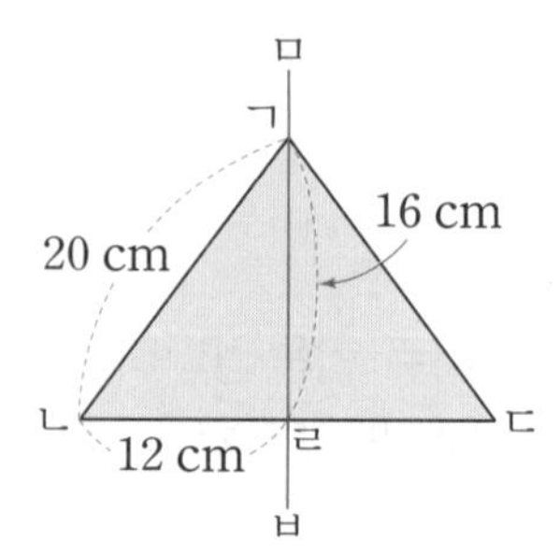

(1) 변 ㄴㄷ의 길이는 몇 cm인가요?

(　　　　　　　　)

(2) 삼각형 ㄱㄴㄷ의 넓이는 몇 cm^2인가요?

(　　　　　　　　)

▶ 정답과 해설 36쪽

(1보다 작은 소수)×(자연수) / (1보다 큰 소수)×(자연수)

[1~9] 계산해 보세요.

1 0.9×3

2 2.6×8

3 0.23×4

4 1.42×6

5 1.8×7

6 0.7×5

7 2.14×9

8 0.13×8

9 3.6×2

[10~15] 계산해 보세요.

10 $\begin{array}{r} 0.8 \\ \times \quad 8 \\ \hline \end{array}$

11 $\begin{array}{r} 0.3\,6 \\ \times \quad 4 \\ \hline \end{array}$

12 $\begin{array}{r} 1.7\,9 \\ \times \quad 2 \\ \hline \end{array}$

13 $\begin{array}{r} 1.3 \\ \times \quad 5 \\ \hline \end{array}$

14 $\begin{array}{r} 0.5\,4 \\ \times \quad 7 \\ \hline \end{array}$

15 $\begin{array}{r} 3.2\,7 \\ \times \quad 6 \\ \hline \end{array}$

나연이는 물을 하루에 1.3 L씩 마시려고 합니다.
나연이가 5일 동안 마시는 물의 양은 몇 L인가요?

식 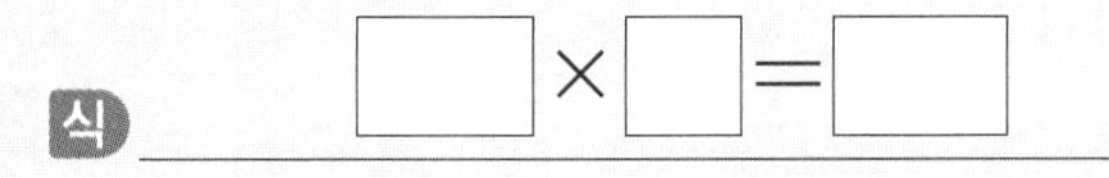 답 

(자연수)×(1보다 작은 소수) / (자연수)×(1보다 큰 소수)

[1~9] 계산해 보세요.

1 4×0.8

2 2×1.7

3 7×0.16

4 5×2.35

5 6×2.4

6 3×0.27

7 8×1.32

8 9×0.4

9 6×3.3

[10~15] 계산해 보세요.

10 $\begin{array}{r} 4 \\ \times\ 2.9 \\ \hline \end{array}$

11 $\begin{array}{r} 6 \\ \times\ 0.43 \\ \hline \end{array}$

12 $\begin{array}{r} 7 \\ \times\ 0.7 \\ \hline \end{array}$

13 $\begin{array}{r} 2 \\ \times\ 0.87 \\ \hline \end{array}$

14 $\begin{array}{r} 9 \\ \times\ 2.14 \\ \hline \end{array}$

15 $\begin{array}{r} 3 \\ \times\ 3.6 \\ \hline \end{array}$

연산 → 문장제

규민이네 반 학급 게시판의 가로는 2 m이고, 세로는 가로의 0.87배입니다.
학급 게시판의 세로는 몇 m인가요?

식 □ × □ = □

답 ______

▶ 정답과 해설 36쪽

(1보다 작은 소수)×(1보다 작은 소수) / (1보다 큰 소수)×(1보다 큰 소수)

[1~9] 계산해 보세요.

1 0.7×0.9

2 2.4×2.2

3 1.3×1.7

4 0.9×0.2

5 0.3×0.14

6 0.15×0.5

7 3.01×3.2

8 2.17×1.9

9 1.7×2.8

[10~15] 계산해 보세요.

10 $\begin{array}{r} 0.2 \\ \times\ 0.4 \\ \hline \end{array}$

11 $\begin{array}{r} 0.48 \\ \times\ 0.3 \\ \hline \end{array}$

12 $\begin{array}{r} 3.4 \\ \times\ 5.1 \\ \hline \end{array}$

13 $\begin{array}{r} 0.8 \\ \times\ 0.6 \\ \hline \end{array}$

14 $\begin{array}{r} 4.2 \\ \times\ 1.17 \\ \hline \end{array}$

15 $\begin{array}{r} 0.19 \\ \times\ 0.7 \\ \hline \end{array}$

연산 → 문장제

직사각형 모양의 고구마 밭이 있습니다.
고구마 밭의 가로가 0.8 km, 세로가 0.6 km일 때 고구마 밭의 넓이는 몇 km^2인가요?

식 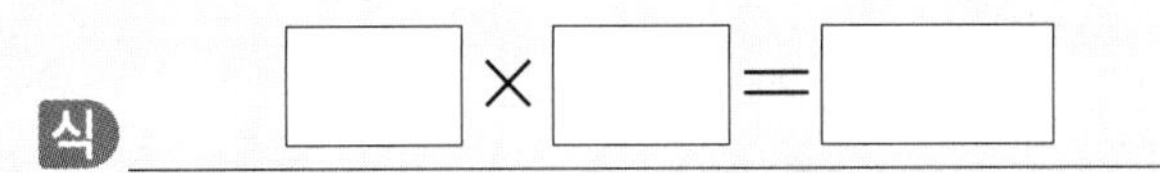

답 

▶ 정답과 해설 37쪽

곱의 소수점 위치

[1~2] □ 안에 알맞은 수를 써넣으세요.

1

$3.28 \times 1 = \square$

$3.28 \times 10 = \square$

$3.28 \times 100 = \square$

$3.28 \times 1000 = \square$

2

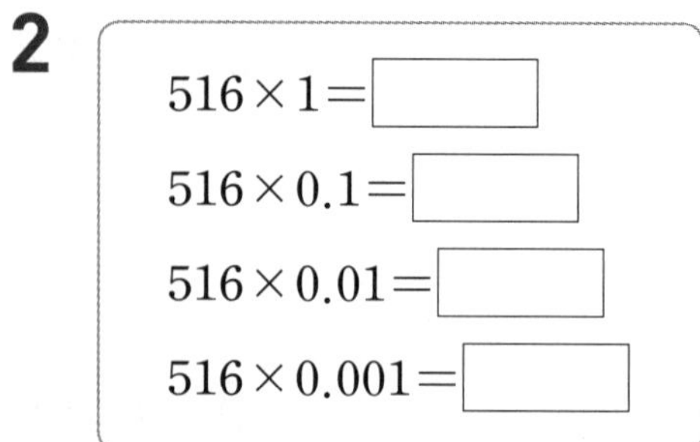

[3~4] □ 안에 알맞은 수를 써넣으세요.

3

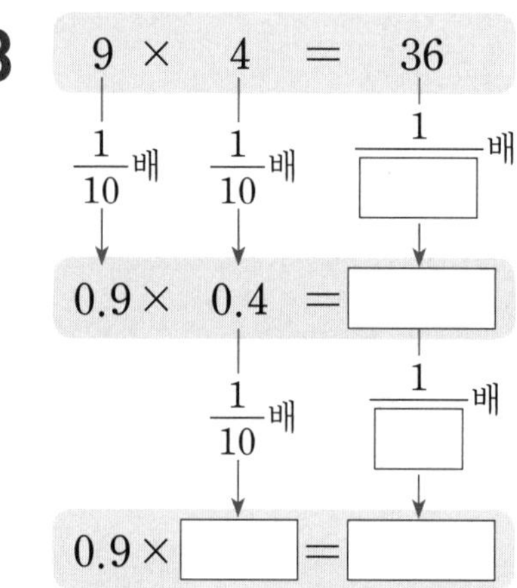

4

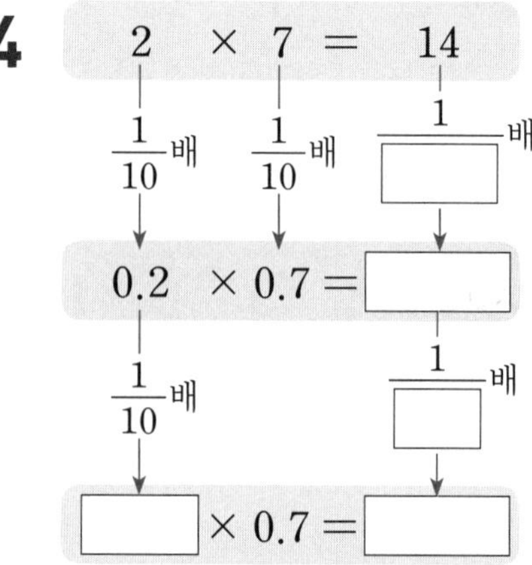

[5~6] $43 \times 11 = 473$을 이용하여 계산해 보세요.

5 4.3×1.1

6 0.43×0.11

문장 읽고 계산식 세우기

1

25×13=325일 때
2.5의 1.3배 구하기

식 $2.5 \times 1.3 = \square$

2

34×21=714일 때
3.4의 0.21배 구하기

식

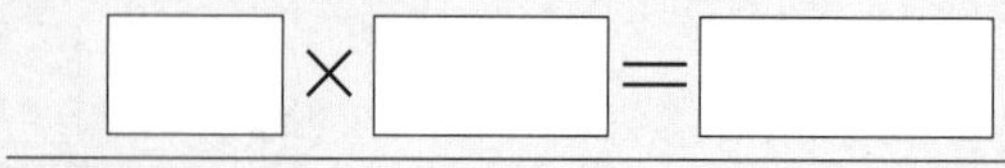

4 단원 · 성취도 평가

맞힌 문제 수

개/15개

▶ 정답과 해설 37쪽

1 수직선을 보고 □ 안에 알맞은 수를 써넣으세요.

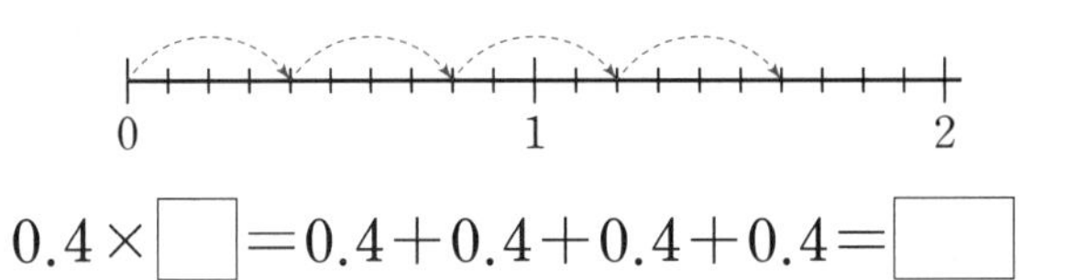

$0.4\times\square=0.4+0.4+0.4+0.4=\square$

2 1.3×6을 0.1의 개수로 계산하려고 합니다. □ 안에 알맞은 수를 써넣으세요.

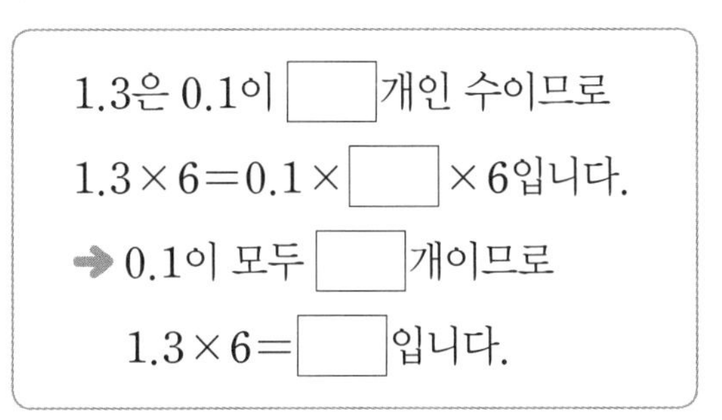

3 계산해 보세요.

(1) $\begin{array}{r} 7 \\ \times\ 5.8 \\ \hline \end{array}$ (2) $\begin{array}{r} 5 \\ \times\ 2.63 \\ \hline \end{array}$

4 두 수의 곱을 구하세요.

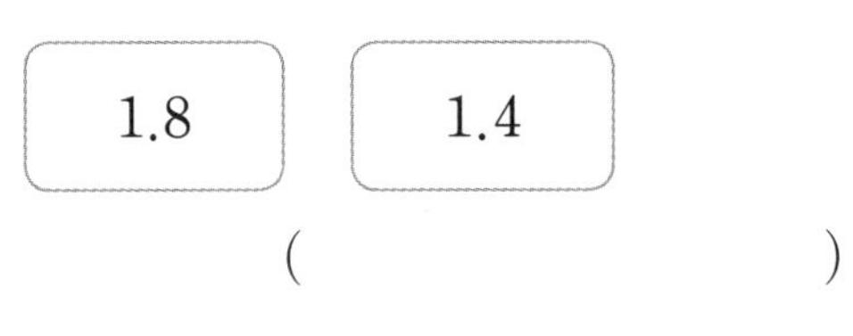

(   )

5 보기 와 같이 계산해 보세요.

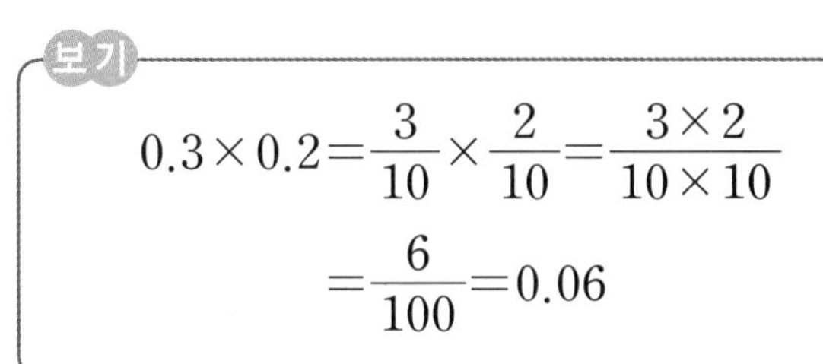

$$0.3\times0.2=\frac{3}{10}\times\frac{2}{10}=\frac{3\times2}{10\times10}=\frac{6}{100}=0.06$$

$0.9\times0.5=$

6 빈칸에 알맞은 수를 써넣으세요.

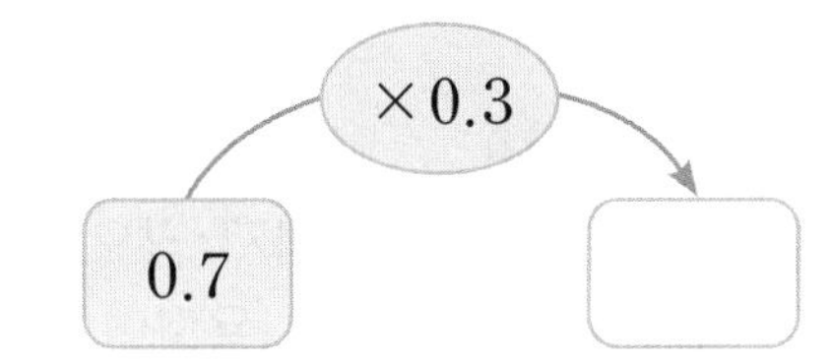

7 크기를 비교하여 ○ 안에 >, =, <를 알맞게 써넣으세요.

$3.19\times2 \bigcirc 6$

8 영지는 둘레가 1.5 km인 운동장을 3바퀴 달렸습니다. 이때, 영지가 달린 거리는 모두 몇 km인가요?

(   )

▶ 정답과 해설 37쪽

9 가장 큰 수와 가장 작은 수의 곱을 구하세요.

22	0.42	15.63

(　　　　　　　　)

10 보기 를 이용하여 곱셈식을 완성해 보세요.

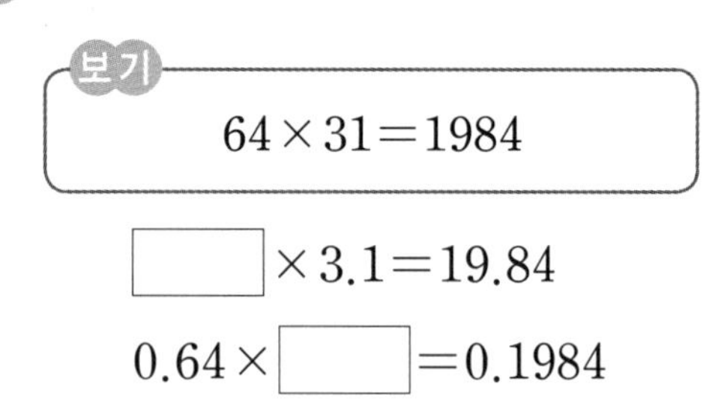

서술형 첫 단계

11 양치질할 때 컵을 사용하지 않으면 2 L 정도의 물을 흘려보내고, 컵을 사용하면 컵을 사용하지 않을 때 흘려보내는 물의 양의 0.2배 정도의 물만 흘려보냅니다. 컵을 사용할 때 흘려보내는 물의 양은 몇 L 정도인가요?

식 ______________________

답 ______________________

12 계산 결과가 다른 하나를 찾아 기호를 쓰세요.

㉠ 17의 0.1배
㉡ 170의 0.001배
㉢ 0.17×10

(　　　　　　　　)

13 선물 상자를 한 개씩 포장할 때마다 리본을 0.4 m씩 사용했습니다. 3 m 길이의 리본으로 선물 상자 7개를 포장했다면 남은 리본의 길이는 몇 m인가요?

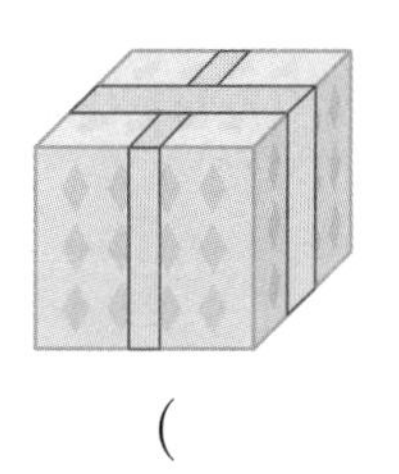

(　　　　　　　　)

14 0.8×3을 주어진 두 가지 방법으로 계산해 보세요.

분수의 곱셈으로 계산하기
자연수의 곱셈으로 계산하기

15 3장의 수 카드를 □ 안에 한 번씩만 써넣어 계산 결과가 가장 큰 (자연수)×(소수 한 자리 수)의 곱셈식을 만들고, 곱을 구하세요.

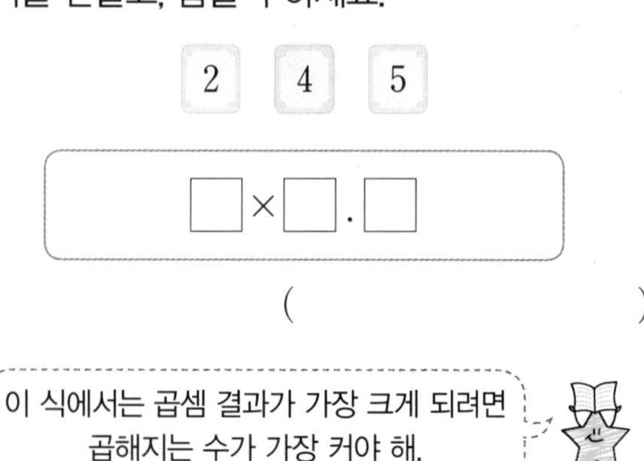

2 4 5
□×□.□
이 식에서는 곱셈 결과가 가장 크게 되려면
곱해지는 수가 가장 커야 해.

(　　　　　　　　)

5단원 · 기초력 집중 연습

▶ 정답과 해설 38쪽

◐ 직육면체 / 정육면체

[1~2] 직육면체인 것에 ○표, 아닌 것에 ×표 하세요.

1

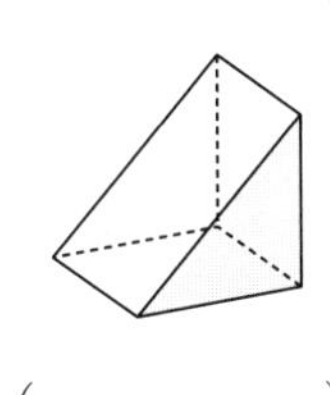

(　　　　)

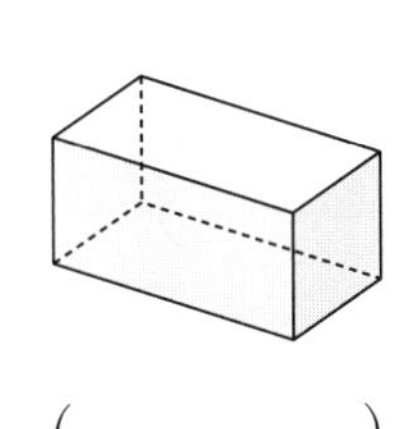

(　　　　)

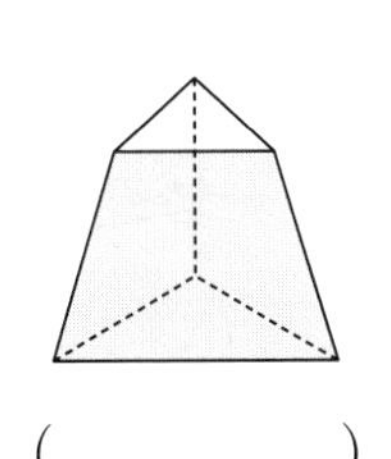

(　　　　)

2

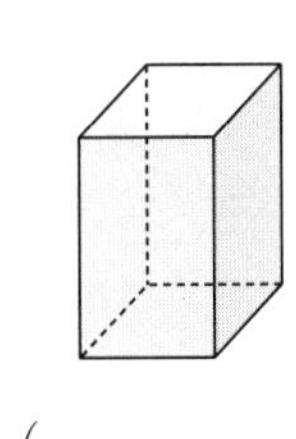

(　　　　)

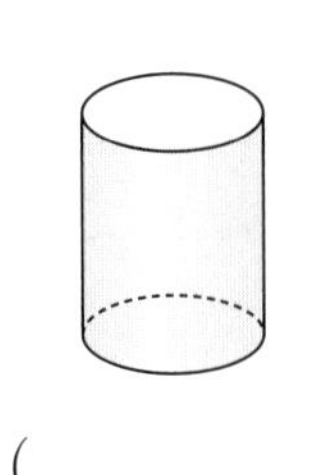

(　　　　)

(　　　　)

[3~4] 정육면체인 것에 ○표, 아닌 것에 ×표 하세요.

3

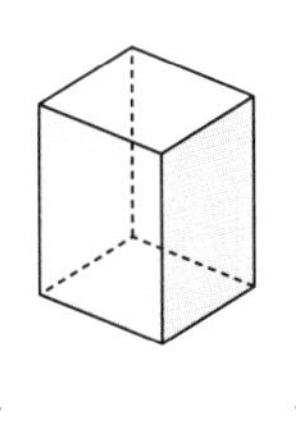

(　　　　)

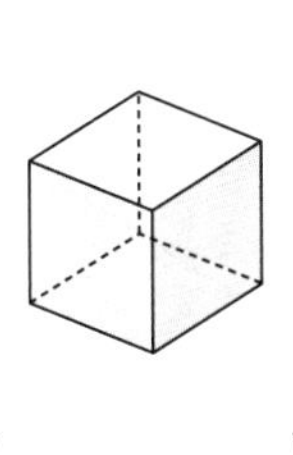

(　　　　)

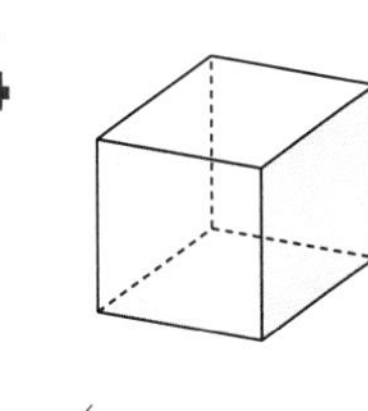

(　　　　)

4

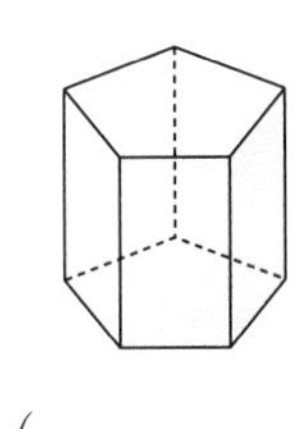

(　　　　)

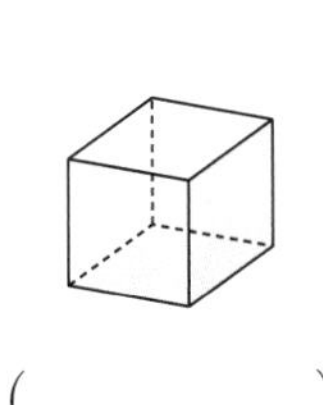

(　　　　)

(　　　　)

[5~6] 직육면체의 각 부분의 이름을 □ 안에 알맞게 써넣으세요.

5

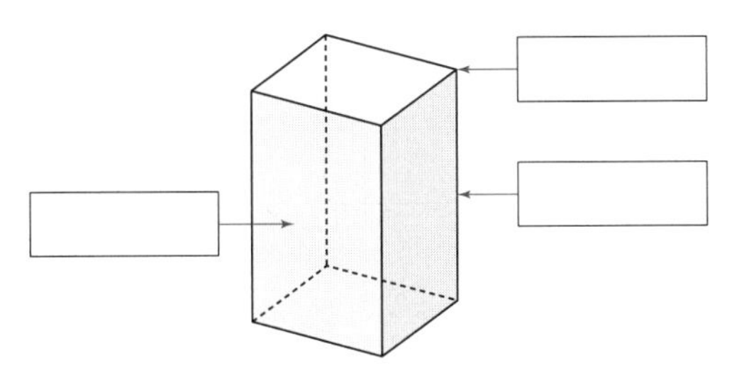

6

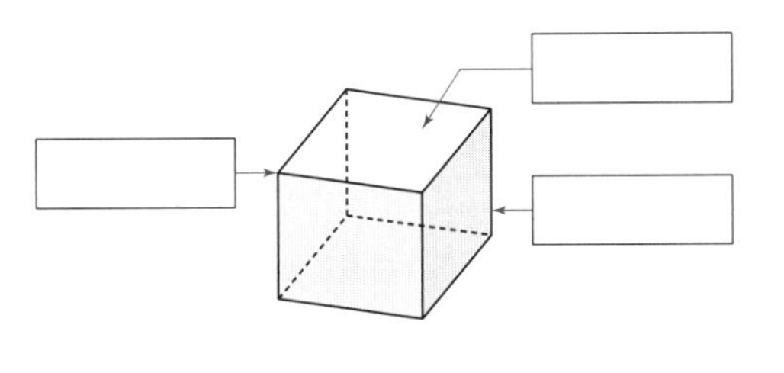

[7~8] 그림을 보고 빈칸에 알맞은 수를 써넣으세요.

7

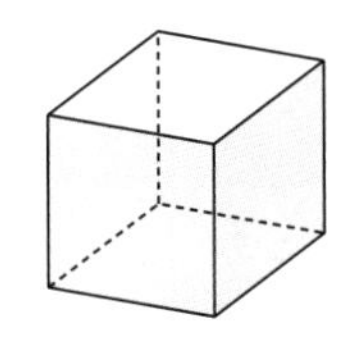

면의 수(개)	모서리의 수(개)	꼭짓점의 수(개)

8

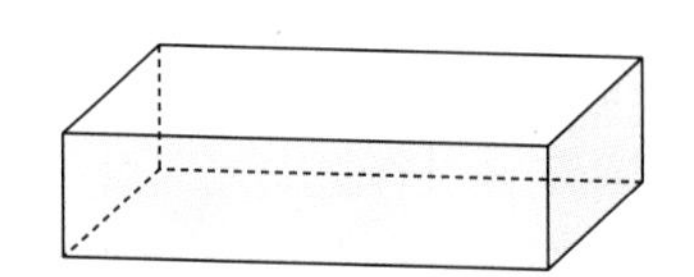

면의 수(개)	모서리의 수(개)	꼭짓점의 수(개)

직육면체의 겨냥도 / 직육면체의 성질

[1~2] 직육면체의 겨냥도를 바르게 그린 것을 찾아 ○표 하세요.

1

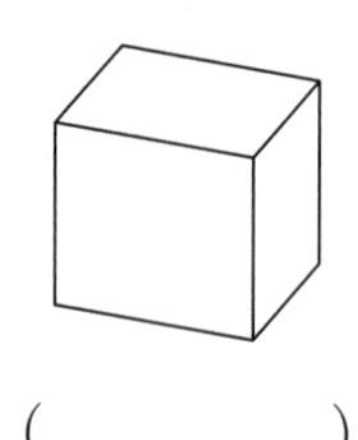
( )

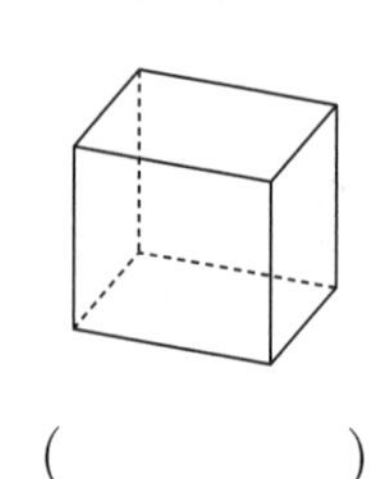
( )

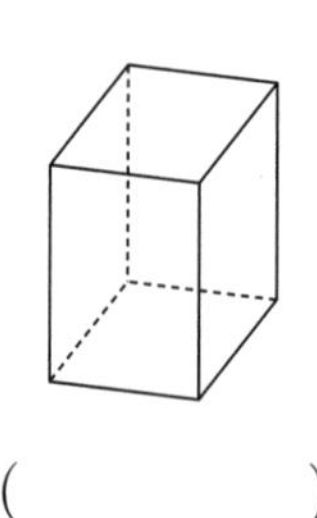
( )

2

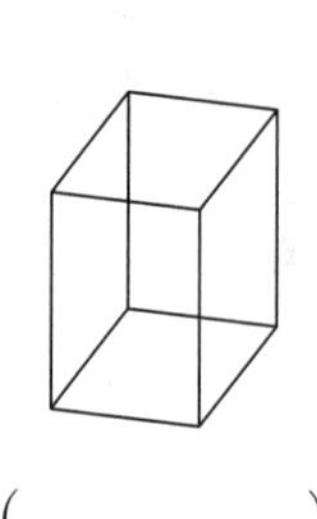
( ) ( ) ( )

[3~5] 그림에서 빠진 부분을 그려 넣어 직육면체의 겨냥도를 완성해 보세요.

3

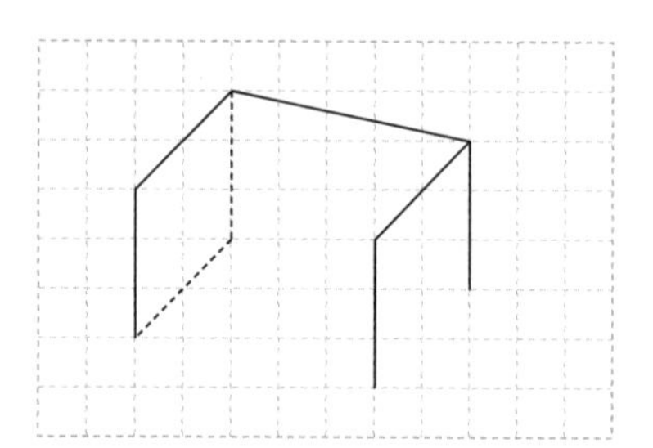

4

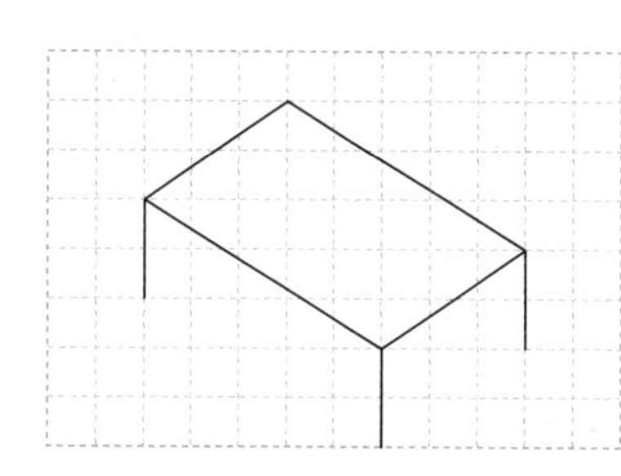

5

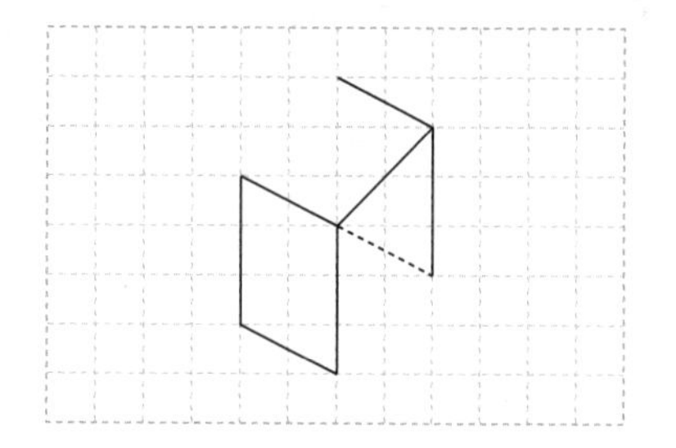

[6~8] 직육면체에서 색칠한 면과 평행한 면을 찾아 색칠해 보세요.

6

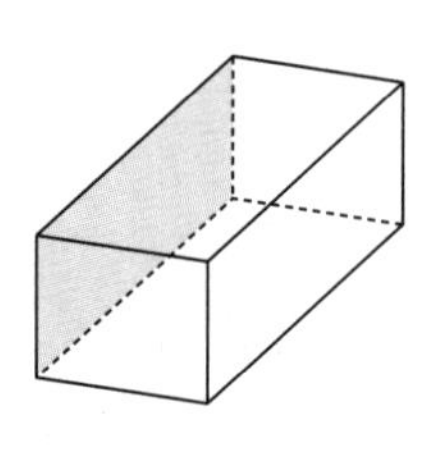

7

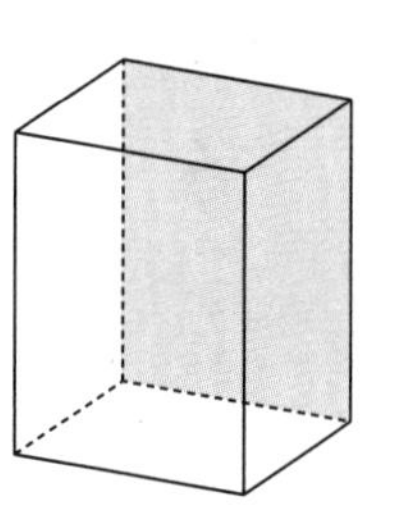

8

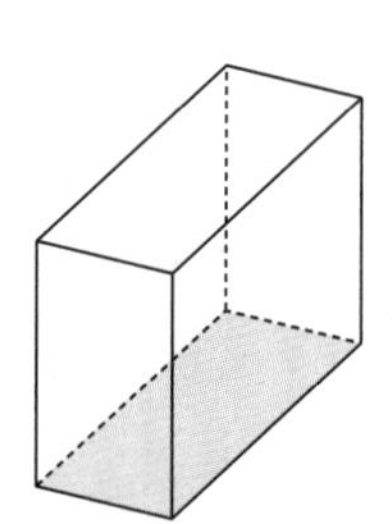

[9~10] 직육면체에서 색칠한 면과 수직인 면을 모두 찾아 쓰세요.

9

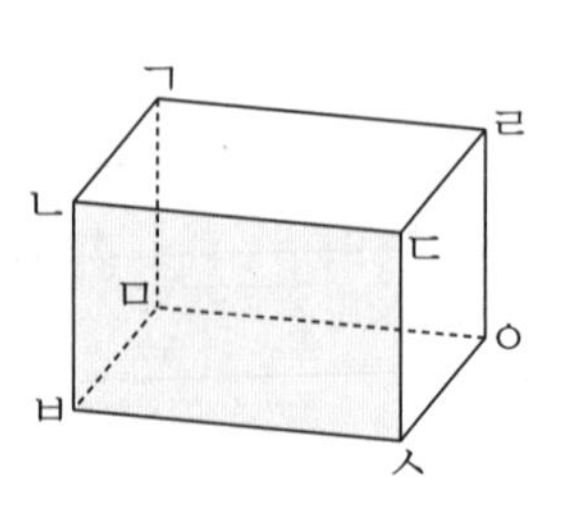

면 ( ), 면 ( ),
면 ( ), 면 ( )

10

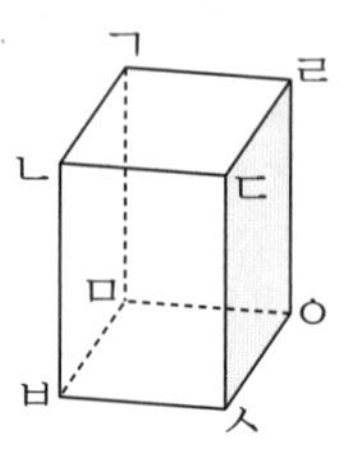

면 ( ), 면 ( ),
면 ( ), 면 ( )

▶ 정답과 해설 38쪽

◐ 정육면체의 전개도

[1~6] 정육면체의 전개도이면 ○표, 아니면 ×표 하세요.

1

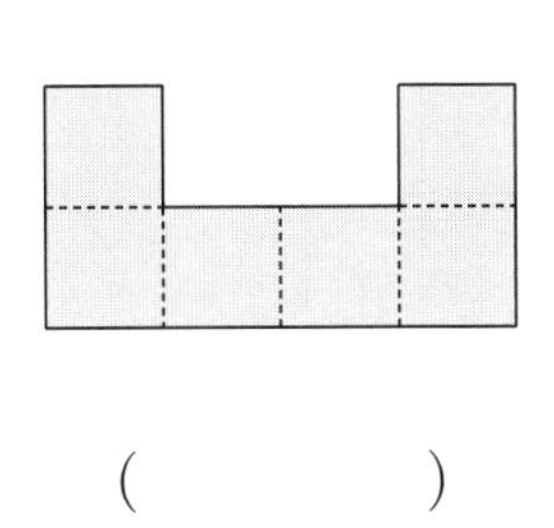

(　　　　)

2

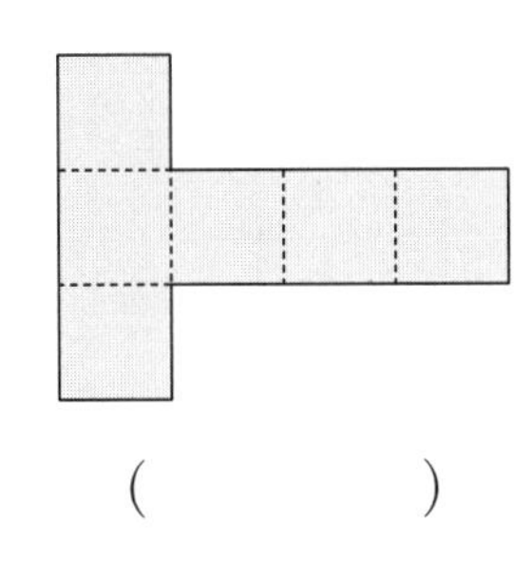

(　　　　)

3

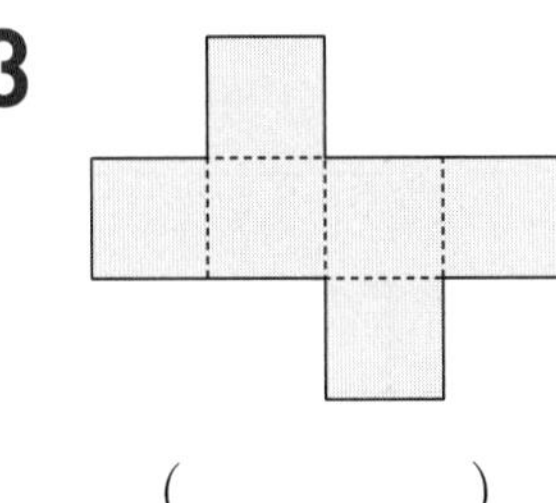

(　　　　)

4

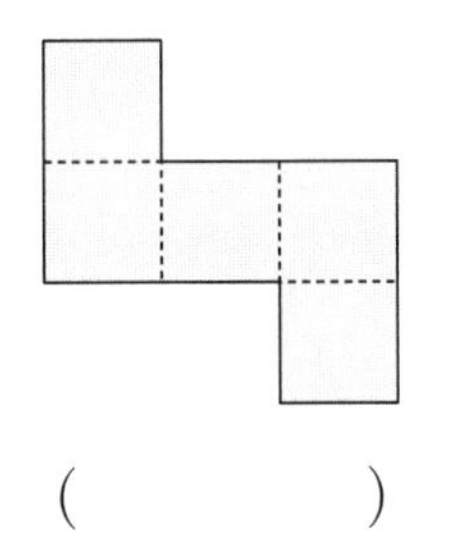

(　　　　)

5

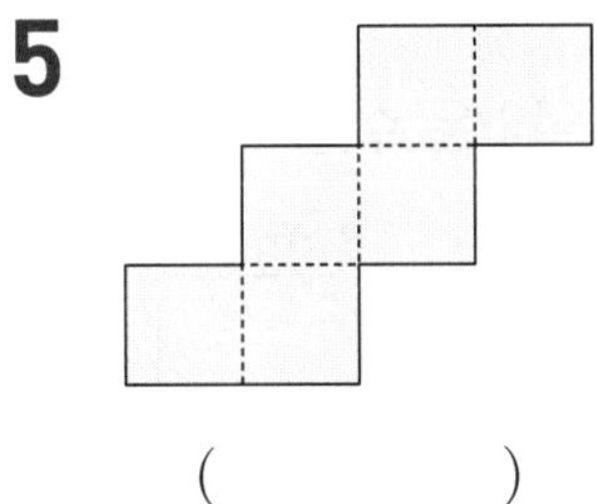

(　　　　)

6

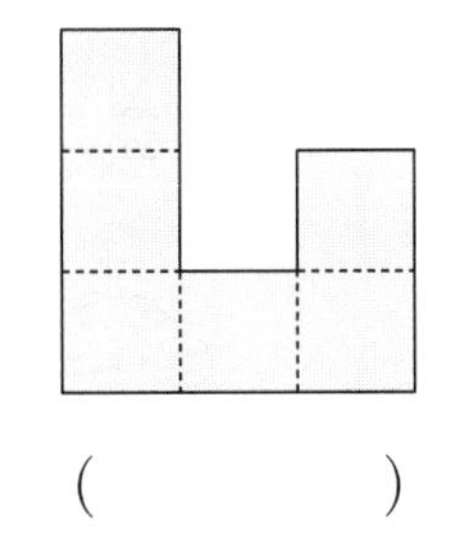

(　　　　)

[7~9] 전개도를 접었을 때 색칠한 면과 평행한 면을 찾아 색칠해 보세요.

7

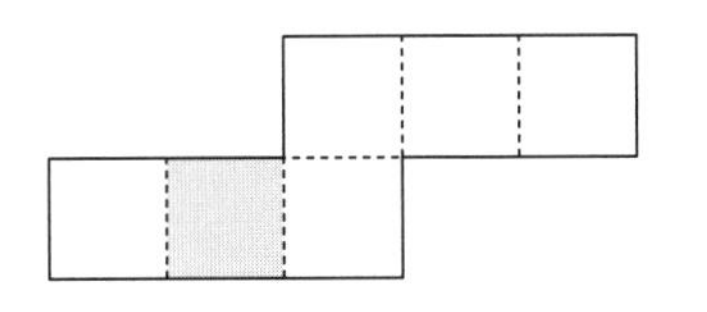

8

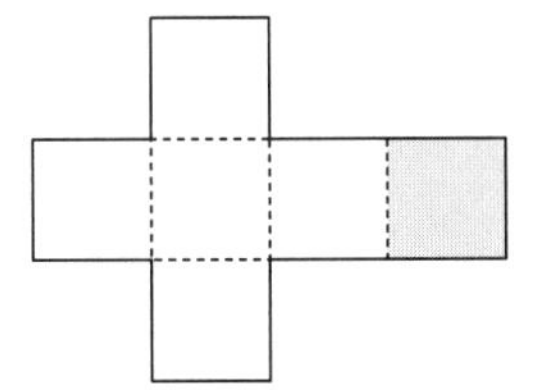

9

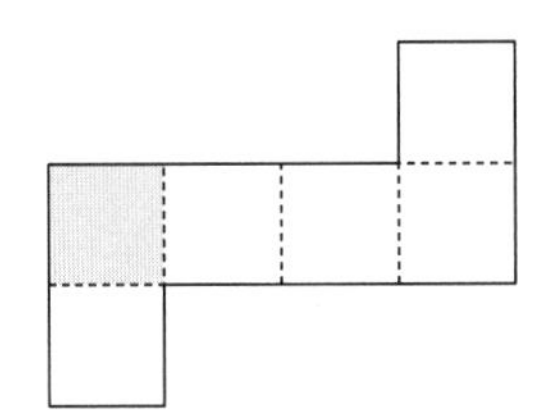

[10~12] 전개도를 접었을 때 색칠한 면과 수직인 면을 모두 찾아 색칠해 보세요.

10

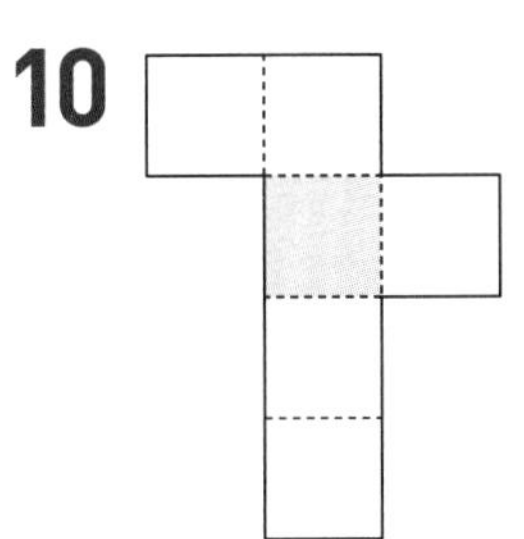

11

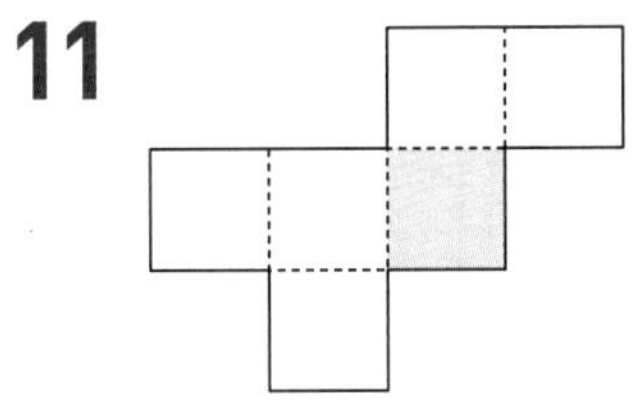

12

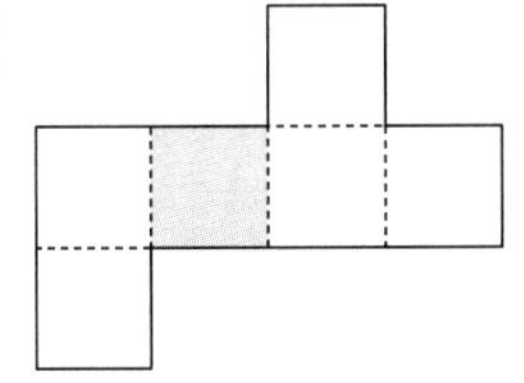

▶ 정답과 해설 38쪽

◉ 직육면체의 전개도

[1~3] 직육면체의 전개도이면 ○표, 아니면 ×표 하세요.

1

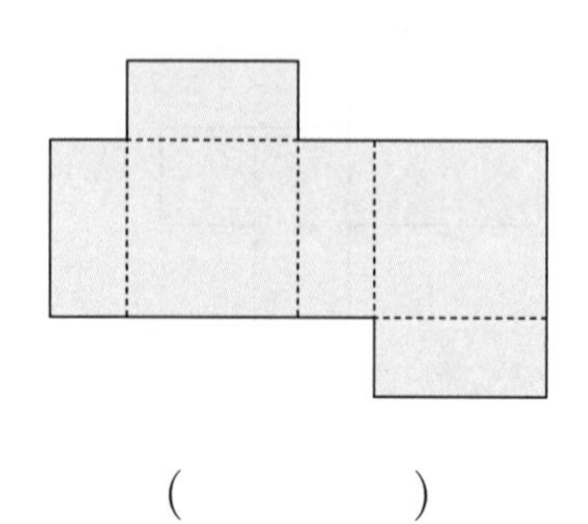

(　　　　　)

2

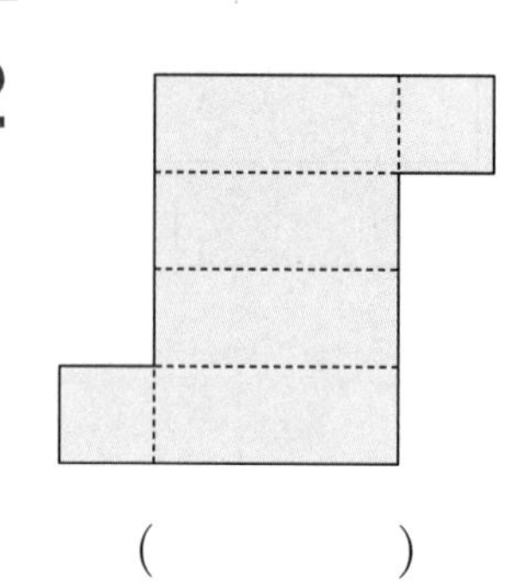

(　　　　　)

3

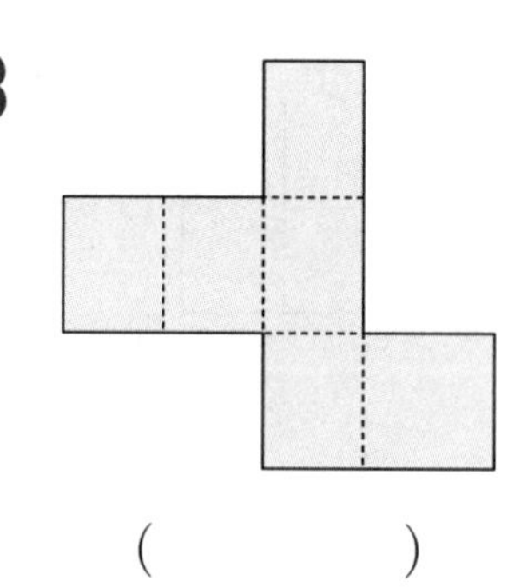

(　　　　　)

4 직육면체의 전개도를 그린 것입니다. □ 안에 알맞은 수를 써넣으세요.

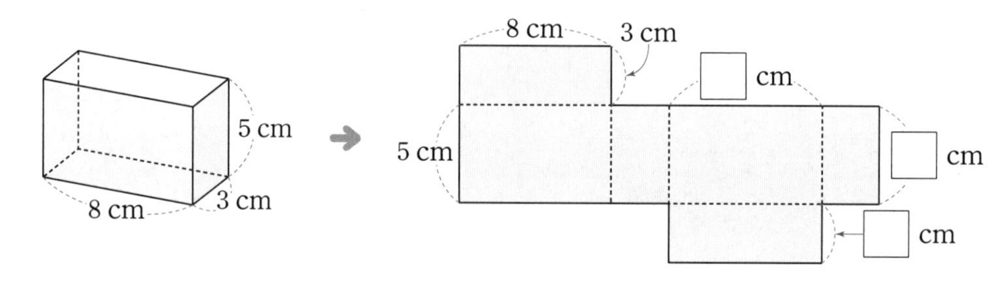

[5~8] 다음 전개도를 접어서 직육면체를 만들었습니다. 물음에 답하세요.

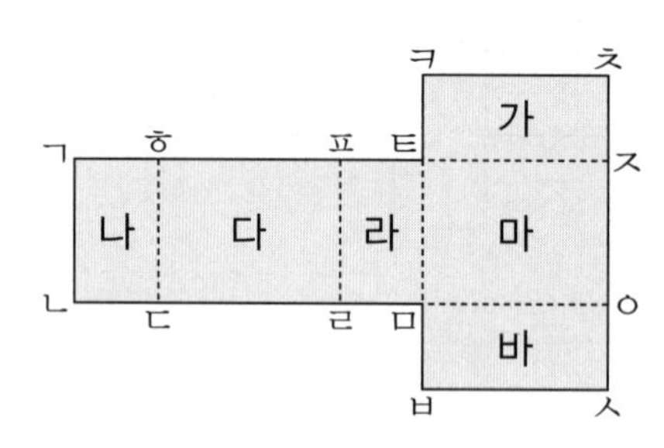

5 점 ㄷ과 만나는 점을 찾아 쓰세요.

(　　　　　　　　)

6 선분 ㅈㅊ과 겹치는 선분을 찾아 쓰세요.

(　　　　　　　　)

7 면 나와 평행한 면을 찾아 면의 기호를 쓰세요.

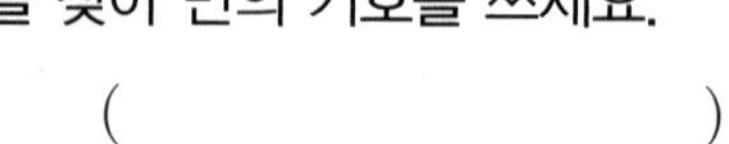

(　　　　　　　　)

8 면 마와 수직인 면을 모두 찾아 면의 기호를 쓰세요.

(　　　　　　　　)

맞힌 문제 수 개/15개

▶ 정답과 해설 39쪽

1 직육면체를 찾아 기호를 쓰세요.

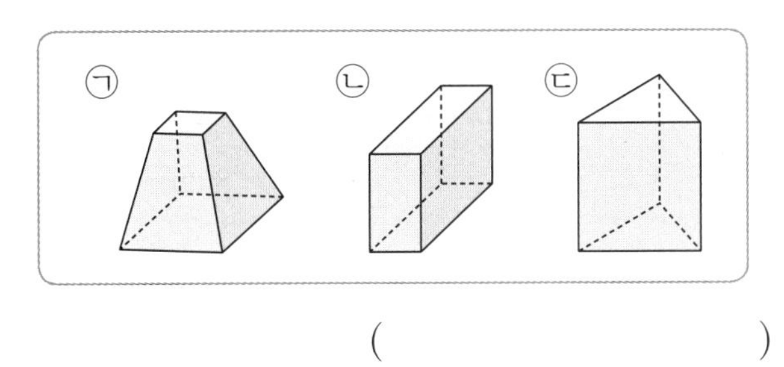

( )

2 정육면체에서 색칠한 면을 본뜬 모양은 어떤 도형인가요?

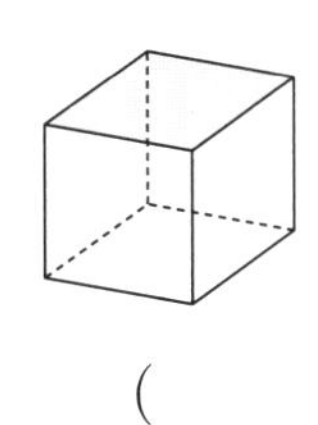

( )

3 직육면체를 보고 빈칸에 알맞은 수를 써넣으세요.

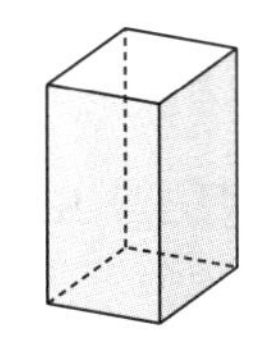

면의 수(개)	모서리의 수(개)	꼭짓점의 수(개)

4 그림에서 빠진 부분을 그려 넣어 직육면체의 겨냥도를 완성해 보세요.

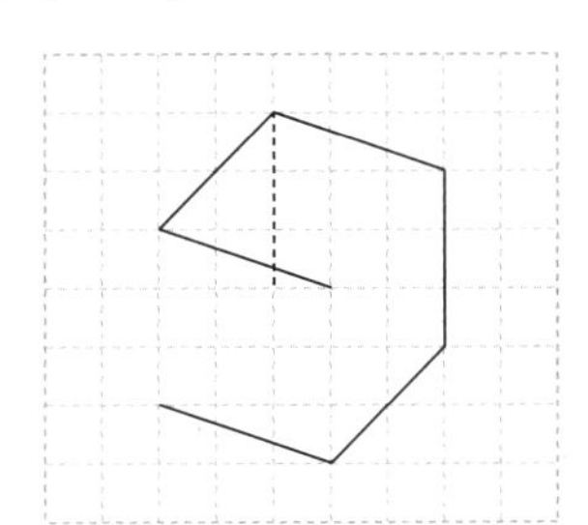

5 알맞은 말이나 수에 ○표 하세요.

(1) 직육면체에서 마주 보는 두 면은 서로 (평행합니다 , 수직입니다).

(2) 직육면체에는 평행한 면이 (한 , 세) 쌍 있습니다.

(3) 직육면체에서 한 면과 수직인 면의 수는 (2 , 4)개입니다.

6 정육면체의 겨냥도에서 보이지 않는 면의 수와 보이지 않는 모서리의 수의 합은 몇 개인가요?

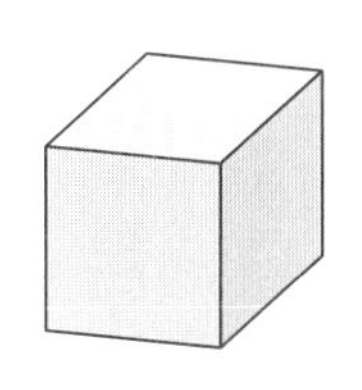

( )

7 오른쪽 직육면체의 전개도입니다. □ 안에 알맞은 수를 써넣으세요.

4 cm 7 cm 3 cm

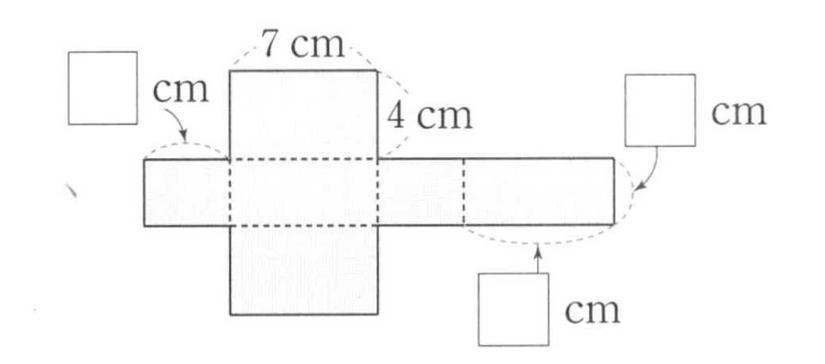

서술형 첫 단계

8 도형이 직육면체가 아닌 까닭을 쓰세요.

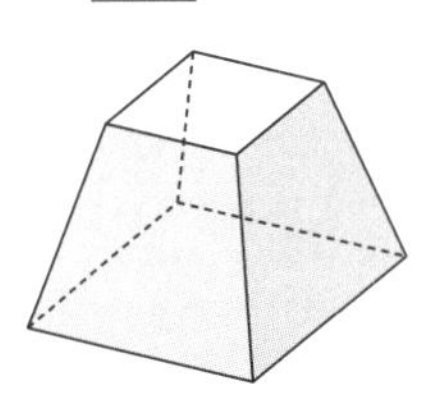

까닭을 따라 쓰세요.

까닭 직육면체는 □ 6개로 둘러싸인 도형인데 주어진 도형은 사다리꼴 □개와 직사각형 □개로 둘러싸여 있기 때문입니다.

▶ 정답과 해설 39쪽

9 정육면체의 전개도가 아닌 것을 모두 찾아 기호를 쓰세요.

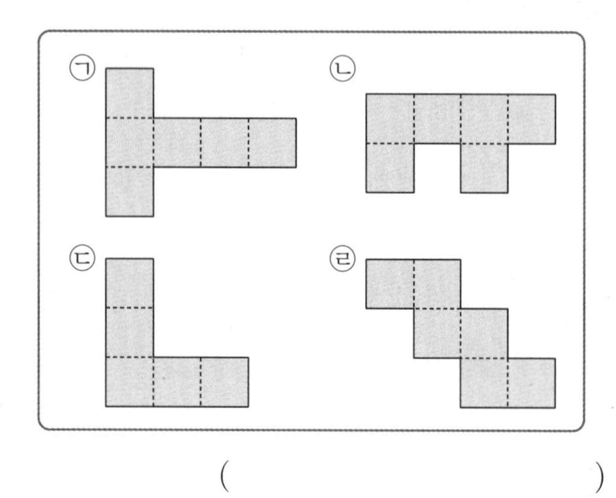

( )

[10~11] 정육면체의 전개도를 보고 물음에 답하세요.

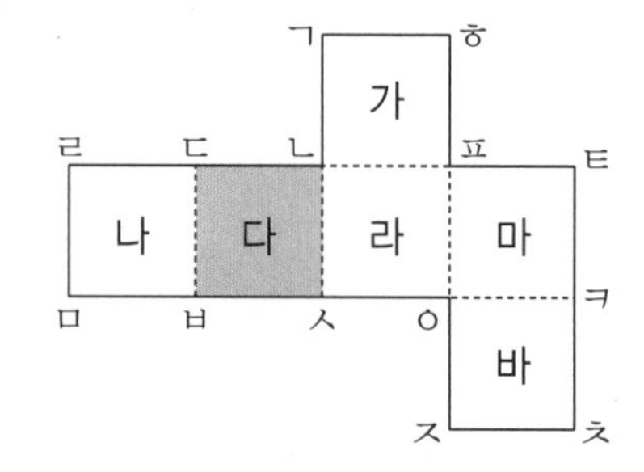

10 전개도를 접었을 때 면 다와 평행한 면을 찾아 면의 기호를 쓰세요.

( )

11 전개도를 접었을 때 선분 ㅋㅊ과 겹치는 선분을 찾아 쓰세요.

( )

12 직육면체에서 보이지 않는 모서리의 길이의 합은 몇 cm인가요?

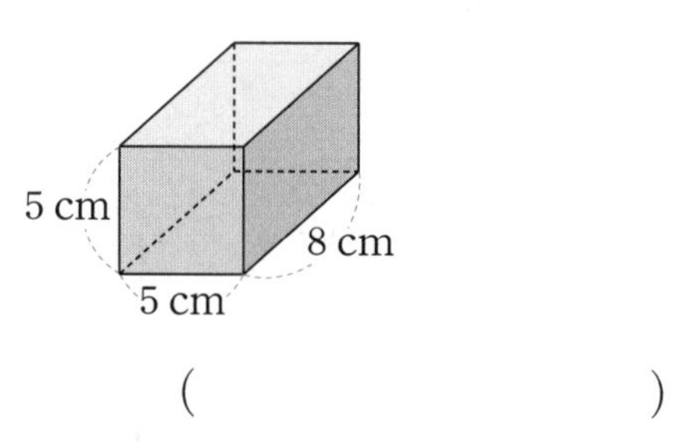

( )

13 직육면체에서 면 ㄱㄴㄷㄹ과 평행한 면의 둘레는 몇 cm인가요?

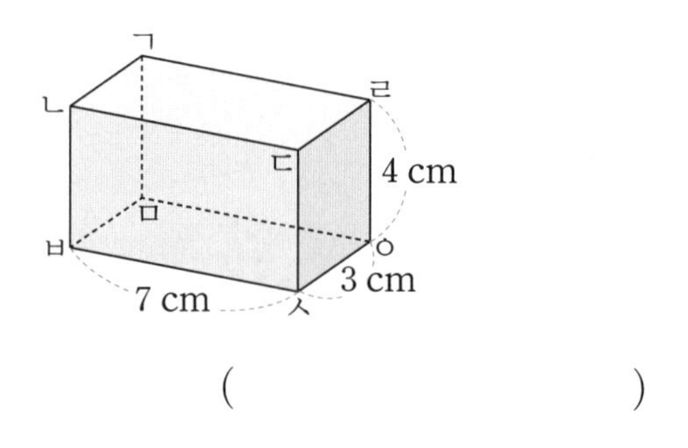

( )

14 직육면체의 겨냥도를 보고 전개도를 그려 보세요.

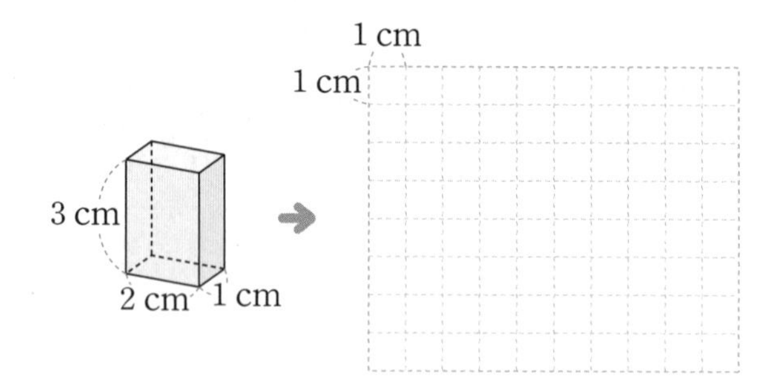

15 모든 모서리의 길이의 합이 72 cm인 정육면체가 있습니다. 이 정육면체의 한 모서리의 길이는 몇 cm인가요?

( )

▶ 정답과 해설 39쪽

평균 / 평균 구하기

1 보경이네 모둠의 고리 던지기 기록을 나타낸 표입니다. 물음에 답하세요.

고리 던지기 기록

이름	보경	주연	지호	승민
고리 던지기 기록(개)	3	2	2	1

(1) 평균을 예상해 보세요.

예상한 평균: □개

(2) 고리 던지기 기록의 수만큼 ○를 그려 나타냈습니다. ○를 옮겨 오른쪽 그래프에 고르게 나타내고 고리 던지기 기록의 평균은 몇 개인지 구하세요.

○			
○	○	○	
○	○	○	○
보경	주연	지호	승민

→

(　　　　　　)

[2~3] 표를 보고 평균을 구하려고 합니다. □ 안에 알맞은 수를 써넣으세요.

2 과수원별 사과 생산량

과수원	달달	새콤	맛나	싱싱
생산량(kg)	151	97	223	265

$(\square+\square+\square+\square)\div 4$

$=\square\div 4=\square$ (kg)

3 요일별 동물원 입장객 수

요일	목	금	토	일
입장객 수(명)	83	110	207	384

$(\square+\square+\square+384)\div\square$

$=\square\div\square=\square$(명)

[4~5] 표를 보고 평균을 구하세요.

4 경민이네 가족의 몸무게

가족	경민	동생	형	엄마	아빠
몸무게(kg)	48	25	54	55	73

(　　　　　　)

5 요일별 아영이가 자전거를 탄 시간

요일	월	화	수	목	금
시간(분)	40	35	50	20	55

(　　　　　　)

평균 이용하기

[1~2] 정연이네 반의 모둠별 학생 수와 먹은 아몬드의 수를 나타낸 표입니다. 물음에 답하세요.

모둠별 학생 수와 먹은 아몬드의 수

모둠	1모둠	2모둠	3모둠	4모둠	5모둠
학생 수(명)	3	4	3	4	5
먹은 아몬드의 수(개)	30	36	24	32	45
먹은 아몬드 수의 평균(개)					

1 모둠별로 먹은 아몬드 수의 평균을 구하려고 합니다. □ 안에 알맞은 수를 써넣고, 표를 완성해 보세요.

- (1모둠의 평균)$=30\div3=$□(개)
- (2모둠의 평균)$=36\div$□$=$□(개)
- (3모둠의 평균)$=$□$\div$□$=$□(개)
- (4모둠의 평균)$=$□$\div$□$=$□(개)
- (5모둠의 평균)$=$□$\div$□$=$□(개)

2 한 학생당 먹은 아몬드의 수가 가장 많은 모둠은 어느 모둠인가요?

( )

[3~4] 어느 지역의 학교별 학생 수를 나타낸 표입니다. 네 학교의 학생 수의 평균이 266명일 때 물음에 답하세요.

학교별 학생 수

학교	가	나	다	라
학생 수(명)	198	254		307

3 네 학교의 학생 수의 합은 몇 명인가요?

( )

4 다 학교의 학생은 몇 명인가요?

( )

▶ 정답과 해설 39쪽

● 일이 일어날 가능성을 말과 수로 표현하기

[1~3] 일이 일어날 가능성을 알맞게 표현한 곳에 ○표 하세요.

	일 \ 가능성	불가능하다	~아닐 것 같다	반반이다	~일 것 같다	확실하다
1	주사위 한 개를 굴려서 나온 눈의 수가 7일 것입니다.					
2	동전 한 개를 던지면 그림 면이 나올 것입니다.					
3	계산기에 '10 + 2 ='을 누르면 12가 나올 것입니다.					

[4~6] 각 주머니에 다음과 같이 흰색 공과 검은색 공이 들어 있습니다. 주머니에서 공 한 개를 꺼낼 때, 꺼낸 공이 검은색일 가능성을 말과 수로 표현해 보세요.

가  나  다 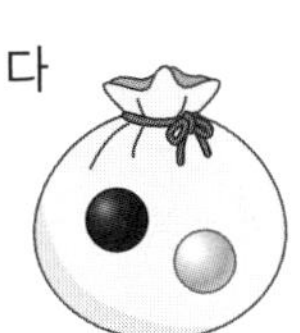

4 가 주머니에서 꺼낼 때

말 ____________ 

5 나 주머니에서 꺼낼 때

말 ____________ 

6 다 주머니에서 꺼낼 때

말 ____________ 

[7~9] 6장의 수 카드 중에서 한 장을 뽑았습니다. 물음에 답하세요.

7 뽑은 수 카드에 적힌 수가 홀수일 가능성을 말과 수로 표현해 보세요.

말 ____________ 수 ____________

8 뽑은 수 카드에 적힌 수가 짝수일 가능성을 말과 수로 표현해 보세요.

말 ____________ 수 ____________

9 뽑은 수 카드에 적힌 수가 12의 약수일 가능성을 말과 수로 표현해 보세요.

말 ____________ 수 ____________

▶ 정답과 해설 40쪽

일이 일어날 가능성을 비교하기

[1~2] 회전판 돌리기를 하고 있습니다. 물음에 답하세요.

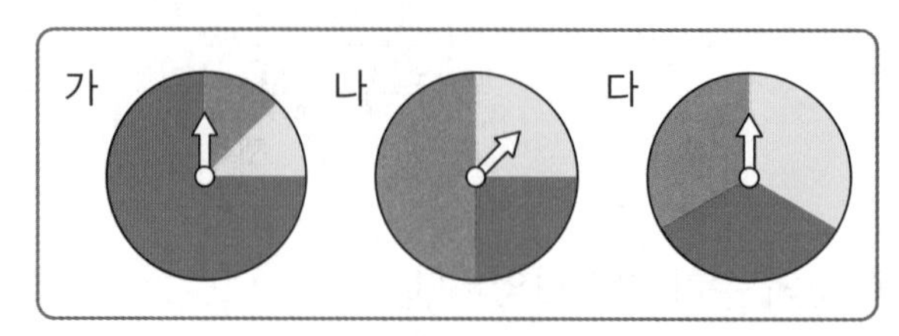

1 화살이 빨간색에 멈출 가능성이 높은 순서대로 기호를 쓰세요.

( )

2 화살이 노란색에 멈출 가능성이 높은 순서대로 기호를 쓰세요.

( )

[3~4] 다음과 같이 상자에 글자 카드와 수 카드가 들어 있습니다. 물음에 답하세요.

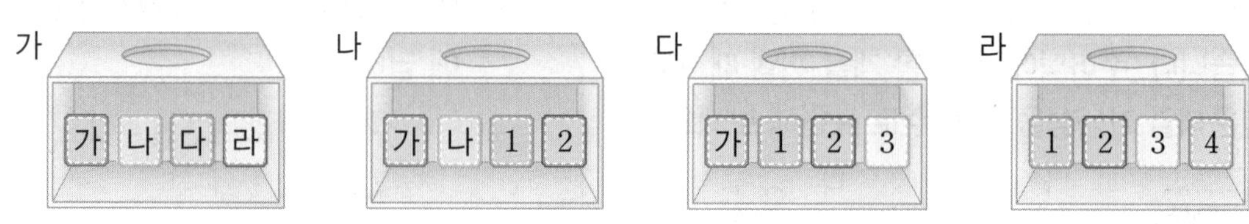

3 상자에서 카드 한 장을 꺼냈을 때, 꺼낸 카드가 수 카드일 가능성이 높은 순서대로 기호를 쓰세요.

( )

4 상자에서 카드 한 장을 꺼냈을 때, 꺼낸 카드가 글자 카드일 가능성이 높은 순서대로 기호를 쓰세요.

( )

[5~6] 일이 일어날 가능성이 더 높은 것의 기호를 쓰세요.

5

㉠ 동전 4개를 던지면 모두 그림 면이 나올 것입니다.
㉡ 오리 한 마리의 다리를 세어 보면 2개일 것입니다.

( )

6

㉠ 내년에 우리 반 학생 수는 짝수일 것입니다.
㉡ 흰색 공만 들어 있는 주머니에서 공을 1개 꺼낼 때 꺼낸 공이 검은색일 것입니다.

( )

맞힌 문제 수 개/15개

▶ 정답과 해설 40쪽

[1~2] 연희네 학교 5학년 학급별 학생 수를 나타낸 표입니다. 물음에 답하세요.

학급별 학생 수

학급	가	나	다	라
학생 수(명)	24	25	24	23

1 한 학급당 학생 수를 정하는 올바른 방법을 찾아 기호를 쓰세요.

㉠ 각 학급의 학생 수 24, 25, 24, 23 중 가장 큰 수인 25로 정합니다.
㉡ 각 학급의 학생 수 24, 25, 24, 23 중 가장 작은 수인 23으로 정합니다.
㉢ 각 학급의 학생 수 24, 25, 24, 23을 고르게 하면 24, 24, 24, 24가 되므로 24로 정합니다.

( )

2 연희네 학교 5학년 한 학급에는 평균 몇 명의 학생이 있나요?

( )

3 마을별 귤 수확량을 나타낸 표입니다. 네 마을의 귤 수확량의 평균을 구하려고 합니다. □ 안에 알맞은 수를 써넣으세요.

귤 수확량

마을	가	나	다	라
수확량(kg)	140	230	110	180

$(140+\square+\square+\square)\div\square$
$=\square\div\square=\square$ (kg)

4 일이 일어날 가능성을 생각해 보고, 알맞게 표현한 곳에 ○표 하세요.

내일 아침에 동쪽에서 해가 뜰 것입니다.

불가능하다	~아닐 것 같다	반반이다	~일 것 같다	확실하다

[5~6] 세화와 국주가 투호에서 넣은 화살 수를 나타낸 표입니다. 물음에 답하세요.

세화가 넣은 화살 수

회	1회	2회	3회	4회
넣은 화살 수(개)	2	5	2	3

국주가 넣은 화살 수

회	1회	2회	3회
넣은 화살 수(개)	3	5	4

5 세화와 국주가 넣은 화살 수의 평균은 각각 몇 개인가요?

세화 ( )
국주 ( )

6 세화와 국주 중 누가 더 잘했다고 볼 수 있나요?

( )

7 100원짜리 동전을 한 개 던질 때 나온 면이 다음과 같은 면일 가능성을 수로 표현해 보세요.

( )

▶ 정답과 해설 40쪽

8 주아가 가지고 있는 책의 수를 나타낸 표입니다. 책 수의 평균이 13권일 때, 만화책은 몇 권인가요?

주아가 가지고 있는 책 수

종류	동화책	시집	과학책	만화책	위인전
책 수(권)	8	17	11		14

( )

[9~10] 눈이 다음과 같은 주사위 한 개를 굴렸습니다. 물음에 답하세요.

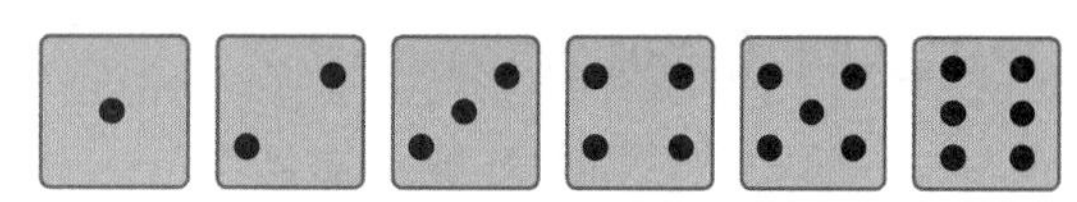

9 굴려 나온 주사위 눈의 수가 7 이상일 가능성을 말로 표현해 보세요.

( )

10 굴려 나온 주사위 눈의 수가 짝수일 가능성을 수로 표현해 보세요.

( )

11 일이 일어날 가능성이 더 높은 것의 기호를 쓰세요.

㉠ 빨간색 공 1개와 파란색 공 1개가 들어 있는 주머니에서 공 한 개를 꺼낼 때, 꺼낸 공이 파란색일 가능성
㉡ 초록색 구슬 2개가 들어 있는 주머니에서 구슬 한 개를 꺼낼 때, 꺼낸 구슬이 노란색일 가능성

( )

12 준호가 5일 동안 푼 수학 문제는 모두 80문제입니다. 준호가 하루에 푼 수학 문제는 평균 몇 문제인가요?

( )

[13~14] 회전판 돌리기를 하고 있습니다. 물음에 답하세요.

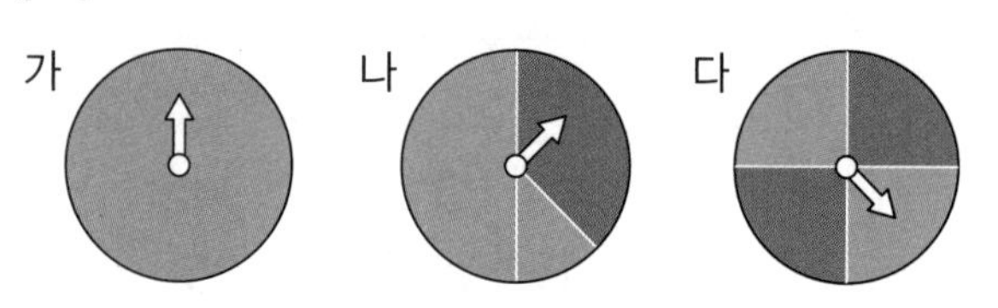

13 회전판 가의 화살이 초록색에 멈출 가능성에 화살표(↓)로 나타내 보세요.

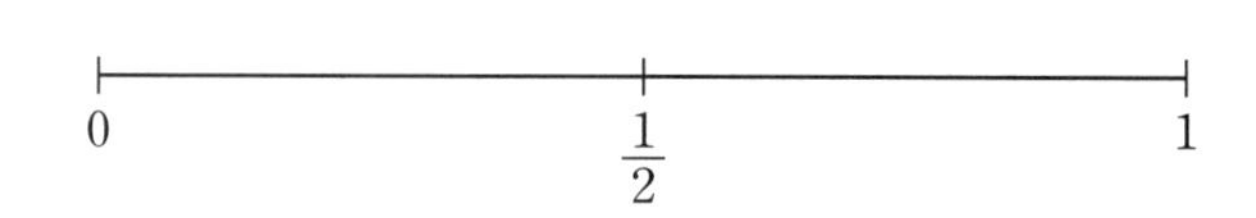

14 화살이 보라색에 멈출 가능성이 높은 순서대로 기호를 쓰세요.

( )

15 어느 농구 팀이 네 경기 동안 얻은 점수를 나타낸 표입니다. 이 농구 팀이 다섯 경기 동안 얻은 점수의 평균이 네 경기 동안 얻은 점수의 평균보다 높으려면 다섯 번째 경기에서는 몇 점보다 높은 점수를 얻어야 하는지 구하세요.

경기별 얻은 점수

경기	첫 번째	두 번째	세 번째	네 번째
얻은 점수(점)	100	103	97	104

☐점보다 높은 점수를 얻어야 합니다.

book.chunjae.co.kr

교재 내용 문의 .... 교재 홈페이지 ▸ 초등 ▸ 교재상담
교재 내용 외 문의 .... 교재 홈페이지 ▸ 고객센터 ▸ 1:1문의
발간 후 발견되는 오류 .... 교재 홈페이지 ▸ 초등 ▸ 학습지원 ▸ 학습자료실

수학의 자신감을 키워 주는 **초등 수학 교재**

난이도 한눈에 보기!

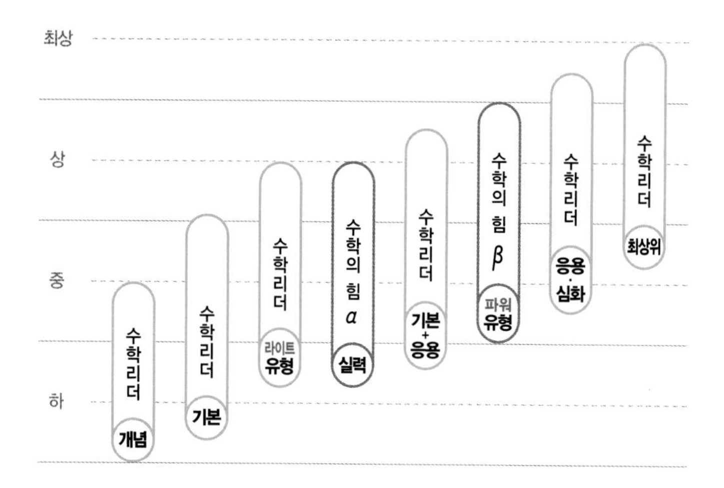

- **수학리더 연산** (계산 연습)
  연산 드릴과 문장 읽고 식 세우기 연습이 필요할 때
- **수학리더 유형** (라이트 유형서)
  응용·심화 단계로 가기 전
  다양한 유형 문제로 실력을 탄탄히 다지고 싶을 때
- **수학리더 기본+응용** (실력서)
  기본 단계를 끝낸 후
  기본부터 응용까지 한 권으로 끝내고 싶을 때
- **수학리더 최상위** (고난도)
  응용·심화 단계를 끝낸 후
  고난도 문제로 최상위권으로 도약하고 싶을 때

차세대 리더

시험 대비교재

●올백 전과목 단원평가	1~6학년/학기별 (1학기는 2~6학년)
●HME 수학 학력평가	1~6학년/상·하반기용
●HME 국어 학력평가	1~6학년

논술·한자교재

●YES 논술	1~6학년/총 24권
●천재 NEW 한자능력검점시험 자격증 한번에 따기	8~5급(총 7권)/4급~3급(총 2권)

영어교재

●READ ME	
– Yellow 1~3	2~4학년(총 3권)
– Red 1~3	4~6학년(총 3권)
●Listening Pop	Level 1~3
●Grammar, ZAP!	
– 입문	1, 2단계
– 기본	1~4단계
– 심화	1~4단계
●Grammar Tab	총 2권
●Let's Go to the English World!	
– Conversation	1~5단계, 단계별 3권
– Phonics	총 4권

예비중 대비교재

●천재 신입생 시리즈	수학/영어
●천재 반편성 배치고사 기출 & 모의고사	

꼭 알아야 할
사자성어

言 行 一 致

말씀 언 · 다닐 행 · 하나 일 · 이를 치

'언행일치'는 '말과 행동이 같아야 한다'는 뜻을 가진 단어에요.
이것은 곧 말한 대로 지키는 것이
중요하다는 걸 의미하기도 해요.
오늘부터 부모님, 선생님, 친구와의 약속과
내가 세운 공부 계획부터 꼭 지켜보는 건 어떨까요?

앞선 생각으로
더 큰 미래를 제시하는 기업

서책형 교과서에서 디지털 교과서,
참고서를 넘어 빅데이터와 AI학습에 이르기까지
끝없는 변화와 혁신으로
대한민국 교육을 선도해 나갑니다.

book.chunjae.co.kr

검정 교과서 완벽 반영

수학리더 개념

해법 전략

BOOK 3

5-2

BOOK 1
개념 기본서
개념+연산 드릴을 한 권에!

리더가 되기 위한
공부 비법

BOOK 2
보충 문제집
연산 → 문장제 학습 + 성취도 평가

천재교육

해법전략
포인트 3가지

- 혼자서도 이해할 수 있는 친절한 문제 풀이
- 참고, 주의 등 자세한 풀이 제시
- 다른 풀이를 제시하여 다양한 방법으로 문제 풀이 가능

1 수의 범위와 어림하기

6~7쪽 1단계 개념 빠삭

예제 문제 1 (1) 이상에 ○표 (2) 이하에 ○표

2 (1) 26에 ○표 (2) 40에 ○표

개념 집중 연습

1 135, 140에 ○표 2 155, 176에 ○표

3 4 5 6 7 8 9

4 31 32 33 34 35 36

5 96 97 98 99 100 101

6 153 154 155 156 157 158

7 42 8 73

9 이상 10 이하

개념 집중 연습

3 8에 ●으로 표시하고 왼쪽으로 선을 긋습니다.

4 33에 ●으로 표시하고 오른쪽으로 선을 긋습니다.

7 42와 같거나 큰 수를 나타냅니다. ➔ 42 이상인 수

8 73과 같거나 작은 수를 나타냅니다. ➔ 73 이하인 수

8~9쪽 1단계 개념 빠삭

예제 문제 1 (1) 초과에 ○표 (2) 미만에 ○표

2 (1) 42에 ○표 (2) 55에 ○표

개념 집중 연습

1 90, 95에 ○표 2 160, 166에 ○표

3 10 11 12 13 14 15

4 44 45 46 47 48 49

5 81 82 83 84 85 86

6 99 100 101 102 103 104

7 18 8 40

9 미만 10 초과

개념 집중 연습

1 84 초과인 수는 84보다 큰 수입니다.

2 169 미만인 수는 169보다 작은 수입니다.

3 11에 ○으로 표시하고 오른쪽으로 선을 긋습니다.

4 47에 ○으로 표시하고 왼쪽으로 선을 긋습니다.

7 18보다 큰 수를 나타냅니다. ➔ 18 초과인 수

8 40보다 작은 수를 나타냅니다. ➔ 40 미만인 수

10~11쪽 1단계 개념 빠삭

예제 문제 1 5, 10 2 ( )
(○)

3 5000원에 ○표

개념 집중 연습

1 밴텀급 2 서준

3 ( )
(○)

4 25, 26, 27에 ○표 5 41, 42에 ○표

6 초과, 이하 7 이상, 미만

예제 문제

1 8 kg은 5 kg 초과 10 kg 이하에 속합니다.

개념 집중 연습

1 건우의 몸무게는 35 kg이므로 밴텀급에 속합니다.

2 몸무게가 34 kg 초과 36 kg 이하에 속하는 사람은 서준입니다.

3 34 kg 초과 36 kg 이하이므로 수직선에 34 초과인 수는 ○을 이용하여 나타내고, 36 이하인 수는 ●을 이용하여 나타냅니다.

4 25 이상 27 이하인 수에는 25와 27이 포함됩니다.

5 40 초과 43 미만인 수에는 40과 43이 포함되지 않습니다.

6 30은 포함되지 않고 32는 포함됩니다.
➔ 30 초과 32 이하인 수

7 46은 포함되고 49는 포함되지 않습니다.
➔ 46 이상 49 미만인 수

12~13쪽 2단계 익힘책 빠삭

1 25, 30, 26에 ◯표 / 이상
2 34, 17, 40 **3** 현서, 주아, 경석
4 23, 12, 17
5 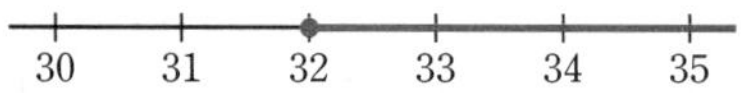

6 도현, 유리
7 34, 20, 74에 ◯표 / 초과
8 (1) 47, 52 (2) 40, 39
9 가, 라
10 

11 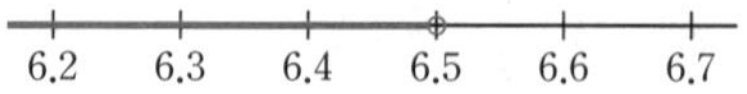

12 3개 **13** 38, 40에 ◯표
14 30 이상 34 미만인 수
15 

16 서준, 현서

2 40 이하인 수는 40과 같거나 작은 수입니다.

3 읽은 책 수가 23권과 같거나 적은 학생은 현서, 주아, 경석입니다.

4 23 이하인 수는 23과 같거나 작은 수입니다.
읽은 책 수가 23권 이하인 책 수
➜ 현서: 23권, 주아: 12권, 경석: 17권

5 32에 ●으로 표시하고 오른쪽으로 선을 긋습니다.

6 90 이상인 수는 90과 같거나 큰 수입니다.
수학 점수가 90점과 같거나 90점보다 높은 사람은 도현, 유리입니다.

8 (1) 42 초과인 수는 42보다 큰 수입니다.
(2) 42 미만인 수는 42보다 작은 수입니다.

9 15 미만인 수는 15보다 작은 수입니다.
최고 기온이 15 ℃보다 낮은 도시는 가와 라입니다.

10 48에 ○으로 표시하고 오른쪽으로 선을 긋습니다.

11 6.5에 ○으로 표시하고 왼쪽으로 선을 긋습니다.

12 20.5 초과인 수는 20.5보다 큰 수이므로 20.5 g 초과인 무게는 22.8 g, 21.4 g, 23 g입니다.
따라서 봉지에 담을 수 있는 쿠키는 모두 3개입니다.

13 32 초과 40 이하인 수는 32보다 크고 40과 같거나 작은 수입니다.

14 30은 ●을, 34는 ○을 이용하여 나타내었으므로 30 이상 34 미만인 수입니다.

15 성주 점수는 2점이고 횟수 범위는 20회 이상 25회 미만입니다. 수직선에 20에 ●으로, 25에 ○으로 표시하고 선으로 연결합니다.

16 지안: 69 초과 75 미만인 수는 69보다 크고 75보다 작은 수이므로 69가 포함되지 않습니다.

14~15쪽 1단계 개념 빠삭

예제 문제 **1** (1) 8 (2) 6 (3) 5, 0
2 (1) 150개에 ◯표 (2) 150

개념 집중 연습

1 33000 / 33000 **2** 40000 / 40000
3 170에 ◯표 **4** 240에 ◯표
5 2820에 ◯표 **6** 3430에 ◯표
7 300 **8** 4700
9 3.8 **10** 3.72

예제 문제

2 (1) 10개씩 묶음으로 산다면 낱개를 살 수 없으므로 부족하지 않게 최소 150개를 사야 합니다.
(2) 148에서 십의 자리 아래 수인 8을 10으로 보고 올림하면 150이 됩니다.

개념 집중 연습

3 168에서 십의 자리 아래 수인 8을 10으로 보고 올림하면 170이 됩니다.

5 2817에서 십의 자리 아래 수인 7을 10으로 보고 올림하면 2820이 됩니다.

7 255에서 백의 자리 아래 수인 55를 100으로 보고 올림하면 300이 됩니다.

8 4672에서 백의 자리 아래 수인 72를 100으로 보고 올림하면 4700이 됩니다.

9 3.715에서 소수 첫째 자리 아래 수를 0.1로 보고 올림하면 3.8이 됩니다.

10 3.715에서 소수 둘째 자리 아래 수를 0.01로 보고 올림하면 3.72가 됩니다.

16~17쪽 1단계 개념 빠삭

예제 문제 1 (1) 0 (2) 4 (3) 2, 0
2 (1) 310 (2) 310

개념 집중 연습

1 43000 / 43000
2 40000 / 40000
3 860에 ○표
4 1740에 ○표
5 200
6 400
7 3200
8 6100
9 8.2
10 5.35

개념 집중 연습

1 최대 43000원까지는 1000원짜리 지폐로 바꿀 수 있고, 250원은 바꿀 수 없습니다.
➔ 43250을 버림하여 천의 자리까지 나타내면 43000입니다.

2 최대 40000원까지는 10000원짜리 지폐로 바꿀 수 있고, 3250원은 바꿀 수 없습니다.
➔ 43250을 버림하여 만의 자리까지 나타내면 40000입니다.

5 297에서 백의 자리 아래 수인 97을 0으로 보고 버림하면 200이 됩니다.

7 3255에서 백의 자리 아래 수인 55를 0으로 보고 버림하면 3200이 됩니다.

9 8.26에서 소수 첫째 자리 아래 수를 0으로 보고 버림하면 8.2가 됩니다.

10 5.351에서 소수 둘째 자리 아래 수를 0으로 보고 버림하면 5.35가 됩니다.

18~19쪽 2단계 익힘책 빠삭

1 (1) 330에 ○표 (2) 2000에 ○표
2 770, 800
3 5.67
4 401에 ○표
5 ㉡
6 9000명
7 18묶음
8 2상자
9 1000
10 850, 800
11 7.7에 색칠
12 ㉢
13 8000원
14 (○)( )
15 <
16 3

1 (1) 326에서 십의 자리 아래 수인 6을 10으로 보고 올림하면 330이 됩니다.
(2) 1420에서 천의 자리 아래 수인 420을 1000으로 보고 올림하면 2000이 됩니다.

2 • 763을 올림하여 십의 자리까지 나타내기 위해서 십의 자리 아래 수인 3을 10으로 보고 올림하면 770이 됩니다.
• 763을 올림하여 백의 자리까지 나타내기 위해서 백의 자리 아래 수인 63을 100으로 보고 올림하면 800이 됩니다.

3 5.663에서 소수 둘째 자리 아래 수인 0.003을 0.01로 보고 올림하면 5.67이 됩니다.

4 수를 올림하여 십의 자리까지 나타내면 다음과 같습니다.
420 ➔ 420　419 ➔ 420 (올립니다.)　401 ➔ 410 (올립니다.)

5 ㉠, ㉡, ㉢을 올림하여 백의 자리까지 나타내면 다음과 같습니다.
㉠ 7602 ➔ 7700 (올립니다.)　㉡ 7599 ➔ 7600 (올립니다.)
㉢ 7480 ➔ 7500 (올립니다.)

6 8526에서 천의 자리 아래 수를 1000으로 보고 올림하면 9000입니다. ➔ 9000명

7 10권씩 묶여 있으므로 174권을 올림하여 십의 자리까지 나타낸 180권으로 생각해야 합니다.
따라서 10권씩 묶여 있는 공책은 최소 180÷10=18(묶음) 사야 합니다.

8 100권씩 들어 있으므로 174권을 올림하여 백의 자리까지 나타낸 200권으로 생각해야 합니다.
따라서 100권씩 들어 있는 공책은 최소 200÷100=2(상자) 사야 합니다.

9 1370에서 천의 자리 아래 수인 370을 0으로 보고 버림하면 1000이 됩니다.

10 • 852를 버림하여 십의 자리까지 나타내기 위해서 십의 자리 아래 수인 2를 0으로 보고 버림하면 850이 됩니다.
• 852를 버림하여 백의 자리까지 나타내기 위해서 백의 자리 아래 수인 52를 0으로 보고 버림하면 800이 됩니다.

11 7.724에서 소수 첫째 자리 아래 수인 0.024를 0으로 보고 버림하면 7.7이 됩니다.

12 ㉠ 620을 버림하여 백의 자리까지 나타내면 600입니다.
㉡ 4830을 버림하여 백의 자리까지 나타내면 4800입니다.

13 1000원보다 적은 동전은 지폐로 바꿀 수 없으므로 8450원을 버림하여 천의 자리까지 나타낸 8000원으로 생각해야 합니다.
따라서 1000원짜리 지폐로 최대 8000원까지 바꿀 수 있습니다.

14 • 1509를 버림하여 십의 자리까지 나타낸 수: 1500
• 1496을 버림하여 백의 자리까지 나타낸 수: 1400
➡ 1500 > 1400

15 3.432를 버림하여 소수 첫째 자리까지 나타낸 수: 3.4
3.442를 버림하여 소수 둘째 자리까지 나타낸 수: 3.44
➡ 3.4 < 3.44

16 건우의 여행 가방 비밀번호는 2□49이고 버림하여 백의 자리까지 나타내면 2300이므로 버림하기 전의 수는 23■■입니다.
따라서 건우의 여행 가방 비밀번호는 2349입니다.

20~21쪽 1단계 개념 빠삭

예제 문제 **1** (1) 200에 ○표 (2) 200에 ○표
2 (1) 7 (2) 4, 0 (3) 6, 0

개념 집중 연습

1

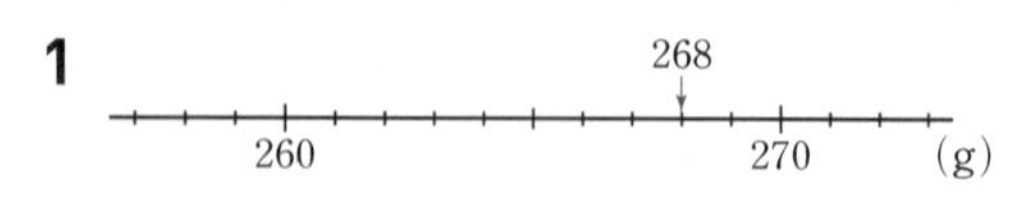

2 270, 270
3 700에 ○표 **4** 1500에 ○표
5 5550 **6** 1700
7 6300 **8** 3000
9 6.5 **10** 3.17

예제 문제

1 230은 200과 300 중에서 200에 더 가까우므로 약 200입니다.

개념 집중 연습

1 260과 270 사이가 10칸으로 나누어져 있으므로 한 칸의 크기는 1입니다. ➡ 268에 ↓로 나타냅니다.

2 268은 260과 270 중에서 270에 더 가까우므로 약 270 g이라고 할 수 있습니다.

3 653에서 십의 자리 숫자가 5이므로 올림하여 700이 됩니다.

5 5552에서 일의 자리 숫자가 2이므로 버림하여 5550이 됩니다.

6 1654에서 십의 자리 숫자가 5이므로 올림하여 1700이 됩니다.

8 2716에서 백의 자리 숫자가 7이므로 올림하여 3000이 됩니다.

9 6.514에서 소수 둘째 자리 숫자가 1이므로 버림하여 6.5가 됩니다.

10 3.169에서 소수 셋째 자리 숫자가 9이므로 올림하여 3.17이 됩니다.

22~23쪽 1단계 개념 빠삭

예제 문제 **1** (1) 올림에 ○표 (2) 70
2 (1) 버림에 ○표 (2) 10

개념 집중 연습

1 올림, 8000에 ○표 **2** 8000
3 버림, 310에 ○표 **4** 31
5 930, 1120, 1540 **6** 157, 150

예제 문제

1 10개씩 포장되어 있으므로 63을 올림하여 십의 자리까지 나타냅니다.
따라서 초콜릿을 최소 70개 사야 합니다.

2 색종이 108장으로 종이 인형 10개를 만들고 8장이 남습니다.
따라서 종이 인형을 최대 10개까지 만들 수 있습니다.

개념 집중 연습

1 7000원을 내면 300원이 모자라므로 올림하여 8000원으로 생각합니다.

2 1000원짜리 지폐로만 물감값을 내려면 최소 8000원을 내야 합니다.

3 10개가 안 되는 토마토는 상자에 담아 팔 수 없으므로 버림해야 합니다.

4 토마토 318개를 10개씩 31상자에 담고 8개가 남습니다. 따라서 토마토를 최대 31상자까지 판매할 수 있습니다.

5 수요일: 926에서 일의 자리 숫자가 6이므로 올림하여 930입니다.
목요일: 1124에서 일의 자리 숫자가 4이므로 버림하여 1120입니다.
금요일: 1539에서 일의 자리 숫자가 9이므로 올림하여 1540입니다.

6 유리: 156.8에서 소수 첫째 자리 숫자가 8이므로 올림하여 157입니다.
은채: 150.3에서 소수 첫째 자리 숫자가 3이므로 버림하여 150입니다.

24~25쪽 2단계 익힘책 빠삭

1 430	**2** 8300, 8000
3 ( )(○)	**4** ③, ④
5 1710 m	**6** 10.3 m
7 4800, =	**8** 5, 6, 7, 8, 9
9 4 kg	**10** (1) 올림 (2) 22번
11 (1) 버림 (2) 2400마리	
12 1860, 660, 730	**13** 서아
14 2700 g	**15** 7개

1 425에서 일의 자리 숫자가 5이므로 올림하여 430이 됩니다.

2 • 8267에서 십의 자리 숫자가 6이므로 올림하여 8300이 됩니다.
• 8267에서 백의 자리 숫자가 2이므로 버림하여 8000이 됩니다.

3 1.735에서 소수 셋째 자리 숫자가 5이므로 올림하여 1.74가 됩니다.

4 반올림하여 천의 자리까지 나타내면 다음과 같습니다.
① 2546 → 3000 ② 3218 → 3000
③ 3679 → 4000 ④ 2497 → 2000
⑤ 3361 → 3000

5 1708에서 일의 자리 숫자가 8이므로 올림하여 1710이 됩니다.

6 10.29에서 소수 둘째 자리 숫자가 9이므로 올림하여 10.3이 됩니다.

7 4786에서 십의 자리 숫자가 8이므로 올림하여 4800이 됩니다.

8 주어진 수의 십의 자리 숫자가 4인데 반올림하여 십의 자리까지 나타낸 수가 8150이 되었으므로 일의 자리에서 올림한 것입니다.
따라서 일의 자리 숫자는 5, 6, 7, 8, 9 중 하나여야 합니다.

9 3.8을 반올림하여 일의 자리까지 나타내면 4가 됩니다.

10 (1) 케이블카가 한 번 운행할 때 10명씩 타고 남은 학생들까지 모두 타기 위해서는 올림해야 합니다.
(2) 케이블카가 한 번 운행할 때 10명씩 탄다면 21번을 운행한 후 남은 학생 3명이 탈 수 있도록 케이블카를 1번 더 운행해야 합니다.
따라서 최소 22번 운행해야 합니다.

11 (1) 100마리가 안 되는 오징어는 묶어서 팔 수 없으므로 버림해야 합니다.
(2) 100마리씩 묶으면 24묶음이 되고 49마리가 남습니다.
오징어를 24묶음까지 팔 수 있으므로 최대 2400마리까지 팔 수 있습니다.

12 • 공원: 1863 m → 1860 m (버립니다.)
• 병원: 657 m → 660 m (올립니다.)
• 학교: 732 m → 730 m (버립니다.)

13 유찬: 100원짜리 동전으로만 내려면 올림하여 백의 자리까지 나타낸 1800원을 내야 합니다.

14 100 g씩 판매하므로 2680을 올림하여 백의 자리까지 나타냅니다.
따라서 2680을 올림하여 백의 자리까지 나타내면 2700이므로 밀가루를 최소 2700 g 사야 합니다.

15 1 m=100 cm보다 짧은 끈으로는 상품을 포장할 수 없습니다. 758을 버림하여 백의 자리까지 나타내면 700이므로 상품을 최대 7개까지 포장할 수 있습니다.

26~28쪽 TEST 1단원 평가

1 이하에 ○표
2 2200에 ○표
3 24에 △표
4 15800, 16000
5 유주, 혁진
6 142.2 cm, 139.5 cm
7 현서
8 (수직선: 13 14 15 16 17 18 19 20 21, 15에 ●, 19에 ○)
9 5 cm
10 51000, 50000, 50000
11 45 초과 51 이하인 수
12 <
13 5400원
14 서현, 진아
15 6개
16 대구 / 인천 / 부산
17 ㉠, ㉢
18 0, 1, 2, 3, 4
19 9699
20 9800

1 ●와 같거나 작은 수를 ● 이하인 수라고 합니다.

2 2156에서 백의 자리 아래 수인 56을 100으로 보고 올림하면 2200이 됩니다.

3 24 초과인 수: 24보다 큰 수
➜ 24는 포함되지 않습니다.

4 • 15820에서 십의 자리 숫자가 2이므로 버림하여 15800이 됩니다.
• 15820에서 백의 자리 숫자가 8이므로 올림하여 16000이 됩니다.

5 키가 143 cm와 같거나 큰 학생은 유주, 혁진입니다.

6 키가 143 cm보다 작은 학생의 키
➜ 수현: 142.2 cm, 지민: 139.5 cm

7 수를 버림하여 백의 자리까지 나타내면 다음과 같습니다.
• 은우: 3759 ➜ 3700 (버립니다.)
• 현서: 3685 ➜ 3600 (버립니다.)
• 지안: 3701 ➜ 3700 (버립니다.)

8 15에 ●으로, 19에 ○으로 표시하고 선으로 연결합니다.

9 지우개의 길이는 4.7 cm입니다.
4.7에서 소수 첫째 자리 숫자가 7이므로 올림하여 5가 됩니다.

10 • 올림: 50320 ➜ 51000 (올립니다.) • 버림: 50320 ➜ 50000 (버립니다.)
• 반올림: 50320 ➜ 50000 (3이므로 버립니다.)

11 45는 포함되지 않고 51은 포함됩니다.
➜ 45 초과 51 이하인 수

12 3675를 버림하여 백의 자리까지 나타낸 수: 3600
3675를 반올림하여 백의 자리까지 나타낸 수: 3700
➜ 3600<3700

13 5470원을 100원짜리 동전으로만 바꾸려면 5470을 버림하여 백의 자리까지 나타내야 합니다.
따라서 5400원까지 바꿀 수 있습니다.

14 키가 140 cm 이상인 사람만 바이킹을 탈 수 있으므로 140과 같거나 큰 수를 찾으면 140.0, 150.2입니다.
따라서 바이킹을 탈 수 있는 사람은 서현, 진아입니다.

15 지우개 549개를 한 상자에 100개씩 모두 담으려면 올림하여 백의 자리까지 나타내야 합니다.
549를 올림하여 백의 자리까지 나타내면 600이므로 상자는 최소 6개가 필요합니다.

16 • 강수량이 20 mm보다 많고 23 mm와 같거나 적은 도시: 대구
• 강수량이 23 mm보다 많고 26 mm와 같거나 적은 도시: 인천
• 강수량이 26 mm보다 많은 도시: 부산

참고
■ 초과 ▲ 이하인 수는 ■보다 크고 ▲와 같거나 작은 수입니다.

17 ㉠ 130과 같거나 크고 135보다 작은 수이므로 130이 포함됩니다.
㉢ 129보다 크고 134보다 작은 수이므로 130이 포함됩니다.

18 주어진 수의 십의 자리 숫자가 3인데 반올림하여 십의 자리까지 나타낸 수가 530이 되었으므로 일의 자리에서 버림한 것입니다. 따라서 일의 자리 숫자는 0, 1, 2, 3, 4 중 하나여야 합니다.

19 버림하여 백의 자리까지 나타내면 9600이 되는 자연수는 96□□입니다. □□에는 00부터 99까지 들어갈 수 있으므로 96□□인 수 중에서 가장 큰 수는 9699입니다.

20 만들 수 있는 가장 큰 네 자리 수: 9763
9763을 올림하여 백의 자리까지 나타내면 9800입니다.

2 분수의 곱셈

32~33쪽 1단계 개념 빠삭

예제 문제 **1** 5, 5 **2** 2, 4, 1, 1

개념 집중 연습

1 14, 14, 4, 2 **2** 2, 2, 14, 4, 2

3 $\frac{5}{6}\times3=\frac{5\times3}{6}=\frac{\overset{5}{\cancel{15}}}{\underset{2}{\cancel{6}}}=\frac{5}{2}=2\frac{1}{2}$

4 $\frac{7}{12}\times9=\frac{7\times9}{12}=\frac{\overset{21}{\cancel{63}}}{\underset{4}{\cancel{12}}}=\frac{21}{4}=5\frac{1}{4}$

5 $1\frac{1}{7}$ **6** $3\frac{1}{2}$

7 $1\frac{1}{8}$ **8** $1\frac{5}{9}$

9 $4\frac{1}{2}$ **10** $\frac{3}{4}$

개념 집중 연습

6 $\frac{1}{6}\times21=\frac{1\times21}{6}=\frac{\overset{7}{\cancel{21}}}{\underset{2}{\cancel{6}}}=\frac{7}{2}=3\frac{1}{2}$

34~35쪽 1단계 개념 빠삭

예제 문제 **1** 2, 8, 2, 2 **2** 2, 2, 2, 2

개념 집중 연습

1 16, 16, 48, 6, 6 **2** 3, 6, 6, 6, 6

3 $1\frac{2}{9}\times3=\frac{11}{\underset{3}{\cancel{9}}}\times\overset{1}{\cancel{3}}=\frac{11}{3}=3\frac{2}{3}$

4 $1\frac{2}{9}\times2=(1\times2)+\left(\frac{2}{9}\times2\right)=2+\frac{4}{9}=2\frac{4}{9}$

5 $9\frac{3}{8}$ **6** $10\frac{1}{2}$

7 $9\frac{1}{5}$ **8** $14\frac{2}{3}$

개념 집중 연습

4 $1\frac{2}{9}$를 $1+\frac{2}{9}$로 바꾸어 1과 $\frac{2}{9}$에 각각 2를 곱하여 계산합니다.

36~37쪽 2단계 익힘책 빠삭

1 5, 5, 5, 3, 15, 1, 7

2 (1) $\frac{1}{3}$ (2) $\frac{4}{5}$ **3** ( )(○)( )

4 $1\frac{1}{2}$ **5** $13\frac{1}{2}$

6 은우 **7** $\frac{2}{9}\times6=1\frac{1}{3}$, $1\frac{1}{3}$ L

8 (1) $3\frac{1}{2}$ (2) $2\frac{3}{4}$ **9** 2, 4, $4\frac{4}{5}$

10 $12\frac{2}{3}$ **11** (○)( )

12

13 $3\frac{1}{3}\times5=\frac{10}{3}\times5=\frac{10\times5}{3}=\frac{50}{3}=16\frac{2}{3}$

14 $13\frac{1}{4}$ cm

3 (단위분수)×(자연수)는 단위분수의 분자와 자연수를 곱하여 계산합니다.

$\frac{1}{5}\times4=\frac{1}{5}+\frac{1}{5}+\frac{1}{5}+\frac{1}{5}=\frac{1\times4}{5}=\frac{4}{5}$

4 $\frac{3}{\underset{2}{\cancel{10}}}\times\overset{1}{\cancel{5}}=\frac{3}{2}=1\frac{1}{2}$

5 ㉠×㉡$=\frac{9}{\underset{2}{\cancel{16}}}\times\overset{3}{\cancel{24}}=\frac{27}{2}=13\frac{1}{2}$

6 서준: $\frac{1}{\underset{1}{\cancel{4}}}\times\overset{2}{\cancel{8}}=2$, 은우: $\frac{2}{\underset{1}{\cancel{5}}}\times\overset{2}{\cancel{10}}=4$

7 (컵 6개에 들어 있는 주스의 양)

=(컵 한 개에 들어 있는 주스의 양)×6

$=\frac{2}{\underset{3}{\cancel{9}}}\times\overset{2}{\cancel{6}}=\frac{4}{3}=1\frac{1}{3}$ (L)

8 (1) $1\frac{1}{6}\times3=\frac{7}{\underset{2}{\cancel{6}}}\times\overset{1}{\cancel{3}}=\frac{7}{2}=3\frac{1}{2}$

(2) $1\frac{3}{8}\times2=\frac{11}{\underset{4}{\cancel{8}}}\times\overset{1}{\cancel{2}}=\frac{11}{4}=2\frac{3}{4}$

9 $2\frac{2}{5}\times2=(2\times2)+\left(\frac{2}{5}\times2\right)=4+\frac{4}{5}=4\frac{4}{5}$

10 $1\frac{7}{12}\times 8=\frac{19}{\underset{3}{\cancel{12}}}\times \overset{2}{\cancel{8}}=\frac{38}{3}=12\frac{2}{3}$

11 $1\frac{5}{6}\times 4=\frac{11}{\underset{3}{\cancel{6}}}\times \overset{2}{\cancel{4}}=\frac{22}{3}=7\frac{1}{3}$ ➔ $7\frac{1}{3}>5$

12 $2\frac{1}{4}\times 3=\frac{9}{4}\times 3=\frac{27}{4}=6\frac{3}{4}$

$3\frac{5}{8}\times 2=\frac{29}{\underset{4}{\cancel{8}}}\times \overset{1}{\cancel{2}}=\frac{29}{4}=7\frac{1}{4}$

13 $\frac{10}{3}\times 5$는 $\frac{10\times 5}{3}$와 같이 자연수를 분자에만 곱해야 하는데 분모에도 곱해서 잘못되었습니다.

14 (정삼각형의 둘레)

$=$(한 변의 길이)$\times 3$

$=4\frac{5}{12}\times 3=\frac{53}{\underset{4}{\cancel{12}}}\times \overset{1}{\cancel{3}}=\frac{53}{4}=13\frac{1}{4}$ (cm)

38~39쪽 1단계 개념 빠삭

예제 문제 **1** 예 0 1 2 3 4 5 6, 4

2 (1) 2, 10, 1, 3 (2) 1, 7, 1, 3

개념 집중 연습

1 21, 21, 5, 1 **2** 7, 21, 5, 1

3 $\overset{3}{\cancel{9}}\times \frac{4}{\underset{5}{\cancel{15}}}=\frac{3\times 4}{5}=\frac{12}{5}=2\frac{2}{5}$

4 $\overset{5}{\cancel{10}}\times \frac{5}{\underset{3}{\cancel{6}}}=\frac{5\times 5}{3}=\frac{25}{3}=8\frac{1}{3}$

5 5 **6** $11\frac{2}{3}$

7 $13\frac{1}{3}$ **8** $6\frac{3}{10}$

9 24 **10** $6\frac{1}{4}$

예제 문제

1 6을 3등분한 것 중 2이므로 $6\times \frac{2}{3}=4$입니다.

2 분모는 그대로 두고 자연수와 진분수의 분자를 곱하여 계산합니다.

개념 집중 연습

1 분수의 곱셈을 다 한 이후에 약분하여 계산합니다.

2 분수의 곱셈을 하는 과정에서 자연수와 분모를 약분하여 계산합니다.

5 $\overset{5}{\cancel{35}}\times \frac{1}{\underset{1}{\cancel{7}}}=5$

6 $30\times \frac{7}{18}=\frac{30\times 7}{18}=\frac{\overset{35}{\cancel{210}}}{\underset{3}{\cancel{18}}}=\frac{35}{3}=11\frac{2}{3}$

7 $\overset{8}{\cancel{56}}\times \frac{5}{\underset{3}{\cancel{21}}}=\frac{8\times 5}{3}=\frac{40}{3}=13\frac{1}{3}$

8 $7\times \frac{9}{10}=\frac{7\times 9}{10}=\frac{63}{10}=6\frac{3}{10}$

9 $\overset{6}{\cancel{42}}\times \frac{4}{\underset{1}{\cancel{7}}}=24$

10 $20\times \frac{5}{16}=\frac{20\times 5}{16}=\frac{\overset{25}{\cancel{100}}}{\underset{4}{\cancel{16}}}=\frac{25}{4}=6\frac{1}{4}$

40~41쪽 1단계 개념 빠삭

예제 문제 **1** 5, 15, 3, 3

2 3, 3, 3, 3

개념 집중 연습

1 5, 5, 15, 7, 1

2 1, 3, 1, 1, 7, 1

3 $2\times 1\frac{3}{8}=\overset{1}{\cancel{2}}\times \frac{11}{\underset{4}{\cancel{8}}}=\frac{11}{4}=2\frac{3}{4}$

4 $10\times 2\frac{4}{15}=(10\times 2)+\left(\overset{2}{\cancel{10}}\times \frac{4}{\underset{3}{\cancel{15}}}\right)$

$=20+\frac{8}{3}=20+2\frac{2}{3}=22\frac{2}{3}$

5 $22\frac{1}{2}$ **6** $16\frac{1}{4}$

7 $9\frac{2}{3}$ **8** $12\frac{1}{2}$

개념 집중 연습

1 $2\frac{1}{2}$을 가분수로 나타내 계산합니다.

2 $2\frac{1}{2}$을 $2+\frac{1}{2}$로 바꾸어 계산합니다.

5 $6\times3\frac{3}{4}=(6\times3)+\left(\overset{3}{\cancel{6}}\times\frac{3}{\underset{2}{\cancel{4}}}\right)=18+\frac{9}{2}$

$=18+4\frac{1}{2}=22\frac{1}{2}$

7 $2\times4\frac{5}{6}=\overset{1}{\cancel{2}}\times\frac{29}{\underset{3}{\cancel{6}}}=\frac{29}{3}=9\frac{2}{3}$

8 $4\times3\frac{1}{8}=(4\times3)+\left(\overset{1}{\cancel{4}}\times\frac{1}{\underset{2}{\cancel{8}}}\right)=12+\frac{1}{2}=12\frac{1}{2}$

42~43쪽 2단계 익힘책 빠삭

1 3, 9, 2, 1

2 (1) 4 (2) $1\frac{7}{8}$

3 $3\frac{1}{2}$

4 $6\times\frac{3}{10}=\frac{6\times3}{10}=\frac{\overset{9}{\cancel{18}}}{\underset{5}{\cancel{10}}}=\frac{9}{5}=1\frac{4}{5}$

5 ㉠

6 <

7 500 mL

8 12개

9 (1) $8\frac{2}{5}$ (2) 14

10 $21\frac{3}{4}$

11

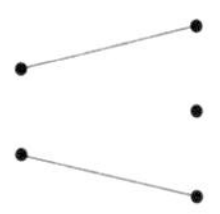

12 1

13 $4\times1\frac{5}{6}=\overset{2}{\cancel{4}}\times\frac{11}{\underset{3}{\cancel{6}}}=\frac{22}{3}=7\frac{1}{3}$

14 ㉠

15 $9\times2\frac{4}{15}=20\frac{2}{5}$, $20\frac{2}{5}$ m^2

3 $\overset{1}{\cancel{9}}\times\frac{7}{\underset{2}{\cancel{18}}}=\frac{7}{2}=3\frac{1}{2}$

4 분수의 곱셈을 다 한 이후에 약분하여 계산합니다.

5 ㉠ 10 ㉡ $\overset{4}{\cancel{12}}\times\frac{4}{\underset{3}{\cancel{9}}}=\frac{16}{3}=5\frac{1}{3}$

➜ ㉠>㉡

6 $\overset{4}{\cancel{16}}\times\frac{7}{\underset{3}{\cancel{12}}}=\frac{28}{3}=9\frac{1}{3}$ ➜ $9\frac{1}{3}<12$

7 1 L=1000 mL이므로 $\overset{500}{\cancel{1000}}\times\frac{1}{\underset{1}{\cancel{2}}}=500$ (mL)입니다.

8 (먹은 빵의 수)=(전체 빵의 수)×$\frac{2}{5}$

$=\overset{6}{\cancel{30}}\times\frac{2}{\underset{1}{\cancel{5}}}=12$(개)

9 (1) $6\times1\frac{2}{5}=6\times\frac{7}{5}=\frac{42}{5}=8\frac{2}{5}$

(2) $12\times1\frac{1}{6}=\overset{2}{\cancel{12}}\times\frac{7}{\underset{1}{\cancel{6}}}=14$

10 $9\times2\frac{5}{12}=(9\times2)+\left(\overset{3}{\cancel{9}}\times\frac{5}{\underset{4}{\cancel{12}}}\right)=18+\frac{15}{4}$

$=18+3\frac{3}{4}=21\frac{3}{4}$

11 $5\times1\frac{3}{10}=\overset{1}{\cancel{5}}\times\frac{13}{\underset{2}{\cancel{10}}}=\frac{13}{2}=6\frac{1}{2}$

$4\times1\frac{7}{8}=\overset{1}{\cancel{4}}\times\frac{15}{\underset{2}{\cancel{8}}}=\frac{15}{2}=7\frac{1}{2}$

12 $5\times1\frac{2}{9}=5\times\frac{11}{9}=\frac{55}{9}=6\frac{1}{9}$ ➜ ■=1

13 대분수를 가분수로 나타내지 않고 약분하여 잘못되었습니다.

14 ㉠ 10에 1보다 큰 수인 $1\frac{1}{13}$을 곱하면 계산 결과는 10보다 큽니다.

참고

곱하는 수가 1보다 크면 계산 결과는 곱해지는 수보다 크고, 곱하는 수가 1보다 작으면 계산 결과는 곱해지는 수보다 작습니다.

15 (꽃밭의 넓이)=(가로)×(세로)

$=9\times2\frac{4}{15}=\overset{3}{\cancel{9}}\times\frac{34}{\underset{5}{\cancel{15}}}=\frac{102}{5}$

$=20\frac{2}{5}$ (m^2)

44~45쪽 1단계 개념 빠삭

예제 문제 **1** 12, 12 **2** 15, 2, 15

개념 집중 연습

1 4, 8 **2** 3, 4, $\frac{3}{20}$

3 2, 18 **4** 4, 6, 24

5 1, 5, $\frac{3}{35}$ **6** 5, 8, 3, $\frac{5}{24}$

7 $\frac{1}{16}$ **8** $\frac{1}{42}$

9 $\frac{1}{12}$ **10** $\frac{7}{27}$

11 $\frac{3}{32}$ **12** $\frac{4}{45}$

개념 집중 연습

3 분자는 분자끼리, 분모는 분모끼리 곱합니다.

7 $\frac{1}{4}\times\frac{1}{4}=\frac{1\times1}{4\times4}=\frac{1}{16}$

10 $\frac{7}{9}\times\frac{1}{3}=\frac{7\times1}{9\times3}=\frac{7}{27}$

11 $\frac{3}{4}\times\frac{1}{8}=\frac{3\times1}{4\times8}=\frac{3}{32}$

12 $\frac{4}{5}\times\frac{1}{9}=\frac{4\times1}{5\times9}=\frac{4}{45}$

46~47쪽  개념 빠삭

예제 문제 **1** 9 **2** 30

개념 집중 연습

1 7, 9, 63 **2** 7, 8, $\frac{35}{72}$

3 2, 7, $\frac{14}{81}$ **4** 1, 3, 4, $\frac{9}{140}$

5 5, $\frac{5}{21}$ **6** 3, $\frac{5}{21}$

7 $\frac{15}{28}$ **8** $\frac{1}{6}$

9 $\frac{1}{12}$ **10** $\frac{25}{33}$

11 $\frac{1}{12}$ **12** $\frac{5}{84}$

개념 집중 연습

1 분자는 분자끼리, 분모는 분모끼리 곱합니다.

5 분수의 곱셈을 다 한 이후에 약분하여 계산합니다.

6 분수의 곱셈을 하는 과정에서 분자와 분모를 약분하여 계산합니다.

7 $\frac{5}{7}\times\frac{3}{4}=\frac{5\times3}{7\times4}=\frac{15}{28}$

8 $\frac{\overset{1}{\cancel{5}}}{\underset{3}{\cancel{27}}}\times\frac{\overset{1}{\cancel{9}}}{\underset{2}{\cancel{10}}}=\frac{1}{6}$

9 $\frac{2}{9}\times\frac{3}{8}=\frac{2\times3}{9\times8}=\frac{\overset{1}{\cancel{6}}}{\underset{12}{\cancel{72}}}=\frac{1}{12}$

11 $\frac{1}{2}\times\frac{2}{3}\times\frac{1}{4}=\frac{1\times2\times1}{2\times3\times4}=\frac{\overset{1}{\cancel{2}}}{\underset{12}{\cancel{24}}}=\frac{1}{12}$

참고
세 분수의 곱셈은 분자는 분자끼리, 분모는 분모끼리 곱합니다.

12 $\frac{\overset{1}{\cancel{2}}}{\underset{3}{\cancel{9}}}\times\frac{5}{7}\times\frac{\overset{1}{\cancel{3}}}{\underset{4}{\cancel{8}}}=\frac{1\times5\times1}{3\times7\times4}=\frac{5}{84}$

48~49쪽  개념 빠삭

예제 문제 **1** 9, 4, 36, 3 **2** 1, 3, 3

개념 집중 연습

1 11, 1, $\frac{11}{4}$, $2\frac{3}{4}$ **2** 4, $\frac{32}{9}$, $3\frac{5}{9}$

3 1, 2, 2, 4 **4** 1, 3, 3, 3, 7, 2

5 $7\frac{1}{5}$ **6** $1\frac{1}{3}$

7 $2\frac{7}{9}$ **8** 9

9 $1\frac{1}{7}$ **10** $1\frac{5}{6}$

개념 집중 연습

5 $2\frac{4}{5}\times2\frac{4}{7}=\frac{\overset{2}{\cancel{14}}}{5}\times\frac{18}{\underset{1}{\cancel{7}}}=\frac{36}{5}=7\frac{1}{5}$

6 $1\frac{1}{6}\times1\frac{1}{7}=\frac{\overset{1}{\cancel{7}}}{\underset{3}{\cancel{6}}}\times\frac{\overset{4}{\cancel{8}}}{\underset{1}{\cancel{7}}}=\frac{4}{3}=1\frac{1}{3}$

7 $1\frac{1}{4}\times2\frac{2}{9}=\frac{5}{\underset{1}{\cancel{4}}}\times\frac{\overset{5}{\cancel{20}}}{9}=\frac{25}{9}=2\frac{7}{9}$

8 $2\frac{7}{10}\times3\frac{1}{3}=\frac{\overset{9}{\cancel{27}}}{\underset{1}{\cancel{10}}}\times\frac{\overset{1}{\cancel{10}}}{\underset{1}{\cancel{3}}}=9$

9 $1\frac{3}{5}\times\frac{5}{7}=\frac{8}{\underset{1}{\cancel{5}}}\times\frac{\overset{1}{\cancel{5}}}{7}=\frac{8}{7}=1\frac{1}{7}$

10 $2\frac{4}{9}\times\frac{3}{4}=\frac{\overset{11}{\cancel{22}}}{\underset{3}{\cancel{9}}}\times\frac{\overset{1}{\cancel{3}}}{\underset{2}{\cancel{4}}}=\frac{11}{6}=1\frac{5}{6}$

50~51쪽 2단계 익힘책 빠삭

1 5, 10

2 (1) $\frac{1}{32}$ (2) $\frac{1}{27}$

3 $\frac{1}{15}$

4 $<$

5 (1) $\frac{3}{16}$ (2) $\frac{7}{20}$

6 $\frac{9}{20}$

7 $\frac{10}{21}$

8 $\frac{4}{9}\times\frac{3}{10}=\frac{\overset{2}{\cancel{12}}}{\underset{15}{\cancel{90}}}=\frac{2}{15}$

9 $\frac{9}{44}$

10 ㉡

11 ㉠

12 $\frac{8}{15}$ m

13 11, 2

14 $1\frac{19}{20}$

15 ㉡

16 $3\frac{17}{20}$ kg

2 (1) $\frac{1}{8}\times\frac{1}{4}=\frac{1}{32}$

(2) $\frac{\overset{1}{\cancel{2}}}{9}\times\frac{1}{\underset{3}{\cancel{6}}}=\frac{1}{27}$

3 $\frac{\overset{1}{\cancel{3}}}{5}\times\frac{1}{\underset{3}{\cancel{9}}}=\frac{1}{15}$

4 $\frac{1}{7}\times\frac{1}{3}=\frac{1}{21}$ ➔ $\frac{1}{21}<\frac{1}{7}$

다른 풀이

$\frac{1}{7}$에 1보다 작은 수를 곱하면 계산 결과는 $\frac{1}{7}$보다 작습니다.

$$\frac{1}{7}\times\frac{1}{3}\ \textcircled{<}\ \frac{1}{7}$$

6 $\frac{9}{\underset{2}{\cancel{14}}}\times\frac{\overset{1}{\cancel{7}}}{10}=\frac{9}{20}$

7 $\frac{5}{7}\times\frac{2}{3}=\frac{10}{21}$

9 $\frac{3}{\underset{2}{\cancel{4}}}\times\frac{1}{2}\times\frac{\overset{3}{\cancel{6}}}{11}=\frac{9}{44}$

10 ㉠ $\frac{\overset{2}{\cancel{4}}}{\underset{1}{\cancel{5}}}\times\frac{\overset{1}{\cancel{5}}}{\underset{3}{\cancel{6}}}=\frac{2}{3}$ ㉡ $\frac{2}{9}\times\frac{2}{3}=\frac{4}{27}$

11 ㉠ $\frac{\overset{1}{\cancel{5}}}{\underset{2}{\cancel{8}}}\times\frac{\overset{1}{\cancel{4}}}{\underset{1}{\cancel{5}}}=\frac{1}{2}$ ㉡ $\frac{\overset{1}{\cancel{2}}}{\underset{1}{\cancel{5}}}\times\frac{\overset{1}{\cancel{5}}}{7}\times\frac{1}{\underset{2}{\cancel{4}}}=\frac{1}{14}$

➔ ㉠>㉡

12 $\frac{8}{\underset{3}{\cancel{9}}}\times\frac{\overset{1}{\cancel{3}}}{5}=\frac{8}{15}$ (m)

13 $1\frac{2}{5}\times1\frac{5}{6}=\frac{7}{5}\times\frac{11}{6}=\frac{77}{30}=2\frac{17}{30}$

➔ ㉠=11, ㉡=2

14 $1\frac{5}{8}\times1\frac{1}{5}=\frac{13}{\underset{4}{\cancel{8}}}\times\frac{\overset{3}{\cancel{6}}}{5}=\frac{39}{20}=1\frac{19}{20}$

15 ㉠ $1\frac{1}{2}\times1\frac{7}{9}=\frac{\overset{1}{\cancel{3}}}{\underset{1}{\cancel{2}}}\times\frac{\overset{8}{\cancel{16}}}{\underset{3}{\cancel{9}}}=\frac{8}{3}=2\frac{2}{3}$

㉡ $1\frac{3}{4}\times1\frac{5}{7}=\frac{\overset{1}{\cancel{7}}}{\underset{1}{\cancel{4}}}\times\frac{\overset{3}{\cancel{12}}}{\underset{1}{\cancel{7}}}=3$

16 (현서가 사용한 찰흙의 무게)

=(지율이가 사용한 찰흙의 무게)×$1\frac{3}{8}$

$=2\frac{4}{5}\times1\frac{3}{8}=\frac{\overset{7}{\cancel{14}}}{5}\times\frac{11}{\underset{4}{\cancel{8}}}=\frac{77}{20}=3\frac{17}{20}$ (kg)

52~54쪽 TEST 2단원 평가

1 3, 3, 9

2 10, 8, 80, 3, 17

3 $\frac{4}{11}$

4 $2\frac{5}{14}$

5 $13\frac{3}{5}$

6 $7\times2\frac{5}{21}=(7\times2)+\left(\overset{1}{\cancel{7}}\times\frac{5}{\underset{3}{\cancel{21}}}\right)$

$=14+\frac{5}{3}=14+1\frac{2}{3}=15\frac{2}{3}$

7 ④

8 <

9 $\frac{1}{56}$, $\frac{5}{63}$

10 

11 $\frac{7}{54}$

12 지안

13 (○)(△)(△)

14 ㉠

15 $1\frac{8}{21}$

16 18 cm^2

17 $80\times\frac{2}{5}=32$ / 32개

18 $43\frac{1}{4}$

19 건우

20 $7\frac{2}{3}$

1 $\frac{1}{3}$의 $\frac{1}{3}$은 그림과 같이 전체를 9등분한 것 중의 1만큼입니다.

3 $\frac{2}{3}\times\frac{6}{11}=\frac{2\times6}{3\times11}=\frac{\overset{4}{\cancel{12}}}{\underset{11}{\cancel{33}}}=\frac{4}{11}$

4 $1\frac{5}{6}\times1\frac{2}{7}=\frac{11}{\underset{2}{\cancel{6}}}\times\frac{\overset{3}{\cancel{9}}}{7}=\frac{33}{14}=2\frac{5}{14}$

5 $1\frac{7}{10}\times8=\frac{17}{\underset{5}{\cancel{10}}}\times\overset{4}{\cancel{8}}=\frac{68}{5}=13\frac{3}{5}$

7 $\frac{5}{7}$의 3배 ➜ $\frac{5}{7}\times3=\frac{5}{7}+\frac{5}{7}+\frac{5}{7}=\frac{5\times3}{7}$

8 $\overset{6}{\cancel{18}}\times\frac{2}{\underset{1}{\cancel{3}}}=12$ ➜ $12<15$

9 $\frac{1}{8}\times\frac{1}{7}=\frac{1\times1}{8\times7}=\frac{1}{56}$, $\frac{5}{9}\times\frac{1}{7}=\frac{5\times1}{9\times7}=\frac{5}{63}$

10 $\frac{1}{7}\times\frac{5}{8}=\frac{5}{8}\times\frac{1}{7}$, $\frac{5}{8}\times7=\frac{5\times7}{8}$, $8\times\frac{5}{7}=\frac{8\times5}{7}$

11 $\frac{\overset{1}{\cancel{2}}}{3}\times\frac{7}{9}\times\frac{1}{\underset{2}{\cancel{4}}}=\frac{1\times7\times1}{3\times9\times2}=\frac{7}{54}$

12 서준: $7\times\frac{3}{10}=\frac{7\times3}{10}=\frac{21}{10}=2\frac{1}{10}$

지안: $\frac{4}{9}\times5=\frac{4\times5}{9}=\frac{20}{9}=2\frac{2}{9}$

13 6에 1보다 작은 수를 곱하면 계산 결과는 6보다 작습니다.
6에 1보다 큰 수를 곱하면 계산 결과는 6보다 큽니다.

14 ㉠ 진분수의 분모는 그대로 두고 진분수의 분자와 자연수를 곱해야 하는데 분모에도 자연수를 곱해서 잘못되었습니다.

15 가장 큰 수: $2\frac{5}{12}$, 가장 작은 수: $\frac{4}{7}$

➜ $2\frac{5}{12}\times\frac{4}{7}=\frac{29}{\underset{3}{\cancel{12}}}\times\frac{\overset{1}{\cancel{4}}}{7}=\frac{29}{21}=1\frac{8}{21}$

16 (평행사변형의 넓이)=(밑변의 길이)×(높이)

$=5\frac{5}{8}\times3\frac{1}{5}=\frac{\overset{9}{\cancel{45}}}{\underset{1}{\cancel{8}}}\times\frac{\overset{2}{\cancel{16}}}{\underset{1}{\cancel{5}}}$

$=18\ (cm^2)$

17 (빨간색 구슬 수)$=\overset{16}{\cancel{80}}\times\frac{2}{\underset{1}{\cancel{5}}}=32$(개)

18 ㉠ $2\frac{2}{3}\times12=\frac{8}{\underset{1}{\cancel{3}}}\times\overset{4}{\cancel{12}}=32$

㉡ $10\times1\frac{1}{8}=\overset{5}{\cancel{10}}\times\frac{9}{\underset{4}{\cancel{8}}}=\frac{45}{4}=11\frac{1}{4}$

➜ ㉠+㉡$=32+11\frac{1}{4}=43\frac{1}{4}$

19 서준: 1시간은 60분이므로 1시간의 $\frac{1}{2}$은

$\overset{30}{\cancel{60}}\times\frac{1}{\underset{1}{\cancel{2}}}=30$(분)입니다.

건우: 1 m는 100 cm이므로 1 m의 $\frac{1}{4}$은

$\overset{25}{\cancel{100}}\times\frac{1}{\underset{1}{\cancel{4}}}=25$ (cm)입니다.

20 만들 수 있는 가장 큰 대분수: $5\frac{3}{4}$

➜ $5\frac{3}{4}\times1\frac{1}{3}=\frac{23}{\underset{1}{\cancel{4}}}\times\frac{\overset{1}{\cancel{4}}}{3}=\frac{23}{3}=7\frac{2}{3}$

3 합동과 대칭

58~59쪽 1단계 개념 빠삭

예제 문제 1 합동 2 다

개념 집중 연습

1 (　)(○)(　) 2 (○)(　)(　)
3 (○)(　)(　) 4 (　)(○)(　)
5 (○)(　)(　) 6 (　)(　)(○)
7 예
8 예

개념 집중 연습

5 첫 번째는 점선을 따라 잘라서 서로 합동인 사각형을 2개 만들 수 있습니다.

6 세 번째는 점선을 따라 잘라서 서로 합동인 사각형을 4개 만들 수 있습니다.

60~61쪽 1단계 개념 빠삭

예제 문제 1 대응변 2 변, 각

개념 집중 연습

1 ㄹ, ㅁㅂ, ㄹㅂㅁ 2 ㅅ, ㅁㅂ, ㄹㄱㄴ
3 3, 3 4 4, 4
5 (왼쪽에서부터) 5, 3 6 (왼쪽에서부터) 7, 3
7 60 8 80, 130

개념 집중 연습

3 서로 합동인 두 삼각형에서 대응점, 대응변, 대응각은 각각 3쌍 있습니다.

4 서로 합동인 두 사각형에서 대응점, 대응변, 대응각은 각각 4쌍 있습니다.

5~6 서로 합동인 두 도형에서 각각의 대응변의 길이가 서로 같습니다.

7~8 서로 합동인 두 도형에서 각각의 대응각의 크기가 서로 같습니다.

62~63쪽 2단계 익힘책 빠삭

1 합동 2 가, 라
3 (　)(○)(　) 4 예

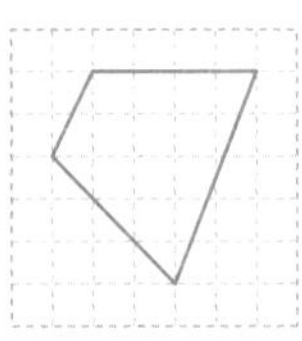

5 라 6 다
7 가, 다
8 예

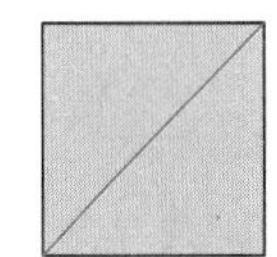

9 (1) 점 ㅁ (2) 변 ㄹㅂ (3) 각 ㅂㄹㅁ
10 4쌍, 4쌍, 4쌍 11 ㄹㄱㄴ, 125
12 (왼쪽에서부터) 60, 8 13 서준
14 (1) 12 cm, 7 cm (2) 32 cm

1 모양과 크기가 같아서 포개었을 때 완전히 겹치는 두 도형을 서로 합동이라고 합니다.

2 도형 가와 도형 라는 모양과 크기가 같아서 포개었을 때 완전히 겹칩니다.

3 도형 다와 포개었을 때 완전히 겹치는 도형은 가운데 도형입니다.

5 가, 나, 다는 서로 합동입니다.

6 가, 나, 라는 서로 합동입니다.

주의
합동은 색깔과는 상관이 없습니다.

7 점선을 따라 잘라서 포개었을 때 완전히 겹치는 도형은 가와 다입니다.

8 잘린 두 도형의 모양과 크기가 같도록 선을 긋습니다.

10 두 도형은 서로 합동인 사각형이므로 대응점, 대응변, 대응각이 각각 4쌍 있습니다.

11 서로 합동인 두 도형은 각각의 대응각의 크기가 서로 같으므로 (각 ㅁㅇㅅ)=(각 ㄹㄱㄴ)=125°입니다.

12 • 변 ㄹㅂ의 대응변은 변 ㄷㄴ이므로 변 ㄹㅂ의 길이는 8 cm입니다.
• 각 ㄱㄷㄴ의 대응각은 각 ㅁㄹㅂ이므로 각 ㄱㄷㄴ의 크기는 60°입니다.

13 각 ㄴㄷㄹ의 대응각은 각 ㅇㅁㅂ이므로 각 ㄴㄷㄹ의 크기는 115°입니다.

14 (1) 변 ㄴㄷ의 대응변은 변 ㅅㅂ이므로 변 ㄴㄷ은 12 cm입니다.
변 ㄹㄷ의 대응변은 변 ㅁㅂ이므로 변 ㄹㄷ은 7 cm입니다.
(2) (사각형 ㄱㄴㄷㄹ의 둘레)
$=8+12+7+5=32$ (cm)

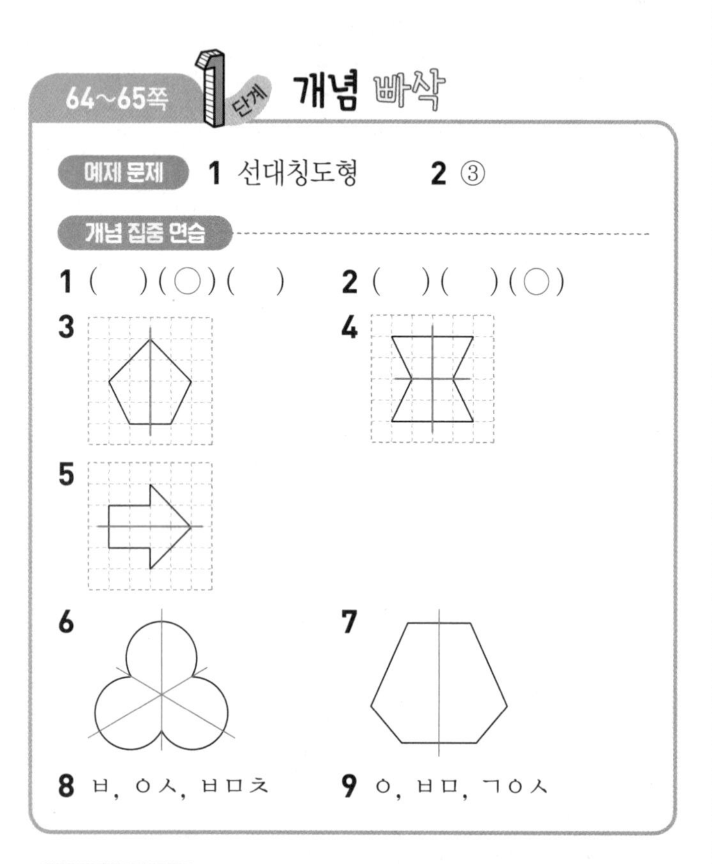

64~65쪽 1단계 개념 빠삭

예제 문제 **1** 선대칭도형 **2** ③

개념 집중 연습

1 ( )(○)( ) **2** ( )( )(○)

3 **4** **5** **6** **7**

8 ㅂ, ㅇㅅ, ㅂㅁㅊ **9** ㅇ, ㅂㅁ, ㄱㅇㅅ

개념 집중 연습

3~7 선대칭도형을 완전히 겹치도록 접었을 때 접은 직선을 모두 찾아 그립니다.

66~67쪽 1단계 개념 빠삭

예제 문제 **1** ㄱㄴ, 8 **2** ㄴㄷㄹ, 110

개념 집중 연습

1 ○ **2** × **3** ○
4 9, 13 **5** 11, 12
6 115, 6 **7** 9, 70
8 90, 8 **9** (위에서부터) 20, 90

개념 집중 연습

2 선대칭도형에서 대응점끼리 이은 선분이 대칭축과 만나서 이루는 각의 크기는 90°입니다.

6~7 선대칭도형에서 각각의 대응변의 길이와 대응각의 크기가 서로 같습니다.

8~9 선대칭도형에서 대응점끼리 이은 선분은 대칭축과 수직으로 만나고, 대칭축은 대응점끼리 이은 선분을 둘로 똑같이 나눕니다.

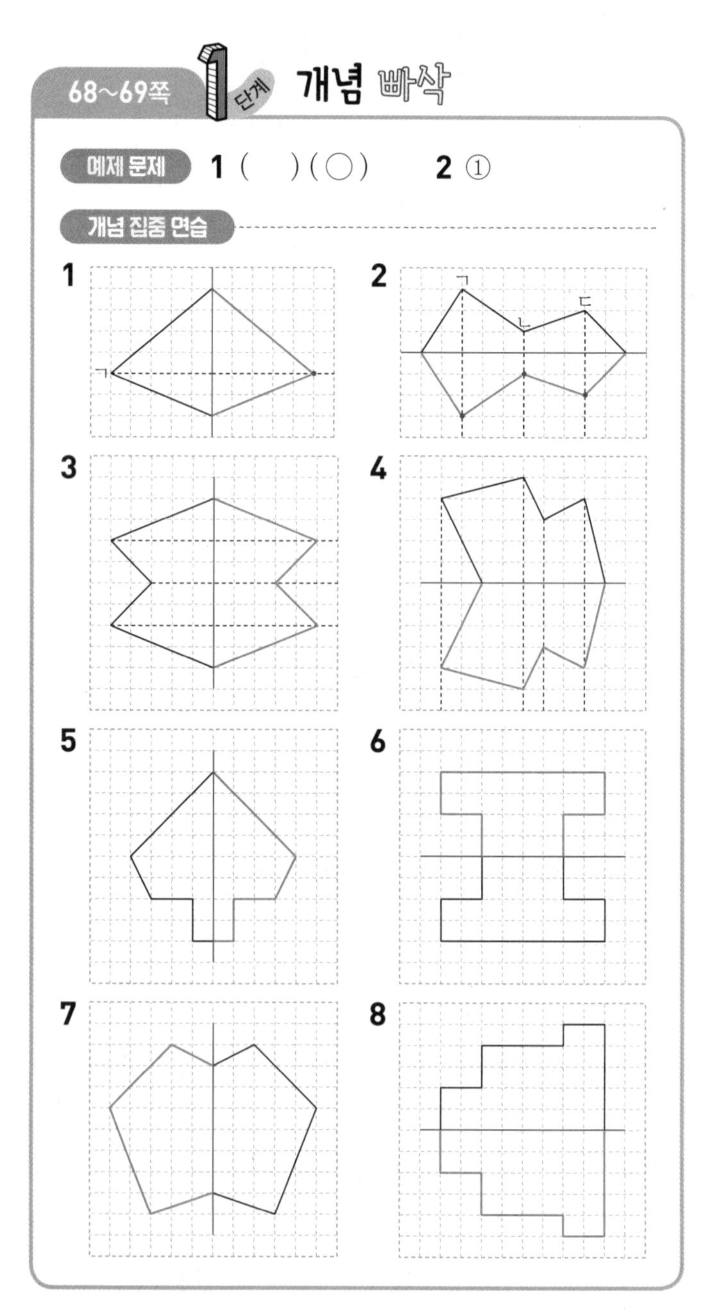

68~69쪽 1단계 개념 빠삭

예제 문제 **1** ( )(○) **2** ①

개념 집중 연습

1 **2** **3** **4** **5** **6** **7** **8**

개념 집중 연습

3~8 선대칭도형을 완성한 후 대칭축을 따라 접었을 때 완전히 겹치는지 확인합니다.

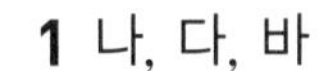

70~71쪽 2단계 익힘책 빠삭

1 나, 다, 바
2 ㅁ, ㅂㅁ, ㅁㄹㅇ
3  / 2개
4 ×
5 ( )( )(○)
6 세호
7 3 cm
8 4 cm
9 110°
10 30°
11 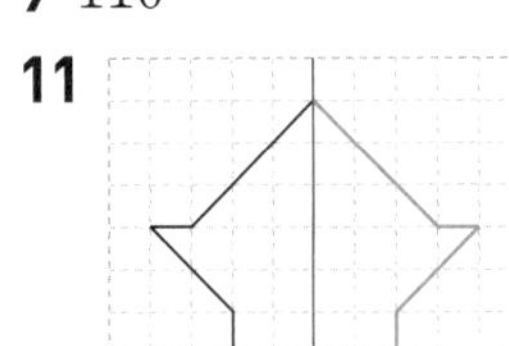
12 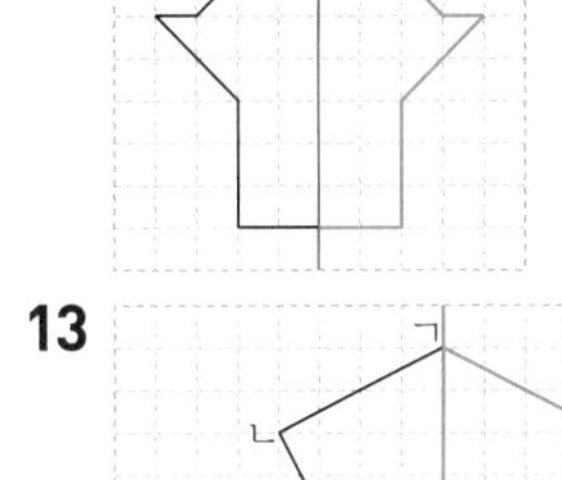
13 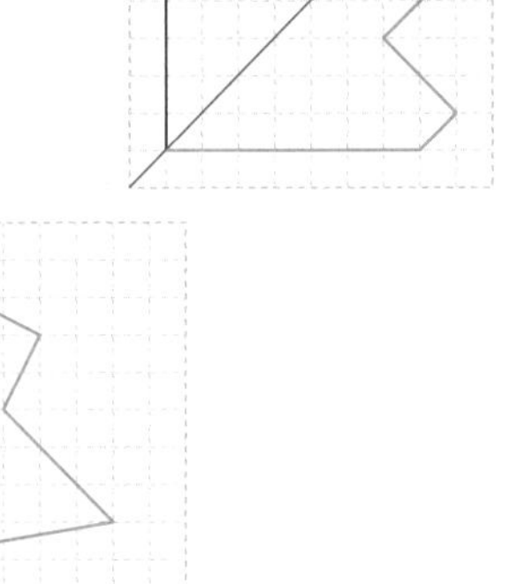

3 선대칭도형을 완전히 겹치도록 접었을 때 접은 직선을 모두 찾습니다.

4 원은 대칭축이 셀 수 없이 많습니다.

5 참고
대칭축을 여러 가지 방법으로 그릴 수 있습니다.

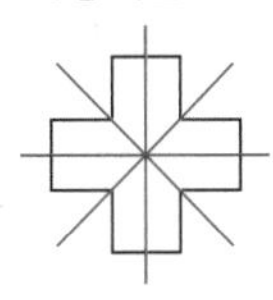
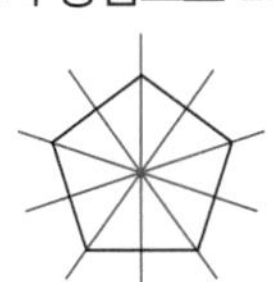

6 현준: 변 ㄴㄷ의 대응변은 변 ㅂㅁ입니다.
승연: 각 ㄱㅂㅁ의 대응각은 각 ㄱㄴㄷ입니다.

7 선대칭도형에서 각각의 대응변의 길이는 서로 같습니다.
➜ (변 ㄱㄴ)$=$(변 ㄹㄷ)$=3$ cm

8 선대칭도형에서 대칭축은 대응점끼리 이은 선분을 둘로 똑같이 나눕니다.
➜ (선분 ㅂㄷ)$=$(선분 ㄴㄷ)$\div 2$
$=8\div 2=4$ (cm)

9 선대칭도형에서 각각의 대응각의 크기는 서로 같습니다.
➜ (각 ㄴㄷㄹ)$=$(각 ㄴㄱㄹ)$=110°$

10 (각 ㄷㄹㄴ)$=180°-40°-110°=30°$

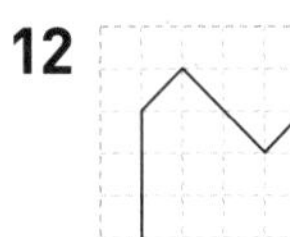

72~73쪽 1단계 개념 빠삭

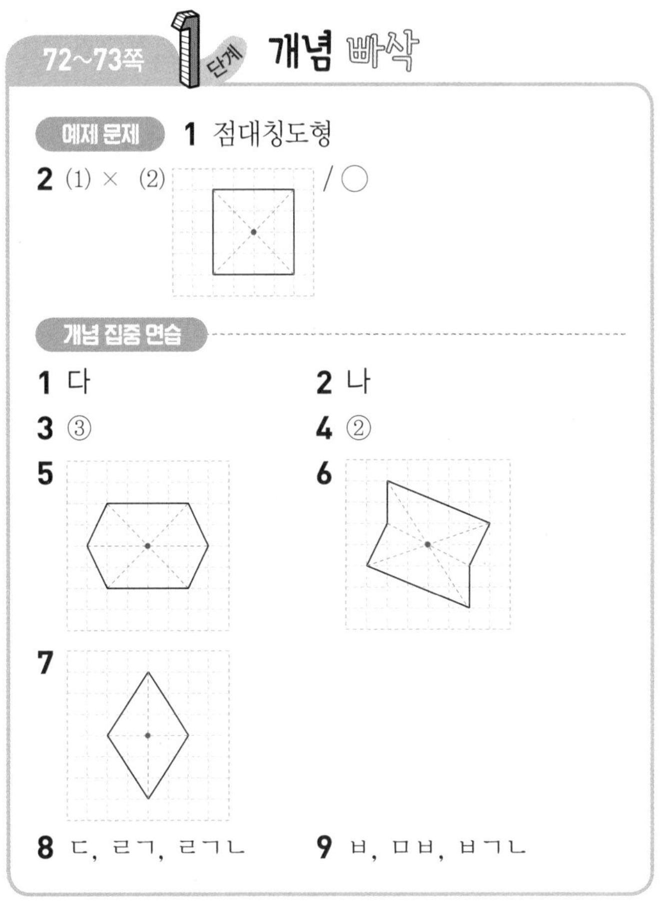

예제 문제 1 점대칭도형
2 (1) × (2) / ○

개념 집중 연습
1 다
2 나
3 ③
4 ②
5
6
7
8 ㄷ, ㄹㄱ, ㄹㄱㄴ
9 ㅂ, ㅁㅂ, ㅂㄱㄴ

개념 집중 연습
5~7 대응점끼리 각각 선분으로 이어 만나는 점을 찾아 표시합니다.

74~75쪽 1단계 개념 빠삭

예제 문제 1 (1) ㄱㄴ, 7 (2) ㄹㄱ, 6
2 (1) ㄷㄹㄱ, 100 (2) ㄹㄱㄴ, 80

개념 집중 연습
1 ○
2 ×
3 ×
4 ×
5 (위에서부터) 5, 9
6 95, 110
7 95, 11
8 45, 7
9 10, 15
10 (위에서부터) 8, 115

개념 집중 연습
2 점대칭도형에서 각각의 대응각의 크기가 서로 같습니다.

3 점대칭도형에서 대응점끼리 각각 이은 선분이 만나는 점이 대칭의 중심입니다.

4 점대칭도형에서 대칭의 중심은 대응점끼리 이은 선분을 둘로 똑같이 나눕니다.

5 점대칭도형에서 각각의 대응변의 길이가 서로 같습니다.

6 점대칭도형에서 각각의 대응각의 크기가 서로 같습니다.

7~8 점대칭도형에서 대응변의 길이와 대응각의 크기가 각각 같습니다.

9~10 점대칭도형에서 대응변의 길이와 대응각의 크기가 각각 같고, 각각의 대응점에서 대칭의 중심까지의 거리가 서로 같습니다.

76~77쪽 1단계 개념 빠삭

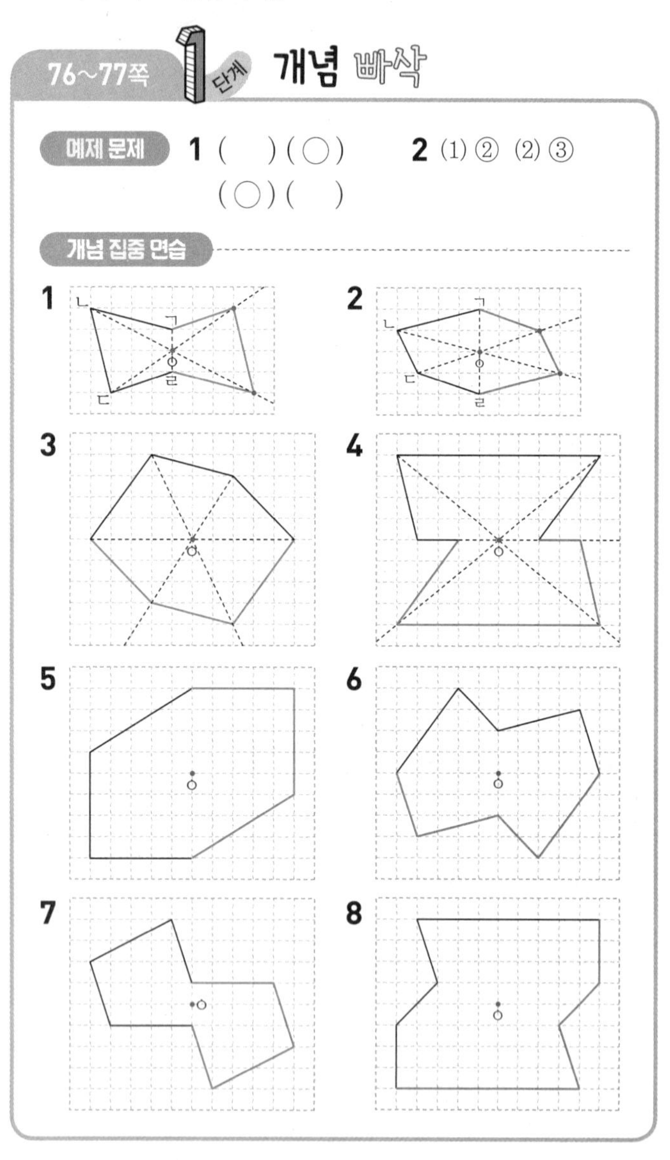

개념 집중 연습

1~2 점 ㄴ과 점 ㄷ의 대응점을 찾아 표시한 후 대응점을 차례로 이어 점대칭도형을 완성합니다.

3~8 각 점에서 대칭의 중심까지의 거리가 서로 같도록 대응점을 찾아 표시한 후 대응점을 차례로 이어 점대칭도형을 완성합니다.

78~79쪽 2단계 익힘책 빠삭

1 대칭의 중심 **2** ②

3 ㅁ, ㄹㅁ, ㄷㄹㅁ **4** ×

5 ㉡, ㉣ **6**

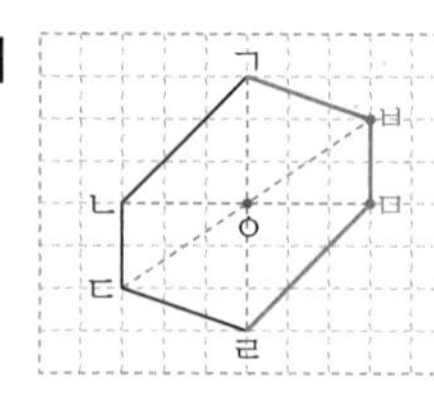

7 9 cm **8** 80°

9 24 cm **10** 4 cm

11 **12**

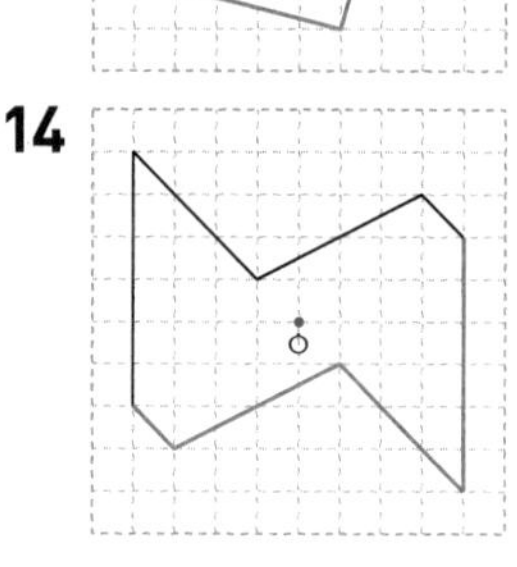

13 **14**

2 어떤 점을 중심으로 180° 돌렸을 때 처음 도형과 완전히 겹치는 도형은 ②입니다.

3 점대칭도형을 점 ㅇ을 중심으로 180° 돌리면 점 ㄴ과 점 ㅁ, 변 ㄱㄴ과 변 ㄹㅁ, 각 ㅂㄱㄴ과 각 ㄷㄹㅁ이 겹칩니다.

4 점대칭도형에서 대칭의 중심은 항상 1개입니다.

5 점대칭도형: ㉠, ㉢

6 각각의 대응점에서 대칭의 중심까지의 거리는 서로 같습니다.

7 점대칭도형에서 각각의 대응변의 길이가 서로 같습니다.
➜ (변 ㄹㅁ)=(변 ㄱㄴ)=9 cm

8 점대칭도형에서 각각의 대응각의 크기가 서로 같습니다.
➜ (각 ㄴㄷㄹ)=(각 ㅁㅂㄱ)=80°

9 (선분 ㄴㄹ)=(선분 ㄴㅇ)×2
=12×2=24 (cm)

10 대칭의 중심은 대응점끼리 이은 선분을 둘로 똑같이 나눕니다.
➜ (선분 ㄱㅇ)=(선분 ㄱㄷ)÷2
=8÷2=4 (cm)

12~14 각 점에서 대칭의 중심을 지나는 직선을 긋습니다.
각 점에서 대칭의 중심까지의 거리가 같도록 대응점을 찾아 표시한 후 대응점을 차례로 이어 점대칭도형을 완성합니다.

80~82쪽 TEST 3단원 평가

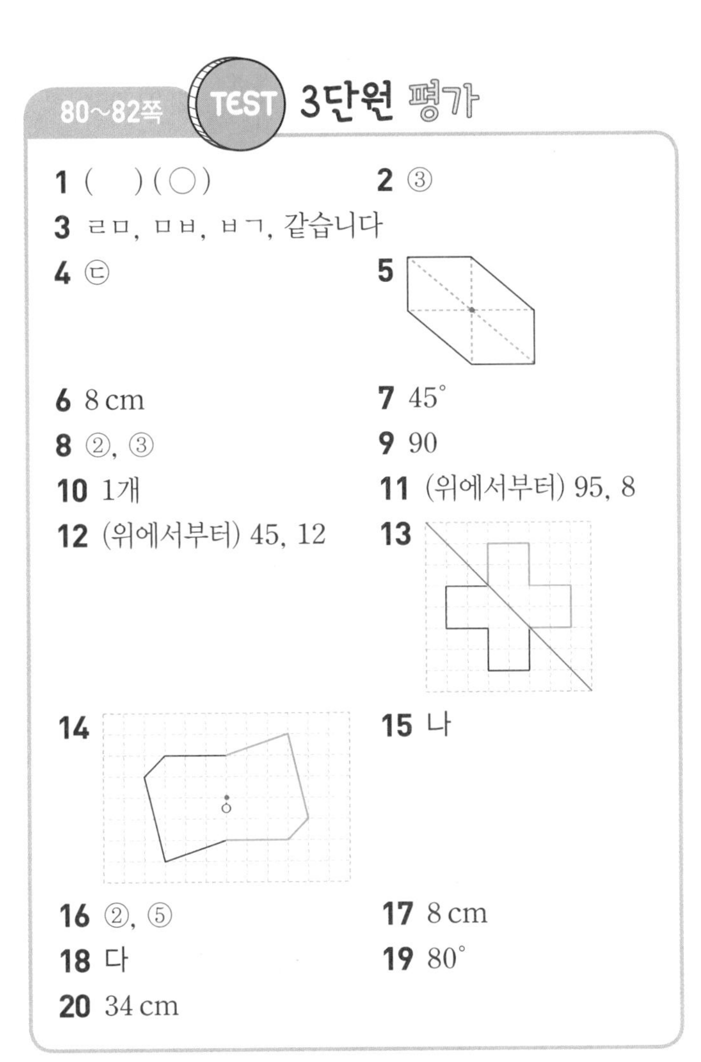

1 ( )(○) **2** ③
3 ㄹㅁ, ㅁㅂ, ㅂㄱ, 같습니다
4 ㉢ **5**
6 8 cm **7** 45°
8 ②, ③ **9** 90
10 1개 **11** (위에서부터) 95, 8
12 (위에서부터) 45, 12 **13**
14 **15** 나
16 ②, ⑤ **17** 8 cm
18 다 **19** 80°
20 34 cm

3 점대칭도형에서 각각의 대응변의 길이가 서로 같습니다.

4 선대칭도형을 직선 ㉢을 따라 접으면 완전히 겹칩니다.

5 대응점끼리 각각 이은 선분이 만나는 점을 찾아 표시합니다.

6 변 ㄹㅁ의 대응변은 변 ㄱㄷ이므로 변 ㄹㅁ의 길이는 8 cm입니다.

7 각 ㅁㄹㅂ의 대응각은 각 ㄷㄱㄴ이므로 각 ㅁㄹㅂ의 크기는 45°입니다.

8 ② ③

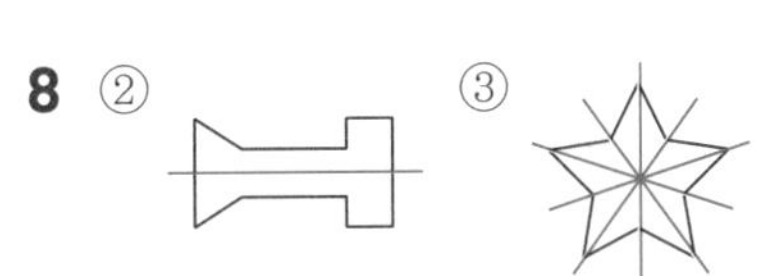

9 선대칭도형에서 대응점끼리 이은 선분은 대칭축과 수직으로 만납니다.

10 점대칭도형에서 대칭의 중심은 항상 1개입니다.

11 선대칭도형에서 대응변의 길이와 대응각의 크기가 각각 같습니다.

12 점대칭도형에서 대응변의 길이와 대응각의 크기가 각각 같습니다.

13 각 점의 대응점을 찾아 표시한 후 대응점을 차례로 이어 선대칭도형을 완성합니다.

14 각 점에서 대칭의 중심을 지나는 직선을 긋습니다.
각 점에서 대칭의 중심까지의 거리가 같도록 대응점을 찾아 표시한 후 대응점을 차례로 이어 점대칭도형을 완성합니다.

15

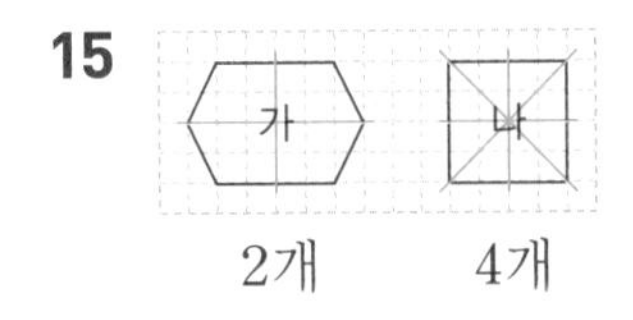

2개 4개

16 ② 변 ㄹㄷ의 대응변은 변 ㅁㅂ입니다.
⑤ 변 ㅂㅅ의 길이는 알 수 없습니다.

17 선대칭도형에서 대칭축은 대응점끼리 이은 선분을 둘로 똑같이 나눕니다.
➔ (변 ㄴㄷ)=(선분 ㄴㄹ)×2=4×2=8 (cm)

18 • 선대칭도형: 다, 라
• 점대칭도형: 나, 다
➔ 선대칭도형이면서 점대칭도형인 것은 다입니다.

19 각 ㅁㄹㅂ의 대응각은 각 ㄷㄱㄴ이므로 각 ㅁㄹㅂ의 크기는 65°입니다.
삼각형의 세 각의 크기의 합은 180°이므로
(각 ㄹㅂㅁ)=180°−65°−35°=80°입니다.

20 점대칭도형에서 각각의 대응변의 길이가 서로 같으므로 점대칭도형의 둘레는 변 ㄱㄴ, 변 ㄴㄷ, 변 ㄷㄹ의 길이의 합의 2배입니다.
➔ (둘레)=(4+7+6)×2=17×2=34 (cm)

다른 풀이
(변 ㄹㅁ)=(변 ㄱㄴ)=4 cm
(변 ㅁㅂ)=(변 ㄴㄷ)=7 cm
(변 ㅂㄱ)=(변 ㄷㄹ)=6 cm
➔ (둘레)=4+7+6+4+7+6=34 (cm)

4 소수의 곱셈

86~87쪽 1단계 개념 빠삭

예제 문제 **1** 3, 1.5, 3, 1.5 **2** 2, 16, 1.6

개념 집중 연습

1 0.7, 0.7, 2.8　　**2** 0.63, 0.63, 1.89
3 8, 8, 72, 7.2　　**4** 57, 57, 342, 3.42
5 $\frac{1}{10}$, 3.5　　**6** $\frac{1}{100}$, 0.54
7 3.2　　**8** 1.28
9 5.4　　**10** 1.15
11 1.8　　**12** 0.51

개념 집중 연습

7 $0.4\times8=\frac{4}{10}\times8=\frac{4\times8}{10}=\frac{32}{10}=3.2$

8 $0.32\times4=\frac{32}{100}\times4=\frac{32\times4}{100}=\frac{128}{100}=1.28$

88~89쪽 1단계 개념 빠삭

예제 문제 **1** (1) 2, 6 (2) 2, 6, 2.6, 2.6
2 100, $\frac{1}{10}$, 10

개념 집중 연습

1 1.2+1.2+1.2+1.2+1.2+1.2+1.2+1.2=9.6
2 3.23+3.23+3.23+3.23=12.92
3 16, 16, 128, 128, 12.8
4 237, 237, 1185, 1185, 11.85
5 3.81　　**6** 7.6
7 9.6　　**8** 17.5
9 12.84　　**10** 43.4

개념 집중 연습

5 $1.27\times3=\frac{127}{100}\times3=\frac{127\times3}{100}=\frac{381}{100}=3.81$

6 $3.8\times2=3.8+3.8=7.6$

7 $2.4\times4=\frac{24}{10}\times4=\frac{24\times4}{10}=\frac{96}{10}=9.6$

90~91쪽  익힘책 빠삭

1 1.4　　**2** 9, 9, 8, 72, 7.2
3 (1) 0.84 (2) 2.07
4 $\frac{9}{10}\times5=\frac{9\times5}{10}=\frac{45}{10}=4.5$
5 <　　**6** 소윤
7 0.8, 3, 2.4　　**8** 0.6×7=4.2, 4.2 L
9 ( )(○)　　**10** (1) 44.8 (2) 31.05
11 28.48　　**12** 13.8
13 예 $\frac{91}{10}\times3=\frac{91\times3}{10}=\frac{273}{10}=27.3$
14 예 124 × 6 = 744
$\frac{1}{100}$배　$\frac{1}{100}$배
1.24 × 6 = 7.44
15 1.4×7=9.8, 9.8 km

3 (1) $0.14\times6=\frac{14}{100}\times6=\frac{14\times6}{100}=\frac{84}{100}=0.84$
(2) $0.23\times9=\frac{23}{100}\times9=\frac{23\times9}{100}=\frac{207}{100}=2.07$

4 0.9를 $\frac{9}{10}$로 바꾸어 계산합니다.

5 0.69×5=3.45 ➔ 3.45<3.5

6 소윤: 0.5와 7의 곱은 3.5이므로 0.48×7은 3.5 정도입니다.

7 (정삼각형의 둘레)=(한 변의 길이)×3
=0.8×3=2.4 (m)

8 (수조에 부은 물의 양)
=(한 번에 부은 물의 양)×(물을 부은 횟수)
=0.6×7=4.2 (L)

9 곱해지는 수의 소수점 위치에 맞춰 소수점을 찍어야 합니다.

10 (1) $5.6\times8=\frac{56}{10}\times8=\frac{56\times8}{10}=\frac{448}{10}=44.8$
(2) $3.45\times9=\frac{345}{100}\times9=\frac{345\times9}{100}=\frac{3105}{100}=31.05$

11 7.12×4=28.48

13 9.1을 $\frac{91}{10}$로 바꾸어 계산합니다.

15 (현빈이가 일주일 동안 걷기 운동한 거리)
=(현빈이가 하루에 걷기 운동한 거리)×7
=1.4×7=9.8 (km)

92~93쪽 1단계 개념 빠삭

예제 문제 1 0.8 2 0.6, 1.8

개념 집중 연습

1 1.5
2 2.4
3 35, 3.5
4 248, 2.48
5 $6\times\frac{9}{10}=\frac{6\times9}{10}=\frac{54}{10}=54\times\frac{1}{10}=5.4$
6 $8\times\frac{16}{100}=\frac{8\times16}{100}=\frac{128}{100}=128\times\frac{1}{100}=1.28$
7 5.6
8 2.16
9 1.6
10 0.95

개념 집중 연습

8 18 × 12 = 216 ($\frac{1}{100}$배, $\frac{1}{100}$배) → 18 × 0.12 = 2.16

94~95쪽 1단계 개념 빠삭

예제 문제 1 25, 2, 25, 50, 5
2 81, 8.1

개념 집중 연습

1 6, 3.6, 3.6, 9.6
2 6, 1.2, 6, 1.2, 7.2
3 (위에서부터) 42, $\frac{1}{10}$, $\frac{1}{10}$, 4.2
4 (위에서부터) 76, $\frac{1}{10}$, $\frac{1}{10}$, 7.6
5 (위에서부터) 535, $\frac{1}{100}$, $\frac{1}{100}$, 5.35
6 예 $3\times\frac{26}{10}=\frac{3\times26}{10}=\frac{78}{10}=7.8$
7 예 $9\times\frac{12}{10}=\frac{9\times12}{10}=\frac{108}{10}=10.8$
8 예 $6\times\frac{514}{100}=\frac{6\times514}{100}=\frac{3084}{100}=30.84$
9 예 $2\times\frac{197}{100}=\frac{2\times197}{100}=\frac{394}{100}=3.94$
10 37.1
11 7.45
12 28.8
13 14.4
14 4.64
15 9.45

개념 집중 연습

6 2.6을 $\frac{26}{10}$으로 바꾸어 계산합니다.

7 1.2를 $\frac{12}{10}$로 바꾸어 계산합니다.

8 5.14를 $\frac{514}{100}$로 바꾸어 계산합니다.

9 1.97을 $\frac{197}{100}$로 바꾸어 계산합니다.

10 7 × 53 = 371 ($\frac{1}{10}$배, $\frac{1}{10}$배) → 7 × 5.3 = 37.1

11 5 × 149 = 745 ($\frac{1}{100}$배, $\frac{1}{100}$배) → 5 × 1.49 = 7.45

12 8 × 36 = 288 ($\frac{1}{10}$배, $\frac{1}{10}$배) → 8 × 3.6 = 28.8

96~97쪽 2단계 익힘책 빠삭

1 1.6
2 9, 9, 45, 4.5
3 (1) 2.4 (2) 0.76
4 클에 ○표, 클에 ○표
5 >
6 5×0.25에 색칠
7 54 cm
8 3×0.7=2.1, 2.1 m
9 19, 19, 38, 3.8
10 (위에서부터) $\frac{1}{10}$, 1.9, 3.8
11 (1) 11.2 (2) 13.02
12 9.2
13 (선 잇기)
14 5.2, 14.4
15 ㉡
16 48×1.5=72, 72 kg

1 그림에서 2의 0.8배는 1.6이므로 2×0.8=1.6입니다.

2 0.9를 $\frac{9}{10}$로 바꾸어 계산합니다.

4 7×0.8을 어림할 때 7×0.8을 7×0.5와 비교하여 어림할 수 있습니다.

5 $28\times0.03=0.84$ ➔ $1>0.84$

6 $5\times0.25=1.25$, $3\times0.37=1.11$ ➔ $1.25>1.11$

7 (의자를 가장 낮게 조절했을 때의 높이)
=(처음 의자의 높이)×0.6
$=90\times0.6=54$ (cm)

8 (단풍나무의 높이)=(은행나무의 높이)×0.7
$=3\times0.7=2.1$ (m)

11 (1) $7\times1.6=7\times\frac{16}{10}=\frac{7\times16}{10}=\frac{112}{10}=11.2$
(2) $6\times2.17=6\times\frac{217}{100}=\frac{6\times217}{100}=\frac{1302}{100}=13.02$

12 곱하는 수가 $\frac{1}{10}$배가 되면 계산 결과가 $\frac{1}{10}$배가 됩니다.

13 $3\times1.24=3.72$, $7\times2.5=17.5$

15 ㉠ $7\times1.43=10.01$ ㉡ $8\times1.23=9.84$
따라서 계산 결과가 10보다 작은 것은 ㉡입니다.

16 (아버지의 몸무게)=(민호의 몸무게)×1.5
$=48\times1.5=72$ (kg)

98~99쪽 1단계 개념 빠삭

예제 문제 **1** (1) 예

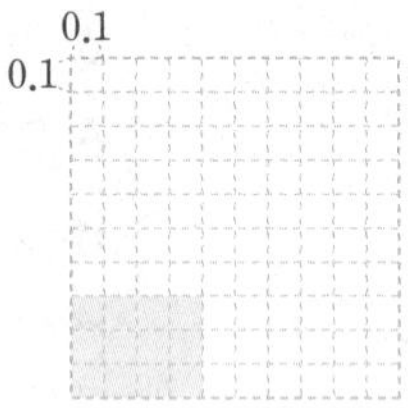

(2) 0.12

개념 집중 연습

1 0.56
2 0.21
3 6, 9, 6, 9, $\frac{54}{100}$, 0.54
4 3, 12, 3, 12, $\frac{36}{1000}$, 0.036
5 24, $\frac{1}{100}$, 0.24
6 20, $\frac{1}{1000}$, 0.02
7 0.115
8 0.36
9 0.126
10 0.06

개념 집중 연습

1 0.01이 56칸이므로 $0.8\times0.7=0.56$입니다.

2 0.01이 21칸이므로 $0.7\times0.3=0.21$입니다.

7 $0.23\times0.5=\frac{23}{100}\times\frac{5}{10}=\frac{23\times5}{100\times10}$
$=\frac{115}{1000}=0.115$

8 $0.6\times0.6=\frac{6}{10}\times\frac{6}{10}=\frac{6\times6}{10\times10}$
$=\frac{36}{100}=0.36$

100~101쪽 1단계 개념 빠삭

예제 문제 **1** 31, 42, 1302, 13.02
2 9.35

개념 집중 연습

1 5.44
2 9.499
3 $\frac{42}{10}\times\frac{12}{10}=\frac{42\times12}{10\times10}=\frac{504}{100}$
$=504\times\frac{1}{100}=5.04$
4 $\frac{19}{10}\times\frac{18}{10}=\frac{19\times18}{10\times10}=\frac{342}{100}$
$=342\times\frac{1}{100}=3.42$
5 468, 4.68
6 1375, 15, 13.75
7 10.29
8 4.318
9 8.84
10 3.248

예제 문제

1 3.1을 $\frac{31}{10}$로, 4.2를 $\frac{42}{10}$로 바꾸어 계산합니다.

개념 집중 연습

1 곱해지는 수와 곱하는 수가 각각 $\frac{1}{10}$배가 되면 계산 결과가 $\frac{1}{100}$배가 됩니다.

2 곱해지는 수가 $\frac{1}{100}$배, 곱하는 수가 $\frac{1}{10}$배가 되면 계산 결과가 $\frac{1}{1000}$배가 됩니다.

7 $4.9\times2.1=\frac{49}{10}\times\frac{21}{10}=\frac{49\times21}{10\times10}=\frac{1029}{100}=10.29$

8 127 × 34 = 4318
$\frac{1}{100}$배, $\frac{1}{10}$배, $\frac{1}{1000}$배
1.27 × 3.4 = 4.318

9
```
   5.2
 × 1.7
 -----
  3 6 4
  5 2
 -----
  8.8 4
```

10
```
    1.1 6
 ×    2.8
 --------
    9 2 8
  2 3 2
 --------
  3.2 4 8
```

102~103쪽 1단계 개념 빠삭

예제 문제 1 오른쪽에 ○표 2 3.2.7

개념 집중 연습

1 17.35, 173.5, 1735
2 87, 8.7, 0.87
3 (위에서부터) 100, 11.04, 0.24, 1.104
4 (위에서부터) 1.56, 10, 0.12, 0.156
5 98.6, 9.86, 0.986
6 5.95, 0.595, 0.595
7 (선 잇기)

예제 문제

2 자연수에 0.01을 곱하면 곱의 소수점이 왼쪽으로 두 자리 옮겨집니다.

개념 집중 연습

1 $1.735\times10=17.35$
$1.735\times100=173.5$
$1.735\times1000=1735$

2 $870\times0.1=87.0$
$870\times0.01=8.70$
$870\times0.001=0.870$

104~105쪽 2단계 익힘책 빠삭

1 (1) 0.35 (2) 0.192
2 은우
3 예 9 × 6 = 54
$\frac{1}{10}$배, $\frac{1}{10}$배, $\frac{1}{100}$배
0.9 × 0.6 = 0.54
4 $\frac{8}{10}\times\frac{17}{100}=\frac{8\times17}{10\times100}=\frac{136}{1000}=0.136$
5 0.365
6 $0.7\times0.8=0.56$, 0.56 kg
7 (1) 14, 24, 336, 3.36 (2) $\frac{1}{100}$, 3.36
8 234, 2.34
9 27.3
10 예
```
   2.5
 × 1.1
 -----
  2.7 5
```
11 5
12 (1) 37.5, 375, 3750 (2) 24.8, 2.48, 0.248
13 ㉡
14 (1) 0.26 (2) 0.047
15 예 5와 18을 곱한 값이 아닌 50과 18을 곱한 값인 900에서 소수점을 왼쪽으로 한 자리 옮겨야 합니다.

1 (1) $0.5\times0.7=\frac{5}{10}\times\frac{7}{10}=\frac{5\times7}{10\times10}=\frac{35}{100}=0.35$
(2) $0.6\times0.32=\frac{6}{10}\times\frac{32}{100}=\frac{6\times32}{10\times100}=\frac{192}{1000}=0.192$

2 $0.81\times0.9=0.729$

4 0.8을 $\frac{8}{10}$로, 0.17을 $\frac{17}{100}$로 바꾸어 계산합니다.

5 $0.5<0.6<0.73$
➡ $0.73\times0.5=0.365$

6 (사용한 밀가루의 양)=(전체 밀가루의 양)×0.8
=0.7×0.8=0.56 (kg)

8 곱해지는 수와 곱하는 수가 각각 $\frac{1}{10}$배가 되면 계산 결과가 $\frac{1}{100}$배가 됩니다.

9 $3.5\times7.8=\frac{35}{10}\times\frac{78}{10}=\frac{35\times78}{10\times10}=\frac{2730}{100}=27.3$

10 $25\times11=275$인데 2.5에 1.1을 곱하면 2.5보다 조금 큰 값이 나와야 하므로 계산 결과는 2.75입니다.

11 $4.2\times1.19=4.998$이므로 $4.998<\square$입니다.
따라서 □ 안에 들어갈 수 있는 가장 작은 자연수는 5입니다.

13 ㉠ 9.25 ㉡ 92.5 ㉢ 9.25

14 (1) $47\times0.26=12.22$
(2) $0.047\times26=1.222$

15 평가 기준
50과 18을 곱한 값에서 소수점을 왼쪽으로 한 자리 옮겨야 한다는 내용을 썼으면 정답으로 합니다.

106~108쪽 TEST 4단원 평가

1 (1) 1.8 (2) 1.8 (3) 6, 1.8
2 54, 54, 3, 162, 16.2
3 216, 216, 648, 6.48
4 84, 0.84
5 (1) 0.63 (2) 8.792
6 $4\times\frac{24}{100}=\frac{4\times24}{100}=\frac{96}{100}=0.96$
7 0.248
8 <
9 54.2, 542, 5420
10 ( )(○)
11 (1) 0.01 (2) 1000
12 78, 0.78 / 곱하는 수가 $\frac{1}{100}$배가 되면 계산 결과가 $\frac{1}{100}$배가 됩니다.
13 $54\ \text{cm}^2$
14 2.8 km
15 24.96
16 $12\times3.5=42$, 42살
17 (위에서부터) 3.36, 1.17, 5.04, 0.78
18 (위에서부터) 5, 7
19 3개
20 2.3 m

3 2.16을 $\frac{216}{100}$으로 바꾸어 계산합니다.

5 (1) $0.9\times0.7=\frac{9}{10}\times\frac{7}{10}=\frac{9\times7}{10\times10}=\frac{63}{100}=0.63$
(2) $2.8\times3.14=\frac{28}{10}\times\frac{314}{100}=\frac{28\times314}{10\times100}=\frac{8792}{1000}$
$=8.792$

7 0.62와 0.4의 소수점 아래 자리 수의 합이 세 자리이므로 62×4의 곱에서 소수점을 왼쪽으로 세 자리 옮겨 표시합니다.

8 $0.58\times5=2.9$ ➔ $2.9<3$

9 • 5.42×10은 5.42의 소수점이 오른쪽으로 한 자리 옮겨진 54.2입니다.
• 5.42×100은 5.42의 소수점이 오른쪽으로 두 자리 옮겨진 542입니다.
• 5.42×1000은 5.42의 소수점이 오른쪽으로 세 자리 옮겨진 5420입니다.

10 • $0.5\times0.7=\frac{5}{10}\times\frac{7}{10}=\frac{5\times7}{10\times10}=\frac{35}{100}=0.35$
• $0.4\times0.5=\frac{4}{10}\times\frac{5}{10}=\frac{4\times5}{10\times10}=\frac{20}{100}=0.2$

11 (1) 28.7의 소수점이 왼쪽으로 두 자리 옮겨졌으므로 $\square=0.01$입니다.
(2) 0.59의 소수점이 오른쪽으로 세 자리 옮겨졌으므로 $\square=1000$입니다.

13 (평행사변형의 넓이)=(밑변의 길이)×(높이)
$=12\times4.5=54\ (\text{cm}^2)$

14 (학교~도서관)=(은하네 집~학교)×0.7
$=4\times0.7=2.8\ (\text{km})$

15 가장 큰 수: 7.8, 가장 작은 수: 3.2
➔ $7.8\times3.2=24.96$

16 (어머니의 나이)=(소희의 나이)×3.5
$=12\times3.5=42$(살)

17 $0.56\times6=3.36$, $9\times0.13=1.17$,
$0.56\times9=5.04$, $6\times0.13=0.78$

18 $2.\square2\times3$에서 $\square\times3$의 일의 자리 숫자가 5인 경우는 5×3인 경우입니다.
➔ $2.\boxed{5}2\times3=\boxed{7}.56$

19 $3.9\times2=7.8$, $2.1\times5=10.5$
➔ $7.8<\square<10.5$이므로 □ 안에 들어갈 수 있는 자연수는 8, 9, 10으로 모두 3개입니다.

20 (색 테이프 2장의 길이의 합)$=1.2\times2=2.4$ (m)
➔ (이어 붙인 색 테이프의 전체 길이)
=(색 테이프 2장의 길이의 합)−(겹친 부분의 길이)
$=2.4-0.1=2.3$ (m)

5 직육면체

112~113쪽 1단계 개념 빠삭

예제 문제 **1** 직육면체 **2** 나

개념 집중 연습

1 가, 라 / 나, 다, 마 **2** 가, 라
3 × **4** ○
5 ×
6
7

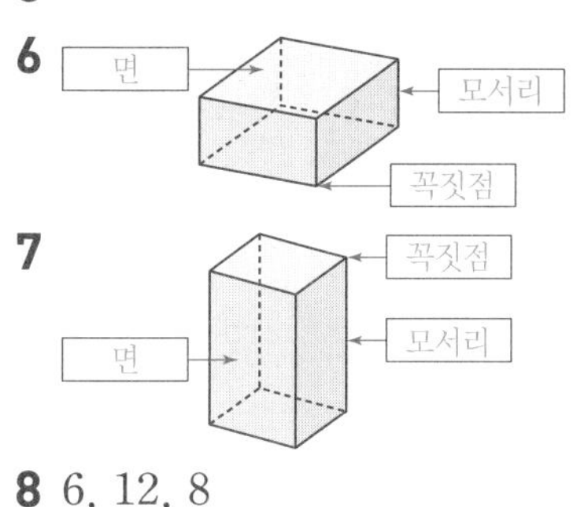

8 6, 12, 8

예제 문제

1 직사각형 6개로 둘러싸인 도형은 직육면체입니다.

2 직사각형 6개로 둘러싸인 도형과 같은 모양의 물건을 찾으면 나입니다.

개념 집중 연습

3 직육면체는 직사각형 6개로 둘러싸인 도형입니다.

6 면: 선분으로 둘러싸인 부분
모서리: 면과 면이 만나는 선분
꼭짓점: 모서리와 모서리가 만나는 점

114~115쪽 1단계 개념 빠삭

예제 문제 **1** 정육면체 **2** 12, 8

개념 집중 연습

1 × **2** ○
3 × **4** ×
5 × **6** ○
7 나, 다, 라 **8** 나, 라
9 (1) 같습니다에 ○표 (2) 같습니다에 ○표
(3) 있습니다에 ○표

예제 문제

2 정육면체의 모서리는 12개, 꼭짓점은 8개입니다.

개념 집중 연습

9 (3) 정육면체의 면의 모양인 정사각형은 직사각형이라고 할 수 있으므로 정육면체를 직육면체라고 할 수 있습니다.

116~117쪽 2단계 익힘책 빠삭

1 직육면체
2 (1) 면 (2) 모서리 (3) 꼭짓점
3 ②, ⑤ **4** 6, 12, 8
5 서아
6 예 직사각형 6개로 둘러싸인 도형이 아니기 때문입니다.
7 18 cm **8** 나
9 정사각형, 6, 12, 8 **10** (1) ○ (2) × (3) ○
11 8, 8 **12** 48 cm
13 12, 3 / 3 cm

3 직사각형 6개로 둘러싸인 도형을 찾으면 ②, ⑤입니다.

4 직육면체의 면은 6개, 모서리는 12개, 꼭짓점은 8개입니다.

5 모서리와 모서리가 만나는 점은 꼭짓점으로 직육면체에는 꼭짓점이 8개 있습니다.

6 평가 기준
직사각형 6개로 둘러싸인 도형이 아니라고 썼으면 정답으로 합니다.

7 색칠한 면은 가로가 5 cm, 세로가 4 cm인 직사각형입니다.
➜ (둘레)=5+4+5+4=18 (cm)

8 정사각형 6개로 둘러싸인 도형을 찾으면 나입니다.

10 (2) 직사각형은 정사각형이라고 할 수 없으므로 직육면체는 정육면체라고 할 수 없습니다.

12 정육면체는 모든 모서리의 길이가 같습니다.
➜ 4×12=48 (cm)

13 정육면체는 모든 모서리의 길이가 같으므로 한 모서리의 길이는 36÷12=3 (cm)입니다.

118~119쪽 1단계 개념 빠삭

예제 문제 1 겨냥도 2 (왼쪽에서부터) 3, 3, 7

개념 집중 연습

1 (×)(×)(○)
2 (×)(○)(×)

3
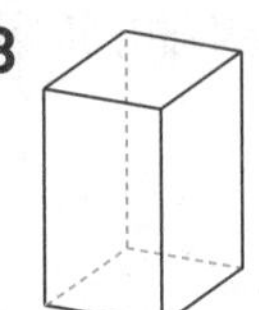

4
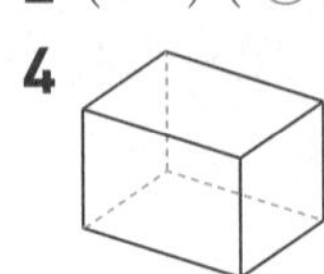

5

6
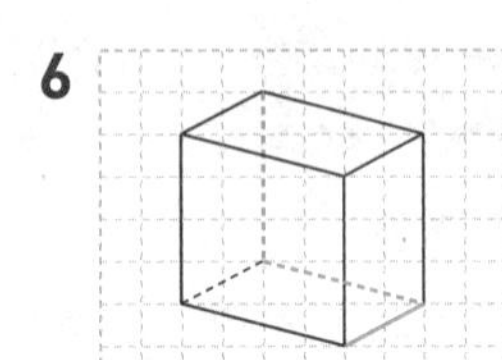

7

8
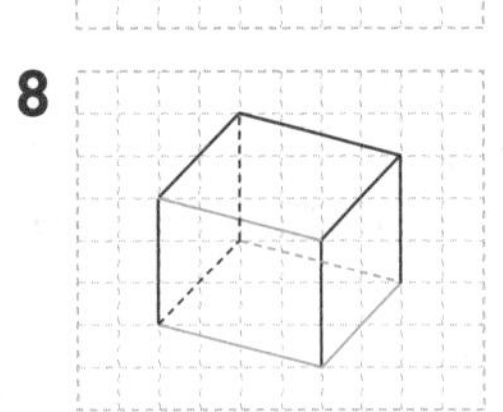

120~121쪽 1단계 개념 빠삭

예제 문제 1 밑면 2 옆면

개념 집중 연습

1
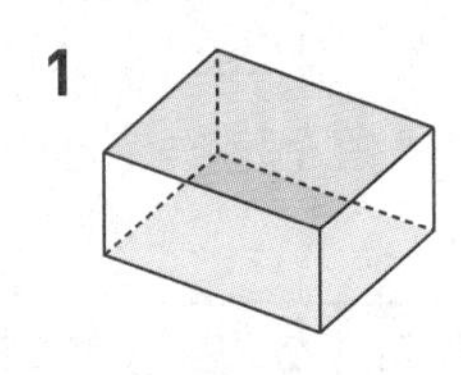

2
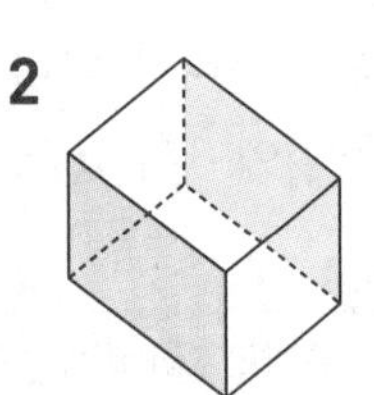

3

4 다

5 면 ㄹㄷㅅㅇ에 ○표
6 면 ㅁㅂㅅㅇ에 ○표
7 ㄴㅂㅁㄱ, ㄴㅂㅅㄷ, ㄷㅅㅇㄹ, ㄱㅁㅇㄹ
8 ㄱㄴㄷㄹ, ㄴㅂㅁㄱ, ㅁㅂㅅㅇ, ㄷㅅㅇㄹ

개념 집중 연습

4 다는 보기의 색칠한 면과 평행한 면을 색칠한 것입니다.

7 면 ㄱㄴㄷㄹ과 수직인 면은 4개입니다.

122~123쪽 2단계 익힘책 빠삭

1 나
2 실선, 점선
3 7개, 1개
4 3개, 3개

5
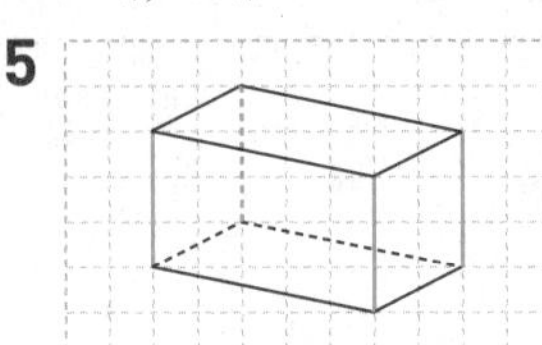

6 (1) 5 cm, 10 cm, 6 cm
(2) 21 cm

7 보이지 않는 모서리를 점선으로 그려야 하는데 실선으로 그렸습니다.

8 3개

9 ㄱ, ㄴ, ㄷ, ㄹ, ㅁ, ㅂ, ㅅ, ㅇ, 3 cm, 5 cm, 2 cm

10 면 ㄱㄴㄷㄹ

11 ㄱㅁㅂㄴ, ㄴㅂㅅㄷ, ㄷㅅㅇㄹ, ㄱㅁㅇㄹ

12 (1) 3 (2) 4

13 (1) × (2) ○

14 28 cm

1 직육면체의 겨냥도는 보이는 모서리는 실선으로, 보이지 않는 모서리는 점선으로 그립니다.

3 직육면체의 겨냥도에서 보이는 꼭짓점은 7개이고, 보이지 않는 꼭짓점은 1개입니다.

6 (2) 직육면체의 겨냥도에서 보이지 않는 모서리는 점선으로 그린 부분이므로 이 모서리의 길이의 합은 $10+6+5=21$ (cm)입니다.

8 직육면체의 한 꼭짓점에서 만나는 면은 3개입니다.

9 모서리 ㅂㅅ과 길이가 같은 모서리를 모두 찾으면 모서리 ㄱㄹ, 모서리 ㄴㄷ, 모서리 ㅁㅇ입니다.

10 면 ㅁㅂㅅㅇ과 마주 보는 면은 면 ㄱㄴㄷㄹ입니다.

11 면 ㅁㅂㅅㅇ과 수직인 면은 면 ㅁㅂㅅㅇ이 밑면일 때 옆면이 되는 4개의 면입니다.

12 (1) 직육면체에서 서로 마주 보는 면은 모두 3쌍입니다.
(2) 직육면체에서 한 면과 수직으로 만나는 면은 4개입니다.

13 (1) 한 꼭짓점에서 만나는 면은 3개입니다.

14 직육면체에서 평행한 면은 서로 마주 보는 면입니다.
→ $9+5+9+5=28$ (cm)

124~125쪽 1단계 개념 빠삭

예제 문제 **1** 전개도

2 실선에 ○표, 점선에 ○표

개념 집중 연습

1 (　) (○) (　)

2

3

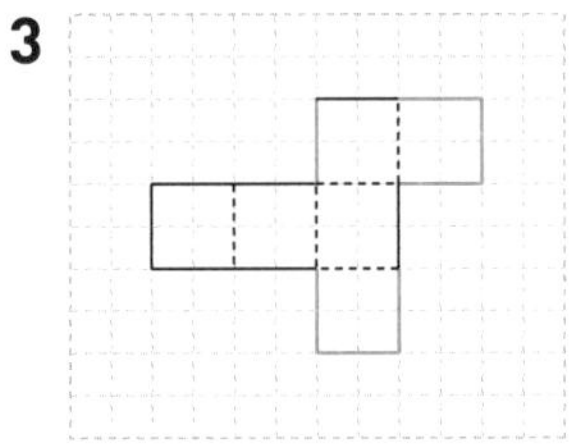

4

(1) (2) ㄱ ㄹ ㄴ ㄷ (3)

5

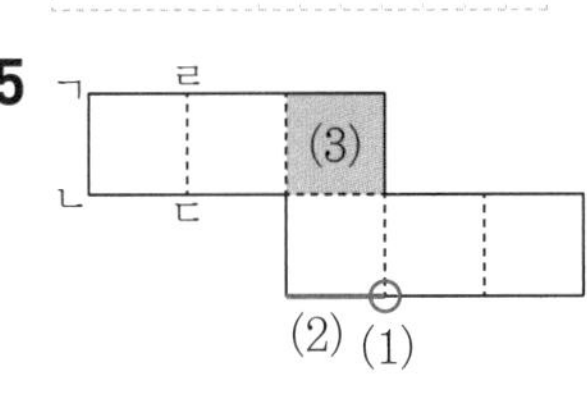

126~127쪽 1단계 개념 빠삭

예제 문제 **1** (1) 라 (2) 가, 다, 마, 바

2 (1) 마 (2) 가, 나, 라, 바

개념 집중 연습

1 ○　　**2** ×

3 ×　　**4** 3, 6

5 3, 5

6

1 cm
1 cm

7 예

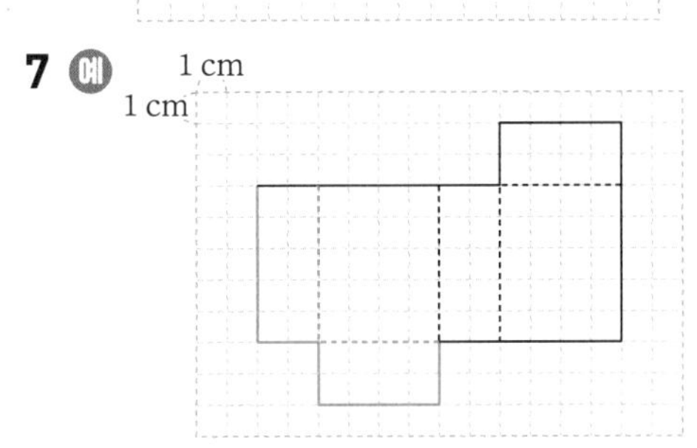

개념 집중 연습

2 겹치는 모서리의 길이가 같지 않은 곳이 있습니다.

3 전개도를 접었을 때 서로 겹치는 면이 있습니다.

4 전개도를 접었을 때 겹치는 모서리는 길이가 같습니다.

6 전개도를 접었을 때 서로 마주 보는 면의 모양과 크기가 같도록 전개도를 완성합니다.

128~129쪽 2단계 익힘책 빠삭

1 소윤

2 (1) 면 다 (2) 면 가, 면 다, 면 마, 면 바

3

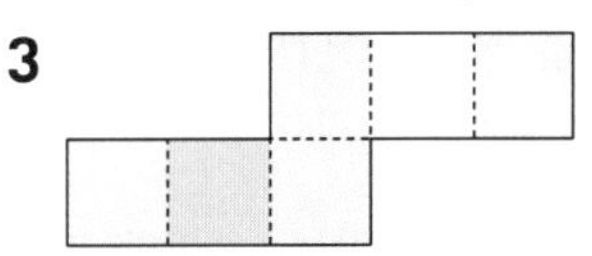

4 예

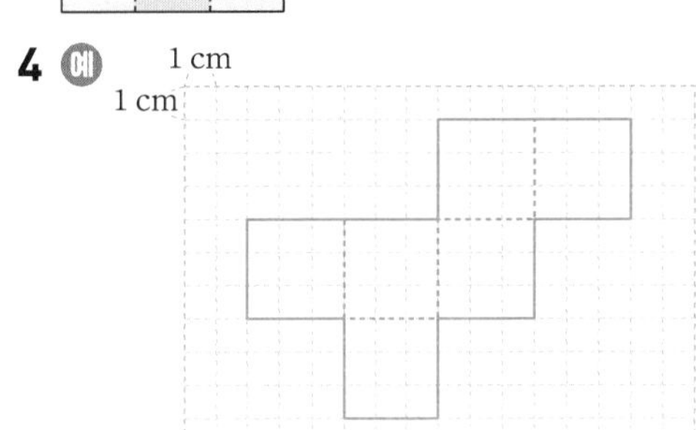

5 선분 ㅂㅅ

6 예

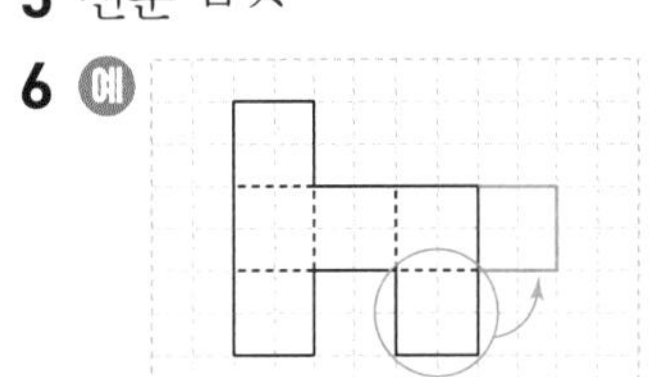

7 (　) (×)　　**8** (위에서부터) 3, 6

9

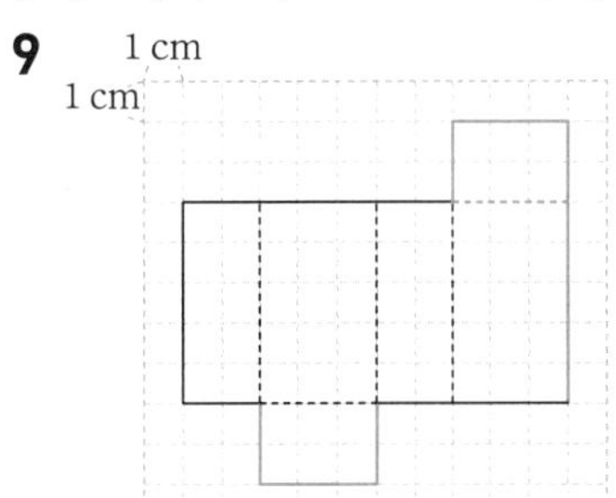

10 점 ㄷ

11 면 ㅋㅌㅈㅊ, 면 ㅎㄷㄹㅍ, 면 ㅌㅅㅇㅈ, 면 ㄹㅁㅂㅅ

12 선분 ㅅㅇ　　**13** 유찬

1 소윤이의 전개도를 점선을 따라 접으면 겹치는 면이 생깁니다.

2 (2) 면 라와 수직인 면은 면 나를 제외한 면 가, 면 다, 면 마, 면 바입니다.

4 모든 면의 모양과 크기가 같게 그리고, 잘린 모서리는 실선으로, 잘리지 않은 모서리는 점선으로 그립니다.

5 전개도를 접었을 때 선분 ㅂㅁ은 선분 ㅂㅅ을 만나 한 모서리가 됩니다.

6 전개도를 접으면 아래의 두 면이 겹치므로 한 면을 겹치지 않는 곳으로 옮깁니다.

7 오른쪽 그림에서 면이 6개가 아니라 5개입니다.

9 면이 6개가 되도록 하고 잘린 모서리는 실선으로, 잘리지 않은 모서리는 점선으로 그립니다.

11 면 ㄱㄴㄷㅎ과 평행한 면을 제외한 나머지 면을 모두 찾습니다.

12 점 ㅂ과 만나는 점은 점 ㅇ이므로 선분 ㅅㅂ과 겹치는 선분은 선분 ㅅㅇ입니다.

130~132쪽 TEST 5단원 평가

1 ( )(○)( ) **2** 꼭짓점, 면, 모서리

3 3개 **4** (1) ○ (2) ○ (3) ×

5 나

6 (1) 직사각형, 정사각형 (2) 있습니다.

7 ( )( )(×)

8

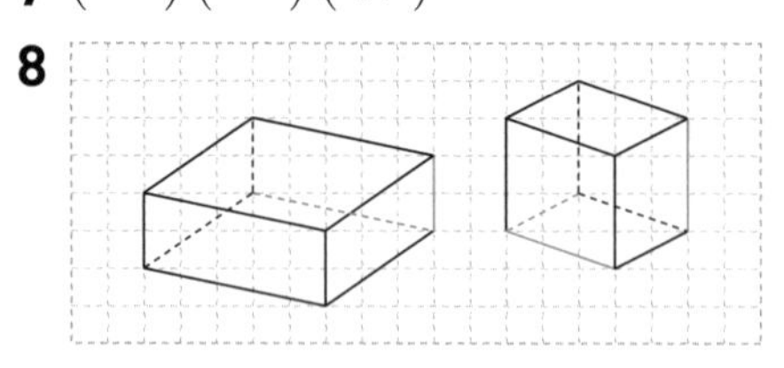

9 (위에서부터) 6, 12, 8 / 6, 12, 8

10 (왼쪽에서부터) 6, 9, 7

11 면 가, 면 다, 면 마, 면 바

12 ㉡

13 직육면체는 직사각형 [6]개로 둘러싸인 도형인데 주어진 도형은 직사각형 [3]개와 삼각형 [2]개로 둘러싸여 있습니다.

14 (1) 점 ㄷ, 점 ㅈ (2) 선분 ㅅㅂ

15 108 cm **16** ( )( )(○)

17 18 cm

18 (위에서부터) ㄷ, ㄴ, ㄱ, ㅁ, ㅁ, ㅇ

19 예

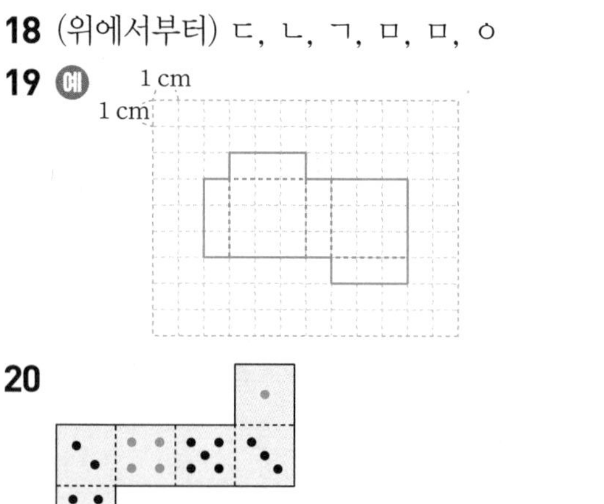

20

3 직육면체의 겨냥도에서 보이는 면은 3개, 보이지 않는 면은 3개입니다.

4 (3) 모서리의 길이가 모두 같은 도형은 정육면체입니다.

5 보이는 모서리는 실선으로, 보이지 않는 모서리는 점선으로 그린 것은 나입니다.

6 정육면체의 면의 모양인 정사각형은 직사각형이라고 할 수 있으므로 정육면체는 직육면체라고 할 수 있습니다.

7 점선을 따라 접었을 때 겹치는 면이 있으면 정육면체의 전개도가 아닙니다.

11 면 라와 수직인 면은 면 라와 평행한 면인 면 나를 제외한 모든 면이므로 면 가, 면 다, 면 마, 면 바입니다.

12 ㉡ 한 면과 수직인 면은 4개입니다.

14 (2) 점 ㄷ과 만나는 점은 점 ㅅ이고, 점 ㄹ과 만나는 점은 점 ㅂ이므로 선분 ㄷㄹ과 겹치는 선분을 찾으면 선분 ㅅㅂ입니다.

15 정육면체는 길이가 같은 모서리가 12개 있으므로 모든 모서리의 길이의 합은 $9 \times 12 = 108$ (cm)입니다.

16 면 가와 면 다, 면 나와 면 바는 각각 수직으로 만나고 면 다와 면 마는 서로 평행합니다.

17 직육면체에서 평행한 면은 서로 마주 보는 면입니다.
➜ (둘레)$=5+4+5+4=18$ (cm)

18 전개도를 접었을 때 만나는 점끼리 같은 기호를 써넣습니다.

20 서로 평행한 두 면을 찾아 두 면의 눈의 수의 합이 7이 되도록 그려 넣습니다.

6 평균과 가능성

136~137쪽 1단계 개념 빠삭

예제 문제 **1** 1, 3 **2** 9, 3, 3

3 평균에 ○표

개념 집중 연습

1 (1)

5				
4				
3	○	○	○	○
2	○	○	○	○
1	○	○	○	○
연필 수(자루) / 이름	승우	수연	민정	승훈

(2) 3

2 8 **3** 세 번째 칸에 ○표

138~139쪽 1단계 개념 빠삭

예제 문제 **1** 예 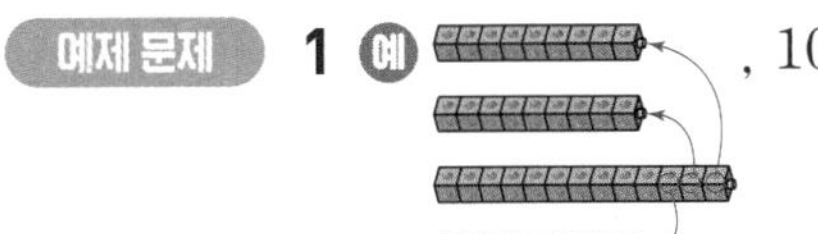 , 10

2 (1) 8 (2) 8, 4

개념 집중 연습

1 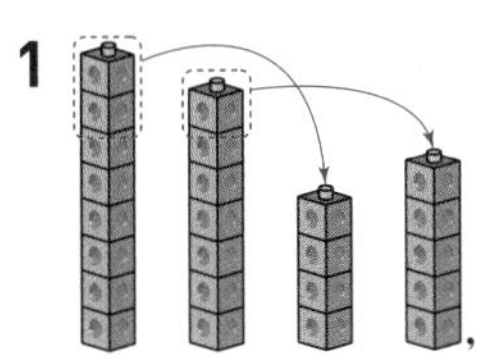, 6 / 6

2 예 3,

		○	
○		○	
○	○	○	○
○	○	○	○
○	○	○	○
첫째 날	둘째 날	셋째 날	넷째 날

, 3

/ (위에서부터) 5, 12, 12, 3

3 32, 32, 3, 99, 3, 33

4 26, 4, 100, 4, 25

140~141쪽 1단계 개념 빠삭

예제 문제 **1** (1) 8, 27, 9 (2) 9, 32, 8 (3) 준하

개념 집중 연습

1 3, 4 **2** 서연이네

3 39 **4** 14, 56

5 17

개념 집중 연습

1 (승우네 모둠의 제기차기 기록의 평균)
$=(2+2+3+5)\div4=12\div4=3$(개)
(서연이네 모둠의 제기차기 기록의 평균)
$=(5+4+3)\div3=12\div3=4$(개)

주의
승우네 모둠과 서연이네 모둠의 학생 수가 다르므로 평균을 구할 때 주의해야 합니다.

142~145쪽 2단계 익힘책 빠삭

1 고르게 한 수에 ○표 **2** 70점

3 4개

4 예

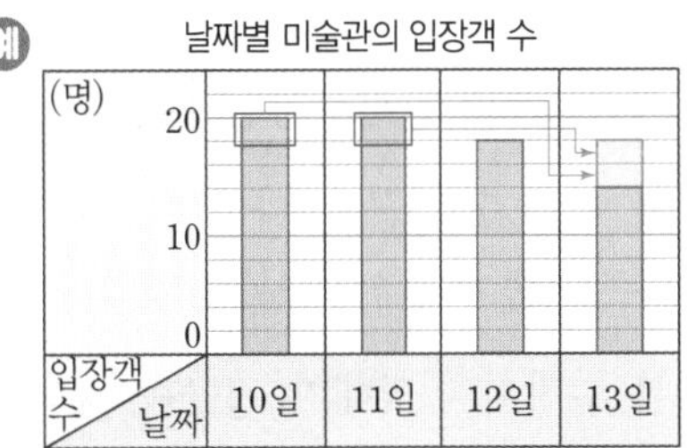

5 18명

6 10일부터 13일까지 하루에 입장객이 대부분 18명 왔습니다.

7 12, 9, 11 **8** 44, 4, 11

9 3 kg **10** 145명, 29명

11 2반 **12** 54분

13 54분

14 7 cm,

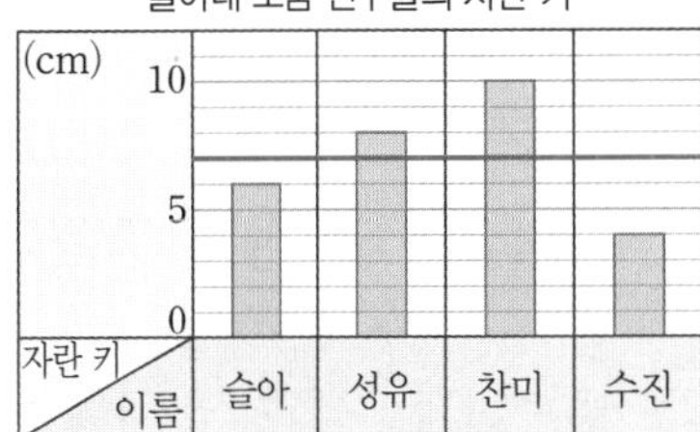

15 2명 **16** 2명

정답과 해설

17 위로에 ○표	**18** 10 m
19 8 m	**20** 지후
21 15, 15, 7	**22** 5, 8, 7, 6
23 2모둠	**24** 165명
25 있습니다에 ○표	**26** 235 mm
27 1175 mm	**28** 230 mm

3 (전체 화살 수)$=5+6+2+3=16$(개)
(사람 수)$=4$명
➔ (한 사람이 가지는 화살 수)$=16\div4=4$(개)

8 (평균)$=(10+13+12+9)\div4=44\div4=11$(번)

9 (평균)$=(2+3+5+2)\div4=3$ (kg)

10 (전체 학생 수)$=32+29+33+28+23=145$(명)
➔ (평균)$=145\div5=29$(명)

12 (평균)$=(55+50+53+58)\div4=54$(분)

13 5일 동안 연습한 시간의 평균이 4일 동안 연습한 시간의 평균보다 높으려면 다섯째 날에는 연습을 4일 동안의 평균인 54분보다 더 많이 해야 합니다.

14 (평균)$=(6+8+10+4)\div4=7$ (cm)
막대그래프에서 7 cm를 나타내는 곳에 가로선을 긋습니다.

15 막대그래프에서 막대가 평균을 나타내는 가로선보다 위에 있는 친구는 성유와 찬미로 2명입니다.

16 막대그래프에서 막대가 평균을 나타내는 가로선보다 아래에 있는 친구는 슬아와 수진으로 2명입니다.

17 막대그래프에서 수진이의 막대가 평균을 나타내는 가로선보다 아래에 있으므로 수진이가 빠진다면 자란 키의 평균은 높아집니다. 따라서 수진이가 빠진다면 평균을 나타내는 가로선은 위로 옮겨질 것입니다.

18 (평균)$=(8+11+12+9)\div4=10$ (m)

19 (평균)$=(12+8+6+7+7)\div5=8$ (m)

20 지후네 모둠의 기록의 평균은 10 m이고, 서우네 모둠의 기록의 평균은 8 m입니다. 따라서 지후네 모둠이 종이비행기 멀리 날리기를 더 잘했다고 볼 수 있습니다.

21 참고
(자료의 값을 모두 더한 수)=(평균)×(자료의 수)

22 1모둠: $25\div5=5$(개), 2모둠: $32\div4=8$(개),
3모둠: $35\div5=7$(개), 4모둠: $36\div6=6$(개)

23 한 학생당 먹은 호두과자 수를 비교하면 2모둠이 8개로 가장 많습니다.

24 (마을 네 곳의 초등학생 수의 합)$=212\times4=848$(명)
➔ (별빛 마을의 초등학생 수)
$=848-(311+164+208)=165$(명)

25 (평균)$=(302+305+286+299)\div4=298$(초)
기록의 평균이 300초보다 빠르므로 예선을 통과할 수 있습니다.

26 (평균)$=(240+245+235+220)\div4=235$ (mm)

27 두 모둠의 운동화 치수의 평균이 같으므로 지현이네 모둠의 운동화 치수의 평균도 235 mm입니다.
➔ (지현이네 모둠의 운동화 치수의 합)
$=235\times5=1175$ (mm)

28 (지현이네 모둠의 운동화 치수의 합)
−(지현, 혜민, 은경, 현정이의 운동화 치수의 합)
$=1175-(225+245+240+235)=230$ (mm)

146~147쪽 1단계 개념 빠삭

예제 문제 **1** (1) 불가능하다에 ○표
(2) 확실하다에 ○표
2 (1) 반반이다에 ○표 (2) 불가능하다에 ○표

개념 집중 연습
1 — 확실하다
2 — ~아닐 것 같다
3 — 불가능하다
4 — 반반이다
5 — ~일 것 같다
6 확실하다에 ○표
7 불가능하다에 ○표 **8** 반반이다에 ○표
9 ~아닐 것 같다에 ○표 **10** ~일 것 같다에 ○표

개념 집중 연습

9 보라색이 회전판 전체의 $\frac{1}{4}$인 회전판 다에서 화살이 보라색에 멈출 가능성은 '~아닐 것 같다'입니다.

10 초록색이 회전판 전체의 $\frac{3}{4}$인 회전판 다에서 화살이 초록색에 멈출 가능성은 '~일 것 같다'입니다.

148~149쪽 1단계 개념 빠삭

예제 문제 1 은우, 소윤, 유찬

개념 집중 연습

1
지유	연아		태범	새봄

2 새봄, 태범, 연아, 지유 3 ㉡
4 ㉡ 5 ㉠, ㉡, ㉢, ㉣

개념 집중 연습

4 화살이 파란색에 멈출 가능성과 빨간색에 멈출 가능성이 반반이려면 회전판에서 파란색이 전체의 $\frac{1}{2}$이고, 빨간색이 전체의 $\frac{1}{2}$이어야 합니다.

5 회전판 ㉠에서 빨간색은 전체의 $\frac{3}{4}$, 회전판 ㉡에서 빨간색은 전체의 $\frac{1}{2}$, 회전판 ㉢에서 빨간색은 전체의 $\frac{1}{3}$, 회전판 ㉣에서 빨간색은 없습니다.
따라서 화살이 빨간색에 멈출 가능성이 높은 순서대로 쓰면 ㉠, ㉡, ㉢, ㉣입니다.

150~151쪽 1단계 개념 빠삭

예제 문제 1

2 (1) 반반이다에 ○표 (2) $\frac{1}{2}$에 ○표

개념 집중 연습

1 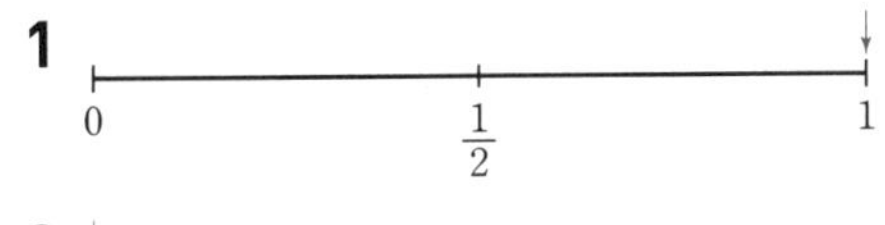

2

3 0 4 1
5 반반이다에 ○표, 2 6 반반이다에 ○표, $\frac{1}{2}$

개념 집중 연습

1 꺼낸 바둑돌이 흰색일 가능성은 '확실하다'이므로 1에 표시합니다.

152~153쪽 2단계 익힘책 빠삭

1 2 불가능하다에 ○표
3 불가능하다 / 불가능하다에 ○표
4 ㉠ 5 ㉡
6 ㉠, ㉢, ㉡ 7 ④
8 ㉡, ㉢, ㉠ 9 ㉢, ㉡, ㉠
10 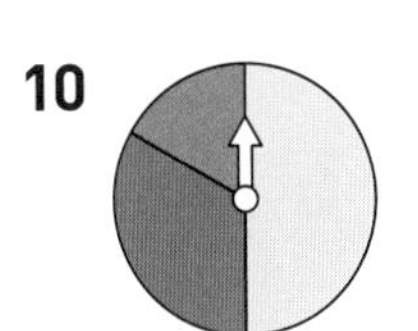 11 $\frac{1}{2}$
12 확실하다 / 1 13 반반이다 / $\frac{1}{2}$
14 예  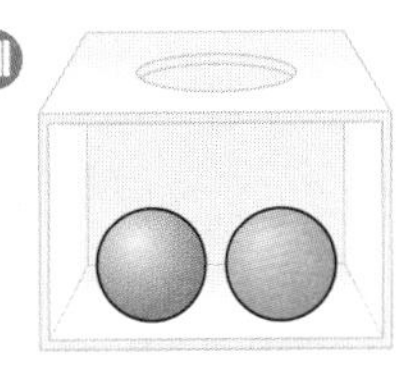

5 ㉡ 해는 동쪽에서 뜨고 서쪽으로 집니다.

6 ㉠ 확실하다, ㉡ 불가능하다, ㉢ 반반이다
➡ 일이 일어날 가능성이 높은 순서대로 기호를 쓰면 ㉠, ㉢, ㉡입니다.

7 ④ 화살이 보라색에 멈출 가능성은 '불가능하다'입니다.

8 ㉠ ~일 것 같다, ㉡ 불가능하다, ㉢ ~아닐 것 같다
➡ 일이 일어날 가능성이 낮은 순서대로 쓰면 ㉡, ㉢, ㉠입니다.

9 ㉠ ~아닐 것 같다, ㉡ ~일 것 같다, ㉢ 확실하다
➡ 일이 일어날 가능성이 높은 순서대로 기호를 쓰면 ㉢, ㉡, ㉠입니다.

10 화살이 노란색에 멈출 가능성이 가장 높기 때문에 회전판에서 가장 넓은 곳이 노란색입니다. 다음으로 넓은 부분에 빨간색, 가장 좁은 부분에 파란색을 칠합니다.

11 회전판에 초록색과 흰색이 반씩 색칠되어 있으므로 화살이 초록색에 멈출 가능성은 '반반이다'이고, 수로 표현하면 $\frac{1}{2}$입니다.

12 주사위 눈의 수 중 1 이상인 수는 1, 2, 3, 4, 5, 6이므로 굴려 나온 주사위 눈의 수가 1 이상일 가능성은 '확실하다'이고, 수로 표현하면 1입니다.

13 주사위 눈의 수 중 2의 배수는 2, 4, 6이므로 굴려 나온 주사위 눈의 수가 2의 배수일 가능성은 '반반이다'이고, 수로 표현하면 $\frac{1}{2}$입니다.

14 꺼낸 공이 흰색일 가능성이 0이어야 하므로 공 2개는 모두 흰색이 아니어야 합니다.

154~156쪽 TEST 6단원 평가

1 평균 **2** (위에서부터) 반반이다, 0

3 (○) (   ) **4** 15, 13, 15

5 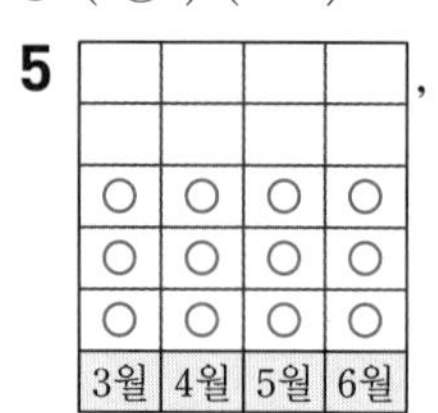

, 3개

6 3개 **7** 반반이다에 ○표

8 $\frac{1}{2}$ **9** 93점

10 92점 **11** 0

12 32쪽 **13** 반반이다 / $\frac{1}{2}$

14 지안 **15** 다

16 ㉡ / 예 노란색 공 5개가 들어 있는 주머니에서 꺼낸 공은 노란색일 것입니다.

17 수민이네 **18** 27분

19 21분 **20** 예 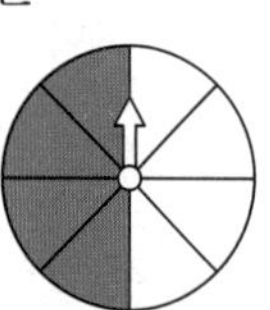

3 길에서 만날 수 있는 사람은 남자 또는 여자이므로 가능성은 '반반이다'입니다.

5 칭찬 도장의 수를 나타낸 것을 고르게 하면 3, 3, 3, 3이 됩니다.

6 반으로 접으면 6칸이고, 다시 반으로 접으면 나뉜 곳마다 3칸씩 있습니다. ➡ (평균)=3개

7 주사위에서 나올 수 있는 눈의 수는 1, 2, 3, 4, 5, 6으로 6가지 경우가 있고 이 중 홀수는 3가지로 홀수가 나올 가능성은 '반반이다'입니다.

8 구슬 2개 중 1개가 초록색이므로 구슬을 1개 꺼낼 때 꺼낸 구슬이 초록색일 가능성은 $\frac{1}{2}$입니다.

9 (평균)$=(92+92+96+92)\div4$
$=372\div4=93$(점)

10 경민이의 점수를 포함하여 평균을 구하면
$(92+92+96+92+88)\div5=92$(점)입니다.

11 주머니에서 500원짜리 동전을 꺼내는 것은 '불가능하다'이고, 수로 표현하면 0입니다.

12 $224\div7=32$(쪽)

13 ○× 문제의 정답이 ×일 가능성은 '반반이다'이고, 수로 표현하면 $\frac{1}{2}$입니다.

14 • 민재: 회전판 가에서 화살이 빨간색에 멈출 가능성은 '불가능하다'입니다.
• 서아: 회전판 다에서 화살이 노란색에 멈출 가능성은 '~일 것 같다'입니다.

15 회전판 나에서 노란색은 전체의 $\frac{1}{2}$, 회전판 다에서 노란색은 전체의 $\frac{3}{4}$입니다.
따라서 화살이 노란색에 멈출 가능성이 더 높은 회전판은 다입니다.

17 (수민이네 모둠의 평균)
$=(10+6+11+9)\div4=9$(회)
(지수네 모둠의 평균)
$=(6+8+7+11+8)\div5=8$(회)
➡ 기록의 평균이 9회>8회이므로 수민이네 모둠의 기록이 더 좋다고 할 수 있습니다.

18 (평균)$=(24+35+23+28+25)\div5=27$(분)

19 지후네 모둠의 스마트폰 사용 시간의 평균도 27분이므로 지후네 모둠의 스마트폰 사용 시간의 합계는 $27\times4=108$(분)입니다.
은미를 제외한 세 사람의 사용 시간의 합이 $34+26+27=87$(분)이므로 은미의 사용 시간은 $108-87=21$(분)입니다.

20 주사위 눈의 수가 홀수가 나올 가능성을 수로 표현하면 $\frac{1}{2}$입니다. 주사위 눈의 수가 홀수가 나올 가능성과 회전판에서 화살이 빨간색에 멈출 가능성이 같으려면 회전판 8칸 중 4칸을 빨간색으로 색칠하면 됩니다.

1 수의 범위와 어림하기

1쪽 1단원 문장으로 이어지는 기초 학습

1 20, 8, 10
2 19, 11
3 35, 58
4 40, 45, 32
5 

6 

7 

8 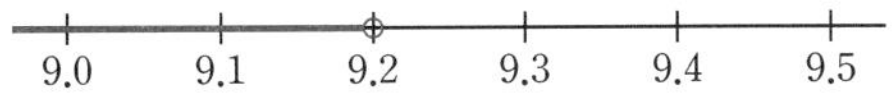

9 41 미만인 수
10 84 이상인 수

1 8 이상인 수는 8과 같거나 큰 수입니다.

2 20 미만인 수는 20보다 작은 수입니다.

3 34 초과인 수는 34보다 큰 수입니다.

4 45 이하인 수는 45와 같거나 작은 수입니다.

9 41보다 작은 수를 나타냅니다. ➔ 41 미만인 수

10 84와 같거나 큰 수를 나타냅니다. ➔ 84 이상인 수

2쪽 1단원 문장으로 이어지는 기초 학습

1 10, 9, 12
2 25, 29
3 43, 51, 52
4 75, 80, 76
5 

6 

7 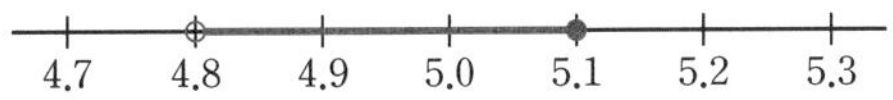

8 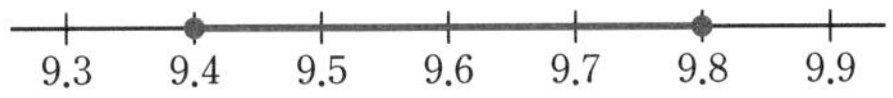

기초 ➔ 문장제

4개

1 9 이상 12 이하인 수는 9와 같거나 크고 12와 같거나 작은 수입니다.

2 23 초과 30 미만인 수는 23보다 크고 30보다 작은 수입니다.

3 42 초과 52 이하인 수는 42보다 크고 52와 같거나 작은 수입니다.

4 75 이상 81 미만인 수는 75와 같거나 크고 81보다 작은 수입니다.

5 16에 ●으로, 19에 ○으로 나타내고 선으로 연결합니다.

6 36에 ○으로, 38에 ○으로 나타내고 선으로 연결합니다.

기초 ➔ 문장제

18과 같거나 크고 22보다 작은 자연수는 18, 19, 20, 21로 모두 4개입니다.

3쪽 1단원 문장으로 이어지는 기초 학습

1 320, 400
2 1760, 1800
3 4400, 5000
4 30200, 31000
5 430, 400
6 2150, 2100
7 8700, 8000
8 52600, 52000
9 1.8
10 2.4
11 4.52
12 8.18

1 올림하여 십의 자리까지 나타내려면 십의 자리 아래 수를 10으로 보고 올림합니다.
올림하여 백의 자리까지 나타내려면 백의 자리 아래 수를 100으로 보고 올림합니다.

3 올림하여 천의 자리까지 나타내려면 천의 자리 아래 수를 1000으로 보고 올림합니다.

5 버림하여 십의 자리까지 나타내려면 십의 자리 아래 수를 0으로 보고 버림합니다.
버림하여 백의 자리까지 나타내려면 백의 자리 아래 수를 0으로 보고 버림합니다.

7 버림하여 천의 자리까지 나타내려면 천의 자리 아래 수를 0으로 보고 버림합니다.

9 1.73에서 소수 첫째 자리 아래 수인 0.03을 0.1로 보고 올림합니다.

10 2.45에서 소수 첫째 자리 아래 수인 0.05를 0으로 보고 버림합니다.

4쪽 1단원 문장으로 이어지는 기초 학습

1 560, 600
2 2520, 2500
3 3100, 3000
4 23500, 24000
5 1.6
6 6.83
7 올림에 ○표, 6000원
8 버림에 ○표, 130송이
9 반올림에 ○표, 9 kg

7 1000원짜리 지폐로만 사려면 올림하여 천의 자리까지 나타내야 합니다.
5670을 올림하여 천의 자리까지 나타내면 6000이므로 최소 6000원을 내야 합니다.

8 상자에 10송이씩 담아 포장하려면 버림하여 십의 자리까지 나타내야 합니다.
135를 버림하여 십의 자리까지 나타내면 130이므로 최대 130송이까지 포장할 수 있습니다.

9 1 kg 단위로 가까운 쪽의 눈금을 읽으려면 반올림하여 일의 자리까지 나타내야 합니다.
8.7을 반올림하여 일의 자리까지 나타내면 9입니다.

5~6쪽 1단원 성취도 평가

1
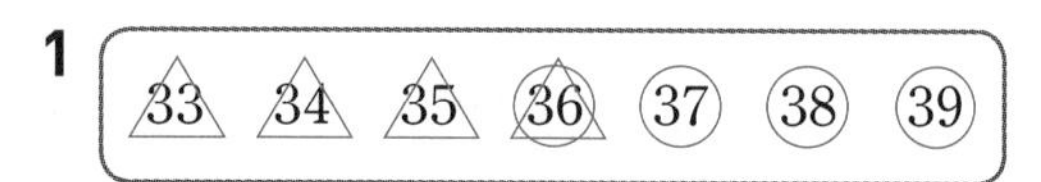

2 ③
3 128회, 126회
4 113회
5 440, 500
6 13 14 15 16 17 18 19 20 21
7 3800, 3754, 3812에 ○표
8 (왼쪽에서부터) 300, <, 370
9 3 cm
10 4개
11 31 32 33 34 35 36 37 38 39 (kg)
12 8번
13 273상자
14 5, 6, 7, 8, 9
15 8700

1 36 이상인 수는 36과 같거나 큰 수, 36 이하인 수는 36과 같거나 작은 수입니다.

2 2518에서 백의 자리 아래 수를 0으로 보고 버림하면 2500입니다.

3 125 초과인 수는 125보다 큰 수입니다.

4 125 미만인 수는 125보다 작은 수입니다.

5 436에서 십의 자리 아래 수인 6을 10으로 보고 올림하면 440이 됩니다.
436에서 백의 자리 아래 수인 36을 100으로 보고 올림하면 500이 됩니다.

6 15에 ●으로 표시하고 오른쪽으로 선을 긋습니다.

7 반올림하여 백의 자리까지 나타내면 3800이 되는 수는 3800, 3754, 3812입니다.

8 • 372에서 백의 자리 아래 수인 72를 0으로 보고 버림하면 300이 됩니다.
• 363에서 십의 자리 아래 수인 3을 10으로 보고 올림하면 370이 됩니다.
➜ 300 < 370

9 클립의 길이는 2.8 cm입니다.
2.8에서 소수 첫째 자리 숫자가 8이므로 올림하여 3이 됩니다.

10 수직선에 나타낸 수의 범위는 29 초과 33 이하인 수이므로 수의 범위에 속하는 자연수는 30, 31, 32, 33으로 모두 4개입니다.

11 은호의 몸무게는 33.8 kg이므로 체급으로 보면 플라이급에 속합니다. 플라이급의 몸무게 범위는 32 kg 초과 34 kg 이하이므로 32에 ○으로, 34에 ●으로 표시하고 선으로 연결합니다.

12 한 번에 100명씩 탈 수 있으므로 100명씩 7번 운행한 후 56명이 탈 수 있도록 1번 더 운행해야 합니다.

13 공장에서 만든 젤리를 10봉지씩 상자에 담으면 273상자에 담고 8봉지가 남습니다.
➜ 상자에 담아서 팔 수 있는 젤리는 최대 273상자입니다.

14 주어진 수의 십의 자리 숫자가 2인데 반올림하여 십의 자리까지 나타낸 수는 6730으로 십의 자리 숫자가 3이 되었으므로 일의 자리에서 올림한 것을 알 수 있습니다. 따라서 일의 자리 숫자가 5, 6, 7, 8, 9 중 하나여야 합니다.

15 올림하여 백의 자리까지 나타내면 8700이 되는 자연수는 8601, 8602, 8603, ···, 8699, 8700입니다.
이 중에서 가장 큰 수는 8700입니다.

2 분수의 곱셈

7쪽 2단원 문장으로 이어지는 연산 학습

1 $2\frac{1}{4}$ 2 $4\frac{1}{6}$ 3 $3\frac{1}{3}$ 4 $2\frac{4}{7}$
5 $7\frac{1}{2}$ 6 $5\frac{1}{2}$ 7 $6\frac{2}{3}$ 8 $10\frac{2}{5}$
9 $8\frac{1}{4}$ 10 $21\frac{2}{3}$

연산 → 문장제

$1\frac{3}{8}$, 6, $8\frac{1}{4}$ / $8\frac{1}{4}$ kg

5 $\frac{5}{8}\times 12=\frac{5\times 3}{2}=\frac{15}{2}=7\frac{1}{2}$

연산 → 문장제

(나무 막대 6개의 무게)
=(나무 막대 한 개의 무게)×6
$=1\frac{3}{8}\times 6=\frac{11}{8}\times 6=\frac{11\times 3}{4}=\frac{33}{4}=8\frac{1}{4}$ (kg)

8쪽 2단원 문장으로 이어지는 연산 학습

1 $2\frac{1}{10}$ 2 $\frac{4}{9}$ 3 $2\frac{2}{3}$ 4 $4\frac{1}{2}$
5 $3\frac{6}{7}$ 6 $3\frac{3}{4}$ 7 $5\frac{1}{3}$ 8 $6\frac{3}{7}$
9 $16\frac{1}{2}$ 10 22

연산 → 문장제

6, $2\frac{3}{4}$, $16\frac{1}{2}$ / $16\frac{1}{2}$ cm^2

8 $5\times 1\frac{2}{7}=5\times\frac{9}{7}=\frac{5\times 9}{7}=\frac{45}{7}=6\frac{3}{7}$

연산 → 문장제

(직사각형의 넓이)
=(가로)×(세로)
$=6\times 2\frac{3}{4}=6\times\frac{11}{4}=\frac{3\times 11}{2}=\frac{33}{2}=16\frac{1}{2}$ (cm^2)

9쪽 2단원 문장으로 이어지는 연산 학습

1 $\frac{1}{42}$ 2 $\frac{1}{27}$ 3 $\frac{1}{8}$ 4 $\frac{2}{9}$
5 $\frac{10}{63}$ 6 $\frac{5}{14}$ 7 $\frac{1}{6}$ 8 $\frac{1}{16}$
9 $\frac{3}{5}$ 10 $\frac{11}{48}$

연산 → 문장제

$\frac{2}{3}$, $\frac{9}{10}$, $\frac{3}{5}$ / $\frac{3}{5}$ L

10 $\frac{7}{12}\times\frac{11}{14}\times\frac{1}{2}=\frac{1\times 11\times 1}{12\times 2\times 2}=\frac{11}{48}$

연산 → 문장제

(혜림이가 마신 주스의 양)
=(처음에 있던 주스의 양)$\times\frac{9}{10}$
$=\frac{2}{3}\times\frac{9}{10}=\frac{1\times 3}{1\times 5}=\frac{3}{5}$ (L)

10쪽 2단원 문장으로 이어지는 연산 학습

1 $3\frac{9}{10}$ 2 $1\frac{1}{2}$ 3 6 4 $4\frac{1}{3}$
5 $4\frac{3}{8}$ 6 $3\frac{5}{9}$ 7 $\frac{4}{5}$ 8 $\frac{18}{25}$
9 $2\frac{4}{5}$ 10 $\frac{2}{3}$

연산 → 문장제

$3\frac{3}{5}$, $\frac{7}{9}$, $2\frac{4}{5}$ / $2\frac{4}{5}$ kg

6 $2\frac{2}{7}\times 1\frac{5}{9}=\frac{16}{7}\times\frac{14}{9}=\frac{16\times 2}{1\times 9}=\frac{32}{9}=3\frac{5}{9}$

연산 → 문장제

(예빈이의 책가방 무게)
=(지아의 책가방 무게)$\times\frac{7}{9}$
$=3\frac{3}{5}\times\frac{7}{9}=\frac{18}{5}\times\frac{7}{9}=\frac{14}{5}=2\frac{4}{5}$ (kg)

11~12쪽 2 단원 성취도 평가

1 (○)(　)(○)　　2 1, 4, $\frac{5}{24}$

3 $1\frac{3}{4}$　　4 4

5 $2\frac{1}{3}\times5=\frac{7}{3}\times5=\frac{35}{3}=11\frac{2}{3}$

6 $1\frac{2}{5}$　　7

8 $\frac{1}{14}$　　9 4

10 >　　11 (○)(△)(△)

12 ㉡　　13 $5\frac{1}{4}$ L

14 6, 7에 ○표　　15 가

9 $2\frac{4}{5}\times1\frac{3}{7}=\frac{\overset{2}{\cancel{14}}}{\underset{1}{\cancel{5}}}\times\frac{\overset{2}{\cancel{10}}}{\underset{1}{\cancel{7}}}=4$

10 어떤 수에 곱한 수가 더 클수록 계산 결과가 더 큽니다. $\frac{1}{2}$이 $\frac{1}{4}$보다 더 크므로 $\frac{2}{3}$에 $\frac{1}{2}$을 곱한 결과가 $\frac{1}{4}$을 곱한 결과보다 더 큽니다.

11 3에 1보다 작은 수를 곱하면 계산 결과는 3보다 작고, 3에 1보다 큰 수를 곱하면 계산 결과는 3보다 큽니다.

12 ㉠ 1시간은 60분이므로 1시간의 $\frac{1}{3}$은 $\overset{20}{\cancel{60}}\times\frac{1}{\underset{1}{\cancel{3}}}=20$(분)입니다.

13 $\frac{7}{\underset{4}{\cancel{8}}}\times\overset{3}{\cancel{6}}=\frac{21}{4}=5\frac{1}{4}$ (L)

14 $6\times1\frac{1}{3}=\overset{2}{\cancel{6}}\times\frac{4}{\underset{1}{\cancel{3}}}=8$

➜ 8>□이므로 □ 안에 들어갈 수 있는 수는 6, 7입니다.

15 가: $1\frac{1}{7}\times1\frac{1}{7}=\frac{8}{7}\times\frac{8}{7}=\frac{64}{49}=1\frac{15}{49}$ (cm^2)

나: $1\frac{3}{7}\times\frac{6}{7}=\frac{10}{7}\times\frac{6}{7}=\frac{60}{49}=1\frac{11}{49}$ (cm^2)

➜ $1\frac{15}{49}>1\frac{11}{49}$이므로 가의 넓이가 더 넓습니다.

3 합동과 대칭

13쪽 3 단원 기초력 집중 연습

1

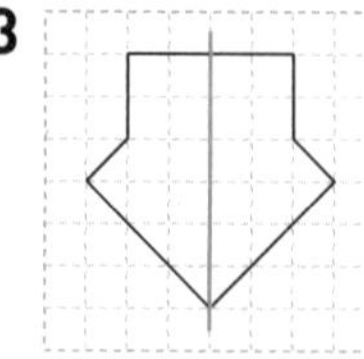

2 예

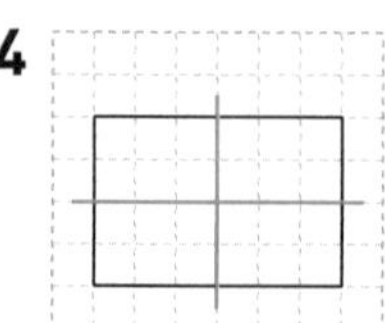

3 가, 라　　4 나, 라 / 다, 마

5 12　　6 80

7 9, 13　　8 55, 90

1~2 주어진 도형과 모양과 크기가 같아서 포개었을 때 완전히 겹치는 도형을 완성합니다.

3~4 점선을 따라 잘라서 포개었을 때 완전히 겹치는 도형을 찾습니다.

5 변 ㅁㅂ의 대응변은 변 ㄷㄴ입니다.
➜ 변 ㅁㅂ의 길이는 12 cm입니다.

6 각 ㅅㅇㅁ의 대응각은 각 ㄴㄱㄹ입니다.
➜ 각 ㅅㅇㅁ의 크기는 80°입니다.

7 (변 ㄱㄹ)=(변 ㅅㅂ)=9 cm
(변 ㅁㅂ)=(변 ㄷㄹ)=13 cm

8 (각 ㄱㄴㄷ)=(각 ㅂㅁㄹ)=55°
(각 ㅁㅂㄹ)=(각 ㄴㄱㄷ)=90°

14쪽 3 단원 기초력 집중 연습

1 나, 라, 마　　2 나, 다

3　　4

5

6 10, 110　　7 90, 11

8 100, 8

1 한 직선을 따라 접었을 때 완전히 겹치는 도형은 나, 라, 마입니다.

2 한 직선을 따라 접었을 때 완전히 겹치는 도형은 나, 다입니다.

3~5 선대칭도형을 완전히 겹치도록 접었을 때 접은 직선을 모두 찾아 그립니다.

6~8 선대칭도형에서 대응변의 길이와 대응각의 크기가 각각 같습니다.
또, 대칭축은 대응점끼리 이은 선분을 둘로 똑같이 나눕니다.

15쪽 3 단원 기초력 집중 연습

1 가, 다 **2** 나, 라

3

4

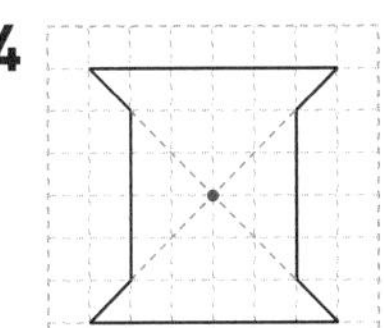

5

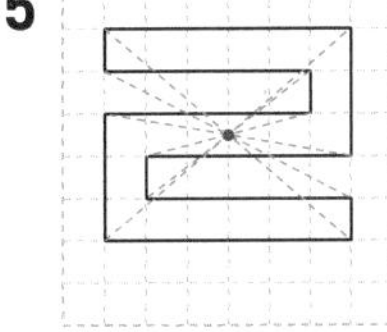

6 (왼쪽에서부터) 10, 110

7 50, 4 **8** 8, 95

1 어떤 점을 중심으로 180° 돌렸을 때 처음 도형과 완전히 겹치는 도형은 가, 다입니다.

2 어떤 점을 중심으로 180° 돌렸을 때 처음 도형과 완전히 겹치는 도형은 나, 라입니다.

3~5 대응점끼리 각각 선분으로 이어 만나는 점을 찾아 표시합니다.

참고
점대칭도형에서 대칭의 중심은 항상 1개입니다.

6~8 점대칭도형에서 대응변의 길이와 대응각의 크기가 각각 같습니다.
또, 각각의 대응점에서 대칭의 중심까지의 거리가 서로 같습니다.

16쪽 3 단원 기초력 집중 연습

1

2

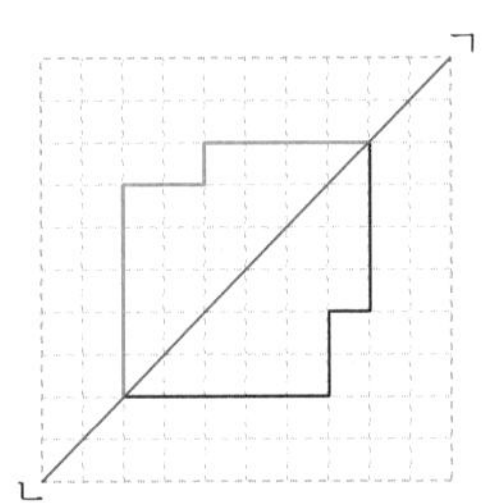

3

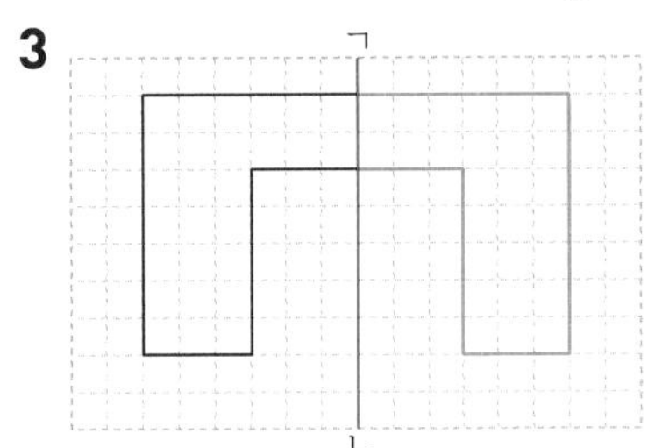

4

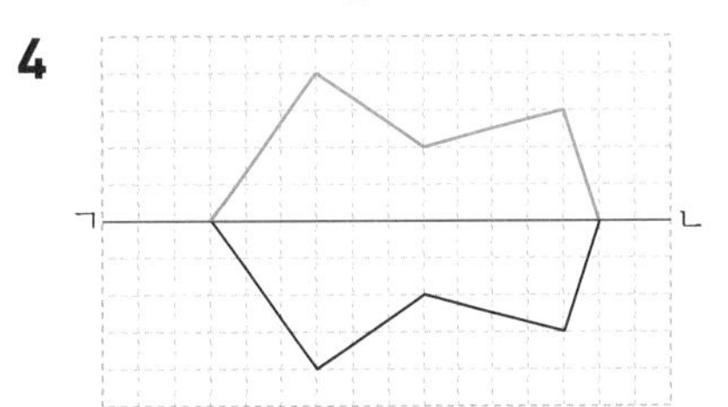

5 **6**

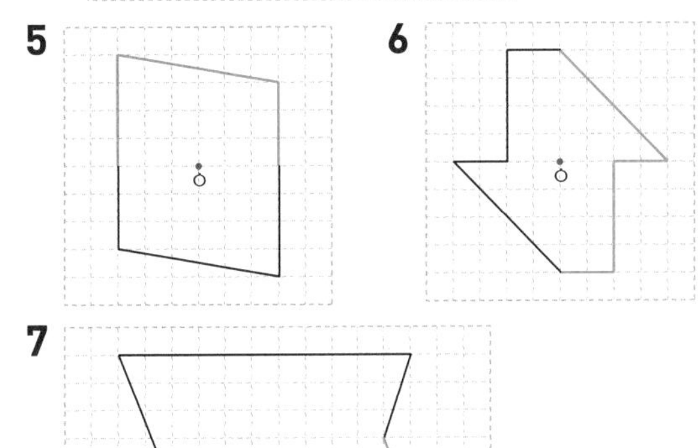

7

8

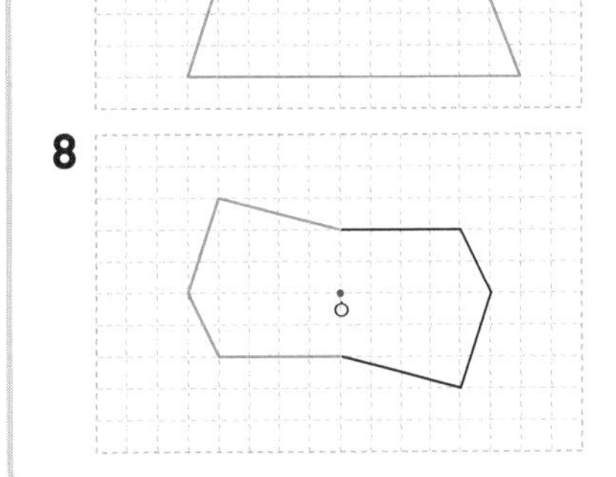

1~4 대응점을 각각 찾아 표시한 후 각 대응점을 차례로 이어 선대칭도형을 완성합니다.

5~8 대응점을 각각 찾아 표시한 후 각 대응점을 차례로 이어 점대칭도형을 완성합니다.

참고
점대칭도형을 완성한 후 점 ㅇ을 중심으로 180° 돌렸을 때 처음 도형과 완전히 겹치는지 확인해 봅니다.

17~18쪽 3 단원 성취도 평가

1 (　)(○)
2 (　)(○)(　)
3
4 3쌍, 3쌍, 3쌍
5 예 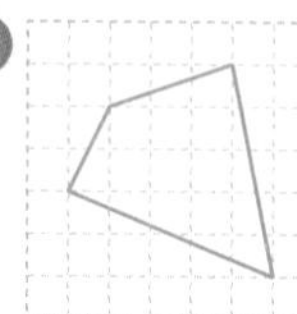
6 ㄹ, ㄷㄴ, ㅁㄹㄷ
7 11 cm
8 65°
9 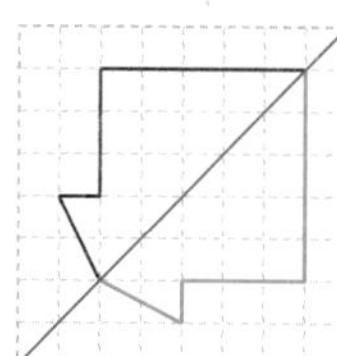
10 9 cm
11 105°
12 5 cm
13 2개
14 4 cm
15 (1) 24 cm (2) 192 cm^2

8 각 ㄱㄹㄷ의 대응각은 각 ㅇㅁㅂ이므로 각 ㄱㄹㄷ의 크기는 65°입니다.

10 변 ㄷㄹ의 대응변은 변 ㄱㅂ이므로 변 ㄷㄹ의 길이는 9 cm입니다.

11 각 ㄴㄱㅂ의 대응각은 각 ㄴㄷㄹ이므로 각 ㄴㄱㅂ의 크기는 105°입니다.

12 (선분 ㄴㅇ)=(선분 ㄴㄹ)÷2=10÷2=5 (cm)

13 • 선대칭도형: H, D, O
• 점대칭도형: H, O
➜ 선대칭도형이면서 점대칭도형인 알파벳은 H, O로 모두 2개입니다.

14 (변 ㅈㅅ)=(변 ㄹㄷ)=5 cm,
(변 ㄹㅁ)=(변 ㅈㄱ)=6 cm,
(변 ㄱㄴ)=(변 ㅁㅂ)=3 cm이므로
(변 ㄴㄷ)+(변 ㅂㅅ)
=36−(6+3+5+6+3+5)=8 (cm)입니다.
따라서 변 ㄴㄷ과 변 ㅂㅅ의 길이가 같으므로
(변 ㄴㄷ)=8÷2=4 (cm)입니다.

15 (1) (변 ㄴㄷ)=12×2=24 (cm)
(2) (삼각형 ㄱㄴㄷ의 넓이)=24×16÷2=192 (cm^2)

4 소수의 곱셈

19쪽 4 단원 문장으로 이어지는 연산 학습

1 2.7	2 20.8	3 0.92
4 8.52	5 12.6	6 3.5
7 19.26	8 1.04	9 7.2
10 6.4	11 1.44	12 3.58
13 6.5	14 3.78	15 19.62

연산→문장제
1.3, 5, 6.5, 6.5 L

1 $0.9\times3=\frac{9}{10}\times3=\frac{9\times3}{10}=\frac{27}{10}=2.7$

20쪽 4 단원 문장으로 이어지는 연산 학습

1 3.2	2 3.4	3 1.12
4 11.75	5 14.4	6 0.81
7 10.56	8 3.6	9 19.8
10 11.6	11 2.58	12 4.9
13 1.74	14 19.26	15 10.8

연산→문장제
2, 0.87, 1.74, 1.74 m

21쪽 4 단원 문장으로 이어지는 연산 학습

1 0.63	2 5.28	3 2.21
4 0.18	5 0.042	6 0.075
7 9.632	8 4.123	9 4.76
10 0.08	11 0.144	12 17.34
13 0.48	14 4.914	15 0.133

연산→문장제
0.8, 0.6, 0.48, 0.48 km^2

1 $0.7\times0.9=\frac{7}{10}\times\frac{9}{10}=\frac{7\times9}{10\times10}=\frac{63}{100}=0.63$

연산→문장제
(고구마 밭의 넓이)
=(고구마 밭의 가로)×(고구마 밭의 세로)
=0.8×0.6=0.48 (km^2)

22쪽 4단원 문장으로 이어지는 연산 학습

1 3.28, 32.8, 328, 3280
2 516, 51.6, 5.16, 0.516
3 (위에서부터) 100, 0.36, 10, 0.04, 0.036
4 (위에서부터) 100, 0.14, 10, 0.02, 0.014
5 4.73
6 0.0473

문장 읽고 계산식 세우기

1 3.25
2 3.4, 0.21, 0.714

1 곱하는 수의 0이 하나씩 늘어날 때마다 곱의 소수점이 오른쪽으로 한 자리씩 옮겨집니다.

2 곱하는 소수의 소수점 아래 자리 수가 하나씩 늘어날 때마다 곱의 소수점이 왼쪽으로 한 자리씩 옮겨집니다.

5 $4.3 \times 1.1 = 4.73$

6 $0.43 \times 0.11 = 0.0473$

문장 읽고 계산식 세우기

1 $2.5 \times 1.3 = 3.25$

2 $3.4 \times 0.21 = 0.714$

23~24쪽 4단원 성취도 평가

1 4, 1.6
2 13, 13, 78, 7.8
3 (1) 40.6 (2) 13.15
4 2.52
5 $\frac{9}{10} \times \frac{5}{10} = \frac{9 \times 5}{10 \times 10} = \frac{45}{100} = 0.45$
6 0.21
7 >
8 4.5 km
9 9.24
10 6.4, 0.31
11 $2 \times 0.2 = 0.4$, 0.4 L
12 ㉡
13 0.2 m
14 예 $0.8 \times 3 = \frac{8}{10} \times 3 = \frac{8 \times 3}{10} = \frac{24}{10} = 2.4$ / 예 $8 \times 3 = 24$ → ($\frac{1}{10}$배) → $0.8 \times 3 = 2.4$ ($\frac{1}{10}$배)
15 5, 4, 2 / 21

1 0.4씩 4번 뛰어 세기를 했습니다.

3 (1) $7 \times 58 = 406$ → $7 \times 5.8 = 40.6$
(2) $5 \times 263 = 1315$ → $5 \times 2.63 = 13.15$

4 $1.8 \times 1.4 = \frac{18}{10} \times \frac{14}{10} = \frac{18 \times 14}{10 \times 10} = \frac{252}{100} = 2.52$

6 $0.7 \times 0.3 = 0.21$

7 $3.19 \times 2 = 6.38$
→ $6.38 > 6$

8 (영지가 달린 거리)=(운동장의 둘레)×(달린 바퀴 수)
$= 1.5 \times 3 = 4.5$ (km)

9 $22 > 15.63 > 0.42$이므로 가장 큰 수는 22이고, 가장 작은 수는 0.42입니다.
→ $22 \times 0.42 = 9.24$

10 • $6.4 \times 3.1 = 19.84$
• $0.64 \times 0.31 = 0.1984$

11 (컵을 사용할 때 흘려보내는 물의 양)
=(컵을 사용하지 않을 때 흘려보내는 물의 양)×0.2
$= 2 \times 0.2 = 0.4$ (L)

12 ㉠ 17의 0.1배는 1.7입니다.
㉡ 170의 0.001배는 0.17입니다.
㉢ 0.17×10은 1.7입니다.
→ 계산 결과가 다른 것은 ㉡입니다.

13 선물 상자 7개를 포장하는 데 사용한 리본의 길이는 $0.4 \times 7 = 2.8$ (m)이므로 남은 리본의 길이는 $3 - 2.8 = 0.2$ (m)입니다.

15 곱셈 □×□.□의 결과가 가장 크게 되려면 곱해지는 수에 가장 큰 수를 넣고 남은 두 수로 가장 큰 소수 한 자리 수를 만들면 됩니다.
→ $5 > 4 > 2$이므로 계산 결과가 가장 큰 곱셈식을 만들면 $5 \times 4.2 = 21$입니다.

5 직육면체

25쪽 5 단원 기초력 집중 연습

1 (×)(×)(○)
2 (×)(○)(×)
3 (×)(×)(○)
4 (○)(×)(○)

5
꼭짓점
모서리
면

6
면
꼭짓점
모서리

7 6, 12, 8
8 6, 12, 8

7 정육면체의 면은 6개, 모서리는 12개, 꼭짓점은 8개입니다.

26쪽 5 단원 기초력 집중 연습

1 ( )( )(○)
2 
3 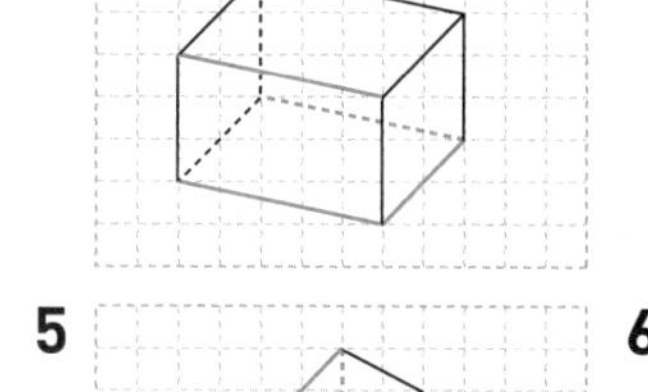
4 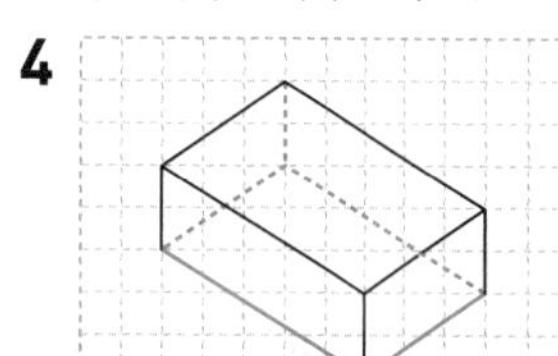
5 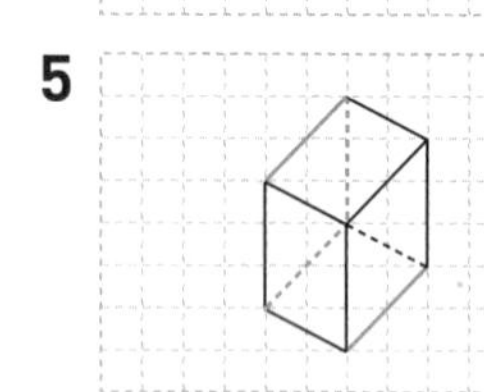
6 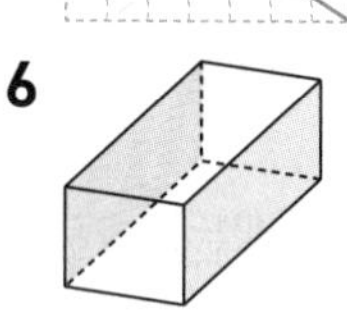
7 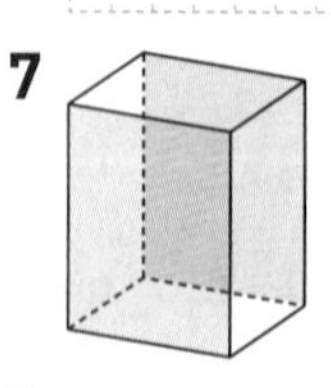
8 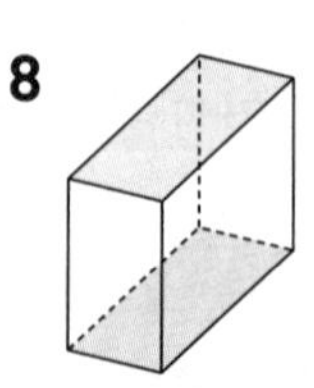
9 ㄱㄴㄷㄹ, ㄴㅂㅁㄱ, ㅁㅂㅅㅇ, ㄷㅅㅇㄹ
10 ㄱㄴㄷㄹ, ㄴㅂㅅㄷ, ㅁㅂㅅㅇ, ㄱㅁㅇㄹ

1~2 직육면체의 겨냥도는 보이는 모서리는 실선으로, 보이지 않는 모서리는 점선으로 그립니다.

6~8 직육면체에서 색칠한 면과 마주 보는 면을 찾아 색칠합니다.

27쪽 5 단원 기초력 집중 연습

1 ×
2 ○
3 ○
4 ×
5 ○
6 ×
7 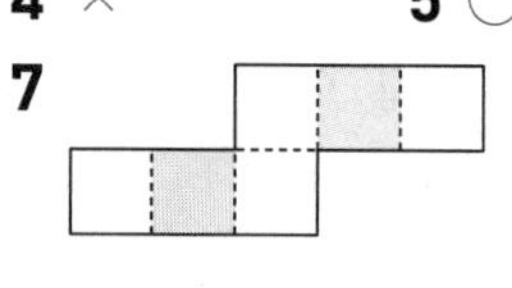
8
9 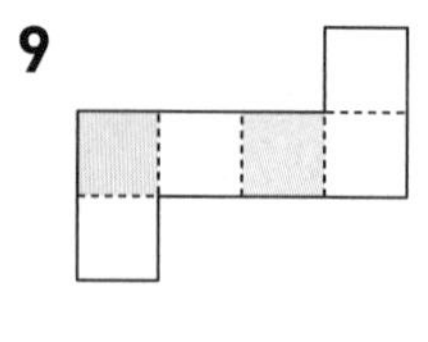
10 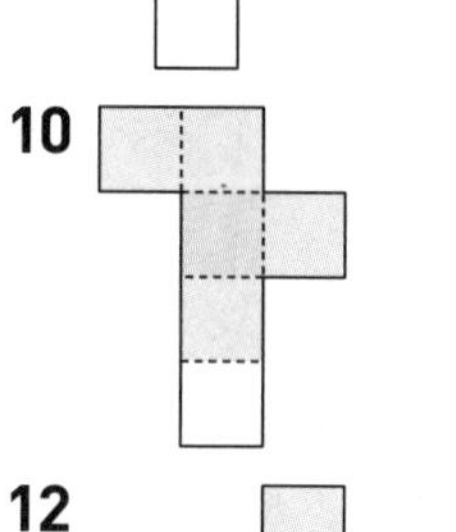
11 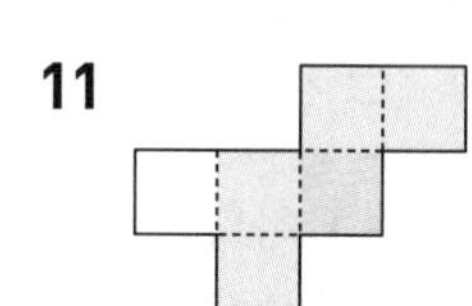
12 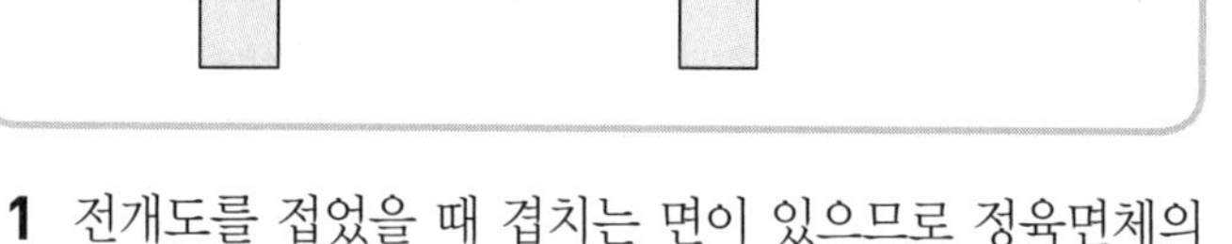

1 전개도를 접었을 때 겹치는 면이 있으므로 정육면체의 전개도가 아닙니다.

4 면이 6개이어야 하는데 5개이므로 정육면체의 전개도가 아닙니다.

6 전개도를 접었을 때 겹치는 면이 있으므로 정육면체의 전개도가 아닙니다.

7~9 전개도를 접었을 때 색칠한 면과 마주 보는 면에 색칠합니다.

10~12 전개도를 접었을 때 색칠한 면과 마주 보는 면을 제외한 나머지 면들에 모두 색칠합니다.

28쪽 5 단원 기초력 집중 연습

1 ○
2 ○
3 ×
4 (위에서부터) 8, 5, 3
5 점 ㅅ
6 선분 ㄱㅎ
7 면 라
8 면 가, 면 나, 면 라, 면 바

3 전개도를 접었을 때 겹치는 모서리의 길이가 같지 않으므로 직육면체의 전개도가 아닙니다.

8 면 마와 수직인 면은 면 마와 평행한 면인 면 다를 제외한 면 가, 면 나, 면 라, 면 바입니다.

29~30쪽 5단원 성취도 평가

1 ㉡
2 정사각형
3 6, 12, 8
4 (그림)
5 (1) 평행합니다에 ○표 (2) 세에 ○표 (3) 4에 ○표
6 6개
7 (위에서부터) 4, 3, 7
8 직육면체는 직사각형 6개로 둘러싸인 도형인데 주어진 도형은 사다리꼴 4개와 직사각형 2개로 둘러싸여 있기 때문입니다.
9 ㉡, ㉢
10 면 마
11 선분 ㅁㅂ
12 18 cm
13 20 cm
14 예 (그림) 1 cm, 1 cm
15 6 cm

6 정육면체의 겨냥도에서 보이지 않는 면은 3개, 보이지 않는 모서리는 3개입니다.
➔ $3+3=6$(개)

9 ㉡ 전개도를 접었을 때 겹치는 면이 있습니다.
㉢ 면이 6개이어야 하는데 5개입니다.

10 전개도를 접었을 때 면 다와 마주 보는 면은 면 마입니다.

11 전개도를 접었을 때 선분 ㅋㅊ과 선분 ㅁㅂ이 겹쳐져 한 모서리가 됩니다.

12 직육면체의 겨냥도에서 보이지 않는 모서리는 점선으로 그린 부분이고 이 모서리의 길이의 합은 $5+5+8=18$ (cm)입니다.

13 면 ㄱㄴㄷㄹ과 평행한 면은 면 ㅁㅂㅅㅇ입니다.
➔ (면 ㅁㅂㅅㅇ의 둘레)$=3+7+3+7$
$=20$ (cm)

15 정육면체는 모서리 12개의 길이가 모두 같으므로 한 모서리의 길이는 $72\div12=6$ (cm)입니다.

6 평균과 가능성

31쪽 6단원 기초력 집중 연습

1 (1) 예 2 (2) / 2개

○	○	○	○
○	○	○	○
보경	주연	지호	승민

2 151, 97, 223, 265, 736, 184
3 83, 110, 207, 4, 784, 4, 196
4 51 kg
5 40분

4 (평균)$=(48+25+54+55+73)\div5$
$=255\div5=51$ (kg)

5 (평균)$=(40+35+50+20+55)\div5$
$=200\div5=40$(분)

32쪽 6단원 기초력 집중 연습

1 10 / 4, 9 / 24, 3, 8 / 32, 4, 8 / 45, 5, 9 /

10	9	8	8	9

2 1모둠
3 1064명
4 305명

4 (다 학교의 학생 수)$=1064-(198+254+307)$
$=305$(명)

33쪽 6단원 기초력 집중 연습

1 불가능하다에 ○표
2 반반이다에 ○표
3 확실하다에 ○표
4 확실하다 / 1
5 불가능하다 / 0
6 반반이다 / $\frac{1}{2}$
7 불가능하다 / 0
8 확실하다 / 1
9 반반이다 / $\frac{1}{2}$

6 흰색 공이 1개, 검은색 공이 1개 들어 있는 주머니에서 공 한 개를 꺼낼 때, 꺼낸 공이 검은색일 가능성은 '반반이다'이고, 수로 표현하면 $\frac{1}{2}$입니다.

8 수 카드 6장에 적힌 수는 모두 짝수이므로 뽑은 수 카드에 적힌 수가 짝수일 가능성은 '확실하다'이고, 수로 표현하면 1입니다.

9 수 카드 6장에 적힌 수 중에서 12의 약수는 2, 4, 6으로 3장이므로 뽑은 수 카드에 적힌 수가 12의 약수일 가능성은 '반반이다'이고, 수로 표현하면 $\frac{1}{2}$입니다.

34쪽 6단원 기초력 집중 연습

1 가, 다, 나 **2** 다, 나, 가
3 라, 다, 나, 가 **4** 가, 나, 다, 라
5 ㉡ **6** ㉠

1 빨간색이 차지하는 부분이 넓을수록 빨간색에 멈출 가능성이 높습니다.
따라서 화살이 빨간색에 멈출 가능성이 높은 순서대로 기호를 쓰면 가, 다, 나입니다.

3 각 상자에 들어 있는 카드 4장 중 수 카드가 많을수록 수 카드일 가능성이 높습니다.
따라서 수 카드일 가능성이 높은 순서대로 기호를 쓰면 라, 다, 나, 가입니다.

5 ㉠ ~아닐 것 같다, ㉡ 확실하다
➡ 일이 일어날 가능성이 더 높은 것은 ㉡입니다.

6 ㉠ 반반이다, ㉡ 불가능하다
➡ 일이 일어날 가능성이 더 높은 것은 ㉠입니다.

35~36쪽 6단원 성취도 평가

1 ㉢ **2** 24명
3 230, 110, 180, 4, 660, 4, 165
4 확실하다에 ○표 **5** 3개, 4개
6 국주 **7** $\frac{1}{2}$
8 15권 **9** 불가능하다
10 $\frac{1}{2}$ **11** ㉠
12 16문제
13 (수직선: 0, $\frac{1}{2}$, 1 중 1에 화살표)
14 다, 나, 가 **15** 101

1 각 학급의 학생 수 24, 25, 24, 23 중 가장 큰 수나 가장 작은 수만으로는 각 학급당 학생이 몇 명쯤 있는지 알기 어렵습니다.

2 각 학급의 학생 수 24, 25, 24, 23을 고르게 하면 24, 24, 24, 24가 되므로 연희네 학교 5학년 한 학급에는 평균 24명의 학생이 있습니다.

3 네 마을의 귤 수확량을 모두 더해 마을의 수 4로 나누면 네 마을의 귤 수확량의 평균을 구할 수 있습니다.

4 매일 아침에 동쪽에서 해가 뜨므로 내일 아침에 동쪽에서 해가 뜰 가능성은 '확실하다'입니다.

5 (세화의 평균)$=(2+5+2+3)\div4$
$=12\div4=3$(개)
(국주의 평균)$=(3+5+4)\div3$
$=12\div3=4$(개)

6 세화의 평균은 3개이고, 국주의 평균은 4개이므로 국주가 더 잘했다고 볼 수 있습니다.

7 그림 면과 숫자 면 중 숫자 면이 나올 가능성은 '반반이다'이고, 수로 표현하면 $\frac{1}{2}$입니다.

8 (주아가 가지고 있는 책 수의 합)$=13\times5=65$(권)
(만화책 수)$=65-(8+17+11+14)=15$(권)

9 주사위 눈의 수가 1, 2, 3, 4, 5, 6 중 하나가 나오게 되므로 7 이상이 나올 수 없습니다. 따라서 굴려 나온 주사위 눈의 수가 7 이상일 가능성은 '불가능하다'입니다.

10 주사위 눈의 수 중 짝수는 2, 4, 6이므로 굴려 나온 주사위 눈의 수가 짝수일 가능성은 '반반이다'이고, 수로 표현하면 $\frac{1}{2}$입니다.

11 ㉠ 반반이다, ㉡ 불가능하다
➡ 일이 일어날 가능성이 더 높은 것은 ㉠입니다.

12 $80\div5=16$(문제)

13 회전판 전체가 초록색인 회전판 가의 화살이 초록색에 멈출 가능성은 '확실하다'이고, 수로 표현하면 1입니다.

14 보라색이 차지하는 부분이 넓을수록 보라색에 멈출 가능성이 높습니다. 따라서 화살이 보라색에 멈출 가능성이 높은 순서대로 기호를 쓰면 다, 나, 가입니다.

15 (네 경기 동안 얻은 점수의 평균)
$=(100+103+97+104)\div4$
$=404\div4=101$(점)
➡ 다섯 번째 경기에서는 네 경기 동안 얻은 점수의 평균인 101점보다 높은 점수를 얻어야 합니다.